KB143956

MAKE UP ARTIST

합격보장 ✓

미용사
메이크업

필기

사단법인한국메이크업미용사회
KOREA MAKE-UP CENTRAL ASSOCIATION

유한나 · 홍은주 · 곽지은 · 박효원 · 조애라 지음

BM (주)도서출판 성안당

합격보장 미용사 메이크업 **필기** 저자 프로필

박효원   예인직업전문학교 학교장

유한나   인덕대학교 방송뷰티메이크업과 겸임교수

홍은주   서정대학교 뷰티아트과 겸임교수

곽지은   경북과학대학교 화장품뷰티계열 교수

조애라   정화예술대학교 미용예술학부 조교수

국가자격시험 최고 적중률 · 합격률 달성! 메이크업 국가자격시험의 바이블!

"이 책이 당신을 합격의 길로 인도하는 최선의 선택입니다!"

미용사 메이크업 국가기술자격시험 시행 이후 최고의 적중률 · 합격률을 만들었습니다.
그러나 거기에 멈추지 않고 기출 분석 자료를 토대로 핵심이론과 적중문제를 전면 보강하고,
최근 기출문제를 수록하여 제대로 된 수험서를 만들었습니다.
(주)성안당과 (사)한국메이크업미용사회중앙회가 만든 최고의 교재가
메이크업 아티스트가 되는 지름길을 제시합니다!

1 기출문제를 분석하여 보강한 핵심이론!

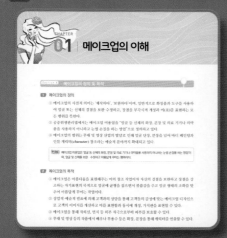

2 출제 이론을 점검하는 단원별 적중문제!

3 최고의 적중률을 보장하는 종합예상문제!

4 완벽 분석 · 해설하여 수록한 최근 시행 기출문제!

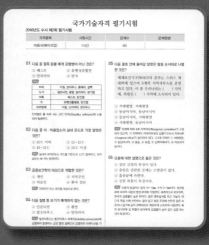

합격보장
미용사 메이크업 필기

2016. 4. 12. 초 판 1쇄 발행
2021. 1. 7. 개정 6판 1쇄(통산 8쇄) 발행

지은이 | (사)한국메이크업미용사회(박효원·유한나·홍은주·곽지은·조애라)
펴낸이 | 이종춘
펴낸곳 | BM (주)도서출판 성안당

주소 | 04032 서울시 마포구 양화로 127 첨단빌딩 3층(출판기획 R&D 센터)
　　　 10881 경기도 파주시 문발로 112 파주 출판 문화도시(제작 및 물류)

전화 | 02) 3142-0036
　　　 031) 950-6300

팩스 | 031) 955-0510
등록 | 1973. 2. 1. 제406-2005-000046호
출판사 홈페이지 | www.cyber.co.kr
ISBN | 978-89-315-9076-0 (13590)
정가 | 20,000원

이 책을 만든 사람들

책임 | 최옥현
기획·진행 | 박남균
교정·교열 | 디엔터
표지·본문 디자인 | 디엔터, 박원석
일러스트 | 이길하
홍보 | 김계향, 유미나
국제부 | 이선민, 조혜란, 김혜숙
마케팅 | 구본철, 차정욱, 나진호, 이동후, 강호묵
마케팅 지원 | 장상범
제작 | 김유석

■ 도서 A/S 안내

성안당에서 발행하는 모든 도서는 저자와 출판사, 그리고 독자가 함께 만들어 나갑니다.
좋은 책을 펴내기 위해 많은 노력을 기울이고 있습니다. 혹시라도 내용상의 오류나 오탈자 등이 발견되면 **"좋은 책은 나라의 보배"**로서 우리 모두가 함께 만들어 간다는 마음으로 연락주시기 바랍니다. 수정 보완하여 더 나은 책이 되도록 최선을 다하겠습니다.
성안당은 늘 독자 여러분들의 소중한 의견을 기다리고 있습니다. 좋은 의견을 보내주시는 분께는 성안당 쇼핑몰의 포인트(3,000포인트)를 적립해 드립니다.

잘못 만들어진 책이나 부록 등이 파손된 경우에는 교환해 드립니다.

현대 사회는 시각적 이미지의 시대라고 표현할 수 있습니다. 그것은 오늘의 사회는 다변화와 개성이 강조되며, 멀티미디어와 문화산업이 주도하는 시대가 되었기 때문입니다. 그중에서도 메이크업은 현대를 대표하는 미디어 문화산업의 중요한 분야로서 한류 코드의 중요한 요소가 되었습니다.

미디어 문화산업에서 메이크업하지 않는 배우나 모델은 상상도 할 수 없습니다. 메이크업은 우리가 접하는 방송, 영화, 연극 등 다양한 미디어에서 캐릭터를 표현하고 예술과 결합한 캐릭터를 창조하고 구현하는 등의 독자적인 직무영역을 갖고 있습니다. 그뿐만이 아닙니다. 개인이 살아가는 일상생활 속에서도 메이크업은 이제 한 사람의 개성을 표현하고 자기 정체성을 보여주는 중요한 수단이 되었습니다.

이처럼 현대 사회의 메이크업은 예술로서도, 직업으로서도, 개인의 표현 수단으로서도 그 중요성이 날로 커지고 있기 때문에, 메이크업에 입문하시는 여러분께서는 메이크업 아티스트로서 큰 자긍심을 가져야 합니다.

지칠 줄 모르는 열정을 갖춘 메이크업 인재들이 본 서적을 통하여 메이크업 아티스트의 길에 더 쉽게 다가갈 수 있기를 희망합니다. 또한, 서로 배우고 경쟁하는 가운데 우리나라뿐만 아니라 세계에서도 메이크업 아티스트로 우뚝 서며, 메이크업 산업이 더욱 발전할 수 있기를 기대합니다.

본 서적을 위해 바쁜 시간을 쪼개 수고해 주신 집필자분들께 감사드리며, 여러분 모두의 앞날에 행운이 가득하기를 기원합니다.

(사)한국메이크업미용사회 중앙회

회장 오세희 드림

국가직무능력표준(NCS) 기반 메이크업

💬 국가직무능력표준(NCS)

국가직무능력표준(NCS, National Competency Standards)은 산업현장에서 직무를 행하기 위해 요구되는 지식·기술·태도 등의 내용을 국가가 산업 부문별, 수준별로 체계화한 것으로, 산업현장의 직무를 성공적으로 수행하기 위해 필요한 능력(지식, 기술, 태도)을 국가적 차원에서 표준화한 것을 의미한다.

💬 NCS 학습모듈

국가직무능력표준(NCS)이 현장의 '직무 요구서'라고 한다면, NCS 학습모듈은 NCS의 능력단위를 교육훈련에서 학습할 수 있도록 구성한 '교수·학습 자료'이다. NCS 학습모듈은 구체적 직무를 학습할 수 있도록 이론 및 실습과 관련된 내용을 상세하게 제시한다.

💬 '메이크업' NCS 학습모듈 둘러보기

1. NCS '메이크업' 직무 정의

메이크업은 특정한 상황과 목적에 맞는 이미지, 캐릭터 창출을 목적으로 이미지 분석, 디자인, 메이크업, 뷰티 코디네이션, 후속 관리 등을 실행함으로써 얼굴·신체를 연출하고 표현하는 일이다.

2. '메이크업' NCS 학습모듈 검색

분류체계	NCS 능력단위
대분류 이용·숙박· 여행·오락· 스포츠 ▶ **중분류** 이·미용 ▶ **소분류** 이·미용 서비스 ▶ **세분류(직무)** 메이크업 ▶	1. 메이크업 위생관리 2. 메이크업 일러스트레이션 3. 메이크업 기초화장품 사용 4. 베이스 메이크업 5. 속눈썹 연장 6. 뷰티 스타일링 7. 웨딩 이미지 제안 8. 미디어 캐릭터 메이크업 9. 무대공연 기본 메이크업 10. 무대공연 캐릭터 메이크업 11. 아트 메이크업 12. 바디페인팅 13. 에어브러시 메이크업 14. 스킨아트 문양 디자인 15. 스킨아트 메이크업 16. 메이크업 트렌드 개발 17. 메이크업 트렌드 홍보 18. 메이크업 고객 응대 서비스 19. 패션 이미지 메이크업 20. 시대별 메이크업 21. 메이크업 사업장 경영관리 22. 메이크업 고객 관리 서비스 23. 퍼스널 이미지 제안 24. 색조 메이크업 25. 웨딩 메이크업 26. 미디어 메이크업 27. 특수효과 메이크업 제작 28. 특수효과 메이크업 연출 29. 뷰티 색채 30. 수염 분장 31. 눈썹 특수 연출 32. 뷰티 크리에이트

3. NCS 능력단위

순번	분류번호	능력단위명	수준	변경이력	미리보기	선택
1	1201010301_19v5	메이크업 위생관리	1	변경이력	미리보기	☐
2	1201010314_19v5	메이크업 일러스트레이션	2	변경이력	미리보기	☐
3	1201010315_19v5	메이크업 기초화장품 사용	2	변경이력	미리보기	☐
4	1201010316_19v5	베이스 메이크업	2	변경이력	미리보기	☐
5	1201010319_19v5	속눈썹 연장	2	변경이력	미리보기	☐

4. NCS 학습모듈

순번	학습모듈명	분류번호	능력단위명	첨부파일	이전 학습모듈
1	메이크업 위생 및 고객관리	LM1201010301_18v4	메이크업 위생관리	PDF	이력보기
		LM1201010340_18v2	메이크업 고객 응대 서비스		
		LM1201010344_18v4	메이크업 고객 관리 서비스		
2	공연예술 메이크업	LM1201010327_18v4	무대공연 기본 메이크업	PDF	이력보기
		LM1201010328_18v4	무대공연 캐릭터 메이크업		
3	아트 메이크업	LM1201010333_18v4	아트 메이크업	PDF	이력보기
		LM1201010334_18v4	바디페인팅		
		LM1201010336_18v4	스킨아트 문양 디자인		
		LM1201010337_18v4	스킨아트 메이크업		
		LM1201010353_18v1	눈썹 특수 연출		
4	트렌드 메이크업	LM1201010338_18v4	메이크업 트렌드 개발	PDF	이력보기
		LM1201010341_18v2	패션 이미지 메이크업		
		LM1201010342_18v2	시대별 메이크업		
5	메이크업 이미지 디자인	LM1201010314_18v4	메이크업 일러스트레이션	PDF	이력보기
		LM1201010320_18v4	뷰티 스타일링		
		LM1201010345_18v4	퍼스널 이미지 제안		
		LM1201010351_18v1	뷰티 색채		

미용사(메이크업)
국가자격 필기시험 안내

❶ 개요

메이크업에 관한 숙련기능을 가지고 현장업무를 수용할 수 있는 능력을 가진 전문기능인력을 양성하고자 자격제도를 제정하였다.

❷ 수행직무

특정한 상황과 목적에 맞는 이미지, 캐릭터 창출을 목적으로 이미지 분석, 디자인, 메이크업, 뷰티 코디네이션, 후속 관리 등을 실행함으로써 얼굴·신체를 표현하는 업무를 수행한다.

❸ 진로 및 전망

메이크업 아티스트, 메이크업 강사, 화장품 관련 회사 취업, 메이크업 숍 창업, 고등 기술학교 등

❹ 취득방법

- **시행처** : 한국산업인력공단
- **시험과목**
  - 필기 : 1. 메이크업개론 2. 공중위생관리학 3. 화장품학
  - 실기 : 메이크업 미용실무
- **검정방법**
  - 필기 : 객관식 4지 택일형(CBT, 60문항)
  - 실기 : 작업형(2시간 35분)
- **합격기준** : 60점 이상/100점

5 출제경향

- 고객의 나이, 얼굴형, 피부색, 체형, 피부 건강상태 및 미용 관리 부위의 정보를 파악·분석하여 고객 상황에 맞는 이미지를 제안하고, 시술절차에 따른 각종 화장품 및 도구 선택, 장비사용의 업무 숙련도를 평가한다.
- 얼굴·신체를 아름답게 하거나 특정한 상황과 목적에 맞는 이미지 분석, 디자인, 메이크업, 뷰티 코디네이션, 후속 관리 등을 실행하기 위한 적절한 관리법과 메이크업 도구, 기기 및 제품 사용법 등 메이크업 관련 업무의 숙련도를 평가한다.

6 CBT(컴퓨터 기반 테스트) 안내

- 미용사(메이크업) 국가자격 필기시험은 필기시험 기간 동안 요일 제한없이 연속하여 CBT(컴퓨터 기반 테스트) 방식으로 시행된다.
- 필기시험은 CBT문제은행에서 개인별로 상이하게 문제가 출제되므로 시험문제는 공개되지 않는다.

미용사(메이크업)
국가자격 필기시험 출제기준

직무 분야	이용 · 숙박 · 여행 · 오락 · 스포츠	중직무 분야	이용 · 미용	자격 종목	미용사 (메이크업)	적용 기간	2021. 1. 1. ~ 2021. 12. 31.

직무내용 : 얼굴 · 신체를 아름답게 하거나 특정한 상황과 목적에 맞는 이미지 분석, 디자인, 메이크업, 뷰티 코디네이션, 후속 관리 등을 실행하기 위해 적절한 관리법과 도구, 기기 및 제품을 사용하여 메이크업을 수행하는 직무

필기검정방법	객관식	문제 수	60	시험시간	1시간

주요항목	세부항목	세세항목
1. 메이크업개론	1. 메이크업의 이해	1. 메이크업의 정의 및 목적 2. 메이크업의 기원 및 기능 3. 메이크업의 역사(한국, 서양) 4. 메이크업 종사자의 자세
	2. 메이크업의 기초이론	1. 골상(얼굴형)의 이해 2. 얼굴형 및 부분 수정 메이크업 기법 3. 기본메이크업 기법(베이스, 아이, 아이브로, 립과 치크)
	3. 색채와 메이크업	1. 색채의 정의 및 개념 2. 색채의 조화 3. 색채와 조명
	4. 메이크업 기기 · 도구 및 제품	1. 메이크업 도구 종류와 기능 2. 메이크업 제품 종류와 기능
	5. 메이크업 시술	1. 기초화장 및 색조화장법 2. 계절별 메이크업 3. 얼굴형별 메이크업 4. T.P.O에 따른 메이크업 5. 웨딩 메이크업 6. 미디어 메이크업
	6. 피부와 피부 부속 기관	1. 피부구조 및 기능 2. 피부 부속기관의 구조 및 기능

주요항목	세부항목	세세항목
1. 메이크업개론	7. 피부유형분석	1. 정상피부의 성상 및 특징 2. 건성피부의 성상 및 특징 3. 지성피부의 성상 및 특징 4. 민감성 피부의 성상 및 특징 5. 복합성 피부의 성상 및 특징 6. 노화피부의 성상 및 특징
	8. 피부와 영양	1. 3대 영양소, 비타민, 무기질 2. 피부와 영양 3. 체형과 영양
	9. 피부와 광선	1. 자외선이 미치는 영향 2. 적외선이 미치는 영향
	10. 피부면역	1. 면역의 종류와 작용
	11. 피부노화	1. 피부노화의 원인 2. 피부노화현상
	12. 피부장애와 질환	1. 원발진과 속발진 2. 피부질환
2. 공중위생관리학	1. 공중보건학 총론	1. 공중보건학의 개념 2. 건강과 질병 3. 인구보건 및 보건지표
	2. 질병관리	1. 역학 2. 감염병 관리 3. 기생충질환 관리 4. 성인병 관리 5. 정신보건 6. 이 · 미용 안전사고
	3. 가족 및 노인보건	1. 가족보건 2. 노인보건
	4. 환경보건	1. 환경보건의 개념 2. 대기환경 3. 수질환경 4. 주거 및 의복환경

주요항목	세부항목	세세항목
2. 공중위생관리학	5. 산업보건	1. 산업보건의 개념 2. 산업재해
	6. 식품위생과 영양	1. 식품위생의 개념 2. 영양소 3. 영양상태 판정 및 영양장애
	7. 보건행정	1. 보건행정의 정의 및 체계 2. 사회보장과 국제 보건기구
	8. 소독의 정의 및 분류	1. 소독 관련 용어 정의 2. 소독기전 3. 소독법의 분류 4. 소독인자
	9. 미생물 총론	1. 미생물의 정의 2. 미생물의 역사 3. 미생물의 분류 4. 미생물의 증식
	10. 병원성 미생물	1. 병원성 미생물의 분류 2. 병원성 미생물의 특성
	11. 소독방법	1. 소독 도구 및 기기 2. 소독 시 유의사항 3. 대상별 살균력 평가
	12. 분야별 위생 · 소독	1. 실내환경 위생 · 소독 2. 도구 및 기기 위생 · 소독 3. 이 · 미용업 종사자 및 고객의 위생 관리
	13. 공중위생관리법의 목적 및 정의	1. 목적 및 정의
	14. 영업의 신고 및 폐업	1. 영업의 신고 및 폐업신고 2. 영업의 승계
	15. 영업자 준수사항	1. 위생관리
	16. 이 · 미용사의 면허	1. 면허발급 및 취소 2. 면허수수료

주요항목	세부항목	세세항목
2. 공중위생관리학	17. 이·미용사의 업무	1. 이·미용사의 업무
	18. 행정지도감독	1. 영업소 출입검사 2. 영업제한 3. 영업소 폐쇄 4. 공중위생감시원
	19. 업소 위생등급	1. 위생평가 2. 위생등급
	20. 보수교육	1. 영업자 위생교육 2. 위생교육기관
	21. 벌칙	1. 위반자에 대한 벌칙, 과징금 2. 과태료, 양벌규정 3. 행정처분
	22. 법령, 법규사항	1. 공중위생관리법시행령 2. 공중위생관리법시행규칙
3. 화장품학	1. 화장품학 개론	1. 화장품의 정의 2. 화장품의 분류
	2. 화장품 제조	1. 화장품의 원료 2. 화장품의 기술 3. 화장품의 특성
	3. 화장품의 종류와 기능	1. 기초 화장품 2. 메이크업 화장품 3. 바디(body)관리 화장품 4. 방향화장품 5. 에센셜(아로마) 오일 및 캐리어 오일 6. 기능성 화장품

목차

Contents

PART 1

메이크업의 이해

적중 문제   메이크업 개론·기본 메이크업·웨딩 메이크업·미디어 메이크업·피부학

CHAPTER 01 | 메이크업의 이해

Section 1 **메이크업의 정의 및 목적**

1 메이크업의 정의

① 메이크업의 사전적 의미는 '제작하다', '보완하다'이며, 일반적으로 화장품과 도구를 사용하여 얼굴 또는 신체의 결점을 보완·수정하고, 장점을 부각시켜 개성과 미(美)를 표현하는 모든 행위를 뜻한다.

② 공중위생관리법에서는 메이크업 미용업을 "얼굴 등 신체의 화장, 분장 및 의료 기기나 의약품을 사용하지 아니하고 눈썹 손질을 하는 영업"으로 정의하고 있다.

③ 메이크업의 범위는 무대 및 영상 산업의 발달로 인해 얼굴 단장, 분장을 넘어 바디 페인팅과 인물 캐릭터(character) 창조라는 예술적 분야까지 확대되고 있다.

> **Tip** 메이크업 미용업은 '얼굴 등 신체의 화장, 분장 및 의료 기기나 의약품을 사용하지 아니하는 눈썹 손질을 하는 영업'이며, 얼굴 및 신체를 보완·수정하고 아름답게 꾸미는 행위이다.

2 메이크업의 목적

① 메이크업은 아름다움을 표현해주는 미의 창조 작업이자 자신의 결점을 보완하고 장점을 강조하는 자기표현의 목적으로 얼굴에 균형을 잡으면서 볼륨감을 주고 얼굴 형태의 조화를 맞추어 아름답게 꾸미는 작업이다.

② 상업적·예술적 필요에 의해 고객과의 상담을 통해 고객들의 감성에 맞는 메이크업 디자인으로 고객의 이미지를 개선하고 미를 표현함과 동시에 개성, 가치관을 표현할 수 있다.

③ 메이크업을 통해 자외선, 먼지 등 외부 자극으로부터 피부를 보호할 수 있다.

④ 무대 및 영상 등의 작품에서 배우나 무용수 등은 화장, 분장을 통해 캐릭터를 연출할 수 있다.

메이크업의 기원 및 기능

1 메이크업의 기원

① **장식설**: 원시 시대부터 피부에 그림을 그리거나 문신을 함으로써 몸을 치장하여 아름다움을 표현했던 것을 메이크업의 기원으로 보는 견해이다.

② **본능설**: 이성을 유혹하기 위해 또는 다른 사람의 관심을 받기 위해 화장을 시작했다는 견해이다.

▲ 장식설

③ **보호설**: 기후, 벌레, 짐승 등 외부 자극이나 위험으로부터 보호하기 위해 메이크업이 시작됐다는 견해이다.

④ **신분 표시설**: 신분, 계급, 종족, 성별을 구별하기 위한 목적으로 메이크업이 시작되었다는 견해이다.

⑤ **종교설**: 주술적 목적, 즉 병이나 악마로부터 보호하기 위한 부적의 의미로 메이크업이 시작되었다는 견해이다.

▲ 본능설

2 메이크업의 기능

① **보호 기능**: 자외선, 대기오염, 온도, 먼지 등 외부 환경으로부터 피부를 보호하는 기능이 있다.

② **미화 기능**: 메이크업 제품을 사용하여 얼굴 및 신체 외형의 아름다움을 추구한다.

③ **사회적 기능**: 메이크업을 통해 사회적 관습, 종교적 관습, 예의를 지키거나 표현하고, 의사 전달을 할 수 있다. 또한 신분, 지위, 직업 등을 나타내기도 한다.

④ **심리적 기능**: 외모를 꾸밈으로써 자신감을 부여하여 심리적으로 긍정적인 효과를 기대할 수 있으며, 자신의 사고방식이나 성격, 개성, 가치 추구 방향을 나타낼 수 있다.

3 메이크업의 종류

분류		특징
뷰티 메이크업	내추럴 메이크업	일반, 영상, 사진 등에 사용되는 자연스러운 메이크업
	패션 메이크업	패션쇼, 패션 화보, 한복 화보 등에 사용되는 메이크업
	웨딩 메이크업	결혼식에 어울리는 메이크업
	시대 메이크업	1930년대, 1940년대 메이크업과 같은 시대별 메이크업

분장	미디어 메이크업	광고, 드라마 등에 사용되는 영상 방송 메이크업
	무대 공연 메이크업 (캐릭터 메이크업)	고전 무용, 발레, 노역, 수염 등의 성격 역할극에 어울리는 무대 공연용 메이크업
	특수 분장	라텍스, 콜드 폼 등 특수 재료를 이용한 메이크업
아트 메이크업	아트 메이크업	순수 예술 메이크업
	판타지 메이크업	상체 위주의 예술 메이크업
	바디 페인팅	전신(全身)의 예술 메이크업

Section 3 **메이크업의 역사**

1 한국 메이크업의 역사

(1) 고조선 및 부족 국가 시대

① 단군신화에서 곰과 호랑이가 쑥과 마늘을 먹었던 것은 흰 피부가 되기 위한 주술이었다는 견해가 있으며, 선사 시대 유적지에서 출토된 원시 장신구를 통해 멋내기를 했음을 알 수 있다.

② 읍루(挹婁) 사람들은 겨울에 돼지기름을 발라 피부를 보호했고, 말갈 사람들은 오줌으로 피부 미백을 했으며, 삼한에서는 문신을 했던 기록이 남아 있다.

(2) 삼국 시대

① **고구려**

　㉠ 고구려의 화장 문화는 고분벽화를 통해 알 수 있다.

　㉡ 연지(臙脂) 화장을 하고 눈썹을 짧고 뭉툭하게 그렸다.

② **백제**

　㉠ 중국 문헌의 기록에 따르면, 백제인들은 시분무주(施粉無朱, 분은 바르되 연지를 바르지 않았다)라고 기록되어 은은한 화장을 즐겼음을 알 수 있다.

▲ 고구려 쌍영총 벽화 그림

　㉡ 일본 문헌에는 백제로부터 화장품 제조 기술을 배워 화장을 시작했다고 기록되어 있어 백제의 메이크업 기술이 상당히 발전했음을 짐작할 수 있다.

> **Tip** 백제의 화장 문화는 시분무주이며, 화장품 제조 기술이 발달하기 시작했다.

③ 신라

 ㉠ 신라는 백제, 고구려보다 늦게 문화가 발달했지만 화장 문화에 있어서는 가장 발달했다.

 ㉡ 아름다운 육체에 아름다운 정신이 깃든다는 영육일치사상(靈肉一致思想)으로 남성인 화랑(花郞)들도 여성 못지않은 화장을 했다.

 ㉢ 분, 원시비누, 향료 등의 화장품 제조 기술이 발달했다.

PART 1

> **Tip** 신라 시대에는 남성인 화랑들도 여성 못지않은 화려한 화장을 했다고 한다.

(3) 통일 신라 시대

① 문무왕(文武王) 6년(A.D 666년)에 부녀의 모든 복장(服裝)을 당의 것과 동일하게 하라는 왕명으로 당의 짙은 색조 화장 문화의 영향을 받아 메이크업이 화려해졌고, 연지 화장을 했다.

② 동백기름 등으로 머리를 치장하기도 했다.

(4) 고려 시대

① 신라의 미의식이 전승되어 치장하는 문화가 유행했다.

② 기생들은 기생 양성소인 교방에서 배운 짙은 메이크업인 분대 화장을 했는데, 이에 대한 반작용으로 여염집 여인들은 분대 화장을 경멸하고 옅은 화장을 했다.

③ 안면용 피부 보호제인 면약(面約)을 사용했고, 염모(染毛)를 했다는 기록이 남아 있다.

> **Tip** 고려 시대에는 여염집 여인들의 옅은 화장과 기생들의 분대 화장으로 화장 문화가 이원화되었다.

(5) 조선 시대

① 유교의 영향으로 여성은 외적인 아름다움보다 내면의 아름다움을 강요받았고, 여성의 화장은 부도덕한 행위로 간주되었다. 이는 화장의 세분화를 촉진시켜 기생이나 궁녀의 '분대 화장'과 여염집 여성들의 '담장'으로 이원화되었다.

▲ 조선 시대 신윤복의 〈단오풍정(端午風情)〉 중 일부

② 규합총서에 화장품이나 향의 제조 방법이 수록되어 있어 백분, 연지, 미안수 등을 만들었고, 화장품을 생산하고 관리하는 관청인 보염서(補艶署)가 설치되기도 했다.

> **Tip** 조선 시대 여염집 여성들은 화장을 거의 하지 않은 '담장'을 했고, 기생이나 궁녀는 화려한 분대 화장을 하는 등 이원화가 계속되었다. 또한 화장품을 생산, 관리하는 관청인 보염서가 마련되기도 했다.

(6) 개화기(1880~1940년대)

① 1877년 강화도 조약에 따른 개항으로, 서구식 메이크업과 화장품이 청나라, 일본을 통해 유입되었다.

② 1920년대 한일 합방 이후에는 프랑스로부터 유럽식 화장품이 유입되었고, 크림, 백분, 비누, 향수 등이 유행했다.

③ 1916년 가내 수공업으로 제조 허가를 받아 시작한 박가분은 우리나라 공업 화장품의 효시라 할 수 있으며, 하얀 얼굴에 박가분을 물에 개어 바르는 화장법이 유행했다.

④ 1933년 오엽주 여사가 종로 화신 백화점에 미장원을 개업하면서 새로운 메이크업과 신식 화장품을 소개하고, 입술연지와 초승달 모양의 눈썹을 유행시켰다.

> **Tip** 개화기에는 서구식 화장품과 신식 메이크업 기법이 유입되었고, 우리나라 최초의 제조 화장품인 박가분이 출시되었다.

▲ 경성 기생 장연홍

▲ 박가분

(7) 현대

① **1945년 해방 이후**

　㉠ 8 · 15 해방 이후 서양 문물이 대거 몰려들어왔으며, 우리나라 화장품 산업은 전환기를 맞이했다.

　㉡ 크림, 비누, 백분, 향수 등 다양한 수입 화장품이 국내에 보급되고, 국산 화장품도 다양하게 생산되기 시작했으며, 퍼머넌트, 세팅, 아이론 등과 같은 웨이브 헤어스타일이 유행했다.

　㉢ 1948년 서울시 위생과의 관리하에 미용사 자격시험이 제정되어 본격적인 미용업이 시작되었다.

> **Tip** 해방 이후 1948년 국가의 미용사 자격시험 제정으로 본격적인 허가제 미용업이 시작되었다.

② 1950년대

    ⊙ 6 · 25 전쟁 이후 미군의 PX를 통해 수입 화장품이 급격히 유입되었다.

    ⓒ 1956년 국내 화장품 회사인 태평양과 프랑스 코티사의 기술 제휴로 개발된 코티분의 등장으로 국산 화장품의 품질이 점차 높아지기 시작했다.

    ⓒ '오드리 헵번', '마릴린 먼로' 등 서양 영화 배우들의 패션, 미용법이 유행했고, 국내에는 1956년 반도 호텔에서 최초의 패션쇼가 열리며 1세대 패션 모델들이 진출했다. 1957년에는 제1회 미스코리아 대회가 개최되어 여성들의 아름다움에 대한 관심이 점차 높아졌다.

> **Tip** 1950년대에는 외국 회사와의 기술 제휴로 국산 화장품의 품질 향상이 이루어지고, 미스코리아 대회와 패션쇼의 등장으로 아름다운 여성에 대한 관심이 한층 높아졌다.

▲ 코티분

▲ 1950년대 중반 한국의 1세대 패션 모델

③ 1960년대

    ⊙ 1962년 '경제개발 5개년 계획'에 의해 국내 공업이 발달하고, 정부의 국산 화장품 보호 정책이 시행되면서 국산 화장품 생산이 본격화되었으며, 방문 판매에 의해 화장품 사용이 대중화되었다.

    ⓒ 아이섀도의 등장으로 색조 화장이 본격화되었지만 1960년대까지는 은은한 화장을 선호했다. 입술연지가 고형으로 바뀌었으며 색상 또한 다양해졌다.

    ⓒ 다양한 신문과 잡지가 발간되었고, 한국 영화 산업이 발달함에 따라 '문희', '남정희', '윤정희'의 트로이카 1세대 등 여배우들이 메이크업 유행을 선도했다.

> **Tip** 1960년대에는 국산 화장품 생산이 본격화되고, 방문 판매로 화장품 사용이 대중화되었으며, 여배우들을 모방한 색조 화장이 본격화되기 시작했다.

▲ 화장품 방문 판매

▲ 1960년대 트로이카 1세대 여배우

④ 1970년대

　　㉠ 1971년 조선 호텔에서 국내 화장품 회사인 태평양의 국내 최초 메이크업 캠페인 '오 마이 러브'가 시작된 이후 색조 화장 문화가 비약적으로 발달하고 화장품 판매가 급증했다.

　　㉡ 의상에 어울리게 메이크업하는 토털 코디네이션 개념이 등장하고, 계절에 따라 다른 색조 메이크업이 등장했다.

> **Tip** 1970년대 국내 첫 메이크업 캠페인을 시작으로 메이크업 제품의 광고가 본격화되고, 화장품 판매가 급증했다.

⑤ 1980년대

　　㉠ 국민 소득이 향상되고, 통행 금지 해제와 해외 여행 자유화가 이루어져 사회 전반이 개방적인 분위기가 됨과 동시에 컬러텔레비전이 보급되면서 색조 화장이 유행했다.

　　㉡ 평면적인 얼굴을 입체적으로 만드는 입체 화장이 유행했다.

> **Tip** 국민 소득의 증가와 컬러텔레비전의 보급으로 1980년대에는 색조 화장의 유행에 민감해졌다.

▲ 1970년대 〈향장〉
(태평양 메이크업 잡지)

▲ 1980년대 〈향장〉

⑥ 1990년대

   ⊙ 전 세계적인 에콜로지의 유행으로 메이크업 역시 자연스러운 색조가 유행했다.

   ⓛ 개성과 자유로움을 추구하면서 소비자가 제품을 선택하는 시대가 되었고, 다양한 색조의 메이크업 제품이 개발되었다.

   ⓒ 광고와 드라마에 나오는 여배우들의 메이크업이 크게 유행했다.

   ⓔ 1990년대 말에는 세기말적 현상으로 미래에 대한 두려움을 표현하는 그로테스크 메이크업과 실버 펄을 사용한 사이버 메이크업이 유행하기도 했다.

> **Tip** 1990년대에는 에콜로지의 유행으로 내추럴 메이크업이 전 세계적으로 유행했으며, 동시에 개인의 개성을 표현하는 메이크업이 유행하기도 했다.

⑦ 2000년대

   ⊙ 인터넷을 통해 정보가 빠르게 전달되면서 메이크업 유행 역시 빠르게 바뀌게 되었으며, 글리터, 펄을 사용한 제품부터 글로시한 제품까지 다양한 질감과 다양한 컬러의 메이크업 제품이 개발되었다.

   ⓛ 1990년대부터 계속된 에콜로지의 유행과 웰빙의 유행이 더해져 피부가 건강해 보이는 '윤광', '물광'과 같은 피부 질감 메이크업이 유행했으며, 동시에 스모키 메이크업, 레트로 메이크업 등 다양한 트렌드 메이크업이 공존했다.

> **Tip** 2000년대에는 인터넷과 각종 정보 매체의 발달로 메이크업 유행 속도가 가속화되었으며, 다양한 제품이 개발되었다.

▲ 2000년대 〈향장〉

▲ 2007년 〈향장〉

2 서양 메이크업의 역사

(1) 고대

① 이집트 시대

    ㉠ B.C. 3000년경 가장 오래된 메이크업에 대한 기록이 남아 있는 시대로, 종교적 · 의학적 목적으로 메이크업이 시작되었다.

    ㉡ 흰 피부를 만들기 위해 백납을 사용했고, 피부를 부드럽게 만들기 위해 향유를 발랐다.

    ㉢ 사막에 반사된 강한 태양 빛이나 벌레로부터 눈을 보호하기 위해 콜(kohl)을 이용하여 눈 화장을 했고, 붉은 진흙이나 헤나를 사용하여 메이크업을 했다.

> **Tip** 가장 오래된 메이크업 기록이 남겨진 시대는 고대 이집트 시대이며, 외부 환경으로부터 보호하기 위해 메이크업이 시작되었다.

▲ 투탕카멘

▲ 이집트 벽화

② 그리스 시대

    ㉠ 그리스 시대에는 위생, 의학, 과학에 기초를 둔 목욕, 마사지, 식이요법이 유행했고, 크림, 향유를 몸에 발랐다.

    ㉡ 무용수 및 특별한 직업을 제외한 일반인에게는 과도한 화장술이 금기시되었다.

▲ 사모트라케의 니케

▲ 그리스 시대 암포라 중

③ 로마 시대

  ㉠ 사교 문화가 발달하여 목욕을 하며 피부를 가꾸고 몸을 치장하는 것이 유행했다.

  ㉡ 분을 바른 흰 피부에 안티몬이나 사프란으로 눈 화장을 했고, 연단 등을 이용하여 볼을 붉게 칠했다.

  ㉢ 남녀 모두 치장을 했으며, 머리는 금발이 유행했다.

▲ 고대 로마 시대 조각품

(2) 중세

① 중세 일반 여성들의 화장은 기독교적 금욕주의의 영향으로 경멸의 대상이었다.

② 향수 역시 일반인에게는 금지되었고, 왕족이나 종교 의식에서만 사용되었다.

③ 중세 말기, 십자군 전쟁 이후 동양으로부터 화장품이 들어오면서 창백한 얼굴의 메이크업을 하게 되었지만 종교의 영향으로 자연스러운 얼굴이 이상시 되었다.

> **Tip** 중세에는 기독교적 금욕주의의 영향으로 화장 문화가 발달하지 못했다.

▲ 비잔틴 시대의 프레스코화   ▲ 파리 노트르담 성당의 조각(고딕 시대)

(3) 근세

① 르네상스 시대

    ㉠ 문예 부흥기였던 15~16세기 르네상스 시대에는 '인간성 존중', '개성의 해방'이라는 시대 정신의 영향으로 부유층을 중심으로 남성과 여성 모두 과도하게 장식하거나 화장했다.

    ㉡ 이 시대에는 백납분을 사용한 창백하고 투명한 피부, 넓은 이마를 선호했는데, 넓은 이마를 만들기 위해 머리카락과 눈썹을 뽑기도 했다.

    ㉢ 볼과 입술에는 가볍게 색조 화장을 했으며, 향수로 체취를 관리하는 것이 유행했다.

    ㉣ 영국의 엘리자베스 1세 등은 수은과 백납이 들어간 화장품을 과도하게 사용하여 피부가 심하게 훼손되기도 했다.

> 🔖 **Tip** 르네상스 시대에는 남녀 모두 과도하게 화장했고, 수은과 백납으로 인해 피부가 훼손되기도 했다.

▲ 페트루스 크리스투스,
〈어린 여성의 초상〉, 1470년경

▲ 보티첼리, 〈프리마베라〉, 1478년경

② 바로크 시대

    ㉠ 예술의 발전, 종교 개혁, 자본주의 출현, 식민지 개척 등이 이루어지면서 개인주의와 향락주의가 만연하여 귀족과 부유층에 의해 사치를 추구하고, 사교 문화가 발달했다.

    ㉡ 풍만한 아름다움이 미인형이었던 17세기에는 귀족과 부유층을 중심으로 남성, 여성 모두 과도한 장식이나 화장을 했다.

    ㉢ 상류층 여성들은 3~4시간씩 화장을 하여 꾸미고 연극과 오페라를 관람하거나 사교 모임에 참여했으며, 진한 무대 화장을 따라하기도 했다.

    ㉣ 하얀 피부에 홍조를 띤 붉은 볼, 장미 같은 붉은 입술과 점, 별, 초승달 등을 붙여 꾸미는 뷰티 패치가 유행했다.

> 🔖 **Tip** 바로크 시대에는 하얀 얼굴의 홍조 띤 얼굴을 가진 풍만한 미인형이 유행했으며, 뷰티 패치를 사용했다.

▲ 벨라스케스, 〈시녀들〉 중, 1656년경

▲ 루벤스, 〈밀집모자를 쓴 여자〉, 1625년경

③ **로코코 시대**

　㉠ 프랑스 왕비 마리 앙투아네트가 유행을 이끌었던 18세기는 조형적이고 예술적인 패션, 헤어스타일, 메이크업이 특징이었다.

　㉡ 거대한 헤어스타일과 백납분을 두껍게 바른 창백한 피부 화장, 장미꽃 봉우리와 같이 루즈를 바른 입술을 가진 인형 같은 얼굴이 유행했다.

　㉢ 뷰티 패치와 쥐의 피부로 만든 인조 눈썹이 유행하기도 했으며, 남성들이 여성의 화장을 따라하기도 했다.

> **Tip** 로코코 시대에는 과도하게 장식한 헤어스타일과 백납분을 두껍게 바른 홍조 띤 얼굴의 메이크업이 유행했다.

▲ 마르틴 반 마이틴스, 〈앙투와네트〉, 1768년

▲ 프랑수와 부셰, 〈마담 퐁파두르〉 중, 1750년경

(4) 근대

① 19세기 근대에는 여성만이 화장을 했고, 위생과 청결이 중요시되어 비누 사용이 보편화되었다.

② 1866년 산화아연으로 만든 화장품이 등장하면서 얼굴을 상하게 했던 백납분은 사용하지 않게 되었다.

③ 자연스러운 화장법이 유행했으며, 피부를 보호하기 위한 자외선 차단제가 개발되었다.

> **Tip** 근대에는 산업혁명으로 비누 및 화장품이 대량 생산되어 일반인도 사용할 만큼 대중화되었다.

▲ 프랑스와 제라드, 〈조세핀 황후〉, 1807년경

▲ 프랑스와 제라드, 〈레카미에 부인의 초상〉, 1805년

(5) 현대

① **1910년대**

ㄱ 1909년 러시아 발레단 공연의 영향으로 오리엔탈풍의 화장이 유행했다.

ㄴ '테다 바라(Theda Bara)', '폴라 네그리(Pola Negri)' 등의 무성 영화 여배우들의 메이크업이 일반인들에게 유행했는데, 눈 주위는 검게 그리고 입술은 얇고 또렷하게 그렸다.

> **Tip** 20세기 초에는 무성 영화 여배우들이 유행을 선도했다.

▲ 테다 바라(Theda Bara)　　▲ 폴라 네그리(Pola Negri)

② **1920년대**

　㉠ 제1차 세계대전으로 여성들이 사회 진출하게 되면서 여성의 지위 향상과 함께 사고방식
　　도 자유로워졌으며, 째즈(jazz)가 유행했다.

　㉡ 보브(bob) 스타일의 짧은 머리와 무릎까지 오는 짧은 치마가 유행했고, 클로셰(cloche)
　　라는 종 모양의 모자가 유행했다.

　㉢ '클라라 보우', '루이스 브룩스' 등의 배우들처럼 눈썹은 가늘게 다듬고 연필로 정교하게
　　그렸으며, 커다란 눈과 앵두같이 작은 빨간색 입술로 여성스러운 메이크업이 유행했다.

> **Tip** 1920년대에는 가늘고 긴 정교한 눈썹과 거무스름한 아이 메이크업, 작은 빨간 입술의 메이크업이 유행했다.

▲ 클라라 보우(Clara Bow)　　▲ 루이스 브룩스(Louise Brooks)

③ **1930년대**

　㉠ 경제 공황과 불황으로 인한 어두운 현실에서 벗어나고자 영화의 화려함에 빠져들었으며,
　　할리우드 영화가 전성기를 맞이하게 되었다.

　㉡ '그레타 가르보', '마를렌 디트리히' 등 성숙한 이미지의 여배우들이 인기를 끌었으며, 일
　　반인들은 영화배우의 메이크업을 따라 했다.

　㉢ 가는 활 모양의 아치형 눈썹, 깊은 아이 홀과 속눈썹이 특징인 눈 화장과 붉은 입술이
　　유행했다.

> **Tip** 1930년대에는 성숙한 여성 이미지가 유행했으며, 가는 활 모양의 아치형 눈썹과 깊은 아이 홀이 특징이었다.

▲ 그레타 가르보(Greta Garbo)　　▲ 마를렌 디트리히(Marlene Dietrich)

④ 1940년대

　㉠ 제2차 세계대전의 영향으로 강인한 여성 이미지를 선호하여 두껍고 뚜렷한 눈썹, 선명한 눈 화장, 도톰한 입술 화장을 한 강하고 관능적인 여성미가 유행했다.

　㉡ 대표적인 여배우로 '잉그리드 버그만', '리타 헤이워드' 등이 있다.

▲ 잉그리드 버그만(Ingrid Bergman)　　▲리타 헤이워드(Rita Hayworth)

⑤ 1950년대

　㉠ 제2차 세계대전이 끝난 1950년대는 미국이 문화의 중심이 되었고, 컬러텔레비전의 등장으로 배우들의 메이크업이 일반인들 사이에 크게 유행했다.

　㉡ 제2차 세계대전이 끝난 후 여성들은 다시 가정으로 돌아왔으며, 모성적이고 청순한 여성미를 강요받았다.

　㉢ 1950년대 대표적인 미인은 청순한 이미지의 '오드리 헵번'과 섹시한 이미지의 '마릴린 먼로'였다.

ⓔ 마릴린 먼로는 길게 붙인 속눈썹, 살구색의 아이섀도, 빨간색의 입술, 입가의 애교점으로 섹시한 이미지를 만들었다.

> **Tip** 1950년대 대표 여배우로는 섹시한 이미지의 마릴린 먼로, 청순한 이미지의 오드리 헵번이 있다.

▲ 마릴린 먼로
(Marilyn Monroe)

▲ 오드리 헵번
(Audrey Hepburn)

⑥ 1960년대

ⓐ 팝아트, 옵아트의 현대적인 스타일과 히피 스타일이 유행했던 시기로, 젊은이들의 실험적인 패션이 유행했다.

ⓑ 대표적인 미인은 자유로운 이미지의 영국 패션 모델 '트위기'와 육감적인 프랑스 배우 '브리짓 바르도'가 있다.

▲ 트위기(Twiggy)

▲ 브리짓 바르도
(Brigitte Bardot)

ⓒ '트위기'는 마른 몸매와 귀여운 화장으로 전 세계 유행을 선도했다. 파스텔 톤의 아이섀도, 아이 홀을 강조하고, 연한 핑크 컬러의 립 메이크업을 한 것이 특징이다.

> **Tip** 젊은이들의 패션이 유행이던 1960년에는 아이 홀을 강조한 귀여운 화장법의 트위기가 전 세계적인 인기를 끌었다.

⑦ 1970년대

ⓐ 불경기, 오일 쇼크, 인플레 현상 등 전 세계적으로 경제 불황을 겪은 젊은이들이 기성세대에 반발했던 시기로, 반항적이고 퇴폐적인 이미지의 펑크 패션이 선보였으며 빨강, 주황, 검정을 사용한 강렬한 펑크 메이크업이 유행했다.

ⓑ 자연스러운 색조를 사용한 여배우 '파라 포셋'의 스타일도 유행했다.

> **Tip** 1970년대의 격동기에는 반항적인 펑크 스타일이 인기를 끌었다. 메이크업에서도 강렬한 비비드 컬러와 블랙 컬러가 사용되었다.

▲ 펑크 스타일　　　　　　　▲ 파라 포셋(Farrah Fawcett)

⑧ **1980년대**

　㉠ 전 세계적인 경제 성장이 이루어진 시기로, 여성의 이미지는 화려하면서도 강한 스타일이 유행했다.

　㉡ 여배우 '브룩 쉴즈'가 대표적인 미인으로, 두껍고 강한 눈썹, 선명한 붉은색 입술이 유행했다.

　㉢ 1980년대 말에는 영화 '라 붐'에 등장한 '소피 마르소'와 영국의 '다이애나' 왕세자비의 여성스러움이 강조된 내추럴 메이크업이 유행하기 시작했다.

> **Tip** 전 세계적 경제 성장이 이루어진 1980년대에는 강한 눈썹과 비비드 톤, 라이트 톤 컬러의 강렬한 이미지의 의상, 메이크업이 유행하기도 했다. 또한, 내추럴 메이크업이 함께 공존했다.

▲ 브룩 쉴즈(Brooke Shields)　　　　▲ 영국 다이애나 왕세자비(Diana Spencer)

⑨ 1990년대

　　㉠ 에콜로지의 영향으로 색조보다 깨끗한 피부에 관심을 쏟게 되면서 내추럴 메이크업이 유행했다.

　　㉡ 대표적인 배우로는 할리우드 배우인 '줄리아 로버츠'와 '제니퍼 애니스톤', '기네스 펠트로' 등이 있다.

　　㉢ 패션에서는 에콜로지 패션과 더불어 과거의 문화를 재해석한 레트로 패션과 힙합이 유행하기도 했다.

> **Tip** 1990년대에는 색조보다 깨끗한 피부톤, 에콜로지에 대한 관심이 점차 높아짐에 따른 내추럴 메이크업이 큰 인기를 끌게 된다.

▲ 줄리아 로버츠(Julia Roberts) 　　　　　▲ 힙합(hiphop) 이미지

⑩ 2000년대

　　㉠ 인터넷을 통해 정보가 빠르게 전달되면서 내추럴 메이크업, 스모키 메이크업, 레트로 메이크업, 질감 메이크업 등 여러 가지 트렌드가 공존하게 되었고, 트렌드 역시 빠르게 변화하기 시작했다.

　　㉡ 펄 제품이 대중화되고, 다양한 화장품이 개발되면서 메이크업 표현 역시 다양화되었다.

> **Tip** 2000년대 이후 메이크업의 특징은 '인터넷과 각종 정보 채널을 통한 빠르고 다양한 유행의 공존'이었다.

▲ 내추럴 메이크업 　　　　　▲ 스모키 메이크업

Section 4 **메이크업 종사자의 자세**

1 메이크업 아티스트의 기본 자세

① 고객과의 메이크업 시간과 약속을 철저히 지키도록 하며, 시간적 여유를 가지고 편안하고 차분하게 메이크업에 몰입하는 것이 좋다.

② 고객을 배려하며, 예의를 지키고 친절해야 한다.

③ 성실한 자세로 원만하고 폭넓은 대인관계를 유지하도록 한다.

④ 헤어디자이너, 스타일리스트 및 작가, PD 등의 연출부, 잡지사 기자, 업체 등 함께 일하는 구성원과의 조화를 항상 유념하도록 한다.

⑤ 고객과 함께 일하는 구성원들에게 신뢰를 쌓기 위해 이론과 실기를 포함한 메이크업 전반의 전문 지식을 쌓아야 한다.

⑥ 화장품 및 도구, 메이크업 기법, 유행 등을 연구하여 트렌드에 뒤처지지 않도록 한다.

⑦ 관찰력과 분석력을 키우고, 창의적인 사고를 할 수 있도록 꾸준히 노력한다.

⑧ 메이크업 아티스트로서 긍지를 가지고, 자기 발전적인 성공 신념을 가지는 것이 좋다.

2 고객 응대

(1) 고객 배려 및 준비

방문한 고객을 응대하고, 방문 사유를 확인한 후 대기 공간 또는 메이크업 시술 공간으로 안내한다. 대기가 필요한 경우에는 대기 시간을 안내하고, 다과 및 음료와 취향에 맞는 잡지, 룩북(look book) 등을 제공한다. 고객의 소지품을 보관하거나 직접 소지품을 놓을 수 있는 공간을 마련하여야 하며, 전화 예약으로 방문하는 경우에는 예약 스케줄을 조정하여 관리하여야 한다.

(2) T.P.O 및 콘셉트 파악

결혼식, 파티, 졸업식, 행사 등 메이크업이 필요한 상황(T.P.O)과 원하는 콘셉트를 파악한다.

(3) 시술 전 고객 정보 수집

고객의 직업, 연령, 환경, 성격과 평소 선호하는 메이크업 스타일, 색상을 파악하여 개인차를 메이크업 시술에 반영하고, 화장품에 대한 알레르기 등을 미리 파악하여 시술 부작용에 대처한다.

(4) 얼굴 특성 파악하기

고객 요구와 관찰을 통해 얼굴형과 피부톤, 피부 상태 등의 신체적 특징을 파악하여 시술에 반영한다.

(5) 디자인 설계하기

상담한 내용과 얼굴형, 트렌드 등을 반영하여 고객에게 어울리는 스타일을 제안하고, 고객의 요구 사항을 수렴하여 시술할 메이크업 스타일을 정한다. 시술 과정과 주의사항도 설명한다.

(6) 시술하기

설계한 메이크업 디자인을 청결한 메이크업 도구를 사용하여 위생적인 환경에서 직접 시술한다. 시술 전 손을 반드시 씻고, 부득이한 경우 손 소독제를 사용하여 청결하게 한다. 시술 도중 고객의 의견이 있을 경우에는 보완책을 설명하고 메이크업 방향을 수정하는 것이 좋지만 시술 동안 방향을 너무 자주 바꾸면 산만하고 신뢰도가 떨어질 수 있으므로 주의한다.

CHAPTER 02 | 메이크업의 기초 이론

1 얼굴 근골격의 이해

(1) 얼굴의 골격

두개골(머리뼈)은 8개의 뼈로 이루어져 머리를 보호하고 머리 형태를 만드는 뼈이고, 안면골(얼굴뼈)은 두개골의 앞부분과 아랫부분을 차지하는 14개의 뼈로 이루어진 부분을 말한다. 메이크업 시 인상과 캐릭터를 표현하기 위해 안면골(顔面骨)에 대한 이해가 필요하다.

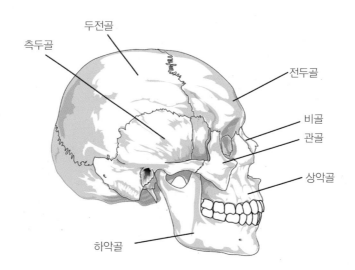

① 전두골(frontal bone): 이마뼈이다.

② 두전골(parietal bone): 두개골의 측면과 정수리 부분의 뼈이다.

③ 측두골(temporal bone): 두전골과 귀 사이에 위치하며, 귀 부위를 감싸는 뼈이다.

④ 관골(zygomatic bone): 얼굴 볼 부분을 돌출하게 만드는 광대뼈이다.

⑤ 비골(nosal bone): 코 뿌리의 기초를 이루는 코뼈이며, 좌우 한쌍의 작은 뼈로 이루어져 있다.

⑥ 상악골(maxillae bone): 좌우 한쌍의 윗턱뼈이다.

⑦ 하악골(mandible bone): 안면골에서 가장 강한 부위인 아래턱뼈는 턱의 아래를 구성하면서, 치아를 떠받치는 기능을 한다. 얼굴의 골격 중 얼굴형을 결정짓는 가장 중요한 부위이다.

(2) 얼굴의 근육

얼굴 근육은 뼈와 피부 사이에 위치하며, 저작(음식 씹기), 눈 감기 등의 역할과 얼굴의 표정을 조절하는 역할(표정근)을 한다. 크게 입, 코, 눈과 이마, 귀로 향하는 근육들로 이루어져 있다.

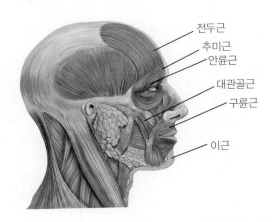

① 전두근(frontalis): 눈썹을 올려 이마 이마에 주름을 만드는 이마힘살이다.

② 추미근(corrugator): 미간에 수직주름을 만드는 눈썹주름근이다.

③ 안륜근(orbicularis): 눈을 감고 뜨게 하는 눈 주위의 근육이다.

④ 대관골근(zygomatic): 입술을 위로 당기는 광대근으로 광대뼈와 입술 사이에 위치한다.

⑤ 이근(mentalis): 턱 끝을 구성하는 턱끝근으로, 아랫입술을 내밀고, 턱 끝에 주름을 잡을 수 있다.

2 얼굴의 부위별 명칭

(1) 눈의 각 부위 명칭

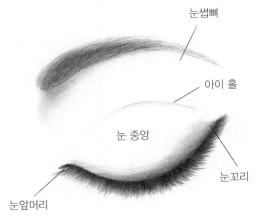

(2) 눈썹의 각 부위 명칭

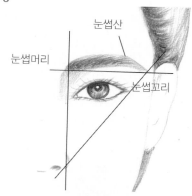

눈썹산

눈썹머리

눈썹꼬리

(3) 입술의 각 부위 명칭

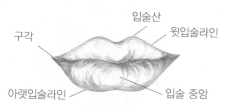

입술산

윗입술라인

구각

아랫입술라인

입술 중앙

(4) 얼굴 균형도

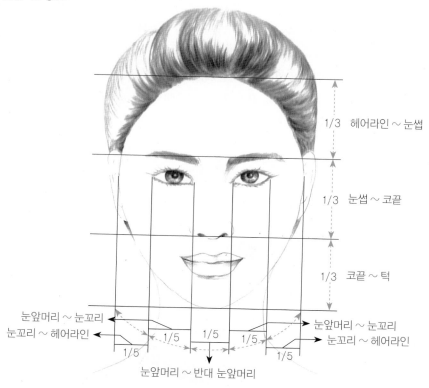

1/3 헤어라인 ~ 눈썹

1/3 눈썹 ~ 코끝

1/3 코끝 ~ 턱

눈앞머리 ~ 눈꼬리

눈꼬리 ~ 헤어라인

1/5 1/5 1/5 1/5

눈앞머리 ~ 눈꼬리

눈꼬리 ~ 헤어라인

눈앞머리 ~ 반대 눈앞머리

1 얼굴 형태별 명암 표현 화장법

가장 이상적인 얼굴형은 달걀형으로, 메이크업 표현이 수월하며, 하이라이트, 셰이딩, 색조 처리 방법에 따라 다양한 이미지로 변신이 가능하다. 이상적인 얼굴형이 아닐 경우에는 메이크업을 통해 이상적인 얼굴형으로 수정할 수 있다.

(1) 둥근 얼굴형

동양인에게 많은 둥근 얼굴형은 부드러워 보이지만 평면적으로 보일 수 있으므로, 윤곽을 살리고 입체감을 준다. 얼굴이 갸름해 보일 수 있도록 사선으로 블러셔를 처리하고, 코끝을 향해 하이라이트를 길게 넣어주며, 얼굴 외곽에 셰이딩을 넣어 얼굴형을 수정한다.

> **Tip** 둥근 얼굴형은 길어 보이게 수정한다.

(2) 각진 얼굴형

매력 있고 개성이 있지만 강한 인상을 줄 수 있는 얼굴형이다. 부드러워 보이도록 하기 위해 이마 양옆과 각진 턱뼈에 셰이딩을 넣어 얼굴 폭을 감소시키고, 블러셔를 다소 폭넓게 발라 넓이의 밸런스를 맞추도록 한다.

> **Tip** 각진 얼굴형은 각을 줄이고, 부드러운 인상을 만들어준다.

(3) 역삼각형 얼굴형

이마가 넓고 턱이 좁은 얼굴형으로, 미인형이지만 날카로운 인상을 가진다. 이마 양옆과 턱 끝에 셰이딩을 넣고, 눈 밑과 턱선에 하이라이트를 넣어주며, 블러셔는 광대 바깥쪽에서 입술 쪽으로 부드럽게 펴 발라 전체적으로 부드럽게 표현되도록 한다.

> **Tip** 역삼각형 얼굴은 이마 양 끝을 줄여 균형을 맞춘다.

PART 1

메이크업의 이해

(4) 삼각형 얼굴형

이마는 좁고 턱이 넓은 형으로, 중년 여성들에게 많이 나타나는 얼굴형이며, 안정감 있는 이미지를 가지지만 고집스러워 보일 수 있다. 양 볼 밑으로 셰이딩을 주어 턱이 좁아 보이는 효과를 주고, 이마 양 끝에 하이라이트 효과를 주어 얼굴형을 수정한다.

(5) 다이아몬드 얼굴형

광대뼈가 옆으로 발달된 얼굴형으로, 양옆의 광대뼈 바깥으로 셰이딩 처리하고, T존, 눈밑, 턱에 하이라이트를 주어 부드러운 인상으로 만들어 준다. 블러셔로 강조하면 인상이 더 강해질 수 있으므로 아주 흐린 브라운 계통의 색으로 처리한다.

(6) 긴 얼굴형

여성적이고 성숙한 이미지의 얼굴형이다. 얼굴이 짧아 보이도록 하기 위해 블러셔는 가로로 길게 처리하고, 이마 끝과 턱 부분에는 셰이딩을 넣어준다. 코에 하이라이트를 길게 넣으면 얼굴이 더 길어 보일 수 있으므로, 코의 하이라이트 처리에 주의한다.

> **Tip** 긴 얼굴형은 얼굴이 짧아 보이도록 블러셔 및 눈썹을 가로 느낌으로 표현해준다.

2 피부 상태에 따른 화장법

(1) 건조한 피부

피부가 건조한 상태에서 메이크업을 하면 제대로 흡수되지 않고 들뜰 수 있으므로, 유·수분 밸런스를 맞출 수 있는 기초 화장품을 충분히 발라 피부 보습을 증가시킨 후 메이크업을 한다. 상대적으로 수분이 많은 리퀴드 파운데이션, 비비크림, 쿠션 파운데이션이 사용하기 좋으며, 파우더를 최소화한다.

(2) 유분기 많은 피부

피지와 유분이 많이 생성되는 피부에는 메이크업 제품을 최소화하여 바르는 것이 좋다. 유분이 적은 리퀴드 파운데이션을 소량 바르고, 커버할 부분은 컨실러로 처리하는 것이 좋으며, 파우더

를 꼼꼼히 발라준다. 눈 주위에도 유분이 많아 아이 메이크업이 번지기 쉬우므로 눈 주변 베이스 메이크업에 신경을 쓰도록 한다.

> **Tip** 유분기 많은 피부에는 유분이 적은 제품을 사용하여야 하며, 메이크업이 번지지 않도록 유의하여야 한다.

(3) 여드름 피부

베이스 메이크업이 잘 먹도록 수렴 화장수로 얼굴을 닦아준 후 메이크업을 시작한다. 피부톤과 같거나 약간 어두운 색조의 파운데이션을 사용하는 것이 좋다. 리퀴드 파운데이션을 사용할 때는 여러 번 두드려 커버력을 높이며, 케이크 타입의 파운데이션을 사용하면 커버가 더욱 수월하다. 얼굴이 붉은 편이므로 붉은 기가 도는 베이스 제품은 피한다.

(4) 붉은 피부

보색인 그린 계열의 베이스 제품을 섞어 바르거나 피부톤보다 약간 어두운 색조의 파운데이션을 가볍게 오래 두드려 발라준다. 붉은 계열의 베이스 제품이나 강한 블러셔를 사용하지 않도록 한다.

(5) 잡티가 많은 피부

기미, 주근깨 등의 잡티가 많은 피부는 커버력이 강한 크림 타입이나 케이크 타입의 파운데이션을 사용하는 것이 좋다. 피부색과 기미 등 잡티 색의 중간 컬러를 선택하여 사용한다. 눈이나 입술에 포인트 메이크업을 하여 시선을 분산시키는 것도 좋다.

3 얼굴의 균형과 분석

(1) 얼굴의 세로 분할

얼굴의 가로를 5등분하여, 귀에서 눈꼬리까지, 눈꼬리에서 눈앞머리까지, 눈과 눈 사이, 반대편 눈앞머리에서 눈꼬리까지, 눈꼬리에서 귀까지를 동일하게 나누는 것이 이상적인 얼굴의 가로 길이 프로포션이다.

(2) 얼굴의 가로 분할

얼굴의 세로를 3등분하여, 헤어라인부터 눈썹까지, 눈썹에서 코끝, 코끝에서 턱 끝까지의 간격을 동일하게 나눈 것이 이상적인 균형비이다.

> **Tip** 얼굴은 가로 5등분, 세로 3등분으로 하는 이상적인 균형비가 있다.

(3) 눈썹

헤어라인부터 턱까지 세로 길이의 3분의 1 위치가 이상적이다.

(4) 눈

헤어라인부터 입꼬리까지의 길이를 2등분한 것이 눈의 위치이며, 눈의 길이는 얼굴 가로 길이의 5분의 1의 길이이다.

(5) 입술

코와 입술 간의 거리는 입술 길이의 3분의 1, 윗입술은 아랫입술의 5분의 4 정도의 두께가 이상적이며, 위치는 양 눈동자 안쪽 경계선에서 수직선을 내린 사이에 입술이 위치하는 것이 좋다.

(6) 귀

귀는 눈과 코끝 사이에 위치한다.

Section 3 기본 메이크업 기법(베이스, 아이, 아이브로, 립과 치크)

1 기초 제품 사용하기

(1) 클렌징

① 클렌징의 목적

클렌징(cleansing)은 세안하는 행동을 의미하며, 클렌징 제품과 방법은 피부 타입에 따라 선택해야 한다. 클렌징의 목적은 일상생활에서 얻게 되는 외부의 먼지, 땀 등의 수용성 요소와 메이크업이나 크림, 자외선 차단체 등으로부터 생기는 유용성 요소들을 제거하여 피부의 청결 및 세포의 라이프 사이클을 유지함으로써 피부를 건강하게 유지시키는 데 있다.

② 클렌징 제품의 종류와 특성

ㄱ 클렌징 워터

액상 타입으로 포인트 색조 메이크업을 지울 때 사용하며, 화장솜에 덜어내어 닦아내듯 사용한다.

ㄴ 클렌징 로션

O/W(Oil in Water) 타입으로 친수성을 지니고 있으며, 사용감이 편하고 피부 자극이 적어 건성 피부와 민감성 피부에 적합하다.

ㄷ 클렌징 크림

유성 성분으로 진한 메이크업을 지울 때 용이하며, 이중 세안이 꼭 필요하다.

ㄹ 클렌징 오일

물에 용해가 잘 되며 건성 피부, 수분 부족형의 지성 피부, 민감성 피부 등에 적합하다.

ㅁ 클렌징 젤

유성 성분이 없고 흡착력이 좋아 세정력이 우수하며 유분에 민감한 알레르기 피부에 좋다.

ⓑ 클렌징 티슈

휴대가 간편하여 여행이나 외출 시 사용하기 용이하나 진한 메이크업을 지울 때는 가능한한 사용하지 않는 것이 좋다. 티슈의 반복 사용은 피부를 민감하게 만들 수 있으므로 유의해야 한다.

ⓢ 클렌징 폼

비누 성분과 저자극 계면활성제에 글리세린과 솔비톨 등 보습제 성분을 첨가하여 세정력을 조절한 크림 제형으로, 물을 섞어 거품을 내어 사용한다.

ⓞ 클렌징밤

크림이나 연고 형태의 클렌징 제품으로 피부의 온도에 의해 오일 상태에 가까운 형태로 변화되어 클렌징 하는 제품이다. 물로 씻어낼 수 있으며, 건성피부, 수분부족형 지성피부, 민감성피부 등에 적합하다.

(2) 기초 화장품의 종류와 특성

기초 화장품은 피부 타입, 상태, 계절, 기호 등에 따라 사용하며 화장품의 성분과 종류에 따라 용도와 용법이 다르므로 신중하게 선택해야 한다.

① 화장수(lotion)

화장수는 피부 타입에 따라 선택하여 사용하는 것이 좋으며, 피부 표면에 수분을 공급하며 클렌징 잔여물을 닦아내는 역할을 한다.

② 유액(emulsion)

수분을 많이 함유한 유화 상태의 액체 크림이다.

③ 크림(cream)

유화 상태의 제형이 고형화되어 있는 것으로, 피부에 습윤기를 제공하여 유연성을 좋게 한다.

(3) 피부 타입에 따른 기초 화장품 선택

① 건성 피부

수분 결핍, 유분 결핍, 유·수분 결핍의 유형이 있다. 모공이 작아 피부결이 좋아 보이나 윤기가 없고 건조하여 노화가 빨리 나타나는 편이다. 보습력이 높은 영양 화장수와 크림을 사용하며 무알콜의 자극이 없는 제품을 사용해야 한다.

② 정상 피부(중성피부)

피부결이 매끄럽고 윤기가 있으며 촉촉하다. 계절이나 건강에 따라 약건성이나 약지성의 피부로 변할 수 있다.

③ 지성 피부

피비 분비량이 많아 번들거리며 모공이 넓은 편으로 두 가지 타입이 있다. 건성 지루성 타입은 수분이 높은 화장품을 사용하되 유분 공급을 피하고, 유성 지루성 타입은 산성 화장수를 사용하며 기초 화장품의 양은 줄이도록 한다.

④ **민감성 피부**

화학적, 역학적 반응에 예민하며 외부 자극에 민감하여 피부가 불안정하다. 알레르기 증상이나 색소 침착 현상이 잘 나타난다. 무색, 무취의 민감성 타입 화장품을 사용하며 자극적인 관리는 피하도록 한다.

⑤ **복합성 피부**

건성과 지성적 요소가 공존하는 타입으로 T존(T-zone) 영역은 지성이며, 눈가와 볼 부위는 건조한 편으로 주름이 형성되기도 한다. 기초 화장품 선택 시 두 가지 피부 타입을 고려하여 부위별로 사용하는 것이 좋다.

2 **베이스 메이크업**

베이스 메이크업이란 색조 메이크업의 첫 단계로, 피부를 아름답게 표현하고 피부 결점을 커버하여 건강하고 매력적인 피부를 가질 수 있도록 하는 메이크업 단계이다.

> **Tip** 피부 타입 분석 → 피부 타입에 따라 메이크업 전에 스킨케어로 피부 상태 최적화 → 피부톤을 정리하는 메이크업 베이스 → 피부색을 표현하고 결점을 커버하는 파운데이션 → 하이라이팅과 셰이딩(컨투어링)을 고려한 파우더

(1) 메이크업 베이스(make-up base)

① **메이크업 베이스의 기능**

  ㉠ 보호막을 형성하여 파운데이션 및 색조 화장으로부터 피부를 보호한다.

  ㉡ 피부톤을 보정하는 역할을 한다.

  ㉢ 피부의 결을 보정하는 역할을 한다.

  ㉣ 파운데이션의 밀착력을 높이고 메이크업의 지속력을 높인다.

② **메이크업 베이스의 종류**

  ㉠ 프라이머(primer): 피부의 요철을 메워 실키한 피부막을 만들어 매끈한 피부 표현을 가능하게 하는 실리콘 베이스 제품이다. 실리콘 유도체를 함유한 반투명 젤 타입의 프라이머는 빛을 가볍게 난반사하여 얼굴의 주름이나 결점들을 매끈하게 커버해주는 효과가 있다.

  ㉡ 컬러 컨트롤 베이스(color control base)

색상	효과
초록(green)	잡티가 많은 얼굴에 사용하며, 붉은 피부톤을 조절한다.

	분홍(pink)	창백한 얼굴에 혈색을 부여하여 화사한 피부톤을 만든다.
	노랑(yellow)	검은 피부톤에 명암을 주어 밝게 만든다.
	투명 (transparency)	자연스러운 피부톤을 표현한다.
	주황(orange)	불균일한 톤의 어두운 피부에 사용하며 태닝한 듯한 건강한 피부색을 표현한다.
	보라(violet)	노란 기가 많은 칙칙한 피부에 사용하며 화사하고 고른 피부톤을 만든다.

ⓒ 펄 메이크업 베이스(shimmery make-up base): 글로시한 피부 표현을 위해 사용하거나 각도에 따라 입체감을 강조하고 결점을 커버하는 효과를 위해 사용된다.

ⓔ 수분 메이크업 베이스(moisturized make-up base): 각질이 있는 건조한 피부에 사용하여 수분을 공급하며 촉촉한 피부를 만드는 효과가 있다.

(2) 파운데이션(foundation)

① 파운데이션의 기능

ㄱ 자외선, 추위, 오염 등 외부 자극으로부터 피부를 보호한다.

ㄴ 피부의 기미, 주근깨, 잡티 등 결점을 커버한다.

ㄷ 피부색을 조절한다.

ㄹ 파운데이션 색상을 이용하여 얼굴의 윤곽을 수정한다.

② 파운데이션 컬러 선택

ㄱ 베이스 컬러: 피부색에 가까운 색상을 선택한다.

　ⓛ 셰이딩 컬러: 피부톤보다 1~2톤 어두운 색을 선택한다.

　ⓒ 하이라이트 컬러: 피부톤보다 1~2톤 밝은 색을 선택한다.

③ 파운데이션의 종류

종류		특징
	리퀴드 (liquid)	수분을 많이 함유하고 있어 촉촉하며, 건성 피부에 좋고 자연스러운 피부 표현이 가능하지만 커버력과 지속력이 낮다.
	틴티드 모이스처 라이저 (tinted moisturizer)	파운데이션과 메이크업 베이스의 중간 제품이다. 커버력은 약하지만 자연스러운 메이크업을 할 때 효과적이다.
	크림 (cream)	적당한 유분 함유로 커버력이 있어 잡티가 있는 피부에 효과적이며, 중년층의 건성 피부 타입에 적합하다.
	무스 (mousse)	거품 타입으로 흡수력이 좋고 사용감이 가벼우며 지성 피부에 적합하다. 커버력이 약하여 깨끗한 피부에 많이 사용한다.
	스틱 (stick)	고체 타입으로, 커버력이 우수하고 지속성이 높아 전문가용으로 많이 사용한다.
	파우더 파운데이션 (power foundation)	파우더 분말을 압축시킨 매트한 타입의 파운데이션으로, 휴대하기 편리하며 커버력이 약하다.

	투웨이 케이크 (two way cake)	분말 형태의 압축 파운데이션으로 스피디한 메이크업을 할 때 편리하지만, 다소 커버력이 두꺼운 경향이 있다.
	팬 케이크 (pan-cake)	스펀지에 물을 묻혀 사용하며 방수성, 내수성이 강하고 메이크업의 지속성이 높아 무대 메이크업에 많이 사용한다.

④ 피부 타입에 따른 파운데이션 선택하기

피부 타입	파운데이션 타입
건성 피부	• 유·수분이 많은 것을 사용한다. • 피부에 잘 스며들게 하는 촉촉한 크림 타입이 적합하다. • 전체적으로 글로시한 느낌이 나게 표현한다.
중성 피부	• 계절의 변화나 온도에 영향을 받는다. • 겨울에는 크림 파운데이션을 사용하며, 피지 분비가 왕성할 때는 오일 프리 파운데이션을 사용한다.
지성 피부	• 메이크업 전 오일 컨트롤 제품을 사용하면 메이크업이 들뜨는 현상을 방지할 수 있다. • 피지의 분비가 많아 얼굴 전체가 번들거리는 피부이므로 파우더 파운데이션이나 케이크 타입의 파운데이션이 적합하다.
여드름 피부	• 메이크업 베이스로 피부톤 보정을 해준 후 파운데이션을 바른다. • 피부가 민감하므로 기초 손질에 주의해야 한다. • 유분이 있는 크림이나 파운데이션의 사용은 자제하고, 세안을 깨끗이 하는 것이 중요하다.
기미·주근깨 피부	자신의 피부색에 적합한 크림 타입의 파운데이션을 바르고 자신의 피부보다 한 단계 밝은 색상의 컨실러를 바른 후 파우더로 마무리한다.

(3) 컨실러

① 컨실러의 기능

다크서클, 여드름 자국, 기미, 주근깨 등의 피부 결점을 커버하며, 색조 메이크업의 부분 수정 시 사용하기에도 좋다.

② 컨실러의 종류

컨실러의 종류		특징
	리퀴드 타입 (liquid Type)	하이라이트 대용으로 눈 밑 등 얇은 피부 위에 사용하며, 커버력은 낮은 편이다.

	크림 타입 (cream type)	발림성이 좋고 그라데이션이 용이하여 다크서클 및 넓은 부위에 사용이 가능하다. 커버력과 밀착력이 높아 잡티를 커버하는 데 효과적이다.
	스틱 타입 (stick type)	커버력이 우수하여 붉은 반점이나 뽀루지 등을 커버하는 데 효과적이다. 점착력이 강해 그라데이션이 용이하지 않으므로 눈가에 사용하는 것은 피해야한다.
	펜슬 타입 (pencil type)	결점 부위가 작을 때 사용한다. 브러시 없이 사용하기에 간편하며 립라인 수정 시에도 용이하다.

③ 컨실러 사용방법

　㉠ 사용할 부위에 따른 컨실러 제형과 색상을 선택한다.

　㉡ 컨실러 브러시를 이용하여 경계가 생기지 않도록 소량씩 두드려 바른다.

　㉢ 파우더를 이용하여 컨실러 도포 부위를 가볍게 고정한다.

(4) 페이스 파우더(face powder)

① **파우더의 기능**

　㉠ 파운데이션과 컨실러 등 베이스 메이크업을 고정하는 역할을 한다.

　㉡ 유·수분으로 인해 메이크업이 지워지지 않도록 지속성을 높여주는 역할을 한다.

　㉢ 아름다운 피부색 표현과 함께 매끄러워 보이도록 한다.

② **파우더의 종류**

종류		특징
	투명 파우더 (transparent powder)	파운데이션의 색상을 그대로 표현해주며, 고정하는 역할을 한다.
	피니시 파우더 (finish powder)	메이크업의 마무리 단계에서 얼굴에 입체감을 주기 위해 바르는 파우더로, 펄이 함유된 제품이 많다.

	루스 파우더 (loose powder)	분말형으로, 투명감 있는 피부 표현이 가능하다.
	콤팩트 파우더 (compact powder)	분말형의 파우더를 압축한 것으로, 커버력이 있으며 휴대하기가 좋다.

③ 파우더의 색상별 특징

종류		특징
	노랑(yellow)	태닝한 피부 또는 어두운 피부의 윤곽을 잡을 때 적합하며 동양인에게 잘 맞는다.
	초록(green)	붉은 기를 보정해주는 역할을 한다.
	보라(violet)	혈색이 없는 노르스름한 피부를 화사하게 해주는 역할을 한다.
	분홍(pink)	피부에 생기와 화사함을 주는 역할을 하며 신부 메이크업에 적합하다.
	피치(peach)	부분적인 셰이딩이나 내추럴 메이크업 후 자연스러운 포인트를 주는 역할을 한다.

3 아이 메이크업

(1) 아이섀도(eye shadow)

① 아이섀도의 목적

　㉠ 아이섀도는 눈매에 색감을 주어 입체감을 준다.

　㉡ 다양한 컬러를 통해 개성 연출이 가능하다.

　㉢ 눈이 지닌 단점을 보완하여 눈매를 더욱 돋보이게 한다.

② 아이섀도 제품의 종류와 특징

종류	특징
케이크 타입 (cake type)	일반적으로 사용되고 있는 타입으로, 사용하기 편리하며 색의 혼합과 그라데이션이 용이하고 색상이 다양하다.
파우더 타입 (powder type)	주로 펄 타입으로, 광택을 부여하고자 할 때 사용한다. 화려한 파티 메이크업, 사이버 메이크업 등에 많이 사용되며 하이라이트용, 무대 메이크업용으로도 많이 사용된다.
크림 타입 (cream type)	팟(pot) 또는 스틱 형태로 되어 있고 발색, 지속성을 높일 때 베이스로 사용되기도 하며 유분을 함유하고 있어 부드럽게 잘 펴진다.
펜슬 타입 (pencil type)	유분이 많으므로 사용한 후 케이크 타입 제품으로 마무리를 하는 것이 좋으며, 발색력이 우수하지만 뭉칠 우려가 있다.

③ 아이섀도의 기본 테크닉

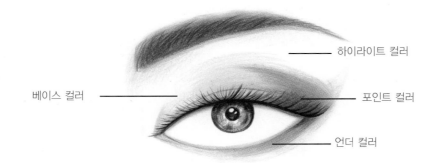

하이라이트 컬러

베이스 컬러

포인트 컬러

언더 컬러

㉠ 베이스 컬러(base color)

아이섀도 컬러의 주 색상을 나타내는 부분으로, 눈을 떴을 때 어느 정도 보이도록 바르는 것이 일반적이며 아이 메이크업의 분위기에 영향을 미친다.

㉡ 하이라이트 컬러(highlight color)

돌출되어 보이게 하거나 넓게 보이고자 하는 부위, 두드러지게 보이고자 하는 부위에 사용한다. 하이라이트 컬러는 베이스 컬러와 조화를 이룸으로써 윤곽을 만들어 내고 포인트 컬러를 선명하게 만들어주는 역할을 한다.

㉢ 포인트 컬러(point color)

깊이감을 주어 눈매를 강조하는 역할을 하며 포인트 컬러의 색상과 연출법에 따라 다양한 이미지가 결정된다. 주로 눈꼬리로부터 3분의 1 지점을 넘지 않는 범위에서 자연스럽게 그라데이션한다.

㉣ 언더 컬러(under color)

눈 밑 언더라인 부분에 사용하는 컬러로, 대부분은 눈두덩에 사용한 베이스와 포인트 컬러를 발라준다. 그러나 콘셉트에 따라 다양한 언더 컬러를 사용하기도 한다.

(2) 아이라이너(eyeliner)

① 아이라이너의 목적

아이라이너는 눈을 또렷하게 강조하고 눈의 단점을 보정하여 눈의 모양을 예쁘게 만들거나 변화시키는 역할을 한다. 여러 가지 다양한 질감과 형태, 색상이 있으며 눈꺼풀에 깊이감을 주기 위해 사용하기도 한다.

② 아이라이너의 종류에 따른 특징

아이라이너 종류	특징
	• 리퀴드 타입(liquid type) 선명하고 섬세한 표현이 가능하지만 수정이 어렵고 광택이 있어 부어 보이는 눈이나 쌍꺼풀이 없는 눈에는 피하는 것이 좋다.
	• 펜슬 타입(pencil type) 사용이 간편하고 수정과 그라데이션이 가능하다. 눈에 묻어나는 경우 펜슬로 그린 후 아이섀도 또는 페이스 파우더를 사용하면 번짐을 최소화할 수 있다. 눈에 유분이 많은 사람에게는 적합하지 않다.

	• **케이크 타입(cake type)** 물을 이용하여 농담 조절이 가능하며 광택이 없어 자연스러운 표현을 할 수 있지만 수분에 약하다.
	• **젤 타입(gel type)** 방수성을 가지고 있어 지속력이 높고 번짐이 없다. 부드럽게 잘 그려지고 또렷하게 표현된다.
	• **붓 펜 타입** 매끈하게 아이라인을 표현할 수 있으며 초보자들이 사용하기 편리하다.

(3) 마스카라

① 마스카라 사용의 목적

속눈썹을 길고 풍부하게 보이게 하고 눈을 선명하고 또렷하게 해주며 눈에 깊이감을 준다. 아이섀도만으로 완성되지 않는 자연스러운 입체감을 통해 깊고 매력 있는 눈으로 만든다.

② 마스카라의 종류에 따른 특징

종류	특징
• **볼륨 마스카라** 속눈썹을 풍성하게 연출해주며 촘촘한 브러시가 속눈썹 사이사이를 두껍게 발리도록 한다.	
• **롱래시 마스카라** 볼륨 마스카라 보다 농도가 연하며 얇게 발린다. 속눈썹이 자연스러우면서 길어보이는 효과가 있다.	
• **컬링 마스카라** 속눈썹의 컬을 오랜시간 유지시켜 준다.	
• **투명 마스카라** 자연스러운 컬링으로 내추럴 메이크업에 어울리며 아이브로 정리에도 유용하다.	
• **섬유질 마스카라** 속눈썹이 빈약한 경우 마스카라 베이스용으로 사용하면 효과적이다.	

	• 워터프루프 마스카라 건조가 빠르며 물이나 땀에 잘 번지지 않는다.
	• 컬러 마스카라 속눈썹을 다양한 컬러로 표현할 수 있으며 아이 메이크업의 컬러를 부각시키는 역할을 한다.

(4) 인조속눈썹(false eyelashes)

① 인조속눈썹의 기능

　㉠ 눈매를 크고 또렷하게 만들고 눈썹이 풍성해 보이는 효과를 준다.

　㉡ 인조속눈썹은 쌍꺼풀이 없거나 속눈썹이 짧은 경우 깊은 눈매를 만드는 데 효과적이다.

　㉢ 양 눈의 쌍꺼풀 라인이 다른 경우 등의 수정 및 보완을 위한 도구로도 활용된다.

　㉣ 때와 장소에 따라 적절한 속눈썹을 선택하여 자연스러운 분위기를 연출할 수 있다.

② 인조속눈썹의 종류

　㉠ individual type

　　• 한 가닥씩 떨어져 있는 타입이다.

　　• 펜슬을 이용하여 아이라인을 그린 후 속눈썹을 붙이면 본래의 눈썹과 인조속눈썹이

　　 연결되어 자연스러운 연출이 가능하다.

　　• 하나씩 붙이도록 되어 있어 원하는 눈매를 만들기 쉽다.

　㉡ strip type

　　• 하나로 붙어 있는 타입이다.

　　• 전체적으로 연결되어 있어 사용이 간편하고, 또렷한 눈매를 만들기 쉽다.

4 **아이브로 메이크업**

(1) 아이브로 메이크업의 목적

아이브로는 얼굴이 지붕이라고 할 만큼 인상을 결정짓는 중요한 요소라 할 수 있다. 적절하게 다듬고 잘 그린 눈썹은 얼굴을 더 아름다워 보이게 하고 표정을 더해주며 메이크업에 있어 균형감 있는 마무리를 해준다. 아이브로는 색상에 따라 이미지가 변하게 되는데 대부분 모발이나 눈동자 색상 혹은 색조 화장의 톤에 맞춘다.

(2) 아이브로 제품의 종류에 따른 특징

아이브로 제품 종류	특징
	• 젤 타입(gel type) : 붓을 이용하여 그리며 진하게 표현된다.
	• 펜슬 타입(pencil type) : 사용과 수정이 쉽지만 자칫 너무 진하게 표현될 수 있으므로 주의해야 한다. 주로 강한 눈썹을 표현할 때 사용한다.
	• 케이크 타입(cake type) : 섀도 타입으로 자연스럽고 부드러운 느낌으로 연출이 가능하며, 눈썹의 빈 곳을 메워주듯이 사용한다.
	• 마스카라 타입(mascara type) : 아이브로 전용 마스카라로 한올 한올 윤기 있게 살려주며 헤어 컬러에 따라 브로 컬러 연출이 가능하다.
	• 리퀴드 타입(liquid type) : 유분과 땀에 의한 번짐이 적고 오래 지속되며 간편하게 연출할 수 있다.

(3) 아이브로 색상에 따른 이미지

아이브로 색상	이미지
	• **흑색** : 강하고 확실하며 고전적 분위기, 젊은 이미지
	• **갈색** : 지적이며 세련되고, 부드러우며 성숙한 이미지

	• 회색 : 가장 대중적이며 자연스러운 이미지

(4) 아이브로 형태에 따른 특징

아이브로 형태의 종류	특징
	• **표준형** : 일자형에 가까운 기본형으로, 가장 자연스러운 이미지로 연출된다.
	• **직선형** : 일자형으로, 길이가 길지 않고 눈썹산이 낮게 표현되어 어리면서도 순수한 이미지로 연출된다.
	• **상승형** : 화살 모양으로 눈썹 앞머리와 끝 부분의 높이 차이가 있으며, 둥근형이나 각진 얼굴에 잘 어울린다.
	• **각진형** : 지적인 느낌을 주며 단정하고 세련된 이미지로, 둥근형 얼굴이나 얼굴의 길이가 짧은 형에 잘 어울린다.
	• **아치형** : 매혹적이면서 우아하고 여성적인 이미지로, 이마가 넓은 얼굴형에 잘 어울린다.

(5) 얼굴형에 따른 아이브로

아이브로	얼굴형
	• **둥근형** : 약간 상승 느낌이 나는 듯한 각진형 아이브로로 꼬리를 올려 갸름한 느낌을 강조한다.
	• **사각형** : 각진 얼굴을 커버하기 위해 가늘지 않게 그리며, 아치형 아이브로로 완만한 곡선을 그려준다.

PART 1

메이크업의 이해

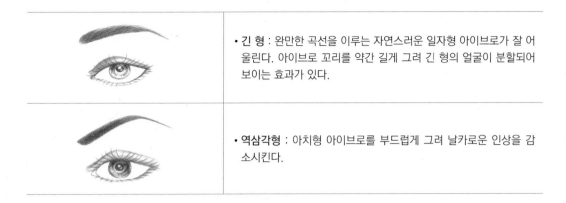

	• **긴 형** : 완만한 곡선을 이루는 자연스러운 일자형 아이브로가 잘 어울린다. 아이브로 꼬리를 약간 길게 그려 긴 형의 얼굴이 분할되어 보이는 효과가 있다.
	• **역삼각형** : 아치형 아이브로를 부드럽게 그려 날카로운 인상을 감소시킨다.

5 립 메이크업

(1) 립 메이크업의 목적

① 얼굴 전체에 생기와 화사함을 더해주는 역할을 한다.

② 입술 모양을 수정 및 보완하는 역할을 한다.

③ 립 제품의 종류에 따라 다양한 질감과 볼륨감을 형성할 수 있다.

(2) 립 메이크업 제품 종류에 따른 특징

립 메이크업 제품	특징
	• **립 펜슬(lip pencil)** : 부드럽고 색이 잘 퍼지는 연필 타입으로, 입술선을 수정하여 윤곽이 살아나게 해주며 립스틱이 덜 번지게 해주지만 입술을 건조하게 만든다.
	• **립스틱(lipstick)** : 색상이 선명하게 연출되며 질감이 다양하다. 매트한 질감은 침착하고 딱딱한 인상을 주고 광택이 있는 질감을 신선하고 촉촉하며 부드러운 인상을 줄 수 있다.
	• **립글로스(lip gloss)** : 립스틱에 비해 투명감이 있으며, 윤기 있게 마무리된다.
	• **립틴트(lip tint)** : 아름다운 입술색을 연출하기 위해 많이 사용되는 착색제로 자연스러운 입술색을 오래 유지할 수 있다.
	• **립크림(lip cream)** : 입술 보호의 목적이 강하며 입술을 장시간 동안 건조해 보이지 않게 하는 장점이 있다.

	• 립라커(lip lacquer) : 립스틱의 고유한 질감 위에 립글로즈의 풍부한 광택을 더한 제품이다.	

(3) 피부톤에 따른 립 메이크업 컬러 선택법

피부톤		피부 특징	립 색상
핑크 계열	흰 피부	혈색은 없지만 화사함	핑크, 보라, 레드
	희고 붉은 피부	희면서 붉음	퍼플, 레드
브라운 계열	노르스름한 피부	노르스름하고 혈색이 없어 보임	오렌지, 코랄, 레드
	어두운 황갈색 피부	전체적으로 어두워 보임	벽돌색, 브라운

(4) 립 메이크업 방법

① 립라인에 따른 이미지와 연출 방법

립 라인	연출 방법
	• 인커브(in curve) : 귀엽고 여성스러운 이미지로, 원래의 립라인보다 1~2mm 안쪽으로 그린다.
	• 스트레이트 커브(straight curve) : 립라인을 직선으로 표현하며 지적인 이미지를 나타낸다.
	• 아웃커브(out curve) : 섹시한 아름다움을 표현하는 입술 모양으로, 성숙하고 매력적인 분위기를 연출한다. 립라인보다 1~2mm 크게 그린다.

② 립 모양에 따른 수정 방법

입술 모양	수정 방법
	• 두꺼운 입술 : 컨실러를 이용하여 입술선을 수정한 후 어두운 컬러의 라이너로 윤곽을 잡아준다.
	• 얇은 입술 : 컨실러를 이용하여 립라인을 수정한 후 1~2mm 바깥으로 그리고, 밝은 색상이나 립글로스를 이용해 볼륨감을 준다.
	• 윗입술이 두꺼운 경우 : 립라인을 수정한 후 윗입술선의 안쪽으로 라이너를 이용해 윤곽을 잡아준 후 립 컬러를 바른다.
	• 주름이 많은 경우 : 립 펜슬을 이용하여 립라인을 그린 후 유분기가 적은 연한 색을 사용하여 표현한다.

	• **아랫입술이 두꺼운 경우** : 컨실러를 이용하여 립라인을 수정한 후 립라인보다 1~2mm 정도 작게 윤곽을 잡아주고 립 컬러를 바른다.
	• **구각이 처진 경우** : 아랫입술과의 조화를 고려하여 구각을 1mm 정도 위로 그리고, 윗입술은 인커브로 그린다.

6 치크 메이크업

(1) 치크 메이크업의 목적

① 얼굴을 부드럽고 화사하게 표현하며 색상의 명암을 이용하여 얼굴의 형태를 수정하고 입체감 있게 표현할 수 있다.

② 얼굴에 혈색을 주어 여성스러움과 화사한 이미지를 연출하고 표정을 생기 있게 하며 건강미를 표현할 수 있다.

(2) 치크 메이크업 제품 종류에 따른 특징

치크 메이크업 제품	특징
	• **크림 타입** : 파운데이션을 바른 후 파우더를 바르기 전에 바르며 건성 피부에 적합하다. 발색이 좋아 뭉치거나 진해지기 쉬우므로 그라데이션을 잘 해야 한다.
	• **파우더 타입** : 다른 색상과 혼색이 잘 되며 페이스 파우더를 바른 후 발라야 한다.

(3) 치크 메이크업 컬러에 따른 이미지

① **로즈 핑크**: 우아하고 여성스러운 이미지
② **파스텔 톤의 화사한 핑크**: 귀엽고 사랑스러운 이미지
③ **브라운 계열**: 세련되고 지적인 이미지
④ **오렌지 계열**: 건강하고 생동감 있는 이미지

(4) 치크 메이크업 기본 테크닉

① **치크 메이크업의 위치**

눈동자의 바깥 부분과 콧방울 위쪽 이내에서 볼 뼈를 스치듯이 브러시를 위치시키고 다른 브러시를 콧방울 아래에 수평으로 위치시켰을 때 브러시가 교차되는 안쪽 부위가 치크 메이크업에 적합한 위치이다.

② **얼굴형에 따른 치크 메이크업 방법**

얼굴형	연출 방법
	• **둥근형** : 관자놀이에서 앞광대까지 사선으로 그라데이션하여 둥근 느낌을 최소화한다.
	• **사각형** : 볼의 넓은 부위를 둥글게 발라주어 시선이 안쪽으로 모이게 함으로써 크고 각져 보이는 얼굴이 작아 보이게 연출한다.
	• **긴 형** : 앞 광대 부분에서 귀 방향을 향해 일직선으로 분할하는 듯한 느낌으로 그라데이션한다.

• **역삼각형** : 안에서 바깥 방향으로 수평이 되도록 둥글게 그라데이션한다.

CHAPTER 03 | 색채와 메이크업

색채는 빛깔을 의미하는 말로 디자인 3요소(형태, 색채, 질감)의 중 하나이며, 물리적인 빛이 감각 기관인 눈을 통해 지각되는 현상이기도 하다. 색을 지각하기 위해 반드시 필요한 3가지 조건인 빛, 물체(대상물), 감각(눈)을 색채 지각의 3요소라고 한다. 우리 눈은 빛이 반사, 흡수, 투과, 굴절, 산란, 회절, 간섭 등의 현상을 일으키면서 나타나는 다양한 색을 보게 된다.

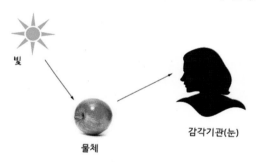

▲ 색채 지각의 3요소

빛은 X선, 자외선, 가시광선, 적외선, 라디오파 등으로 나누어지며, 그 중 사람이 볼 수 있는 380~780nm 사이의 빛을 가시광선이라고 한다. 가시광선은 자외선과 적외선 사이에 있으며, 평소에는 백광으로 보이지만, 프리즘에 의해 빛이 굴절되면 분광(分光)되어 스펙트럼(spectrum)이라는 색의 띠로 보여진다. 스펙트럼은 파장에 따라 단파장, 중파장, 장파장으로 나누어진다.

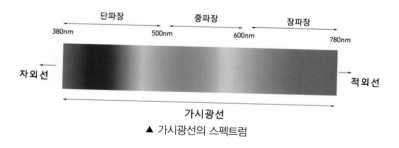

▲ 가시광선의 스펙트럼

Section 2 **색채이론**

1 색채의 기초

(1) 색의 3속성

① **색상**: 색의 고유한 성질로 빨강, 노랑, 파랑으로 구분되는 속성이다.

② **명도**: 색의 밝고 어두운 정도를 뜻하며, 밝을수록 '고명도', 어두울수록 '저명도'라 한다.

③ **채도**: 색의 맑고 탁한 정도를 뜻하며, 맑을수록 '고채도', 탁할수록 '저채도'라 한다.

> **Tip** 톤: 명도와 채도의 복합 개념으로 색조를 의미하며, '선명한 색', '진한 색', '밝은색', '어두운색' 등 형용사로 색의 이미지를 표현하여 배색, 색명 전달에 용이하다.

(2) 색의 분류

① **무채색**: 색상, 채도가 없고 명도만 있는 색으로 흰색, 회색, 검은색이 있다.

② **유채색**: 무채색을 제외한 모든 색으로, 색상을 가지는 색을 뜻한다.

(3) 3원색과 혼색

> **Tip** 어떤 색을 혼합해도 만들 수 없는 색을 '원색'이라고 한다.

① **안료의 3원색과 감법 혼색**: 잉크와 물감 같은 안료의 3원색은 사이언(C, Cyan), 마젠타(M, Magenta), 옐로(Y, Yellow)이며, 색을 섞을수록 명도가 낮아지므로 '감법 혼색'이라고 한다.

② **빛의 3원색과 가법 혼색**: 빛의 3원색은 빨강(R, Red), 초록(G, Green), 파랑(B, Blue)이며, 색을 섞을수록 밝아지므로 '가법 혼색'이라고 한다.

▲ 안료의 3원색과 감법 혼색

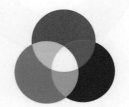

▲ 빛의 3원색과 가법 혼색

2 색의 체계

① **현색계**: 물체색 지각의 3속성인 색상, 명도, 채도에 따라 색의 분류하여 이름이나 번호, 기호를 붙여 물체의 색을 표시하는 체계로, 먼셀, 오스트발트, NCS, KS 색 체계 등이 있다.

※ 대표적 현색계 : [KS 색체계]

- 한국산업규격(KS)에서 1964년 처음 지정된 KS 물체색의 색이름(KS A 0011)은 몇 번의 개정을 거쳐 현재 2015년 개정판이 사용되고 있다.
- KS 색명법은 관용색과 계통색 모두를 사용한다.
- 관용색명은 오래 전부터 습관적으로 사용하는 색명으로 금색, 은색, 포도색, 당근색, 나일 블루 등과 같이 동식물, 광물, 지역, 장소 등에서 유래한 이름이 많다.
- 계통색명은 빨강, 노랑, 파랑과 같은 기본색과 톤을 사용하여 붙인 이름으로, KS에서 지정한 기본색은 빨강(R), 주황(YR), 노랑(Y), 연두(GY), 초록(G), 청록(BG), 파랑(B), 남색(PB), 보라(P), 자주(RP), 분홍(Pk), 갈색(Br)의 유채색 12색과 흰색(Wh), 회색(Gy), 검정(Bk)의 무채색 3색으로 구성되었다.
- 톤(tone, 색조)은 명도와 채도의 복합 개념으로, 색의 느낌을 형용사 언어로 표현한 것이다. KS의 톤은 선명한(vivid, vv), 흐린(soft, sf), 탁한(dull, dl), 밝은(light, lt), 어두운(dark, dk), 진한(deep dp), 연한(pale, Pl) 등의 유채색의 톤과 밝은(light, lt), 어두운(dark, dk)의 무채색의 톤으로 분류된다.

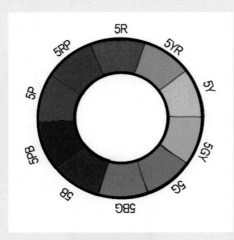

▲ 먼셀 색상환

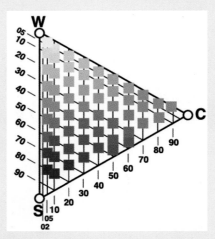

▲ NCS 색 삼각형

② **혼색계**: 물리적인 빛의 혼색에 기초를 둔 색광을 표시하는 색 체계로 CIE(국제조명위원회) 표준 표색계가 대표적이다.

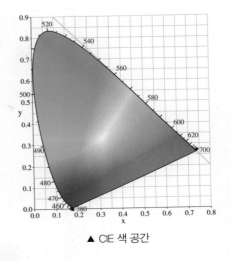

▲ CIE 색 공간

3 색채의 지각 효과

(1) 착시 효과(illusion effect)

사물의 색, 형태, 크기, 길이 등의 객관적 성질과 인간의 눈에 보이는 성질이 차이가 있는 시각적 착시 현상을 뜻한다.

(2) 면적 효과(area effect)

동일인이 동일한 광원 아래 같은 색상의 물체를 보더라도 면적(크기)에 따라 색이 다르게 보이는 현상을 면적 효과라고 한다. 면적이 큰 색은 밝고 선명하게 보이고, 면적이 작은 색은 어둡고 탁하게 보이게 된다.

(3) 푸르킨예 현상(purkinje phenomenon)

가시광선의 각 파장별로 우리 눈의 시세포 감도가 다르기 때문에 어두울 때(암소 시)에는 밝을 때(명소 시)보다 비시감도 곡선(각 파장에 대한 감도를 구해 나타난 곡선)이 단파장쪽으로 이동한다. 이와 같이 암소 시의 매우 어두운 상태에서 단파장 영역의 밝기 감도가 높아져 푸른색이 다른 색에 비해 밝게 보이고, 붉은색 장파장 영역의 색들은 어둡고 탁하게 보이는 현상을 푸르킨예 현상이라고 한다.

(4) 색음 현상(coloured shadow phenomenon)

색채학자인 괴테 이론에 따르면 그림자는 늘 회색으로 나타나는 것이 아니라 푸른색 또는 붉은색이 가미된 회색으로 나타나기도 한다. 예를 들어 석양과 촛불에 사이에 연필을 세워 생기는 그림자는 보색인 청록으로 나타나는데 이를 색음 현상이라고 한다. 작은 면적의 회색이 고채도의 유채색으로 둘러싸였을 때, 유채색의 보색을 띄는 회색으로 보이는 현상을 가리키기도 한다.

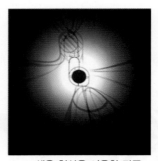

▲ 색음 현상을 이용한 작품

4 색채의 지각적 특성

(1) 색의 대비

색의 대비는 배경색의 영향으로 색의 성질이 변하는 현상을 말한다. 대부분 순간적으로 일어나며, 시간이 지남에 따라 그 효과가 약해진다. 대비 현상은 두 색을 동시에 볼 때 일어나는 동시대비와 시간적 차이에 따라 일어나는 계시대비로 나눌 수 있다.

① 동시대비
　㉠ **색상대비**: 색상이 다른 두 색을 동시에 볼 때 색상 차이가 느껴지는 현상이다. 예를 들어 빨강색 위의 주황색은 노랗게 보이고, 노랑색 위의 주황색은 빨갛게 보인다.

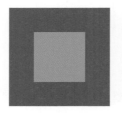 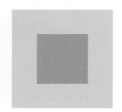

ⓛ **명도 대비**: 명도가 다른 두 색을 동시에 볼 때 두 색의 명도차가 크게 보이는 현상이다. 배경색이 명도가 높으면 원래의 명도보다 어둡게 보이고, 배경색이 명도가 낮으면 원래의 명도보다 밝게 보인다.

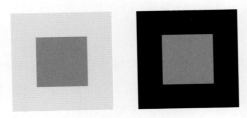

ⓒ **채도 대비**: 채도가 다른 두 색을 동시에 볼 때 두 색의 채도차가 크게 보이는 현상이다. 동일한 색이라도 채도가 낮은 색 위에서는 선명해 보이고, 채도가 높은 색 위에서는 탁해 보인다.

ⓔ **보색 대비**: 보색 관계인 두 색을 동시에 봤을 때 서로의 영향으로 원래의 색보다 채도가 높아져 선명해 보이는 현상을 말한다.

ⓜ **연변 대비**: 두 색이 인접해 있을 때 인접되어 있는 부분에서 대비 현상이 일어나는 것을 말한다. 명도가 높은 부분과 닿아있는 부분은 어둡게 보이고, 명도가 낮은 부분과 닿아 있는 부분은 밝게 보인다.

② 계시대비

색을 본 후 시간적 차이를 두고 다른 색을 보면 먼저 본 색의 보색 잔상의 영향으로 일시적
으로 색이 다르게 보이는 현상을 계시대비라 한다. 빨강을 오래 보고 있다가 노랑색을 보면
빨강의 보색인 초록의 영향으로 인해 연두색으로 보이게 된다.

(2) 색의 동화

동화현상이란 대비현상과 반대로 인접한 색의 영향으로 인접색에 가까운 색으로 보이는 현상
을 말한다. 동화현상은 크기, 거리와 관계가 있다. 가까이서 보면 점인 부분이 멀리서 보면 혼
합되어 한 색으로 보이는 것도 동화현상 중 하나이다.

① **색상동화**: 노랑색 무늬가 있는 빨강색 바탕은 노란 기가 있는 빨강색으로 보이고, 파랑색
무늬가 있는 빨강색 바탕은 파랑 기가 있는 빨강색으로 보인다.

② **명도동화**: 흰색 무늬가 있는 회색 바탕은 더 밝아 보이고, 검정색 무늬가 있는 회색 바탕은
더 어둡게 보인다.

③ **채도동화**: 회색 무늬가 있는 중채도의 빨강색은 칙칙하게 보이고, 고채도의 빨강색 무늬가
있는 중채도의 빨강색은 더 선명하게 보인다.

▲ 색상동화   ▲ 명도동화   ▲ 채도동화

5 색채의 감정

색의 감정	특징
온도감	빨강, 주황, 노랑 같은 색들은 따뜻하게 느껴지고, 파랑, 하늘색, 남색은 차갑게 느껴진다.
중량감	색은 무게감에도 영향을 미치는데, 상대적으로 명도가 높은 밝은 색은 가벼워 보이고 명도가 낮은 색은 무거워 보인다.
경연감	경연감은 딱딱하고 부드럽게 느껴지는 감정으로, 명도가 높으면서 채도가 낮은 색은 부드럽게 느껴지고, 명도, 채도가 낮은 색은 딱딱하게 느껴진다.
흥분 색과 진정 색	붉은색 계열은 활기찬 기분을 느끼게 하고 흥분시키는 반면, 푸른색 계통은 차분한 감정을 가지게 한다.
팽창 색과 수축 색	같은 사이즈라도 명도가 높은 밝은 색은 커 보이고, 명도가 낮은 색들은 더 작게 보인다.

6 색채의 연상

① 색채의 연상

특정 색채를 보았을 때 그 색에 관한 인상을 기억하거나 어떤 사물이나 느낌을 떠올리는 것을 '색채 연상'이라고 한다.

색 명	구체적 연상	추상적 연상
빨강	불, 피, 태양	위험, 분노, 열정, 자극, 금지
주황	오렌지, 귤, 감	적극, 희열
노랑	병아리, 레몬, 개나리	경고, 유쾌, 희망
초록	풀, 산, 나뭇잎	평화, 고요, 안전, 여름
파랑	바다, 하늘	시원함, 차가움, 우울, 냉정, 추위
보라	포도, 라벤더	고귀함, 우아, 신비, 외로움
흰색	눈, 설탕	청결, 순수, 순결, 밝음
회색	구름, 쥐, 먼지	우울, 중성, 무기력, 소극적
검정	밤, 연탄	죽음, 허무, 절망, 암흑

7 배색

두 가지 이상의 색을 알맞게 배치하여 조화되도록 하는 것을 '배색'이라고 한다. 색의 배치나 비례, 3속성의 변화를 고려하여 사용하여 목적에 맞는 효과를 얻을 수 있어야 한다.

배색의 종류		특징
콘트라스트(contrast) 배색		보색 배색이라는 의미로, 보색에 가까운 색의 조합으로 화려하고 활기찬 느낌의 배색이다.
세퍼레이션(separation) 배색		분리 배색의 의미로, 대립되는 두 색 사이에 무채색, 금색 등을 넣어 조화를 이루는 배색이다.
악센트(accent) 배색		강조 배색의 의미로, 기존 색과 반대되는 강조 색을 사용하여 돋보이게 하는 것이 특징이다.
그라데이션(gradation) 배색		연속 배색의 의미로, 색의 3속성 중 하나 이상의 속성이 단계적으로 변화하도록 배색하는 것이다.

레페티션(repetition) 배색		반복 배색의 의미로, 두 가지 색 이상의 색채를 반복하여 표현하는 배색을 말한다.
톤온톤(tone on tone) 배색		톤을 겹친다는 의미로, 동일 색상의 두 가지 명도차가 큰 톤의 색을 선택하여 배색하는 것이다.
톤인톤(tone in tone) 배색		같은 톤 내 또는 명도차가 크지 않은 색끼리의 배색 기법으로 톤이 동일하여 조화로움을 쉽게 얻을 수 있다.
토널(tonal) 배색		색채학자 파버 비렌이 탁색계를 톤(tone)이라 부르고 있던 것에서 유래한 것으로, 중명도, 중채도의 덜(dull) 톤의 색을 사용한 수수한 이미지의 배색을 말한다.
트리콜로(tricolor) 배색		세 가지 색 이상으로 배색하는 것을 말하며, 프랑스 국기가 대표적인 예이다.

8 한국의 전통색

한국의 전통색은 고대 중국에서 시작되어 동양문화권을 지배해 온 음양오행 사상을 기본으로 한다. 음양이라는 글자는 해와 그늘을 의미하나, 우주의 원리 또는 우주의 삼라만상의 발생 논리로 그 의미가 확대되어 발전하였다. 오행은 목(木,) 화(火), 금(金,) 수(水), 토(土를) 의미하며, 모든 사물과 현상, 색 등을 오행에 대입해서 설명한다.

오정색은 양(陽)의 색으로 방위를 나타낸다 하여 오방색으로 불리기도 하며, 적(赤)색, 청(淸)색, 황(黃)색, 백(白)색, 흑(黑)색이 있다. 오간색은 정색 사이의 색으로 녹(綠)색, 자(紫)색, 홍(紅)색, 벽(碧)색, 유황(硫黃)색이 있다.

오행	계절	방향	오정색	오간색	사신	신체	맛	오륜
목	봄	동	청	녹	청룡	간장	신맛	인
화	여름	남	적	홍	주작	심장	쓴맛	예
금	가을	서	백	벽	백호	폐	매운맛	의
수	겨울	북	흑	자	현무	신장	짠맛	지
토	토용	중앙	황	유황	황룡	위장	단맛	신

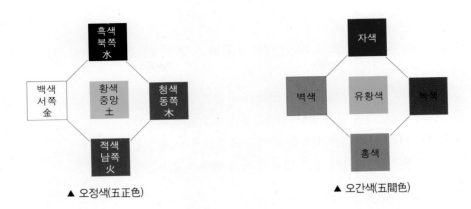

▲ 오정색(五正色)　　　　　　　　　　▲ 오간색(五間色)

Section 3 색채의 조화

1 색채 조화 개념

조화란 서로 다른 것들이 아름답게 잘 어우러지는 것을 뜻하며, 두 색 이상의 배색이 보는 사람으로 하여금 쾌감을 주는 상태를 '색의 조화'라고 한다. 색채 조화를 위한 배색에는 개인차가 있으나 색채학자들에 따라 여러 유형의 색채 조화 이론이 있다.

2 색채 조화 이론

(1) 슈브뢸의 색채 조화론

프랑스 화학자 슈브뢸(Chevereul M.E)이 염색과 직물을 연구하던 중 색채 조화에 대한 사실들을 발견한 것으로, 모든 색채 조화가 유사 또는 대조에서 이루어진다고 주장하였다.

① **인접색의 조화**: 인접색끼리의 조화는 차분하고 안정된 느낌을 준다.

② **색상의 조화**: 명도가 비슷한 인접 색상을 배색하면 조화를 이룬다.

③ **보색의 조화**: 반대색의 대비 효과는 서로 상대색의 강도를 높여주며 유쾌한 느낌이 난다.

④ **주조색의 조화**: 한 가지색이 주조를 이룰 때의 조화이다.

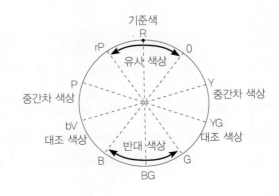

(2) 저드의 색채 조화론

미국의 색채학자 저드(D.B. Judd)는 색채에 관한 선행 연구들을 종합하여, 색채 조화 원리를 네 가지로 정리하였다.

① **질서의 원리**: 규칙적으로 선택된 색은 조화를 이룬다.
② **유사성의 원리**: 색채 간에 공통되는 성질이 있으면 조화된다.
③ **친근성의 원리**: 우리에게 익숙한 배색은 조화롭게 느껴진다.
④ **명료성의 원리**: 애매함이 없고 명확한 색의 배색은 조화롭다.

(3) 파버 비렌의 색채 조화론

파버 비렌(Faber Birren)의 색채 조화론은 심리학적 연구를 기반으로 이루어졌으며, 검정, 흰색, 순색을 기본으로 색삼각형을 만들고, 순색(color), 흰색(white), 회색(gray), 검정(black), 명색조(tint), 암색조(shade), 톤(tone)의 일곱 가지 범주로 나누어 조화 패턴을 표현하였다. 색삼각형의 연속된 선상에 위치한 색들을 조합하면 서로 조화롭다고 주장하는 이론이며, 조화로운 패턴은 'White-Tint-Color', 'Color-Shade-Black', 'White-Gray-Black', 'Color-White-Black', 'Tint-Tone-Shade', 'Tint-Tone-Black', 'White-Tone-Shade', 'Tint-Tone-Gray-Shade'의 여덟 가지가 있다.

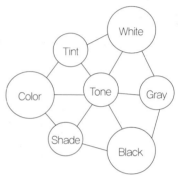

▲ 비렌 색삼각형

Section 4 **메이크업과 색채**

1 베이스 메이크업과 색상

메이크업 베이스, 파운데이션, 파우더와 같은 베이스 메이크업의 색으로 피부톤을 수정할 수 있다.

색상 종류	특징
핑크	창백한 피부에 핑크빛이 도는 베이스 메이크업을 하면 혈색을 부여하여 화사한 피부톤을 연출할 수 있다.
오렌지	오렌지 컬러가 들어간 베이스 제품을 사용하면 햇볕에 그을린 듯한 건강한 피부를 표현할 수 있다.
옐로	붉은 피부 또는 어두운 피부에 사용하면 자연스러운 피부톤을 연출할 수 있다.
그린	여드름이 있거나 붉은 피부, 잡티가 많은 피부에 사용하면 붉은 기를 잠재울 수 있다.

바이올렛	노란 피부의 경우 보라색 기가 약간 도는 베이스 제품을 사용하면 자연스러운 피부를 표현할 수 있다.
화이트	피부를 밝고 투명하게 표현하고자 할 때 사용한다.

> **Tip** 베이스 메이크업 제품의 색상으로 피부 컬러를 수정할 수 있다.

2 포인트 메이크업과 색상

아이섀도, 립스틱, 치크 등 색조 메이크업에 사용하는 컬러는 매우 다양하며, 색에 따라 다양한 이미지를 연출할 수 있다.

색상 종류	특징
레드	레드는 립스틱으로 사용하면 세련되고 섹시한 느낌을 연출할 수 있으며, 아이섀도로 사용되면 강렬한 이미지를 연출할 수 있다.
핑크	분홍색은 하얀 피부를 더 돋보이게 하며, 연한 핑크는 청순하고 사랑스러운 이미지, 진한 핑크는 생동감 있는 이미지를 표현할 수 있다.
오렌지	젊고 건강해 보이는 컬러로 태닝한 피부에 어울리며, 연한 컬러는 사랑스러운 이미지, 진한 컬러는 섹시한 이미지를 표현할 수 있다.
옐로	봄의 대표 컬러 중 하나인 옐로는 귀엽고 사랑스러우며 산뜻한 이미지를 가진다. 옐로 한 가지 색보다는 그린, 핑크 등과 그라데이션하여 사용한다.
그린	밝은 그린 섀도는 봄에 어울리는 컬러로 하얀 얼굴을 생동감 있게 연출해주며, 산뜻한 느낌을 연출할 수 있다.
블루	깨끗하고 시원한 느낌을 연출할 수 있지만 너무 진한 컬러는 부담스러울 수 있으므로 주의한다.
바이올렛	우아한 여성미를 연출할 수 있으며, 짙은 보라색을 립스틱이나 아이섀도 컬러로 이용하면 성숙하고 섹시한 이미지를 연출할 수 있다.
브라운	누구에게나 어울리는 컬러로, 가을을 대표하는 색이며 성숙하고 차분하며, 지적이고 세련된 이미지를 표현할 수 있다.
무채색	화이트는 아이섀도보다는 하이라이트에 사용되고, 그레이는 모던한 느낌의 컬러이며, 블랙은 시크하고 선명한 이미지를 나타낸다.
누드 톤	피부톤의 컬러로 자연스러운 이미지를 가지며, 내추럴 메이크업에 자주 사용된다.

3 계절별 유행색과 톤의 특징

계절별로 자연색이 변화하듯 계절마다 어울리는 메이크업의 색상도 조금씩 다르다.

계절	대표 색	대표 톤
봄	옐로, 핑크, 오렌지, 코럴, 그린 등	라이트, 브라이트, 비비드 등
여름	화이트, 블루, 바이올렛 등	페일, 라이트, 라이트 그레이시 등
가을	베이지, 브라운, 골드, 와인 등	덜, 딥, 다크 등
겨울	화이트, 실버, 블랙, 와인 등	딥, 다크, 뉴트럴, 비비드 등

4 이미지별 색채 특징

트렌드와 뷰티 이미지별 메이크업에 어울리는 색은 다음과 같다.

이미지	대표 색	대표 톤
프리티(pretty)	옐로, 레드, 라이트 그린 등	라이트, 브라이트, 페일 등
캐주얼(casual)	레드, 옐로, 그린, 블루 등	비비드, 라이트, 브라이트 등
로맨틱(romantic)	피치, 핑크, 로즈, 옐로 등	라이트, 페일, 브라이트 등
클리어(clear)	화이트, 블루, 라이트 그린 등	화이티시, 페일, 라이트 등
엘레강스(elegance)	핑크, 바이올렛, 베이지, 그레이 등	소프트, 그레이시, 덜 등
내추럴(natural)	베이지, 브라운, 라이트 그린 등	라이트 그레이시, 덜 등
클래식(classic)	브라운, 베이지, 버건디 등	딥, 다크 그레이시, 다크 등
고저스(gorgeous)	골드, 베이지, 퍼플, 와인 등	덜, 딥, 다크 등
다이내믹(dynamic)	옐로, 레드, 화이트, 블랙 등	비비드, 다크, 블랙키시 등
시크(chic)	퍼플, 그레이, 블랙 등	라이트 그레이시, 그레이시, 뉴트럴 등
모던(modern)	화이트, 블루, 회색, 블랙 등	뉴트럴, 다크, 블랙키시, 비비드 등
댄디(dandy)	블랙, 그레이, 다크 블루 등	딥, 다크, 그레이시 등

Section 5 퍼스널 컬러

1 퍼스널 컬러의 개념

사계절의 이미지에 비유하여 신체 색을 분류하는 방법인 퍼스널 컬러는 모발 색, 눈동자 색, 피부 색의 신체 색을 기준으로 크게 웜 톤(warm tone)과 쿨 톤(cool tone, blue base)으로 분류하고, 다시 봄, 여름, 가을, 겨울로 구분하여 어울리는 이미지와 컬러를 제안하는 시스템이다.

2 퍼스널 컬러 진단 방법

신체 색으로 구분하는 방법과 색 천을 이용하여 어울리는 컬러를 찾는 드레이핑 진단 방법이 있으며, 각 계절별로 어울리는 컬러를 제안할 수 있다.

> **Tip** 퍼스널 컬러는 피부 색, 머리카락 색, 눈동자 색으로 신체 색을 분류하는 시스템이다.

퍼스널 컬러	봄	여름	가을	겨울
피부 색	yellow base (투명, 얇은 피부)	blue base (복숭아빛 흰 피부)	yellow base (혈색이 없거나 잘 타는 피부)	blue base (창백하거나 얇은 피부)
머리카락 색	갈색 (부드럽고 얇음)	진한 갈색, 검은색	짙은 갈색 (윤기가 없음.)	푸른 기의 짙은 갈색, 검은색
눈동자 색	밝은 갈색	부드러운 갈색	짙은 황갈색	짙은 회갈색, 검은색
어울리는 색	보라, 연두, 초록, 피치, 핑크 등	흰색, 파랑 등	브라운, 카키, 올리브, 골드 등	무채색, 악센트(빨강 등)
어울리는 톤	비비드, 브라이트, 라이트	페일, 라이트 그레이시, 라이트	덜, 딥, 다크	뉴트럴, 비비드, 딥, 다크, 블랙키시
어울리는 스타일	프리티, 캐주얼	로맨틱, 클리어	내추럴, 클래식	시크, 모던

3 퍼스널 컬러의 특징

퍼스널 컬러의 조화 색 특징은 모든 계절에서 뉘앙스가 다른 동일색이 추천될 수 있다는 것이다. 여름에만 파란색이 어울리는 것이 아니라 각 계절별로 어울리는 파란색이 있다. 예를 들면 같은 빨강이라 하더라도 봄은 선명한 빨강, 여름은 밝고 차가운 느낌의 빨강, 가을은 딥 톤에 가까운 어두운 빨강, 겨울은 진분홍에 가까운 차가운 빨강으로 각 계절별로 뉘앙스가 조금씩 다른 색이 어울린다.

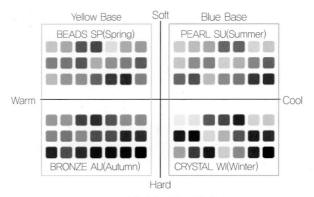

▲ 사계절에 따른 조화 색

분류	봄	여름	가을	겨울
대표적인 이미지				
어울리는 눈썹 컬러	밝은 적갈색	회색, 회갈색	적갈색, 흑갈색	블랙, 다크 그레이
어울리는 아이섀도 컬러	클리어 피치, 코럴	연핑크, 코코아 베이지	코럴 베이지, 딥 피치	페일 핑크, 로즈 베이지
어울리는 립 컬러	레드, 핑크, 오렌지	로즈 베이지, 핑크	브라운, 코럴 베이지	레드, 버건디, 와인

Section 6 **색채와 조명**

조명은 무대 위에서 시각적인 구성을 만들고, 분위기를 연출할 수 있으며, 무대 장치, 의상이나 메이크업을 돋보이게 해줄 수도 있다. 18세기 말까지는 양초, 19세기 초에는 가스등을 사용했으며, 1879년 에디슨이 백열등을 발명하면서 오늘날의 현대식 조명이 발달하게 되었다. 보통 조명은 태양광선보다 색도가 낮은 황색 계통의 빛이 가장 많이 사용되며, 색광은 인공적인 백색 광선에 컬러 필터를 더해 연출한다.

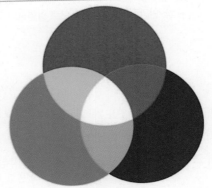

1 조명의 기본 원리 : 가법 혼색에 의한 색광

빛의 3원색인 빨강, 초록, 파랑(RGB)의 빛을 합하여 백색광을 만들 수 있다. 콘서트장과 같은
공간에서는 공연장 멀리에서 빨강, 파랑, 초록의 조명을 쏘아 화려한 이미지를 만들고, 무대
위 가수들에게는 각 색이 합해져 흰빛으로 다다르게 된다.

PART 1

가법 혼색에 따른 결과색	
빨강 + 파랑 = 마젠타	파랑 + 녹색 = 사이언
빨강 + 초록 = 옐로	빨강 + 초록 + 파랑 = 흰빛

▲ 조명(빛)의 3원색과 가법 혼색

> **Tip** 조명은 RGB의 빛의 3원색을 이용한 가법 혼색과 관련이 깊다.

2 조명 기기의 종류

백열전구의 발명으로 사용되기 시작한 텅스텐 조명기는 소음, 발열, 경제성의 문제 등으로 오
랜 시간에 걸쳐 변화되었다. 1927년 모든 가시광선에 반응하는 팬크로맨틱 필름이 개발되면서
본격적으로 텅스텐 전구가 조명 기기로 사용되었고, 출력 문제를 광택 반사판과 프레넬 렌즈
의 개발로 해결했다. 또, 1960년대 할로겐 램프의 개발로 수명을 연장할 수 있었을 뿐만 아니
라 작은 크기의 조명을 제작할 수 있게 되었다. 1960년대 이후 일광에 가까우면서도 낮은 온
도를 유지하는 HMI가 개발되어 현재까지 사용되고 있으며, LED 등의 다양한 램프가 개발되
어 조명 기기로 사용되고 있다.

종류	특징
텅스텐 램프 (tungsten lamp)	필라멘트로 된 전구로, 노란색에 가까운 빛을 내며, 온도가 3,000K 정도인 저렴한 백열전구 조명이다. 열이 많이 나는 단점이 있다.

할로겐 램프 (halogen lamp)	텅스텐 전구 안에 할로겐을 사용해 수명과 빛을 강화한 조명으로, 엄청난 고온이며 효율성이 낮고 매우 고가인 단점이 있다.
형광등 조명	사무실에서 많이 사용하는 5,300kW의 조명으로 텅스텐 조명보다 2.5배 밝고 수명이 긴 장점이 있지만 푸른빛이 돌아 인물 사진, 영상에 적합하지 않다.
HMI(인공 태양, Halogen Metal Lodide Lamp)	태양광과 비슷한 5,600kW의 조명으로, 할로겐 램프에 비해 3~4배의 에너지 효율과 낮은 온도로 고출력, 고광량을 표현할 수 있지만 전구 자체가 비싼 것이 단점이다.
LED(발광 다이오드, Light Emitting Diode)	반도체에 전압을 가할 때 생기는 발광 현상을 이용한 전구로, 아주 작은 크기로도 제작이 가능하다. 빨강이 기본 색이고 초록, 파랑, 흰색이 개발되었으며, 고출력, 반영구, 친환경 제품으로 발열량이 극히 적다.

3 **조명 목적에 따른 분류**

(1) 조명 방식에 따른 분류

① **전반 조명**: 실내 전체가 거의 동일한 조도가 되도록 조명하는 방법이다.

② **국부 조명**: 가까운 거리에 효과적인 조명 방법이다.

③ **국소 조명**: 특히 강조하고 싶은 곳에 조명도를 조절하는 방식이다.

종류	특징
프레넬 스포트라이트 (fresnel spotlight)	내부 리플렉터를 조절하여 스포트라이트 효과를 내는 조명기로, 렌즈로부터 대상을 멀리두면 특정 스폿으로 집중되는 방법이다.
엘립소이달 스포트라이트 (elipsoidal spotlight)	강한 빔으로 정교하고 정확한 조명에 적합하여 많이 사용된다. 조명 패턴을 잘 제어하는 것이 중요하며, 가장자리가 날카롭다. 빛의 형태를 바꾸지 않고도 크기, 모양 조절이 가능하다.
보더 라이트(border light)	무대 전체에 평균적으로 광선을 투사시키기 위해 천장에 매달아 쓰는 기본 조명이다.
풋 라이트(foot light)	무대 맨 앞에 가지런히 가설되어 바닥에서 위로 조명하는 방법이다.
호리존트 라이트(horizont light)	무대 맨 안쪽에 있는 벽을 비추어 배경 및 효과 연출을 하는 밝고 부드러운 빛의 조명이다.
빔 프로젝터(beam projector)	빛의 범위가 좁고 강한 것으로 강한 빛을 요구하는 장면(창살의 햇빛 등)이나 뮤지컬, 무용 공연에서 무대를 가로지르는 경우에 사용된다.
스트립라이트(striplight)	7~12ft 정도의 좁고 긴 기구에 여러 개의 작은 등으로 연결되어 있다. 컬러 필터를 끼울 수 있으며 분위기, 연기 공간 조절이 가능하다.
폴로 스포트라이트 (follow spotlight)	주위 집중을 하거나 움직이는 대상을 추적하여 비출 때나 분위기를 고양시킬 때 사용한다.

(2) 조명 기법에 따른 분류

분류	특징
스포트라이트(spotlight)	대상을 정면으로 비추기
폴로 스포트라이트(follow spotlight)	움직이는 연기자를 추적하여 비추기
에어리어 라이트(area light) (역광: flood light)	무대 옆면에서 비추기
풋 라이트(foot light)	무대의 앞면에 부착하여 아래에서 올려 비추기
톱 · 다운 라이트(top/down light)	무대 위쪽에서 무대 장치나 배우를 향하여 내려 비추기
백 라이트(back light)	무대 뒤에서 객석을 향해 비추기
호리존트(horizont)	배우의 동작을 그림자가 지도록 역동적인 효과 내기
스트립라이트(striplight) (대상광: borde light)	무대의 일부분을 밝게 비추기
페이드 아웃(fade out)	빛이 서서히 꺼지는 것
크로스 페이드(cross-fade)	한 쪽 불이 꺼지면서 동시에 다른 조명이 서서히 켜지는 것

(3) 조명 방향에 따른 분류

분류	특징
전면 왼쪽 45° 각	반대쪽 얼굴이 보이지 않는다.
전면 오른쪽 45° 각	좌와 우의 조명은 시각적으로 분위기를 다르게 표현할 수 있다.
전면 좌우 45° 각	양쪽 얼굴이 모두 잘 보인다.
좌우 30° 각	얼굴 중심부에 그늘이 진다.
45° 각에서의 앞 조명	명확하지 않다.
15° 각에서의 뒤 조명	무리(빛 주변에 생기는 둥근 테)가 지는 효과를 낸다.
90° 각에서의 위 조명	코와 턱 밑에 그늘이 진다.
아래 각에서의 풋(foot) 조명	극적 표현을 할 수 있지만 자연스럽지 않다.
뒤 조명(back light)	뒤에서 비추는 조명으로 배우를 무대와 구분시키며 연기자의 얼굴의 윤곽을 잡아줄 수 있지만 너무 강한 빛을 쏘면 배우의 어깨나 머리에 무리가 생길 수도 있다.
옆 조명(side light)	장면마다 색을 다르게 할 때나 의상 색에 다양한 광채를 줄 때 사용한다.

4 조명색과 이미지

빨강은 분노, 전쟁, 주황은 따뜻함, 파랑은 절제와 냉정함, 초록은 평화로운 이미지를 나타낼 수 있으며, 조명 색을 통해 시간(아침, 낮, 저녁 등), 기상(비 오는 날, 폭풍 등), 자연물(해, 달 등), 무대 위 조명 시설(등불, 촛불, 전봇대 등) 등의 T.P.O와 분위기를 연출할 수도 있다.

조명색	이미지 연출 특징
빨강	해가 뜨거나 노을 지는 장면 연출, 위험하고 공포스러운 분위기 연출
주황, 노랑	따뜻하고 안락한 분위기 연출, 늦은 오후 연출
초록	평화로운 분위기 연출, 자연 환경 연출
파랑	밤과 어두운 분위기, 비오는 날, 겨울 연출, 우울한 심리 상황 표현
백색	낮의 직사광선 연출, 실내 환경 연출

5 조명과 메이크업

(1) 광원과 메이크업 색채

메이크업의 경우 광원에 따라서 피부색이나 포인트 메이크업 색, 얼굴의 인상 등이 다르게 보이므로, 광원에 따라 메이크업 색을 조절할 필요가 있다. 일반적으로 많이 사용되는 형광등과 백열등을 기준으로 살펴보면, 형광등은 태양광에 비해 푸른 기가 돌아 얼굴이 창백해 보일 수 있으며, 포인트 메이크업 색이 칙칙해 보이는 경향이 있다. 백열등은 태양광에 비해 붉은기가 도는 조명으로, 피부색이 약간 어둡게 보인다. 포인트 메이크업 색의 경우에는 붉은색은 더욱 강하게 보이고, 푸른색은 칙칙하게 보이는 경향이 있다. 그러므로 각 조명 아래에서 메이크업을 하고 이동하면 표현된 메이크업 색상이 다를 수 있으므로 주의해야 하며, 조명 아래에서 촬영 및 연출 시에도 조명의 특징을 고려해서 메이크업을 연출해야 한다.

분류	형광등	백열등
빛의 특징	• 초록과 파랑 파장 부분의 광선이 강한 조명이다. • 피부가 노랗거나 창백해 보인다. • 포인트 메이크업 색이 칙칙해 보인다.	• 붉은 쪽으로 광선의 세기가 커지는 조명이다. • 피부가 어둡게 보인다. • 인상이 흐릿해 보인다.
조명을 고려한 메이크업 방법	• 피부를 밝고 건강해 보이도록 연출한다. • 자연스럽고 붉은 치크를 연출한다. • 노란 기가 돌거나 채도가 낮은 색상은 피한다.	• 얼굴 중앙을 밝게 표현하여 입체적으로 마무리한다. • 아이브로, 아이라인, 마스카라, 립라인을 평소보다 뚜렷하게 그려 인상을 돋보이게 한다. • 붉은 계열의 포인트 메이크업은 강하게 보이는 것을 고려한다. • 핑크, 바이올렛 등 푸른 계열의 포인트 메이크업은 푸른 기가 사라지고 붉은 기가 첨가되어 보인다. • 푸른 기가 도는 색상은 푸른 기가 사라지고 붉어지는 것을 고려하여 연출한다.

(2) 조명색과 메이크업 색채

조명색에 따라 메이크업 색이 다르게 나타난다.

조명색 / 메이크업색	붉은빛 조명	노란빛 조명	푸른빛 조명	보라빛 조명
적색	밝은 적색	노란빛 주황	어두운 적색	붉은 보라
노란색	노란 빨강	밝은 노랑	짙은 녹색	주황
녹색	어두운 녹색	밝은 노랑	짙은 녹색	어두운 녹색
파랑	어두운 청색	녹색	밝은 청색	탁한 청색
보라색	붉은 보라	밝은 주황	탁한 청색	밝은 보라
갈색	붉은빛 자색	오렌지	탁한 청색	밝은 보라

CHAPTER 04 | 메이크업 기기·도구 및 제품

1 브러시 종류와 기능

브러시는 족제비 털, 청설모 털, 조랑말 털 등과 같은 '자연모'와 합성섬유로 만든 '인조모'가 있으며, 용도와 크기에 따라 여러 가지 종류로 구분한다.

종류	기능
파운데이션(foundation) 브러시	메이크업 베이스나 파운데이션을 바를 때 사용하는 브러시로, 주로 탄력 있는 인조모로 만들며, 사용 시 자주 세척하여야 한다.
페이스(face) 브러시	가장 큰 브러시로, 파우더를 바르거나 털어낼 때 사용한다.
팬(fan) 브러시	부채꼴 모양으로 생긴 브러시로, 파우더나 아이섀도를 바른 후 여분을 털어낼 때 사용한다.
치크(cheek) 브러시	부드럽고 풍성한 털이 달린 브러시로, 윤곽 수정이나 치크 메이크업에 사용한다.
스크루(screw) 브러시	빳빳한 모가 회전하듯이 생긴 브러시로 눈썹을 정리하거나 마스카라가 뭉쳤을 때 빗어주는 용도로 사용한다.
아이브로(eyebrow) 브러시	눈썹의 공간을 채우거나 눈썹을 짙게 만들기 위해 아이브로 섀도를 바를 때 사용하며, 주로 사선 형태를 사용한다.
아이섀도(eyeshadow) 브러시	눈 주위에 사용하므로 피부에 자극을 주지 않는 고품질의 족제비 털로 주로 만들며, 숱이 적고 짧은 길이의 브러시이다.

종류		기능
스펀지 팁(sponge tip)		스펀지 재질의 팁으로 만들어진 브러시로, 사용하기가 쉽고 포인트 컬러의 표현에도 용이하다.
아이라이너(eyeliner) 브러시		섬세하고 또렷한 아이라인을 그릴 때 사용하며, 케이크 타입은 길고 얇은 타입, 젤 타입은 짧고 빳빳한 타입의 아이라이너를 사용한다.
립(lip) 브러시		부드럽고 탄력성이 좋은 브러시로, 각진 입술을 그리는 스트레이트 브러시와 둥근 입술을 그리는 라운드형 립 브러시가 있다.

2 기본 도구의 종류와 기능

종류	기능
스펀지(sponge)	파운데이션을 피부에 잘 펴주기 위한 도구로, 라텍스나 해면으로 만들며, 자주 세척하거나 1회용으로 사용하여야 한다.
파우더 퍼프(powder puff)	파우더를 바를 때 사용하며, 모델의 얼굴에 손이 닿지 않도록 작은 퍼프를 손가락에 끼워 사용하기도 한다.
인조속눈썹 (false eyelashes)	눈썹 숱을 풍성하게 하고 길이를 길어 보이도록 하기 위해 눈썹 위에 붙여 사용한다.
아이래시 컬러 (eyelash curler)	'뷰러'라고도 하며, 속눈썹에 컬을 주어 올리는 제품이다. 속눈썹이 꺾이지 않도록 3회 이상 나누어 컬을 주는 것이 좋다.
팔레트(pallet)	메이크업 시 재료를 혼합할 때 사용하거나 립스틱 등의 제품을 담아놓고 쓰는 용구이다.
스파츌라(spatula)	메이크업 제품을 덜어낼 때 사용하는 도구이다.
화장솜(cotton pad)	화장수로 피부 표면을 정리하거나 메이크업을 지울 때 사용한다.
면봉(cotton bud)	아이라이너, 립스틱 등 메이크업이 번진 것을 수정할 때 사용한다.

핀셋(tweezer)		눈썹을 정리하거나 인조속눈썹이나 큐빅을 붙일 때 사용한다.
수정 가위(scissors)		눈썹을 잘라 수정할 때 사용하는 도구이다.
펜슬 샤프너(pencil sharper)		아이라이너 펜슬, 립라이너 펜슬 등 펜슬 종류를 돌려 깎도록 만든 샤프너이다.

Section 2 메이크업 제품 종류와 기능

1 기초 메이크업 제품 종류와 기능

(1) 메이크업 베이스

기초 메이크업의 첫 단계로, 피부톤을 보정하고 파운데이션의 밀착성, 지속력을 높여주며 외부 자극으로부터 피부를 보호하고, 피부 질감을 결정하는 제품이다. 펄이 들어간 제품, 자외선 차단 기능의 제품 등 다양한 제품이 출시되고 있으며, 컬러가 들어간 제품은 피부톤 조절이 가능하다.

종류	특징
핑크	창백한 피부를 혈색 있게 연출할 수 있다.
화이트	어두운 피부를 밝게 표현해준다.
그린	붉은 기가 돌거나 여드름이 있는 피부의 톤을 조절할 수 있다.
바이올렛	노란 기가 도는 피부를 화사하게 보정한다.
오렌지	혈색을 주거나 건강해 보이도록 해준다.
베이지	피부톤에 자연스럽게 어울린다.

> **Tip** 메이크업 베이스는 피부톤을 보정하고, 색조 메이크업이 잘 표현되도록 도와준다.

(2) 파운데이션

피부의 결점을 커버하고 피부톤의 색을 조절하며, 외부 자극으로부터 피부를 보호하고 색조 화장을 더 돋보이도록 해주는 제품이다. 파운데이션을 바르는 것은 피부 질감을 결정하는 과정이다.

종류	특징
리퀴드 타입	수분 함량이 많은 제품으로, 가볍고 자연스럽게 표현할 수 있다.
크림 타입	리퀴드 타입에 비해 유분 함량이 높으며, 커버력, 지속력이 좋다.
케이크 타입	파운데이션과 파우더를 압축한 것으로, 커버력, 밀착력이 좋다.
스틱 타입	파운데이션이 농축된 고형 타입으로, 커버력이 뛰어나다.

> **Tip** 파운데이션의 제품 타입에 따라 피부 질감이 결정된다.

(3) 컨실러

파운데이션으로도 커버하지 못한 여드름, 기미, 주근깨 등의 잡티나 다크서클을 가릴 때 사용하는 제품으로, 커버력과 밀착력이 좋아 소량만 사용한다. 스틱, 펜슬, 리퀴드, 크림 타입이 있으며, 점과 같은 작은 잡티는 스틱이나 펜슬, 크림 타입으로 가리고, 다크서클 등의 다소 넓은 부위는 크림 타입을 사용한다. 파운데이션과 같은 컬러를 사용하는 것이 가장 자연스러우며, 브러시나 손가락을 이용하여 경계가 생기지 않도록 발라준다.

(4) 파우더

베이스 메이크업의 마지막 단계로, 파운데이션과 컨실러 등의 제품을 피부에 밀착시켜 지속력을 높여주고, 유분기를 제거하여 번들거림을 방지하고 투명하게 마무리한다.

종류	특징
루스 파우더(loose powder)	가루 형태로, 밀착력이 좋으며 자연스럽게 마무리할 수 있다. 투명 파우더, 펄 파우더, 컬러 파우더 등으로 세분화된다.
프레스드 파우더(pressed powder)	루스파우더를 압축하여 고체형으로 만든 제품으로, 휴대하기 편리하여 '콤팩트 파우더'라고도 한다.
피니시 파우더(finish powder)	펄이 약간 들어간 알갱이로 된 제품이 많아 무지개 빛 파우더 또는 '구슬 파우더'라고도 한다. 웨딩 메이크업, 파티 메이크업 등 화려한 이미지 연출에 사용한다.

2 색조 메이크업 제품 종류와 기능

(1) 아이브로 메이크업

눈썹은 첫인상을 좌우하는 부위로, 눈썹 화장을 통해 얼굴의 좌우 균형을 보완할 수 있으며, 눈썹의 형태와 색에 따라 이미지 변화와 개성을 표출할 수 있다.

종류	특징
케이크 타입(eyebrow cake)	섀도 타입으로, 자연스럽고 부드러운 느낌으로 연출이 가능하며, 눈썹의 빈 곳을 메워주듯이 사용한다.
펜슬 타입(eyebrow pencil)	사용과 수정이 쉽지만 자칫 너무 진하게 표현될 수 있으므로 주의한다. 주로 강한 눈썹을 표현할 때 사용한다.
에보니 펜슬(ebony pencil)	가장 많이 사용하는 펜슬로, 섬세하고 지속력이 좋으며 한국인의 눈썹 컬러와 잘 어울린다.
라이닝 컬러(lining color)	크림 타입으로 붓을 이용하여 그린다. 진하게 표현되므로 연극, 오페라 등의 무대 메이크업에 자주 사용된다.

(2) 아이섀도 메이크업

메이크업의 색상과 질감 표현이 가장 자유롭고 다양하게 연출할 수 있는 부위가 눈인 만큼 제품의 색상과 질감도 다양하게 출시되고 있다. 아이 메이크업으로 눈매를 보완·수정하고, 눈에 음영을 주어 입체감 있게 표현할 수 있다.

종류	특징
케이크 타입(cake eyeshadow)	가장 일반적인 제품이며, 연한 색부터 진한 색까지 다양한 색상이 있고, 사용이 간편하다.
크림 타입(cream eyeshadow)	크림 타입은 가루 타입보다 발색, 지속력, 밀착력이 뛰어난 제품으로, 주로 케이크 타입을 바르기 전 베이스 컬러로 사용한다.
스틱 타입(stick eyeshadow)	압축된 크림 타입으로 선명도, 밀착성이 좋고 휴대가 간편하다. 펄이 들어간 제품들이 많다.
파우더 타입(powder eyeshadow)	'스타 파우더'라고도 하며 입자가 고운 펄 파우더로 이루어진 섀도 형태이며, 주로 매트한 섀도 위에 덧발라 사용한다.

(3) 아이라인 메이크업

아이라이너는 속눈썹 라인을 따라 그리는 제품으로 선의 길이와 두께로 눈매를 변화시키는 역할을 하며, 일반적으로 아이섀도를 바른 후에 사용한다.

아이라이너 메이크업	특징
케이크 타입(cake eyeliner)	얇은 브러시에 물이나 스킨을 묻혀 농도를 조절하여 사용하는 제품으로, 선명하게 표현된다.
펜슬 타입(pencil eyeliner)	사용이 쉽고 수정도 쉽지만 상대적으로 선명하지 않고, 유분이 많아 쉽게 번질 수 있다.

| 리퀴드 타입(liquid eyeliner) | 액상 타입으로, 가늘고 섬세하게 그려지며 완전히 마른 후에는 번지지 않지만 오랜 시간이 지나면 벗겨지는 단점이 있다. |
| 붓펜 타입 | 붓펜 타입은 사용이 간편하지만 섬세하지 못한 단점이 있다. |

> **Tip** 아이라이너는 제품에 따라 선의 농도, 굵기 등을 다양하게 표현할 수 있다.

(4) 마스카라

속눈썹을 길고 풍성하게 만들어 눈매를 또렷하게 연출하는 목적으로 사용하며, 블랙 컬러가 가장 일반적이나 브라운, 와인, 바이올렛, 투명의 컬러를 사용하기도 한다. 제품에 내장된 브러시 모양에 따라 다르게 눈썹에 발라지며, 물에 녹지 않는 워터프루프(waterproof) 제품과 섬유소(fiber)가 들어 눈썹을 더 길게 만들어주는 제품 등 다양한 제품이 출시되고 있다.

종류	특징
볼륨 마스카라(volume mascara)	솔이 통통하게 만들어져 속눈썹을 풍성하게 만들어주므로 숱이 적은 사람에게 좋다.
롱래시 마스카라(longlash mascara)	나선형 형태의 솔로 속눈썹을 길어 보이게 해준다. 섬유소가 들어 있는 제품이 많은데, 시간이 지나면 가루처럼 떨어지는 단점이 있다.
컬링 마스카라(curling mascara)	솔이 휘어져 있어 속눈썹을 올려주는 효과가 탁월하므로 속눈썹이 처진 사람에게 유용하다.

(5) 치크 메이크업

동양인의 볼은 다소 평면적인 형태를 가지고 있기 때문에 치크 컬러와 방향에 따라 윤곽을 수정하고 입체감을 부여할 수 있다. 치크 메이크업으로 얼굴에 혈색을 주어 화사하고 건강하게 표현할 수 있으며, 눈과 입술을 조화시킬 수 있다.

종류	특징
케이크 타입(cake type)	일반적으로 가장 많이 사용하는 섀도 타입의 치크로, 자연스러운 표현이 가능하다.
크림 타입(cream type)	파우더를 처리하기 전에 손가락이나 스펀지로 두드려 그라데이션하여 발라주며, 케이크 타입에 비해 지속력이 좋다.

(6) 립 메이크업

다양한 색상으로 얼굴에 이미지를 부여할 수 있고, 입술 형태를 보완 · 수정할 수 있다. 외부 자극으로부터 입술을 보호하는 역할도 한다.

종류	특징
립스틱(lipstick)	선명한 발색이 특징이며, 매트, 광택 등 다양한 질감과 색상의 제품이 출시되고 있다.
립글로스(lip gloss)	리퀴드 제품으로, 투명감 있고 윤기 있게 마무리할 수 있다. 단독으로 사용하거나 립스틱이나 립틴트 위에 덧발라 사용한다.
립틴트(lip tint)	단기간에 입술 착색을 하는 제품으로, 컬러를 오래 유지하고 잘 지워지지 않는 장점이 있지만 입술을 건조하게 한다.
립라이너(lip liner)	입술 윤곽을 수정하고 립스틱을 덜 번지게 한다. 립스틱 컬러와 비슷한 컬러를 사용하는 것이 좋다.

> **Tip** 립 메이크업은 제품에 따라 질감이 다르며, 같은 질감의 제품이라도 컬러에 따라 이미지를 다양하게 연출할 수 있다.

CHAPTER 05 | 메이크업 시술

Section 1 기초 화장 및 색조 화장법

1 클렌징 방법

① 포인트 메이크업 리무버를 이용하여 아이 메이크업, 립 메이크업 등 포인트 색조 메이크업을 지운다.

② 피부 타입에 맞는 클렌징 제품을 선택하여 얼굴과 목에 고르게 펴 발라 마사지한 후 페이셜 티슈 또는 해면 등을 이용하여 부드럽게 닦아낸다.

③ 피부 타입에 맞는 토너를 선택하여 닦아내듯 피부를 정돈한다.

2 기초화장품 사용 방법

① 피부 상태를 살펴본 후, 피부에 상태(건성, 지성, 민감성 등)에 따라 기초화장품을 선택하도록 한다.

② 화장수(또는 토너)는 화장솜에 묻혀 얼굴 중앙부터 바깥쪽 방향으로 닦아내듯 사용한다.

③ 유액(에멀전) 또는 크림을 발라 피부에 유수분을 공급하여 베이스 메이크업이 잘 받도록 한다.

3 베이스 메이크업 방법

(1) 메이크업 베이스

① 피부톤에 따라 적합한 색과 질감의 메이크업 베이스를 선택하여, 본격적인 베이스 메이크업 전 피부톤을 정돈한다.

② 스펀지 또는 전용 브러시를 사용하여 볼, 이마 등 넓은 부위부터 콧볼, 눈가 등의 좁은 부위 순서로 바른다.

(2) 파운데이션(foundation)

① **파운데이션 표현 기법**

  ㉠ 슬라이딩(sliding) 기법 : 고르게 문지르듯 펴 바르는 방법

  ㉡ 패팅(patting)기법 : 가볍게 두드려 국소 부위를 자연스럽게 커버하기 좋은 방법

ⓒ 선긋기(lining) 기법 : 선을 긋듯이 바르는 방법으로 윤곽수정 시 사용됨

ⓓ 블렌딩(blending) 기법 : 경계가 지지 않도록 혼합하듯 바르는 방법

② **파운데이션 바르는 방법**

ⓐ 파운데이션 묻히기 : 양 볼, 이마, 턱, 코에 파운데이션을 적당량 찍어 놓는다.

ⓑ 펴 바르기 : 양 볼을 우선으로 피부결을 따라 안쪽에서 바깥쪽으로 가볍게 미는 슬라이딩기법으로 골고루 펴 바른다.

ⓒ 턱 바르기 : 파운데이션 스펀지를 아래에서 위로 눌러 주듯이 바른다.

ⓓ 콧방울 주위 바르기 : 스펀지의 좁은 부분을 이용하여 얇게 펴 바른다.

ⓔ 잔머리 부분 바르기 : 미간에서 헤어라인 쪽으로 끌어당기듯 펴 바른 후 잔머리가 난 부위는 톡톡 두드려준다. 이때 경계가 지지 않도록 소량을 사용한다.

ⓕ 눈꺼풀 바르기 : 자극을 주지 않고 손가락을 이용하여 세심하게 바른다.

ⓖ 밀착감 높이기 : 파운데이션을 잘 밀착시키기 위해 패팅(patting) 기법으로 골고루 두드려준다.

ⓗ 유분 제거 : 티슈로 살짝 눌러주어 유분을 제거한다.

③ **얼굴 부위별 파운데이션 테크닉**

얼굴 부위	특징
S-zone	• 양쪽 귀밑 선에서 턱선까지의 S자형이다. • 볼의 피부를 정돈하여 매끈하게 표현한다. • 움직임이 별로 없는 부분이므로 쉽게 흐트러지지 않는다.
T-zone	• 이마에서 콧등에 이르는 T자형이다. • 하이라이트를 주어 화사하게 표현한다. • 피비 분비량이 많아 화장이 잘 뜨는 부위이다. O-zone
입 주위, 눈 주위	• 피하지방이 적은 부분으로 피부 표현을 두껍게 하면 얼굴 전체의 파운데이션이 부자연스럽고 무거워 보인다. • 피지의 분비가 활발하고 움직임이 많은 부분이기 때문에 메이크업이 흐트러지기 쉽다.
Hair · Face line zone	• 자연스러운 파운데이션을 표현하려면 턱선과 두피 부분, 귀 앞머리까지 부자연스러운 경계가 지지 않도록 세심하게 그라데이션한다.
Y-zone	• 눈 밑, 턱 중앙은 다크서클이나 입술의 그림자로 인해 들어가 보인다. • 눈 밑 부분으로 베이스 컬러와 하이라이트 컬러를 같이 사용한다. • 스펀지 퍼프 사용 시 충분한 패팅으로 커버하면 잘 흐트러지지 않는다.
V-zone	• 양 볼의 중앙과 턱 중앙을 연결시킨 선이다.
U-zone	• 양쪽 귀선에서 광대뼈보다 약간 아래쪽 U자형이다. • 피하지방이 많고 기미, 주근깨가 많은 부위이기 때문에 충분한 양을 발라주면 피부가 매끈하고 깨끗하게 보인다.

(3) 파우더

① 퍼프 사용하기

㉠ 1개의 퍼프에 파우더를 덜어 다른 한 개로 맞댄 후 비벼서 파우더의 양을 조절하고 퍼프에 고르게 퍼지도록 한다.

㉡ 얼굴의 외곽에서부터 시작하여 안쪽 방향으로 가볍게 누르듯 발라준다.

㉢ 퍼프를 반으로 접어 퍼프가 잘 닿지 않는 눈 밑, 코 주변까지 바른다.

㉣ 남은 여분은 팬 브러시를 이용하여 털어내고 고르게 발릴 수 있도록 한다.

② 브러시 사용하기

㉠ 파우더 브러시를 사용하여 파우더를 덜어내어 퍼프에 놓고 양을 조절한다. 브러시는 파우더의 양 조절이 용이하며 브러시 크기에 따라 얼굴 부위별로 꼼꼼히 바를 수 있다.

㉡ 얼굴의 넓은 부위부터 시작하여 중심에서 바깥쪽으로 둥글리며 발라준다.

㉢ 팬 브러시로 여분을 정리한다.

㉣ 커버력이 필요한 경우 납작한 브러시를 이용하여 두드리듯 눌러준다.

4 ## 색조 메이크업 방법

(1) 아이브로 연출 방법

① 스크루 브러시를 이용하여 눈썹결대로 사선 아랫 방향으로 빗어준다.

② 눈썹 잔털을 다듬고 앞머리에서 뒤로 갈수록 서서히 가늘게 정리한다.

③ 눈썹 꼬리의 모가 길다면 아래 방향으로 빗겨준 후 끝 부분을 알맞게 잘라준다.

④ 브러시에 베이지 브라운 섀도를 소량 묻혀 눈썹 앞부분부터 끝 부분까지 눈썹 속을 채워주듯 바른다.

⑤ 눈썹의 결이 누워 있는 중간 부분은 아이브로 펜슬을 이용하여 눈썹결을 그대로 살려준다.

⑥ 눈썹이 아래 방향으로 나 있는 끝 부분은 결 방향대로 눈썹 속을 채워준다.

⑦ 눈썹 앞머리 부분은 눈썹결대로 펜슬을 이용해 심듯이 살려준다.

⑧ 자연스럽지 않은 부분은 스크루 브러시로 빗어 자연스럽게 만들어준다.

(2) 아이섀도

① 아이섀도 바르는 방법

㉠ 원하는 컬러의 발색을 위해 화이트 또는 누드 계열 섀도를 바른 후 눈썹 주변을 깨끗하게 정리해준다.

㉡ 전체적으로 소량씩 베이스 컬러를 바른다.

㉢ 베이스 컬러를 언더라인의 눈꼬리에서 앞머리 방향으로 자연스럽게 그라데이션한다.

㉣ 포인트 컬러를 눈의 3분의 1 범위 안에서부터 아이 홀의 경계 안쪽으로 자연스럽게 그라

데이션하며 원하는 컬러가 나올 수 있도록 소량씩 덧바른다.

ⓜ 포인트 컬러로 사용했던 섀도를 언더 부분에도 자연스럽게 그라데이션한다.

ⓗ 하이라이트 컬러를 눈썹뼈, 눈 앞머리 등에 발라 윤곽을 잡아준다.

② 눈의 형태에 따른 아이섀도 표현 방법

눈 모양	아이섀도 표현 방법
	• 눈과 눈 사이가 좁은 경우 눈 앞머리를 밝게 하고 눈꼬리 방향은 어두운 색을 이용하여 바깥 방향으로 그라데이션한다.
	• 눈과 눈 사이가 넓은 경우 눈 앞머리에 포인트를 주고 눈꼬리 방향으로 밝게 그라데이션한다.
	• 쌍꺼풀이 없는 경우 눈을 떴을 때 안으로 들어가는 쌍꺼풀의 두께만큼 진한 컬러를 발라주고, 아이 홀 방향으로 그라데이션한다.
	• 눈꺼풀로 덮힌 경우 전체에 하이라이트를 준 후 눈두덩과 언더라인 부분에 어두운 색을 이용하여 그라데이션한다.
	• 눈이 움푹 들어간 경우 움푹 들어간 부분은 밝은색을 이용하여 하이라이트를 주고, 중간 톤 섀도를 아이 홀에 바른 후 눈썹뼈까지 자연스럽게 연결한다.
	• 눈이 돌출된 경우 눈꼬리 부분에서 중간까지 어두운 컬러를 이용하여 그라데이션하고 눈썹뼈에는 하이라이트를 준다.
	• 눈꼬리가 내려간 경우 눈꼬리에서 아이 홀 방향으로 섀도를 그라데이션하고 언더섀도는 하지 않는다.
	• 눈꼬리가 올라간 경우 눈꼬리보다 바깥 방향으로 포인트를 준 후 언더라인에 음영을 준다.

(3) 아이라이너

① 아이라이너 그리는 방법

① 눈매에 어울리는 아이라이너 제품(섀도 타입, 붓펜 타입, 젤 타입 등)을 선택한다.

② 아이라이너는 먼저 점막을 채우듯이 속눈썹 사이를 메꿔준다.

③ 자연스럽게 연결되도록 그리고, 눈매를 아름답게 교정한다.

② 아이라이너 표현방법

눈 모양	아이라이너 표현 방법
	• 쌍꺼풀 눈 눈매를 따라 그대로 그리되 눈동자의 윗라인은 최대한 속눈썹에 밀착되도록 가늘게 그린다.
	• 홑꺼풀 눈 눈을 떴을 때 라인이 보일 수 있도록 눈을 뜬 상태에서 라인을 체크한 후 그려준다.
	• 처진 눈 속눈썹 라인을 따라 그리다가 눈꼬리 부분에 닿기 전에 약간 치켜 올리듯이 굵게 그려준다.
	• 올라간 눈 윗라인은 눈머리부터 시작하여 눈꼬리의 끝 부분은 짧게 그려준 후 아랫라인은 속눈썹 바깥으로 수평으로 그린다.
	• 움푹 들어간 눈 가늘고 자연스럽게 그린다.
	• 부은 눈 윗라인의 눈꼬리와 아랫라인을 짙고 굵게 표현한다.
	• 돌출된 눈 윗라인은 속눈썹을 따라 최대한 얇게 그려주고 아랫라인은 중앙 부분만 그려준다.
	• 작은 눈 위·아랫라인 모두 볼륨 있게 표현한다.

(4) 마스카라

① 뷰러로 속눈썹을 컬링한다.

② 속눈썹의 길이 및 풍성함의 정도에 따라 알맞은 마스카라 제품을 선택한다.

③ 눈두덩이를 자연스럽게 올리고, 속눈썹에 마스카라를 바른다.

④ 속눈썹을 풍성하게 함으로써 눈매 교정을 할 수 있다.

(5) 인조속눈썹

① 인조속눈썹을 아이라인에 얹어 인조속눈썹의 길이를 측정한다.

② 눈의 길이에 맞게 인조속눈썹을 자른다.

③ 아이래시 컬러(eyelash curler)를 이용하여 속눈썹을 컬링한다.

④ 속눈썹 접착제를 소량 덜어내어 속눈썹 대를 따라 접착제를 바른다.

⑤ 3~5초가 지난 후 트위저 또는 손을 이용하여 아이라인에 자연스럽게 얹는다.

⑥ 트위저(tweezer) 또는 브러시를 이용해 중앙, 눈 앞머리, 눈꼬리를 따라 지긋이 누른다.

⑦ 속눈썹을 붙인 후 본래 눈썹과 분리되지 않도록 마스카라를 이용하여 컬링한다.

(6) 치크

① 치크는 혈색을 부여하고, 전체 메이크업을 조화롭게 하기 위한 것이므로 질감 및 컬러 선택
   은 피부톤, 아이섀도 및 립 컬러에 맞추도록 한다.

② 광대뼈의 크기와 위치, 메이크업 이미지에 따라 치크 메이크업 위치를 선정한다.

③ 치크 전용 브러시를 이용하여 광대뼈를 감싸듯 자연스럽게 블렌딩하여 표현한다.

(7) 립

1 파운데이션과 컨실러를 이용하여 입술라인과 입술색을 수정한다.

2 입술 모양을 고려하여 립라인을 그린다.

3 본래의 입술보다 1~2mm 정도의 범위 내에서 수정하고 조정한다.

4 립 브러시를 사용하여 입술 좌우가 대칭이 되도록 골고루 펴 바른다.

5 입술 주변을 컨실러 브러시를 이용하여 깨끗하게 정리한다.

▶ 색상을 균일하고 매끈하게 바르고, 입술산과 구각은 특히 깔끔하게 바른다.

Section 2 계절별 메이크업

1 봄 메이크업

모든 생명이 소생하는 따뜻한 봄에는 섬세하고 연한 색이 어울린다. 로맨틱한 메이크업이 가장 잘 어울리며, 옐로, 오렌지, 코럴, 피치, 그린, 핑크 등 파스텔 톤의 색상을 많이 사용한다.

2 여름 메이크업

강렬한 태양으로 무더운 여름은 과감한 노출과 태닝한 피부의 건강함을 느낄 수 있는 계절이다. 시원한 느낌의 쿨(Cool) 메이크업과 태닝 메이크업을 많이 하며, 화이트, 블루, 바이올렛 계통의 색을 많이 사용한다.

3 가을 메이크업

가을은 브라운 계통의 차분한 느낌이 떠오르는 계절로, 브라운, 카키, 골드 컬러나 덜 톤, 딥 톤의 다소 어두운 컬러를 이용하여 깊이 있는 눈매와 고전스러운 분위기를 연출한다.

4 겨울 메이크업

추운 계절인 겨울에는 전체적으로 깨끗하고 심플한 느낌의 메이크업이 선호된다. 피부가 건조해질 수 있으므로, 유·수분 밸런스를 맞춰주는 베이스 메이크업 제품을 사용하는 것이 좋으며, 화이트, 블랙, 실버, 라벤더, 와인 컬러를 사용한 메이크업으로 화려하고 여성적인 매력을 표현한다.

Section 3 T.P.O에 따른 메이크업

T.P.O란 시간(Time), 장소(Place), 상황(Occasion)을 뜻하는 말로, T.P.O 메이크업은 메이크업을 상황에 맞도록 하는 것을 뜻한다.

1 뷰티 메이크업

(1) 내추럴 메이크업

자연스러운 화장인 기본 메이크업을 뜻하며, 평상시에 주로 하는 화장법이다. 피부톤과 유사한 컬러의 메이크업 색상을 사용하여 자연스럽게 표현한다.

(2) 패션 메이크업

의상, 헤어스타일, 액세서리, 잡화 등 토털 코디네이션 개념으로 메이크업을 하는 것을 뜻하며, 내추럴 메이크업에 비해 화려한 메이크업이다. 패션의 콘셉트에 맞도록 메이크업하여야 하며, 디자이너 또는 기획자와 함께 상의하는 것이 좋다.

(3) 텔레비전 메이크업

뉴스, 드라마, 예능 프로그램 등 프로그램 성격에 따라 메이크업의 표현 기법이 다양하다. 조명, 카메라, 스튜디오 배경 등에 따라 색감이 다르게 나타나기도 하며, 본래의 색보다 밝게 표현되고, 평면 텔레비전의 특성상 일반적으로 얼굴과 몸이 원래보다 크게 표현된다. 그러므로 흰색과 밝은 색, 붉은색 계열의 사용에 주의하여야 하며, 윤곽 수정과 음영 표현에 공을 들여 메이크업한다.

(4) 영상 광고 메이크업

광고에 출연하는 출연자에 대한 메이크업으로, 목적에 따라 메시지와 이미지를 잘 전달하는 것이 중요하며, 광고주와 연출자, 전체 스텝 회의를 통해 완성한다. 광고 내용에 따라 다양한 메이크업 기법이 이용되지만, 주방 가전 제품, 캠페인 등의 광고에서는 자연스러운 내추럴 메이크업이, 패션 제품, 화장품 제품 광고에서는 화려한 패션 메이크업이 연출된다.

(5) 광고 사진 메이크업

광고하고자 하는 내용과 콘셉트에 따라 메이크업이 다양하지만 일반적으로 조명으로 인해 얼굴이 부어 보이는 것을 방지하기 위해 입체감을 살린 메이크업을 하고, 의상 색이나 계절감에 맞춘 메이크업 컬러 선택이 이루어진다. 흑백 광고 사진의 경우 색상 표현이 되지 않으므로 주로 흰색, 검은색, 회색의 무채색이나 갈색, 와인색, 베이지 등의 컬러를 주로 사용하며, 얼굴 음영에 포커스를 둔다.

(6) 웨딩 메이크업

신랑, 신부를 위한 메이크업으로, 예식 장소, 시간과 신부의 피부톤, 웨딩드레스 스타일 등을 고려하여 메이크업하여야 한다. 신부는 원래 피부톤보다 밝은 파운데이션을 사용하고, 핑크, 골드, 피치 등의 은은한 컬러를 사용하여 메이크업해주고, 신랑은 신부의 피부톤과 조화를 이룰 수 있도록 해주되, 진한 메이크업이 되지 않도록 주의한다.

(7) 파티 메이크업

럭셔리하고 화려한 파티를 위한 메이크업으로, 화려하고 트렌디한 메이크업을 연출한다.

(8) 한복 메이크업

전통 한복에 어울리는 고전적이고 우아한 메이크업으로, 한복의 저고리, 치마 색상을 고려하여 시술한다.

2 스테이지 메이크업(분장)

(1) 연극 및 오페라

출연하는 배우의 캐릭터를 잘 나타내야 하며, 객석에서도 표정이 보일 수 있도록 다소 진한 메이크업을 한다.

(2) 무용 메이크업

고전 무용, 발레 등 무용극에 어울리는 메이크업으로, 진한 인조속눈썹, 펄을 이용한 아이홀 메이크업으로 눈을 강조한 메이크업이다.

3 아트 메이크업

아트 메이크업(art make-up)은 창작성과 예술성이 가미된 표현 예술의 하나이다. 상체 위주의 판타지 메이크업(fantastic make-up), 전신을 이용하는 바디페인팅(bodypainting make-up) 등이 이에 속한다. 자연에서 볼 수 있는 꽃, 새, 동물을 표현하거나 추상적인 이미지를 표현하기도 하며, 메이크업 제품 외에 각종 오브제를 사용하여 이미지를 창조한다.

Section 4 **웨딩 메이크업**

1 웨딩 메이크업의 개념

(1) 웨딩(wedding, 결혼)의 개념

결혼(結婚)의 사전적 의미는 남녀가 정식으로 부부관계를 맺음을 뜻하는 말로, 한 쌍의 남녀가 서약을 통해 한 가정을 이루는 시작을 알리는 행사로서 자기 보존과 종족 보존, 성적 만족을 통한 정서적 안정을 부여한다. 결혼식이란 사랑하는 성인남녀가 자유의사에 의해 부부임을 알리고 그 새로운 관계에 대해 책임과 의무를 받아들이는 신성한 의식이다.

(2) 웨딩 메이크업의 개념

웨딩 메이크업이란 앞서 언급한 결혼식을 위한 메이크업으로 결혼의 의미에 부합될 수 있는 신성하고 순결한 신부의 이미지를 표출할 수 있도록 표현해야 한다. 또한, 신부의 장점을 부각시키고 단점을 보완하여 심리적, 외적으로 가장 신부에게 어울리는 화장을 하여야 한다. 그러기 위해서는 신부의 얼굴 형태와 요소를 파악하고 결혼식의 장소를 고려하여야 하며 드레스와의 조화도 확인해야 한다.

2 웨딩드레스의 이해

(1) 웨딩 헤드 드레스의 종류

① 크라운

크라운은 비즈나 보석으로 장식한 왕관 형태의 장식품을 말하며, 머리 가운데 부분이 높이가 있도록 장식하여 화려하고 기품 있는 우아한 이미지를 만든다.

② 꽃

다산의 상징인, 통통한 과일같이 보이는 오렌지 꽃으로 화관을 만들어 신부에게 사용하는 관습이 있다. 현대에는 헤어스타일과 자연스럽게 조화되도록 꽃 장식을 사용하여 귀엽고 화려하며 깔끔한 이미지로 연출한다.

③ 모자

웨딩드레스와 함께 사용되는 모자는 기능적인 면보다 장식적인 면을 적용하여 디자인된 형태가 많다. 코사지, 레이스, 진주, 꽃 장식 등을 모자에 디자인하여 사용함으로써 세련되면서 화려한 멋을 연출한다.

④ 베일

베일은 역사적으로 드레스보다 더 상징적인 것으로, 원시 사회에서는 신부를 악령으로부터 지켜주는 수단으로 사용되었다. 웨딩드레스 착용 시 중요한 장신구인 베일은 주로 비치는 소재인 망사나 오간자를 사용하고 레이스나 자수, 비즈 등으로 장식하여 결혼식의 신성한 분위기를 연출하고, 신부의 이미지를 신비롭고 환상적으로 만든다.
베일의 종류에는 푸프 베일, 치크 베일, 왈츠 베일, 채플 베일, 캐스트럴 베일 등이 있다.

(2) 웨딩드레스의 네크라인 종류

네크라인 모양은 얼굴에 미치는 영향이 크므로 얼굴의 형태에 따라 네크라인의 모양을 선택하는 것이 좋다.

① 라운드 네크라인

둥근 형태의 네크라인으로, 정숙한 분위기가 나며 귀엽고 얌전한 느낌을 준다. 각진 얼굴에 가장 잘 어울리지만 어느 얼굴형이나 무난하게 어울리는 네크라인이다. 둥근 얼굴형은 피하는 것이 좋다.

② 보트 네크라인

보트의 선창같이 둥글면서 가로로 넓게 파진 네크라인으로, 쇄골라인에서 어깨 끝에 이르는 형태로 표현된다. 목이 짧고 두껍거나 얼굴이 둥근 사람은 피하는 것이 좋다.

③ 스퀘어 네크라인

직선적인 느낌의 사각형 형태의 네크라인으로, 둥근 얼굴형과 넓은 어깨를 가진 체형에 잘 어울리며 각진 얼굴형은 피하는 것이 좋다.

④ 스위트 하트 네크라인

깊게 파진 마름모꼴의 곡선으로 처리된 하트 모양의 네크라인으로, 스퀘어 네크라인보다 어려 보이며 대부분의 체형에 어울린다. 둥근형, 사각형, 오각형의 얼굴을 부드럽고 갸름하게 보이게 한다.

⑤ 하이 네크라인

목선을 따라 높게 디자인된 네크라인으로, 웨딩드레스의 실루엣이 길어 보인다. 갸름한 얼굴형과 목이 길거나 어깨가 넓은 체형에 어울린다. 얼굴형이 작은 신부에게 어울리며 우아한 이미지를 부각시킨다.

⑥ 브이 네크라인

V라인으로 깊게 파져 있는 형태로, 고전적이며 얌전한 모양으로 여성스러움을 표현할 수 있다. 얼굴형이 둥글거나 턱이 각진 신부에게 어울리며 목이 길어 보이는 효과가 있다.

⑦ 오프 숄더 네크라인

어깨 끝이 드러나고 바스트 라인 근처까지 깊게 파인 네크라인으로, 쇄골과 어깨뼈가 드러나 매우 여성적이며 섹시하게 보인다. 얼굴이 길고 턱이 뾰족한 사람에게 어울린다.

⑧ 캐미솔 네크라인

수평라인의 끈이 달린 모양의 네크라인으로 야외촬영이나 애프터 드레스로 많이 착용된다. 여성스럽고 청순한 이미지에 많이 사용된다.

⑨ 베어드톱 – 수평선 네크라인

가슴 바로 위에서 수평선으로 처리된 네크라인으로 어깨와 등이 노출된 형태로 가슴에 볼륨이 있는 여성에게 잘 어울리며 웨딩 드레스 중 선호도가 가장 높다.

⑩ 베어드톱 – 곡선 네크라인

어깨와 등이 노출되며 가슴 부분에 곡선 형태로 처리되어 가슴 형태를 잘 나타내는 네크라인으로 여성스러운 이미지를 연출한다.

신부의 이미지와 얼굴 형태에 따라 웨딩 헤드 드레스와 네크라인을 선택하여 장점은 부각시키고 단점은 보완할 수 있도록 한다.

> 드레스에 따른 메이크업에서 화이트 계열의 드레스는 차가운 느낌의 색상을 아이보리 계열의 드레스는 따뜻한 느낌의 색채 적용을 고려하여야 한다.

3 **웨딩 메이크업**

(1) 결혼식장에 따른 웨딩 메이크업

① 일반 예식장

가장 일반적인 결혼식 장소로, 노란색의 베이스를 가진 샹들리에와 할로겐을 사용하고 분위기는 아주 밝은 편이다. 따라서 신부의 피부톤은 자신의 피부톤과 유사하게 표현하고 약간의 붉은 기를 더해주면 신부를 더욱 화사하게 연출할 수 있다. 메이크업은 빛에 민감하게 작용하므로 빛의 색 및 종류, 각도, 밝기와의 상관관계를 고려하여 연출하여야 한다.

② 호텔

넓은 크기의 홀과 웅장하고 화려한 인테리어가 특징인 결혼 장소로, 여성스럽고 우아하며 화사한 이미지로 연출한다. 일반 예식장의 경우와 비슷하게 피부에 붉은 기를 더해주고 약간 밝게 표현해 화사한 분위기로 연출하고 장소가 넓은 경우에는 이목구비가 뚜렷하게 보일 수 있도록 음영을 넣어 윤곽을 강조하여 표현하도록 한다.

③ 성당 혹은 교회

일반적으로 교회나 성당의 경우에는 전문 예식장이 아니므로 조명이 어두운 곳이 많다. 따라서 신부의 이미지가 어두워지지 않도록 밝고 화사하게 표현한다. 그러나 성당이나 교회의 이미지와 조화될 수 있도록 화려하거나 색조를 강조하는 메이크업보다는 단아하며 우아한 이미지로 연출한다. 피부톤은 신부의 피부톤보다 한 톤 밝게 표현하고 윤곽을 살려 메이크업한다.

④ 야외 결혼식장

조명은 생략되어 있지만 태양빛이 강렬한 시간대에 결혼식을 올리는 경우가 많기 때문에 일광에 노출되어 밝게 보이므로 피부 표현은 한 톤 어둡게 한다. 넓은 공간이므로 얼굴에 입체감을 주어 메이크업하고 색조 메이크업은 화려한 컬러를 사용하고 이목구비가 뚜렷하게 보이도록 라인을 강조한다.

(2) 웨딩 촬영과 본식 메이크업

① 웨딩 촬영 신부 메이크업

ㄱ 촬영을 위한 신부 메이크업으로 장시간 촬영과 다양한 표정을 지어야 하므로 지속력 있는 메이크업이 중요하다.

ㄴ 컨실러 등을 사용해 깨끗한 피부로 표현하고 하이라이트 셰이딩을 주어 윤곽을 수정한다. 자연스러움보다는 단점을 커버하고 장점을 부각시켜 사진 촬영상 아름다워 보이도록 연출한다.

ㄷ 사진 촬영 시 반사가 될 수 있는 굵은 입자의 반짝이는 펄은 피하는 것이 좋다.

② 본식 신부 메이크업

    ㉠ 결혼식 당일에 진행되는 메이크업으로, 신부의 아름다움을 육안으로 보여주는 데 목적이 있으므로 자연스럽게 메이크업한다.

    ㉡ 하객과의 거리를 고려하여 또렷한 인상을 줄 수 있도록 표현하고 화사한 느낌으로 연출한다.

    ㉢ 바디와의 연계성을 고려하여 목, 어깨와 연결해서 피부 표현을 한다.

4 **이미지에 따른 웨딩 메이크업**

(1) 엘레강스(elegance) 이미지

이미지	우아하고 품위 있는 스타일로, 성숙한 여성의 이미지를 나타내는 스타일이다.
색채	• 색상: 골드 브라운, 베이지 브라운, 피치 등 • 색조: 그레이시(grayish) 톤, 다크(dark) 톤
피부 표현	• 화이트나 밝은 계열의 메이크업 베이스를 피부에 균일하게 바른다. • 웜 톤의 리퀴드 파운데이션과 컨실러를 사용하여 피부색을 보정한다. • 컨투어링 메이크업으로 표현한다.
눈썹	• 신부의 눈썹결을 살려 정리한다. • 여성스럽고 우아한 형태로 자연스럽게 그린다.
눈	• 베이지 계열로 눈두덩을 바른다. • 차분한 톤의 주조색과 약간 어두운 톤의 보조색을 사용하여 표현한다. • 골드 브라운 컬러의 아이라인을 이용하여 눈매를 교정한다.
입술	• 입술라인을 컨실러로 깔끔하게 정리한 후 립라이너를 사용하여 입술 윤곽을 정리한다. • 립 컬러는 톤 다운된 골드 피치 톤으로 표현한다.
볼터치	• 브론즈 컬러로 광대뼈 아랫부분에 음영을 준다. • 피치 톤으로 색감을 더해 혈색감을 준다.

(2) 로맨틱(romantic) 이미지

이미지	사랑스럽고 낭만적이며 부드러운 느낌의 로맨틱 이미지는 봄과 잘 어울리는 메이크업 이미지이다.
색채	• 색상: 핑크, 피치, 코럴, 브라운 계열 • 색조: 페일(pale) 톤, 라이트(light) 톤, 그레이시(greyish) 톤
피부 표현	• 펄감이 있는 메이크업 베이스를 피부에 균일하게 바른다. • 핑크 톤이 첨가되어 있는 파운데이션을 선택하여 기존의 피부색보다 밝고 화사하게 표현한다. • 펄감이 있는 파우더를 소량 발라준다.
눈썹	눈썹결을 살려 한올 한올 자연스럽게 그린다.
눈	• 밝은 톤인 피치, 핑크 톤으로 눈에 음영을 강조하기보다는 로맨틱한 색감을 심플하게 표현한다. • 또렷한 눈매 표현을 위해 아이라인과 속눈썹을 강조한다.
입술	채도가 낮은 누드 핑크 계열의 립스틱으로 글로시하게 표현한다.
볼터치	• 하이라이트와 셰이딩 컬러를 사용하여 얼굴에 입체감을 준다. • 페일한 톤의 핑크나 라벤더 컬러로 부드럽게 둥글려 마무리한다.

(3) 클래식(classic) 이미지

이미지	• 클래식이란 고전적, 전통적이라는 의미로 유행에 상관없이 웨딩 메이크업의 기본 가치와 보편성을 지닌 이미지를 말한다. • 우아하고 단아하며 기품을 유지하는 분위기로 연출한다.
색채	• 색상: 브라운, 베이지, 골드, 네이비, 와인 • 색조: 다크(dark) 톤, 딥(deep) 톤, 덜(dull) 톤
피부 표현	• 펄감이 적거나 없는 웨딩 메이크업 베이스로 투명하게 바른다. • 얼굴의 윤곽을 살려야 하므로 T존과 눈 아래 부분에는 피부톤보다 한 톤 밝은 색상을 사용하고 U존에는 피부색과 유사한 컬러의 파운데이션을 사용해 그라데이션한다. • 깨끗한 피부 표현을 위해 컨실러를 사용해 커버하며 윤광 피부로 보이게 한다. • 투명 파우더로 유분기를 정리한다.

눈썹	• 브라운이나 그레이 컬러로 윤곽을 선명하게 그린다. • 눈썹의 형태는 모델의 눈썹 형태를 고려하여 얼굴형에 맞게 그린다.
눈	• 채도가 낮은 컬러들로 차분하게 표현한다. • 아이보리 컬러로 눈동자를 중심으로 눈두덩 전체를 펴바른다. • 브라운 컬러로 은은하게 표현하며 아이라인과 속눈썹도 자연스럽게 마무리한다.
입술	• 입술의 윤곽을 자연스러운 컬러로 그린다. • 입술색과 유사한 립스틱 컬러로 차분하게 표현한 후 투명 립글로스를 덧발라준다.
볼터치	클래식의 이미지에 맞게 로즈 핑크 등의 컬러로 얼굴 중앙에서 시작하여 광대뼈를 감싸주듯이 메이크업한다.

(4) 내추럴(natural) 이미지

이미지	순수한 느낌이 나며 피부톤이 밝고 깨끗한 이미지의 자연스러우면서 청초한 신부에게 잘 어울리는 메이크업이다.
색채	• 색상: 오렌지, 핑크, 베이지 • 색조: 페일(pale) 톤, 라이트(light) 톤
피부 표현	• 밝은 계열의 베이스로 얼굴 전체를 꼼꼼하게 바른다. • 색조의 사용이 제한적인 메이크업이므로 파운데이션 단계에서 피부 결점을 커버한다. • 피부톤보다 밝은 색 파운데이션으로 피부색과 결점을 커버하고 컨실러를 사용해 부분적 잡티를 커버한다. • 베이지 계열의 파우더로 얇게 도포한다.
눈썹	신부의 얼굴 형태를 고려해 브라운 계열로 눈썹결을 살려 자연스럽게 그린다.
눈	• 눈두덩에 밝은 베이지 컬러로 펴 바른다. • 색조를 최소로 사용하여 피부톤을 더욱 환하게 연출할 수 있도록 한다. • 피부색과 유사 컬러인 오렌지, 핑크 베이지 계열로 그라데이션한다. • 아이섀도 컬러에서 순결한 이미지 표현을 위해 자연스럽게 표현하고 아이라이너 또한 자연스럽게 표현한다.

입술	슈거 핑크 립틴트로 입술 중앙 부위에 혈색감을 주고 페일한 핑크 톤의 립글로스를 이용하여 실키한 질감을 준다.
볼터치	연한 핑크 컬러로 볼을 물들이듯 자연스럽게 그라데이션한다.

(5) 트렌디(trendy) 이미지

이미지	현대 신부들의 개성을 표현하면서 신부의 여성스러움과 아름다움을 표현하는 신부 이미지이다.
색채	• 색상: 라운, 베이지, 골드 피치, 누디 피치 • 색조: 딥(deep) 톤, 덜(dull) 톤
피부 표현	• 메이크업 베이스로 투명하게 바른다. • 얼굴의 윤곽을 살려야 하므로 T존과 눈 아래 부분에는 피부톤보다 한 톤 밝은 색상을 사용하고, U존에는 피부색과 유사한 컬러의 파운데이션을 사용해 차분한 피부톤으로 표현한다. • 컨실러를 사용해 잡티를 커버한다. • 투명 파우더로 유분기를 정리하여 뽀송하게 표현한다.
눈썹	눈썹의 형태는 모델의 눈썹 형태를 고려하여 얼굴형에 맞게 그린다.
눈	• 아이보리 컬러로 눈동자를 중심으로 눈두덩 전체를 펴바른다. • 웜 브라운 컬러로 눈매를 강조하는 세미 스모키 메이크업을 표현하며, 아이라인과 속눈썹으로 마무리한다.
입술	눈매를 강조하는 세미 스모키 메이크업이므로 입술의 컬러는 누디한 컬러를 이용하여 자연스럽게 표현한다.
볼터치	트렌디의 이미지에 맞게 코럴 등의 컬러로 얼굴 중앙에서 시작하여 광대뼈를 감싸주듯이 메이크업한다.

5 신랑 및 혼주 메이크업

(1) 신랑 메이크업

이미지	• 자연스럽고 부드러운 이미지로 표현한다. • 신랑의 피부 색상과 유사하게 그라데이션한다.
색채	• 색상: 베이지, 살구색, 브라운 • 색조: 덜(dull) 톤, 라이트(light) 톤, 딥(deep) 톤 등
피부 표현	• 결혼식 며칠 전부터 각질 제거 및 보습팩을 하여 수분을 공급한다. • 기초 화장 후 소량의 메이크업 베이스를 골고루 바른다. • 신랑의 피부톤과 가장 유사한 컬러의 파운데이션을 전체적으로 얇게 도포한다. • 피부톤에 맞추어 파우더로 유분기를 제거한다. • 하이라이트와 셰이딩을 주어 음영을 살린다.
눈썹	• 에보니 펜슬을 이용하여 눈썹결 방향으로 자연스럽게 그려준다. • 색상은 헤어 컬러에 맞춘다. • 숱이 많거나 눈꼬리가 처진 눈썹은 가위로 정리해준다.
눈	• 붉은 기 없는 브라운 계열의 섀도를 사용하여 아이라인을 중심으로 그라데이션해준다. • 팬 브러시로 잔여분의 파우더 가루를 제거하여 깨끗하게 표현한다.
입술	• 신랑의 입술 색과 유사한 컬러로 자연스럽게 연출한다. • 입술이 건조한 경우에는 립밤을 발라 촉촉하게 표현한다.
볼터치	• 브라운 계열의 색상으로 광대뼈를 중심으로 사선으로 입체감을 주어 남성다움을 표현한다. • 베이지 계열의 색상으로 T존에 하이라이트를 준다.

(2) 혼주 메이크업

이미지	• 한복을 입으므로 한복의 곡선과 색상에 조화되는 우아한 느낌의 이미지로 표현한다. • 한복 색상에 맞추어 색상을 선택하고 자연스럽고 부드럽게 표현한다.
색채	• 색상: 바이올렛, 코럴 핑크, 오렌지 • 색조: 스트롱(strong) 톤, 라이트(light) 톤, 덜(dull) 톤
피부 표현	• 기초 화장 후 소량의 메이크업 베이스를 골고루 바른다. • 주름이 두드러져 보이지 않게 리퀴드 파운데이션으로 얇게 도포한다. • 피부톤보다 한 톤 밝게 표현한다. • 베이지 색상의 파우더를 가볍게 바른다.
눈썹	• 회갈색으로 부드러운 곡선 형태를 그려준다.
눈	• 한복 색상에 맞추어 자연스럽게 그라데이션한다. • 눈이 처진 경우에는 아이라인으로 눈매를 교정한다.
입술	• 나이가 들면 입술선이 흐려지고 얇아지는 경우가 많으므로 립라이너로 입술선을 정리한다. • 붉은 기가 있는 립 색상을 선택하여 입술 전체를 꼼꼼히 발라준다. • 혼주는 입술에 주름이 많고 결혼식 날 메이크업 유지 시간이 길어야 하므로 번지기 쉬운 립글로스는 사용하지 않는 것이 좋다.
볼터치	• 얼굴 라인에서 광대뼈 쪽으로 자연스럽게 표현한다. • 혈색을 주기 위한 컬러를 선택한다.

Section 5 미디어 메이크업

1 미디어 메이크업의 개념 및 유형

(1) 미디어 메이크업의 개념

미디어의 사전적 의미는 '매체, 수단'으로 신문, 잡지, 도서 등의 '인쇄 매체'와 TV, 라디오, 영화 등의 '전파매체'로 나뉜다. 미디어 메이크업이란 전파 매체인 라디오를 제외한 전 미디어의 분야에서 필요한 메이크업을 말한다.

미디어 메이크업의 가장 중요한 사항은 각 '매체 특성과 상황에 맞는 이미지와 캐릭터'를 만들수 있는 지식과 감각이다. 단지 인물을 아름답게만 메이크업 하는 것이 아닌 '대본 분석', '콘티 이해', '성격 분석'과 '구상 및 디자인 능력' 등을 필요로 한다.

(2) 미디어 메이크업의 유형

① 전파(영상) 매체

영화, 드라마, 뮤직 비디오, CF, 각종 쇼 프로그램, 토론 프로그램, 방송 등

㉠ 광고(CF) 메이크업

CF는 보통 30초 이내의 분량으로 방영되기 때문에 짧은 시간 내에 제품의 이미지를 대중에 각인시켜야 하므로 고도의 감각과 섬세한 테크닉을 필요로 한다. 제품의 특별한 콘셉트가 없는 경우에는 '오렌지와 브라운' 계열의 '내추럴' 메이크업을 선호한다.

㉡ 영화·드라마 메이크업

- 일반 메이크업(straight M/U) : 출연자의 성격이나 개성을 표현하지 않고 피부색 또는 결점 보완, 조명 반사 방지 등 기본적인 역할을 하는 것을 말한다.
- 성격 메이크업(character M/U) : 극본이 요구하는 극중 캐릭터에 맞게 메이크업함으로써 시청자(관객)에게 배우의 이미지와 성격을 전달하는 작업을 말한다.

② 인쇄 매체

신문, 패션 브랜드의 카탈로그, 백화점 전단 광고, 잡지 화보 광고, 포스터 등

㉠ 신문 매체 메이크업

주로 사진 작업으로 제작된다. 사진 메이크업은 조명이 강하므로 얼굴을 입체감 있게 표현해야 하며, 다른 일반 매체 메이크업에 비해 조금 더 진하게 한다.

㉡ 화보 메이크업

디렉터, 포토 그래퍼와 화보 콘셉트 회의를 거쳐 다양한 메이크업 연출을 필요로 한다. 화보의 이미지와 의상 및 액세서리 등 전체적으로 메이크업의 조화와 감각적 연출이 중요하다.

> ♥ Note
> - straight M/U : 피부 표현
> - character M/U : 배역과 성격에 맞는 메이크업 디자인

2 영상 미디어 메이크업

(1) 영상 미디어 메이크업의 과정 및 단계

① 기획 의도 파악하기

텔레비전 프로그램 제작 과정은 프로그램의 목적, 형식 등에 따라 각각의 특징이 있다. 기획, 준비, 리허설, 본방, 편집 등 5단계로 구별되며, 각 단계에 따라 시간과 내용이 달라진다. 프로그램의 종류는 프로그램의 목적과 제작 기법을 기준으로 보도와 교양, 드라마, 연예, 오락 프로그램 등으로 나눌 수 있다. 각 프로그램 유형별 방송 목적과 출연자 성별에 따른 피부 톤, 색조 메이크업 컬러와 패턴, 질감 등 콘셉트에 따른 메이크업의 차이가 있다.

- **보도**: 뉴스 방송, 다큐멘터리, 스포츠 중계 등 즉시성이 강한 것을 말한다.
- **교양**: 지적 교양을 높이고 생활을 풍부하게 만드는 목적으로 만들어진 것이다.
- **연예, 오락 프로그램**: 정통 예능, 음악 방송 프로그램 등을 말한다.
- **드라마**: 인간의 다양한 삶의 방식과 모습 등을 극본에 따라 연기자들의 말과 행동에 의해 연출되는 프로그램이다. 방송 형태에 따른 분류로는 일일, 주간, 주말, 단막극, 특집 드라마, 미니 시리즈, 대하드라마 등으로 분류되며 드라마 성격으로는 홈, 사회, 멜로, 역사극 그리고 드라마 내용의 시대적 배경에 따라 사극, 시대극, 현대극, 미래극 등으로 분류할 수 있다.
- **영화**: 멜로, 판타지, SF, 공포, 서부, 코미디, 액션 그리고 여러 장르를 혼합한 혼합 장르 등이 있다. 역사적 사건이나 인물을 배경으로 만든 역사물의 경우, 정확한 시대적 배경과 고증 자료를 통해 메이크업 디자인을 구상해야 한다.

② 현장 분석하기

출연자를 위한 메이크업을 하기 위해서는 먼저 텔레비전 시스템과 특성 파악, 다양한 제작 환경과 요소에 대한 이해가 우선시되어야 한다.

③ 이미지 분석하기

연출자는 디자이너, 미술 관계자 등과 협의를 한 후 대본을 영상화하기 위해 필요한 정보와 이미지 등을 디자이너와 협의한다. 디자이너는 인물의 배경, 특징, 나이, 연기자의 기본 특성 등을 파악하면서 대본을 숙독하고 구체적 작업을 구상한다. 시대극이나 사극의 경우에는 대화와 회의를 거친 정보를 바탕으로 고증 자료, 풍속 자료 등을 참고해 디자인 작업한다.

- **내추럴 하고 편안한 이미지**: 배우의 피부톤과 크게 다르지 않도록 자연스럽게 베이지 브라운 계열로 가볍게 표현한다.
- **우아하고 지적인 이미지**: 여성스럽고 고급스러운 이미지 연출을 위해 눈썹이 너무 진하지 않도록 부드럽게 표현해주고 코랄과 피치 톤의 립 색상과 치크로 마무리한다.
- **청순하고 순수한 이미지**: 깨끗하고 순수해 보이도록 피부색을 맑고 깨끗하게 표현하고,

촉촉한 질감을 살려준다. 눈썹이나 입술 등의 색상이 너무 진하거나 광택감이 있어서는 안 된다.

- **귀엽고 발랄한 이미지**: 립 색상은 딥(deep)한 컬러보다 가볍고 밝은 컬러로 표현해주고 생기 있고 발랄해 보이도록 블러셔를 볼 중앙 부위에 발라준다.
- **강렬하고 적극적인 이미지**: 베이지 색상 계열의 중간 색조 파운데이션으로 피부를 차분하게 표현해 주고, 눈두덩에 아이섀도를 진하게 바르기 보다는 눈꼬리 부분에 아이라인을 그려 당당하고 도도한 이미지를 표현한다.
- **세련되고 개성 있는 이미지**: 올리브 베이지나 브라운 계열을 사용해 베이직한 분위기를 표현하고 전체적으로 의상, 피부색과 어울리는 색으로 절제미와 조화미를 표현한다. 유행 감각과 절제미를 살려 세련미를 표현해준다.
- **섹시하고 매력적인 이미지**: 성숙한 느낌과 고혹적인 느낌을 살리기 위해 오렌지 계열, 펄 브라운 컬러 아이섀도로 살짝만 음영감을 주고 오렌지 레드 계열의 립틴트를 발라준다.

④ 메이크업 디자인하기

대본 작성 과정은 작품의 개요(synopsis) 작성부터 시작해 1차 원고를 작성하고, 수정과 타협 등을 거쳐 2차 원고가 작성되면 대본 작성과 함께 연기자 배역이 시작된다. 대본 완성 후 연출자는 디자이너, 미술 관계자와 협의를 하게 되고 대본의 영상화를 위해 정보와 이미지를 디자이너에게 이해시키기 위한 협의 과정을 거치게 된다.

디자이너는 인물의 배경, 나이, 기본 특성 등을 분석하면서 대본 숙독 후 구체적인 작업을 구상하는데, 시대극이나 사극의 경우에는 고증 자료나 풍속 자료 등을 참고하여 디자인할 수 있다. 이미지 분석을 통해 구상한 배역 이미지는 머릿속 형상을 구체화시켜 스케치 작업을 통해 디자인한다. 출연자의 이미지는 메이크업에 의해 시대, 민족, 환경, 연령, 성격 등이 시각적으로 표현되고 피부색에 따라 환경과 직업 등을 짐작할 수 있다.

> **♥Note 분장 계획 순서**
> ① 대본과 시나리오를 통해 작가와 연출자의 기획 의도를 파악한다.
> ② 배우의 연기 패턴과 캐릭터 설정에 대해 분석한다.
> ③ 연출가와 구상한 캐릭터 이미지에 대하여 충분히 협의·조율한다.
> ④ 모든 제작진(카메라, 조명, 의상, 세트, 소품 등)과 협의한다.
> ⑤ 등장인물의 캐릭터에 맞추어 메이크업을 디자인한다.

(2) 영상 미디어 메이크업 실행하기

① 메이크업 방법과 순서

　㉠ 피부가 깨끗하고 단정하게 보이도록 메이크업 베이스를 바르고, 등장하는 인물의 피부색

과 흡사한 색의 파운데이션을 얇고 가볍게 바른 다음 컨실러로 커버한다.

ⓛ 한 톤 밝은 색으로 하이라이트를 넣어주고 투명 파우더를 발라준다.

ⓒ 내추럴 브라운 색도로 눈썹 사이를 가볍게 발라 눈썹 결대로 자연스럽게 연출한다.

ⓔ 아이섀도는 옅은 색을 이용하여 핑크, 내추럴 핑크, 포인트 핑크 순으로 그라데이션 한다.

ⓜ 아이라인은 펜슬로 속눈썹과 속눈썹 사이를 꼼꼼히 채워준 후 리퀴드나 케이크 타입으로 가늘게 그려준다.

ⓗ 마스카라를 이용해 꼼꼼히 처리해준다.

ⓢ 블러셔는 볼 뼈를 중심으로 내추럴 브라운으로 연결해준다.

ⓞ 립은 진하지 않으면서 선명하게 보이는 핑크색 립스틱을 발라준다. 과하게 반짝거리는 제품은 피하도록 한다.

> **Tip** 드라마 출연자를 위한 메이크업 시 가장 먼저 해야 할 일은 "대본의 숙지"이다. 출연하는 인물들의 캐릭터와 상황을 이해하고 그들의 특징에 따른 메이크업을 구상 · 디자인해야 한다.

② 주의사항

무대 메이크업이나 쇼 메이크업처럼 멀리 떨어져 있는 관객들을 대상으로 하지 않고 색에 민감한 렌즈를 매개로 메이크업을 해야 하므로 사실적이고 거부감 없는 섬세한 피부톤과 질감 표현이 관건이다. 텔레비전 화면은 영화 스크린보다 작으므로 너무 화려하거나 많은 색을 동시에 사용하지 않도록 한다. 인물 자체에 대한 매력과 친근감 전달을 위주로 메이크업하도록 하고, 연기자의 피부색과 질감이 최대한 자연스러우면서도 섬세하게 표현되도록 한다.

■ 영상 미디어 관련 전문 용어

1 고화질(HD) 이미지

- 계조 범위가 넓어 색이 생생하고 사실적이다. 흠집이나 흐트러짐이 없으며 필터나 카메라 메뉴로 설정을 마음대로 변경할 수 있다.
- 최첨단 HD 영사기로 고화질 영사기를 봤을 때 눈에 띄는 차이는 필름으로 찍었을 때 보이는 입자가 전혀 보이지 않는다는 점이다.
- 촬영 영상은 세트장 모니터에서 실시간으로 확인할 수가 있어 촬영 전 분장이 화면에 어떻게 나타나는 지를 점검할 수가 있고, 24인치 고화질 모니터가 영상 점검에 가장 적합하다.
- 촬영 감독과 메이크업 아티스트는 각별한 협력이 필요하다. 특히 인조 피부, 특수효과, 사극 등장 시 가발 등의 사용에 더욱 긴밀한 관계가 필요하다.
- 영상 제작에 좋은 품질과 크기의 HD 모니터를 사용한다면 촬영 감독과 담당 메이크업 아티스트는 일이 훨씬 수월해진다. 제대로 설치한 14인치나 24인치면 더욱 좋다.
- 'HD 모니터'라면 대부분 문제는 빠르고 효과적으로 해결할 수 있는데, 그 이유는 모든 것이 있는 그대로 나오기 때문이다.

2 HD 텔레비전(High – Definition Television)

HD 텔레비전은 높은 '해상도'로 방송을 중계한다. 해상도를 고려할 때에는 스크린과 전파 방식도 감안해야 한다. HD 텔레비전의 해상도는 일반 텔레비전 해상도의 최소 두 배이며, 더 선명하고 색의 범위도 넓다.

3 디지털 텔레비전(Digital Television)

디지털 텔레비전은 방송용 전기 통신 장치로서 영상과 음향을 디지털 신호를 통해 받는다. 디지털 텔레비전은 '일반 화질'과 'HD 형식' 둘 다 수행할 수 있다. 디지털 텔레비전은 안테나, 유료 텔레비전 방식, 디지털 유선 방식, 디지털 유성방송이나 디지털 텔레비전 모니터 등 다양한 방법으로 수신할 수 있다.

4 프린트 필름(Print Film)

프린트 필름을 현상하면 네거티브로 변한다. 네거티브는 컬러나 흑백으로 나올 수 있고 프린트 필름은 사진 용지에 출력하거나 렌즈를 통해 보아야 한다.

5 블루스크린(Blue Screen)

블루스크린은 배우를 파란 배경 앞에 세우고 촬영하는 방법으로, 주로 인물 촬영에 사용된다. 피부색 (적, 황, 녹)은 파란 배경과 대조되는 색이기 때문에 블루스크린과 구분이 되어 필요한 부분에만 영상을 비출 수 있게 된다. 따라서 블루스크린 촬영 시에는 메이크업에 파란색을 사용하여 얼굴이 투명해 보이지 않도록 한다. 적절하지 않은 빛으로 메이크업을 했을 경우에는 얼굴이 투명해 보일 우려가 있으므로 빛과 젤을 이용해 따뜻한 계열의 색(노랑, 주황)을 없앤다. 피사체를 배경에서 최대한 분리하기 위한 방법이다.

6 화이트 스크린(White Screen)

화이트 스크린은 다양한 목적으로 사용된다. 배경이 하얗기 때문에 스크린과 의상, 메이크업과 머리 스타일의 색상이 크게 대비된다. 반드시 피해야 할 색은 없지만 파스텔 계열의 색이나 흰색 의상, 연한 색 메이크업 시에는 배경과 피사체의 경계가 흐려질 수 있기 때문에 주의하는 것이 좋다.

3 무대공연 메이크업

'영상 매체'를 통하지 않고 관객과 무대가 함께 하는 '연극, 오페라, 뮤지컬, 마당극, 창극' 등 무대공연 예술에서 이뤄지는 메이크업을 말한다. '영상 미디어 메이크업'인 영화나 TV 드라마 메이크업보다 과장되게 해주어야 한다.

미미

쇼나르

로돌포

▲ 오페라 '라보엠' 등장인물들의 메이크업

(1) 무대공연 메이크업 과정 및 단계

① 기획 의도 파악하기

공연 무대는 기획 의도와 주제, 전달 방식, 유형에 따라 다음과 같이 분류된다.

㉠ 연극: 번역극, 순수 창작극

㉡ 오페라: 음악, 무용, 연기 등이 있는 종합극으로 무대가 웅장하고 화려하며 메이크업과 의상들도 완성도가 있어야 한다.

㉢ 뮤지컬: 노래와 춤을 주로 보여주는 공연으로, 배우들이 많이 움직이는 동작이 특징이다.

㉣ 마당놀이, 창극 등

② 현장 분석하기

공연 미디어 환경과 현장은 극장의 크기와 규모, 즉 객석의 수에 따라 다음과 같이 나뉜다.

㉠ 소극장: 500석 이하(예: 국립극장 소극장, 동숭 아트센터 소극장, 대학로 소극장)

㉡ 중극장: 500~1,000석(예: 문예회관 대극장, 호암 아트홀)

㉢ 대극장: 1,000석 이상(예: 국립극장 대극장, 세종문화회관 대극장, 예술의 전당 오페라 극장)

③ 메이크업 디자인하기

㉠ 메이크업 디자인 계획

공연 메이크업은 무대와 객석과의 거리감 해소를 위해 배우의 얼굴에 음영(shading)과 하이라이팅(high lighting)을 적절히 주어 얼굴 윤곽과 더불어 표정까지도 관객들에게 잘 전달되도록 윤곽을 크고 뚜렷하게 표현해야 한다. 그러나 너무 강한 무대 메이크업으로 인해 자칫 배우의 생명력과 얼굴 표정 등이 잘 드러나지 않을 수 있어 최근에는 중극장이나 대극장 공연에서도 예전보다는 더 자연스럽게 메이크업을 하는 추세이다.

먼저 공연 유형과 장르, 공연장 환경, 무대 조명을 충분히 파악하고 극본에 나타난 배우의 시대적 배경과, 성격, 경제적 지위와 신분 등을 고려해 메이크업 디자인을 구상하도록 한다.

ⓛ 메이크업 디자인 과정

공연 연출자, 제작진과의 협의를 거쳐 메이크업 디자인을 구상하고, 수정 및 보완 작업을 한다. 메이크업의 완성도를 높이기 위해서는 의상, 가발, 조명 활용, 제작진, 배우들과의 원활한 의사소통과 교감이 필요하다.

무엇보다 극본을 충분히 읽고 인물의 연령, 성격, 환경, 시대, 국적, 인물의 성격을 꼼꼼히 분석하고 극중 배역에 어울릴 수 있는 디자인을 할 수 있어야 한다. 또한, 연출자의 공연 의도와 주제 등을 충분히 숙지하여 배우가 자신의 맡은 배역을 충분히 공감하면서 배역에 몰입할 수 있도록 디자인해야 한다.

> **Tip** 작품 분석 → 막(장)별 구성표 작성 → 1차 제작진 회의(콘셉트 회의) → 자료 조사 → 메이크업 디자인 구상하기 → 메이크업 디자인 스케치 → 2차 제작진 회의(디자인 회의) → 메이크업 계획표 작성 → 재료 구입 및 제작 → 메이크업, 의상 리허설

(2) 무대공연 메이크업 실행하기

① 메이크업 방법과 순서

ㄱ **피부 표현하기**: 파운데이션은 배우의 스킨 톤을 기본으로 하여 영상 미디어 메이크업보다는 커버력이 있는 것을 선택하고, 무대 조명을 고려해 베이지 계열보다는 약간 붉은 계열이 섞인 베이지 컬러 파운데이션을 선택한다.

ㄴ **혈색 표현하기**: 배우가 무대에서 강한 조명을 받으면 안색이 자칫 창백해 보일 수 있기 때문에 볼 주변에 전체적으로 약간 붉은 혈색을 줌으로써 건강하고 젊은 느낌을 살려줄 수 있다.

ㄷ **윤곽 수정하기**: 배우의 평면적인 얼굴 윤곽을 입체적으로 만들기 위한 과정으로서 얼굴의 중앙 부위와 T존 부위에 기본 피부톤 보다 약간 밝은 베이지 파운데이션을 바르고 헤어라인이나 턱 아래, 코 벽이나 눈두덩에는 약간 어두운 다갈색 파운데이션을 펴 발라줌으로써 얼굴의 입체감을 살려줄 수 있다.

ㄹ **눈썹**: 배우의 성격 표현과 전달에 가장 중요하고, 효과적인 얼굴 부위로서 눈썹의 숱과 길이, 컬러, 두께 등을 기준으로 성격 표현과 전달이 가능하다.

ㅁ **코**: 코 벽에 약간의 음영(nose shadow)을 코 전체 길이의 3분의 2 정도까지 넣어주고 코 끝을 향해 '그라데이션(gradation)'해준다. 코 벽 간격은 손가락 하나 정도가 들어갈 정도가 적당하다.

ㅂ **눈**: 눈두덩에 밝은 갈색 아이섀도로 '인조 아이 홀'을 적당히 그리고 그라데이션을 한 다음 아이 홀 안쪽에는 밝은 베이지 컬러의 아이섀도를 펴 발라줌으로써 눈매를 입체감 있게 표현해준다. 아이섀도 컬러에 의해 등장인물의 배역 성격과 인종 등을 전달할 수 있다.

    ⓐ **입술**: 남자 배우는 갈색 펜슬로 입술 외곽선을 약간 흐릿하게 그려주고, 여자 배우의 경우에는 배역의 성격과 연령, 인종 등을 고려해 아이섀도 컬러와 어울리는 립 컬러를 발라준다.

    ⓞ **수염**: 수염의 형태와 볼륨도 성격 전달과 표현에 효과적인 수단이 될 수 있다.

    ⓩ **가발**: 시대극이나 뮤지컬, 오페라 등에서는 특정 시대, 나라, 인종, 성격 등을 전달하기 위해 가발이 효과적인 역할을 하기도 한다.

② **주의사항**

    ㉠ 무대 공연 배우는 배역 인물의 연령이나 성격 등을 충분히 고려하여 연기를 하므로 극중 캐릭터에 대해 관객들이 공감대를 불러일으키도록 표현한다.

    ㉡ 무대 공연 메이크업은 다른 미디어 메이크업보다 과장해야 하고, 관객들이 배우의 연기 동작이나 감정 표현 등을 잘 알아볼 수 있어야 하며, 배우와 관객과의 거리에 따라 메이크업의 강약과 분장법이 달라져야 한다.

    ㉢ 공연이 시작되면 중간에 쉬는 시간 없이 연속적으로 공연이 지속되므로 메이크업을 수정하거나 보완할 수 없기 때문에 무대의 크기와 규모, 객석의 수, 무대 조명 등을 충분히 고려해 메이크업 디자인을 구상하고 작업에 임해야 한다.

> **♥Note** **무대공연의 유형**
> - 뮤지컬: 노래, 음악, 연기, 댄스가 있는 종합무대예술
> - 창작극: 새롭게 만들어진 창작무대공연
> - 오페라: 유럽에서 유래하여 음악, 연기, 무용이 각본에 의해 만들어진 공연
> - 무용극: 고전무용이나 현대무용의 춤을 표현수단으로 한 연극의 형태
> - 번역극: 외국작품을 번역하여 만든 작품
> - 마당놀이: 연기자와 관객이 함께 어우러지는 풍자와 해학이 있는 놀이극

4 **분장 재료**

(1) 기본 분장 재료

① **파운데이션**: 도란, 유성 스틱형과 용기형으로 스펀지나 손을 이용해 펴 바른다.

② **라이닝 컬러**: 메이크업 유성 컬러로 붓이나 스펀지 또는 손으로 펴 바른다. 바디페인팅, 동물 메이크업, 무대 메이크업 시 혈색과 수염 자국, 볼 터치 등에 사용된다.

③ **스펀지(sponge)**: 라텍스를 화학 처리 후 부드럽게 부풀린 것으로, 도란이나 파운데이션을 펴줄 때 사용한다.

④ **블랙 스펀지**: 벌집 형태의 구조인 나일론 스펀지이다. 상처, 수염자국, 얼굴 질감을 표현할 때 사용한다.

⑤ **파우더**: 가루 타입의 고착제이다. 얼굴의 색 보정을 위한 투명 파우더, 컬러 파우더, 스타 파우더 등이 있다.

⑥ **파우더 퍼프**: 면 소재 분첩모가 주로 쓰인다.

⑦ **컬러 셰도**: 유성 타입, 펜슬 타입, 크림 타입 등이 있다..

⑧ **컬러 펜슬**: 제품마다 색상과 무르기가 다르다. 셰도 펜슬, 립 펜슬, 에보니 펜슬, 다용도 콤 비 펜슬 셰도 등이 있으며, 눈썹, 주름선, 검버섯, 부분적 셰이딩 작업 시 사용한다.

⑨ **인조속눈썹**: 무대 공연, 기본 메이크업, 눈매 부각 등에 사용한다.

⑩ **찍구(tique)**: 쪽머리 작업 시 모발 정리를 하거나, 블랙 스펀지를 이용해 찍는 수염 작업 시 사용한다.

⑪ **아쿠아 컬러(aqua color)**: 수성 타입으로 물에 섞어 쓰는 고형의 페인트이다. 다양한 컬러 가 있으며, 유성 도란보다는 발색 효과가 다소 떨어지며 피부 움직임에 따라 갈라지고 벗 겨질 수 있다.

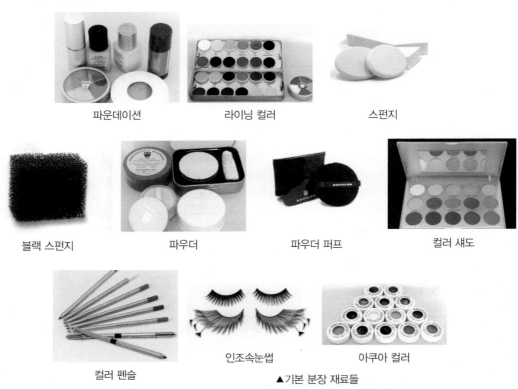

파운데이션   라이닝 컬러   스펀지

블랙 스펀지   파우더   파우더 퍼프   컬러 셰도

인조속눈썹   아쿠아 컬러

컬러 펜슬   ▲기본 분장 재료들

(2) 수염 분장 재료

① **생사**: 수염의 기본 재료로, 누에고치실로 만들며 염색에 따라 다양한 색 표현이 가능하다. 비가 올 경우나 물에 젖을 경우에는 사용이 어려우며 생기가 없어 주로 인조사와 혼합하

여 사용한다.

② **인조사**: 화학 소재로, 자연스러운 표현에 적당하고 용도에 맞게 색과 웨이브, 굵기 등을 조절해 사용해야 한다. 원 소재는 너무 뻣뻣하고 윤기가 나므로 손으로 비벼 부드럽게 만들어 사용한다. 가발 제작, 뜬 수염 제작 등에 사용한다.

③ **스프리트 검(sprit gum)**: 90 % 주정 알코올에 송진을 용해한 반투명 액체 상태의 접착제로, 수염의 접착, 핫 폼 작업, 눈썹 지울 때 사용한다.

④ **스프리트 검 리무버**: 피부로부터 스프리트 검의 잔여물을 빠르게 제거하는 용액이다. 탈지면이나 면봉 등을 이용해 잔여물을 제거한다.

(3) 특수분장 재료

① **라텍스(latex)**: 암모니아수에 생강을 유화시킨 불투명한 흰색 액체로, 얼굴 상처, 긁힘, 핫 폼 작업 등 특수분장 작업 시 주로 사용되는 재료이다. 제품마다 성질의 차가 있고 건조 후 투명해진다.

② **왁스(wax)**: 인조 코 등 돌출 부분에 입체감을 표현하는 왁스, 노즈 퍼티, 플라스티치 등이 있다.

③ **더마 왁스(derma wax)**: 얼굴이나 피부의 일부분을 변형시키기 위한 왁스로, 접착력이 약하다.

④ **플라스토(plasto)**: 반고체 상태의 물질로 굳기 정도에 따라 용도와 명칭이 달라 용도에 맞는 제품을 사용해야 한다. 칼 자국, 얼굴의 상처, 눈썹 지우기, 메꾸기, 가루 수염 접착 시 사용한다.

⑤ **스킨 젤(skin gel)/젤 픽스 스킨(gelfix skin)**: 화상이나 상처를 표현하는 재료이다. 젤 가루를 반고체 상태로 정형화한 후 뜨거운 물에 봉투째 넣어 녹여 사용한다.

⑥ **오브라이트(oblate)**: 녹말이 주 성분이며, 의료용, 화상 메이크업에 사용한다. 여러 겹 구겨서 물을 분무해 피부에 밀착시킨 다음 파우더를 가볍게 바르고 원하는 베이스 파운데이션을 바른다.

⑦ **튜플라스트(tuplaste)**: 튜브 안에 들어있는 액체 플라스틱으로 상처, 물집을 표현하는 데 사용한다.

⑧ **글라짠(glatzan)**: 용액 형태의 플라스틱으로, 정교한 볼드 캡을 쉽게 만들 수 있는 제품이다. 플라스틱 머리 모형에 3~5번 정도 칠해 말린 후 파우더로 표면을 처리하고 떼어낸다.

⑨ **콜로디온(collodion)**: 투명 상태의 액체로, 강한 냄새를 동반하는 피부 수축제이다. 상처 및 칼자국 표현에 사용한다.

⑩ **실러(sealor)**: 상처 메이크업 후 커버 작용 및 눈썹을 지울 때 사용한다. 점도가 있는 액상이다.

⑪ **글리세린(glycerine)**: 투명한 점액상의 액체로, 무취이다. 흐르는 눈물 자국, 땀방울을 표현할 때 사용한다.

⑫ **블러드 페인트(blood paint)**: 붉은색을 내는 파우더이며, 붓을 사용한다.

⑬ 티어 스틱(tear stick): 반투명 고체 상태의 스틱으로, 바르면 따끔거리고 눈이 충혈된다.

⑭ 투스 에나멜(tooth enamel): 액체 상태의 유색 물질로 치아에 색을 입힐 때 사용한다.

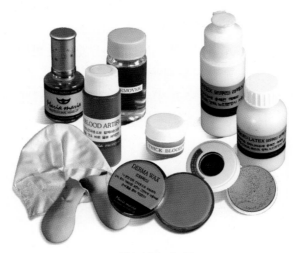

▲ 특수 분장 재료들

CHAPTER 06 | 피부와 피부 부속 기관

Section 1 피부 구조 및 기능

1 피부의 구조

피부는 신체의 표면을 덮고 있는 기관으로, 자외선, 기온, 습기, 오염 등 외적인 요인으로부터 몸을 보호하고, 혈액과 림프를 통해 영양분을 전달하며, 모공 등을 통해 체온을 조절한다. 또한, 노폐물을 땀으로 배설하게 하고 비타민 D를 생성할 수도 있다. 피부는 표피, 진피, 피하조직의 3개 층으로 이루어져 있으며, 피부의 변성물은 손톱, 발톱, 모발, 치아 등이 있다.

> **Tip** 피부는 표피, 진피, 피하조직의 3개 층으로 이루어져 있다.

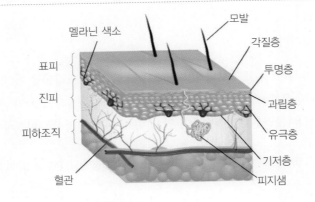

(1) 표피(epidermis)

피부의 가장 바깥층으로, 육안으로 볼 수 있으며, 혈관과 신경이 없는 상피세포이다. 0.07~0.12mm의 얇은 막으로 된 5층의 구조로 형성되어 있으며, 가장 깊은 층에서 새로운 세포를 만들고, 가장 상층에서 각질화되어 떨어져나가는 각화 작용이 일어난다.

① 각질층

피부의 가장 상층으로, 비듬이나 때 등 죽은 세포의 각화 현상이 이루어지며, 외부 환경으로부터 피부를 보호하는 역할을 한다. 각질층의 재생 주기는 대체로 28일 전후이며, 주 성분은 케라틴 단백질 약 58%, 천연 보습 인자 약 31%, 세포 간 지질 약 11%, 수분 10~20%로 이루어져 있는데, 수분 함량으로 피부결이 결정된다. 10% 미만의 수분 함량은 건조하여 잔주름이 잘 생긴다.

② 투명층

각질층 바로 아래 무핵의 투명한 세포로, 발바닥, 손바닥에만 존재하며, 피부 외부로부터 수분 침투를 막는 방어막 역할을 한다.

③ 과립층

피부 내부의 수분 증발과 자외선의 침투를 막는 작용을 하며, 각화 작용이 시작되는 단계이다. 표피에서 지방세포를 생성해내는 중요한 역할을 하기도 한다.

④ 유극층(가시층, 말피기층)

5~10층의 유핵 세포로 구성되어 표피층 중 가장 두꺼운 부분이고, 세포 내 영양분 교환과 노폐물 배출을 하는 통로 역할을 한다. 면역 기능이 있는 랑게르한스세포가 존재한다.

⑤ 기저층

표피의 가장 아래층에 위치하고 있고 단층으로 된 유핵세포로 구성되어 있으며, 70~72%의 수분을 함유하고 있다. 진피로부터 영양을 공급받고, 각질세포를 형성하는 층이며, 멜라닌 색소가 함유된 색소형성세포가 존재하여 피부색을 좌우한다. 또한, 촉각을 감지하는 머켈 세포가 분포한다.

(2) 진피

피부의 90%를 차지하며, 표피보다 10~40배 두께로 다른 조직들을 유지하고 보호해주는 역할을 한다. 진피층은 탄력성과 신축성이 있는 탄력섬유(엘라스틴)와 피부 내 자연 보습을 담당하는 교원섬유(콜라겐)로 구성되어 있으며, 유두층과 망상층의 2개 층으로 나누어진다.

> **Tip** 진피는 피부의 대부분을 차지하며, 영양 공급 및 산소 운반, 신경 전달, 온도 조절, 피부 탄력 등을 담당한다.

① 유두층

표피와 접하고 있는 부위로, 모세혈관에서 혈액을 통해 표피의 기저세포에 영양을 공급하고 산소 운반을 하며, 촉각, 통각의 신경 전달 기능과 온도 조절 기능이 있다.

② 망상층

진피의 80%를 구성하며 탄력섬유과 교원섬유에 엘라스틴과 콜라겐이 있어 피부 탄력을 유지시켜준다. 모세혈관이 거의 없고, 혈관, 피지선, 한선 등이 분포되어 있으며, 압각, 온각, 냉각을 감지할 수 있다.

(3) 피하조직

피하조직은 피부의 가장 아래층으로, 외부 자극으로부터 신체를 보호하고 수분 조절 기능과 체온 조절 기능을 담당하며 영양소를 저장하는 부위이다. 지방을 많이 포함하고 있어 신체의 라인과 관련이 있으며, 지방층의 두께는 인종, 성별, 피부 부위, 체형, 영양 상태에 따라 다르다.

2 피부의 생리 기능

(1) 보호 작용

외부의 충격, 세균, 자외선, 화학적 자극으로부터 보호한다.

(2) 체온 조절 작용

한선, 피지선, 지방, 혈관 및 림프관의 역할을 통해 체내에서 열을 생산하고 열의 발산을 막아 36.5°의 체온을 유지할 수 있도록 한다.

(3) 흡수 작용

각질층과 모낭에서 여러 물질을 흡수한다. 수용성 물질보다 지용성 물질의 흡수가 용이하며, 연령, 성별, 피부 상태와 같은 개인적 요인이나 계절, 습도, 기온 등 환경 요인, 농도, 분자 크기, pH 등 물리적 요인에 따라 흡수되는 정도가 다르다.

(4) 저장 작용

피하조직은 지방을 저장할 수 있고, 지방은 필요시 에너지 공급원이 된다. 표피와 진피층은 영양과 수분을 저장한다.

(5) 분비 및 배설 작용

피지선에서 피지, 한선에서 땀을 분비한다.

(6) 호흡 작용

피부 표면을 통해 산소를 흡수하고 이산화탄소를 배출하는 작용을 한다. 피부를 통한 산소 흡수는 전체 산소의 1% 정도로 미미하지만 중요하다.

(7) 감각 작용

촉각, 온각, 냉각, 압각, 통각 등 감각을 느낄 수 있다. 통각이 가장 많이 분포되어 있고 온각이 가장 둔하며, 온각은 혀 끝, 촉각은 손가락 끝과 입술이 가장 예민하다.

(8) 비타민 D 합성 작용

피부에 자외선이 닿으면 표피의 프로비타민 D가 비타민 D로 전환된다. 비타민 D는 칼슘의 흡수를 촉진시켜 뼈와 치아의 형성에 영향을 미친다.

(9) 재생 작용

피부는 상처가 나도 아물어 재생된다. 진피층까지 깊은 상처를 입은 경우에는 흉터가 남게 되며, 흉터 부분이 두툼하게 남는 것을 '켈로이드'라고 한다.

(10) 면역 작용

표피에는 면역 관련 세포들이 있어 생체 반응에 관여한다.

Section 2 피부 부속 기관의 구조 및 기능

1 피지선

피지는 지방 분비선에 의해 분비된 물질로, 지방관을 통해 모낭으로 배출되며, 성인의 경우 하루 1~2g의 피지를 배출한다. 수분 손실을 억제하고 외부의 이물질 침투를 억제하며, 얇은 막을 형성하여 피부를 부드럽게 한다.

얼굴의 T존, 턱, 가슴, 등과 가슴에는 큰 피지선이 분포하고, 손바닥과 발바닥을 제외한 전신에 작은 피지선이 분포하며, 입술과 구강 점막, 눈꺼풀에는 독립 피지선이 있다. 손바닥과 발바닥에는 피지선이 없다.

남성 호르몬(안드로겐)은 피지선을 자극하므로 남성이 여성보다 지성 피부가 많다.

> **Tip** 피지선은 피지 배출을 담당하는 피부의 부속기관으로, 피지선이 지나치게 발달하면 모공이 커지게 된다.

2 한선

한선은 분비선이라고도 하며 땀을 배출하는 선이다. 수분 분비와 노폐물 배설, 체온 조절 등의 역할을 하며 전신에 분포한다. 한선의 종류는 겨드랑이, 유두, 외음부, 항문 주위에 분포되어 있는 대한선(아포크린선)과 전신 대부분에 분포되어 있는 소한선(에크린선)으로 분류된다. 대한선은 소한선보다 선체가 크고 털과 함께 존재하며, 사춘기 이후 주로 발달한다. 겨드랑이와 유두, 배꼽, 성기, 항문 주위에만 분포하며, 세균 감염을 일으켜 냄새를 유발한다. 소한선은 약산성으로 세균 번식을 억제하여 무색, 무취이며, 털과 관계없이 나선 모양으로 진피 내에 존재한다. 입술, 음부를 제외한 전신에 분포하며, 손바닥, 발바닥, 얼굴 등에 가장 많이 분포한다.

3 모발

모발은 '케라틴'이라는 단백질로 구성되어 있어 단백질 섭취가 모발의 건강에 도움을 준다. 모발의 일반적인 평균 수명은 3~6년이며, 속눈썹은 2~3개월이다. 모발의 수분 함량은 12% 정도이고, 1일에 0.34~0.35mm 자라며, 한 달에 1~1.5cm 정도 자란다.

모발은 피부 밖으로 드러난 털 줄기인 '모간부'와 피부 안에서 모발을 구성하고 털의 영양을 관장하는 '모근부'로 분류된다.

모발의 기능은 체온 조절, 자외선 및 유해 물질 방어와 같은 보호 기능, 통각과 촉각을 전달하는 감각 기능, 미용적 효과를 지닌 장식 기능이 있다. 멜라닌 색소에 의해 모발의 색상이 결정되며, 영양 부족, 유전, 스트레스, 질환에 의해 탈모가 일어날 수도 있다.

4 손톱과 발톱

손톱과 발톱은 표면에서 케라틴 단백질이 각질화된 것이다. 수분 함량은 12~18% 정도이고, 한 달에 3mm 정도 자란다. 건강한 손·발톱은 연한 핑크빛을 띠며, 투명하고 광택이 있다.

CHAPTER 07 | 피부 유형 분석

피부는 피지 분비 상태에 따라 중성, 건성, 지성, 복합성 피부로 구분하며 이밖에도 민감성, 노화 피부로 나누어진다.

Section 1 정상 피부의 성상 및 특징

가장 이상적인 피부 유형으로, 피지선과 한선의 기능이 정상이며, 피부에 윤기가 있다. 수분과 피지 분비량이 적당하여 당김 증상이 없고 촉촉하며 탄력이 있다. 연한 핑크빛의 건강한 피부이며 화장이 오래 유지되고, 주름이 적은 편이다.

▲ 정상 피부

Section 2 건성 피부의 성상 및 특징

피지선과 한선의 기능 저하 또는 나이가 들어감에 따른 각질 탈락 이상, 자외선에 의한 각질층의 비후 등의 원인으로 피부의 유·수분량이 다른 피부에 비해 적은 편이다. 모공이 작고 각질층의 수분이 10% 이하이며 세안 후 피부 당김이 심하고 건조하여 화장이 들뜬다. 피부가 얇아 실핏줄이 보이며 잔주름이 잘 생긴다.

▲ 건성 피부

Section 3 지성 피부의 성상 및 특징

비정상적인 피지선 기능 항진으로 피지가 과다 분비되면 지성 피부 상태가 된다. 피지 분비량이 많아 피부의 저항력이 강하다. 그러나 얼굴이 번들거리고, 모공이 넓고 외부 오염에 취약하여 여드름이 나기 쉬운 피부이며, 화장이 쉽게 지워지는 단점이 있다.

▲ 지성 피부

Section 4 민감성 피부의 성상 및 특징

피부의 면역 기능과 조절 가능이 저하되어 가벼운 자극에도 예민하게 반응하는 피부를 민감성 피부라고 한다. 각질층의 이상으로 피부 조직이 얇거나 질병, 환경적 영향, 영양 부족 등의 원인으로 피부 홍반, 염증, 여드름, 발열감, 습진 등의 증상이 나타나기도 하며, 화장품에도 민감하므로 주의해서 사용하여야 한다.

▲ 민감성 피부

Section 5 복합성 피부의 성상 및 특징

건성과 지성의 특징이 모두 나타나는 피부를 '복합성 피부'라고 한다. 일반적으로 T존 부위는 지성이고, 다른 부위는 건성 피부인 경우가 대부분이며, 피지가 많은 부위는 모공이 크고 번들거리며 여드름이 나기 쉽고, 그 밖의 부분은 건조하고 잔주름이 잘 생기며, 색소 침착이 생기기도 한다.

Section 6 노화 피부의 성상 및 특징

피부 탄력이 저하되고 건조하여 윤기가 없으며 주름이 생기는 피부이다. 나이가 들어감에 따라 피부 기능이 떨어지고 주름살이 생기는 것이 일반적 노화 현상이며, 광선, 스트레스, 음주 등 외적인 자극이나 생활 습관으로 인한 노화를 '광노화'라고 한다. 주름이 생기는 원인은 피지량이 감소하고 건조하여 표피가 얇아지고 수축되면서 탄성섬유가 변화하기 때문이며, 잡티, 갈색 반점(검버섯)도 생긴다.

▲ 노화 피부

CHAPTER 08 | 피부와 영양

영양이란 살아가는 데 필요한 에너지와 몸의 구성 성분을 외부에서 섭취하여 소화, 흡수, 순환, 호흡, 배설하는 과정이며, 식품을 통해 체내에 공급되어 신체 구성을 유지하고 기능을 조절하는 성분을 '영양소'라고 한다.

열량소인 탄수화물, 지방, 단백질을 3대 영양소라고 하며, 무기질, 비타민을 더해 5대 영양소라고 한다.

Section 1 | 3대 영양소·비타민·무기질

1 3대 영양소

(1) 탄수화물

에너지를 발생하고 혈당을 유지하는 기능의 탄수화물은 소장에서 포도당의 형태로 흡수된다. 1g당 4kcal의 에너지를 발생시키며, 아밀라아제에 의해 분해되는 탄소와 물 분자의 유기 화합물이다.

(2) 단백질

피부, 근육, 머리카락 등의 신체의 구성 물질이자, 효소 및 호르몬을 구성하여 생명 유지에 핵심적인 기능을 담당하는 영양소이다. 1g당 4kcal의 에너지와 열을 발생시키는 에너지원이다.

단백질은 반드시 음식을 통해 섭취하여야 하며, 분해 효소는 트립신이다. 단백질을 피부의 탄력을 증진시키고, 각화 작용에 필수적인 요소이다.

(3) 지방

지방산과 글리세롤의 화합물인 지방은 에너지원이며 세포의 구성 성분이다. 1g당 9kcal의 에너지를 발생시켜 영양분으로 매우 중요하며, 에너지로 쓰고 남은 지방은 간과 지방 조직 등에 저장된다. 성장과 신체 유지에 중요한 요소이며, 지방의 분해 효소는 리파아제이다.

>  **Tip** 우리 몸에 필요한 3대 영양소는 탄수화물, 단백질, 지방이며, 신체의 구성 물질이자 에너지원이다.

2 비타민

비타민은 에너지원은 아니지만 소량으로 신체의 기능을 조절하고 영양소와 무기질의 대사에 관여하므로 반드시 필요한 영양소이다. 비타민은 체내에서 거의 합성되지 않아 음식으로 섭취하여야 하며, 지용성인 비타민인 A, D, E, K와 수용성 비타민인 B, C 등으로 구분된다.

종류	특징
비타민 A	각화 주기와 피부 재생에 관여하며, 결핍 시 야맹증, 안구 건조증 등이 나타난다.
비타민 D	음식 섭취뿐만 아니라 피부가 자외선에 닿으면 생성되는 비타민이다. 체내 칼슘, 인의 흡수에 관여하여 뼈, 치아의 성장에 영향을 미치며, 결핍 시 구루병, 골다공증이 나타난다.
비타민 E	항산화제로 피부의 노화를 방지하며, 결핍 시 빈혈이 나타난다.
비타민 K	모세혈관에 작용하여 피부 홍반에 좋다.
비타민 B$_1$	피부 면역력에 도움이 되며, 결핍 시 각기병이 나타난다.
비타민 B$_2$	피부의 탄력에 도움이 되며, 결핍 시 구순 구각염, 눈병이 나타난다.
비타민 C	피부의 멜라닌 세포를 억제하여 미백에 효과적이며, 결핍 시 괴혈병이 나타난다.

3 무기질

5대 영양소 중 하나로, 건강 유지에 필요한 미네랄이나 무기 염류를 뜻한다. 소량으로 혈액 응고, 인체 기능 조절, 세포 기능 활성화, 호르몬 구성 등의 역할을 한다. 대표적인 무기질로는 칼슘, 인, 철, 마그네슘 등이 있다.

종류	특징
칼슘	뼈아 치아의 주 성분으로 우유, 유제품, 뼈째 먹는 생선, 해조류 등에 많이 들어 있으며, 신경 자극 및 pH 조절, 근육의 수축·이완 작용 등에 관여한다.
인	칼슘과 결합하여 뼈와 치아를 형성하고, 체액의 pH를 조절한다.
철	적혈구 속 헤모글로빈에 함유되어 산소 운반에 중요한 역할을 한다.
마그네슘	삼투압 조절, 신경 안정, 근육 이완, pH 조절 등에 관여한다.
나트륨	주로 혈액에 존재하여 삼투압을 통해 혈액과 피부의 수분 균형에 관여한다.
아연	성장 및 면역, 상처 치유, 신체 기능 등에 중요한 역할을 한다.
요오드	갑상선 기능, 에너지 대사 조절, 모세혈관 기능, 기초 대사를 조절하며, 미역, 다시마 등에 많이 들어 있다.

Section 2 **피부와 영양**

1 건강한 피부와 영양

① 피부의 건강은 균형 잡힌 영양분 섭취로부터 만들어지며, 영양 과다 섭취 시에는 비만이나 셀룰라이트 발생, 결핍 시에는 체중 감소, 탈모, 피부 노화 등의 원인이 된다.

② 적당한 수분 공급은 피부의 보습력에 도움이 되고, 피부에 영양을 전달하고 노폐물을 제거하는 데에 효과적이다.

2 피부와 영양소

(1) 탄수화물

탄수화물은 피부의 에너지 생성을 도와 활력을 부여하고 보습에 영향을 미치나 과다 섭취 시 비만과 산성화로 피부의 저항력을 떨어뜨리며, 지성 피부로 변화시킬 수 있으므로 적절한 양의 섭취가 중요하다.

(2) 지방

지방은 피부에 기름막을 형성하여 수분의 지나친 이탈을 방지하고, 피부를 윤기 있고 탄력 있게 하지만 과다 섭취 시 비만을 야기하고 모세혈관의 노화에 의해 탄력이 저하되며, 결핍 시에는 피부 윤기와 탄력 저하, 노화의 원인이 된다.

(3) 단백질

피부의 결합조직과 탄력섬유는 단백질로 이루어져 있으며, 각질, 털, 손·발톱과 진피의 콜라겐, 엘라스틴도 단백질로 이루어져 있어 단백질은 필수적인 영양소 중 하나이다.

피부의 재생에 관여하며 수분 조절, pH 균형, 피부 저항력 등에 관여하므로 결핍 시 잔주름 생성, 탄력 저하, 박테리아 번식에 의한 여드름 등의 원인이 되고, 과잉 시에는 색소 침착의 원인이 되기도 한다.

(4) 비타민

수용성 비타민인 비타민 B_1은 피부의 면역과 피부 상처 치료, B_2는 항피부 염증과 피부 탄력, B_3은 피부 탄력과 염증 치료, B_5는 피부 탄력과 각질화, B_6는 피지 조절과 피부 진정 효과 등에 효과적이며, 비타민 C는 멜라닌 색소 형성 억제를 통한 미백, 노화 방지, 피부 탄력 등에 영향을 미친다.

지용성 비타민인 비타민 A는 피부 각질화, 피부 노화 방지, D는 색소 침착 억제, 항산화 작용, E는 항염증, 건조 예방, K는 피부 홍반 완화에 효과적이다.

> **Tip** 비타민은 피부 면역 및 상처 치료, 탄력 및 노화 방지, 피부 진정 효과, 미백 등에 탁월하여, 각종 화장품의 첨가 물질로 많이 사용된다.

(5) 무기질

무기질은 생체 내 촉매제 역할을 하며, 소량으로 삼투압 조절, 수분량 유지 등에 관여한다. 나트륨은 수분 조절과 피부 탄력, 마그네슘과 인은 피부의 pH 조절, 요오드는 과잉 지방 연소로 건강한 피부를 유지시킨다.

3 피부 유형별 영양 관리

(1) 정상 피부

피지선, 한선 등의 생리 기능이 정상적이며, 매끄럽고 촉촉한 피부결의 이상적인 정상 피부의 경우, 피부 조직의 유지를 위해 적당한 단백질을 섭취하고, 노화 방지를 위해 비타민 및 무기질이 풍부한 식품을 섭취한다.

(2) 건성 피부

피지선과 한선의 기능 저하로 유·수분량이 부족해 피부에 윤기가 없고 건조하며 탄력이 없으므로, 피부 당김이 심하고 노화가 빨리 진행될 수 있다. 지방과 단백질이 풍부한 식품을 섭취하여 피부 조직을 건강하게 유지하도록 하고, 수분과 비타민, 무기질이 많은 과일 및 채소를 많이 먹어야 하며, 물을 충분히 마시도록 한다.

(3) 지성 피부

피지가 과다하게 분비되어 모낭이 막히고 여드름이 생기기 쉬우며, 기름막이 두껍게 형성되어 번들거리고 모공이 커지는 피부이다. 비타민 A, 비타민 B가 함유된 과일과 채소를 충분히 섭취하여 피부 각질화와 여드름을 예방하고, 피지 분비를 촉진시키는 지방과 탄수화물의 과다한 섭취를 제한하여야 하며, 강한 향신료도 피한다.

(4) 복합성 피부

T존 부위는 지성, 그 밖의 부위는 건조한 피부가 특징인 복합성 피부의 경우 지방이 많은 음식을 피하고, 피부의 유·수분 밸런스를 맞추기 위해 비타민 A와 비타민 C 함유 식품과 물을 충분하게 섭취한다.

(5) 민감성 피부

외부 자극에 매우 민감한 피부의 경우 홍반, 피부염, 알레르기 반응, 가려움증 등이 빈번하게 일어나므로, 항산화 작용을 하는 비타민 C와 피부 저항력을 높여주는 비타민 B, 무기질 함유 식품을 충분히 섭취하여 저항력을 높여준다. 가공 식품을 제한하고, 지나친 육식, 음주, 흡연, 카페인 음료, 강한 향신료 등의 식품을 피한다.

Section 3 체형과 영양

체형은 유전적인 요인과 식생활 등의 후천적인 요인에 의해 형성된다. 건강한 체형을 유지하기 위해서는 적절한 영양 섭취와 바른 생활 습관이 중요하다.

① 균형 잡힌 3대 영양소와 비타민, 무기질의 섭취가 필요하다.

② 충분한 수분 섭취를 하여야 한다.

③ 비만을 방지하기 위해 에너지가 과다 축적되지 않도록 바른 식이요법과 걷는 자세, 앉는 자세 등의 자세 수정, 식습관과 수면 습관 등의 생활 습관 수정, 운동 습관 등을 체크한다.

④ 지나치게 마른 체형 또는 근육 저하를 방지하기 위해 적절한 에너지 섭취를 위한 식이요법이 반드시 필요하다. 1일 권장 칼로리 성인 기준 남자 2,300~2,500kcal, 여자 1,800~2,000kcal를 섭취한다.

피부와 광선

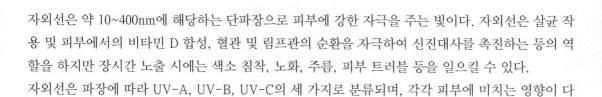

Section 1 | 자외선이 미치는 영향

자외선은 약 10~400nm에 해당하는 단파장으로 피부에 강한 자극을 주는 빛이다. 자외선은 살균 작용 및 피부에서의 비타민 D 합성, 혈관 및 림프관의 순환을 자극하여 신진대사를 촉진하는 등의 역할을 하지만 장시간 노출 시에는 색소 침착, 노화, 주름, 피부 트러블 등을 일으킬 수 있다.

자외선은 파장에 따라 UV-A, UV-B, UV-C의 세 가지로 분류되며, 각각 피부에 미치는 영향이 다르다.

종류	특징
UV-A	자외선 A는 320~400nm 범위의 파장으로, 생활 자외선이라 불리며, 기미, 주근깨 등의 색소 침착, 노화, 피부 건조의 원인이다.
UV-B	280~320nm의 파장으로, 피부 홍반, 일광 화상, 기미의 원인이며, 비타민 D 생성에 관여한다.
UV-C	100~280nm의 가장 짧은 파장으로, 거의 대부분 오존층에 흡수된다. 강력한 소독 및 살균 작용의 기능이 있어 여드름 피부 치료에 사용되기도 하지만 지나치면 피부암의 원인이 된다.

 Tip 자외선은 비타민 D 합성 및 신체 순환을 위해 반드시 필요하지만, 지나치게 노출되면 색소 침착, 노화, 주름, 피부 트러블 등을 일으키므로 주의하여야 한다.

Section 2 | 적외선이 미치는 영향

적외선은 가시광선의 적색선보다 바깥쪽에 위치한 전자기파로 780nm~1mm에 해당하는 장파장이다. 열 작용을 하는 열선으로 피부 관리 시 팩을 빨리 마르게 하고, 신경과 근육을 이완시키고 혈관을 팽창시켜 혈액 순환을 도우며, 영양분의 침투에 효과적이다. 또, 피지선과 한선을 자극하여 피부 노폐물 배출에 효과적이고, 건성 피부, 주름 피부, 비듬성 피부에 도움이 되므로 미용 기기로 사용된다.

미용 기기로 적외선을 사용할 때에는 60~80cm의 거리에서 5~7분 정도만 조사하도록 하며, 장시간 사용 시 백내장을 일으킬 수 있으므로 반드시 눈 보호대나 보호 안경을 착용한다.

Section 1 면역의 종류와 작용

면역이란 특정한 병원체 또는 독소에 대해 강한 저항성을 나타내는 상태로, 외부로부터 침입하는 물질을 항원으로 인식하여 공격하고, 항체를 만들어 보호하는 생명 현상이다.

면역은 태어날 때부터 가지고 있는 저항력인 선천적 면역과 예방 접종 또는 감염 이후 기억된 면역인 후천적 면역으로 구분되며, 혈액의 구성원인 백혈구가 면역에 관여한다.

 Tip 면역이란 백혈구에 의해 인체에 들어온 외부 침입 물질을 공격하고, 항체를 만들어 보호하는 생명 현상으로, '선천적 면역'과 '후천적 면역'으로 구분된다.

1 항원

항원이란 면역계를 자극하여 항체 형성을 유도하고 면역 반응을 유발시키는 이물질 또는 면역원으로, 병을 일으키는 원인 물질이다.

2 항체

항원에 대항하기 위해 혈액에서 형성된 당단백질로 혈액과 림프에 저장되어 있다가 면역 반응이 일어나는 부위로 이동하여 반응한다.

3 림프구(면역 세포)

백혈구는 혈장, 혈소판, 적혈구와 함께 혈액을 구성하는 물질로, 항체를 형성하여 감염에 저항한다. 림프구는 백혈구의 면역 기전으로 골수에서 유래되었으며, B 림프구와 T 림프구의 두 면역계의 상호 작용으로 면역 반응이 이루어진다.

(1) B 림프구

'면역 글로블린'이라 불리는 단백질로, 항체를 생성하여 독소 및 바이러스를 중화시키고 세균을 죽이는 면역 기능을 수행한다. B 림프구는 특정 항원에만 반응하는 체액성 면역 반응

을 하며, 한번 생체 내로 들어온 항원은 기억을 하고 있다가 똑같은 항원이 들어오면 혈장 세포로 변화하여 더 많은 양의 항체를 형성하는 영구 면역에 관여한다.

(2) T 림프구

혈액 내 림프구의 약 90%를 구성하는 T 림프구는 직접 항원을 공격하여 파괴하는 세포성 면역 반응을 일으킨다.

4 식세포

식세포는 미생물이나 다른 이물질을 잡아먹는 식균 작용을 하는 세포의 총칭으로, 체내 1차 방어계를 뚫고 들어온 이물질을 제거한다.

Section 2 피부와 면역

피부는 면역 기관으로, 외부에서 들어오는 항원을 적극적으로 공격하여 배제하는 역할을 한다. 표피층에는 면역세포가 존재하며 랑게르한스세포가 면역에 관여한다. 골수에서 유래되는 것으로 알려진 랑게르한스세포는 표피세포의 2~8%를 차지하며 항원을 가공하여 극소 림프절로 이동한 후 T 세포에 지시하여 염증 등에 면역 반응을 일으킨다.

 피부는 인체의 면역 기관 중 하나로 외부 침입 물질을 공격한다. 피부 면역 반응의 예로는 피부 염증 등이 있다.

CHAPTER 11 | 피부 노화

피부 노화의 원인

노화란 나이가 들어감에 따라 일어나는 쇠퇴적인 변화 양상으로 생체 반응 능력이 떨어지는 현상이며 일반적으로 25세를 기점으로 노화가 시작된다. 피부 구조와 기능 저하에 따른 탄력성 감소와 주름, 노인성 반점 등이 나타나는 것을 피부 노화라고 하며, 유전적인 요인과 환경적인 요인이 복합적으로 작용하여 진행된다.

1 유전적 요인

태어날 때부터 유전자에 저장된 정보에 따라 장기간에 걸쳐 노화가 진행된다. 표피와 진피의 구조적 변화로 피부가 얇아지고 윤기가 감소하며 탄력이 저하되어 주름이 생기고, 색소 침착과 반점이 생기며 자외선에 대한 방어 능력 저하, 면역 저하, 재생 능력 감소, 피지 분비 감소 등이 일어난다.

2 환경적 요인

자외선, 기온, 공해 등 주위 환경의 영향, 잘못된 화장품 사용 또는 의약품의 장기 복용, 질병, 폐경, 잘못된 식습관으로 인한 기능 저하, 음주 및 흡연, 스트레스와 활성 산소의 증가 등 여러 가지 환경적인 원인으로 인한 피부세포 손상으로 인해 노화가 진행된다.

광선에 장시간 노출에 의한 광노화가 대표적인 환경에 의한 노화 현상이며, 햇빛에 오래 노출되면 각질층이 두꺼워지고 탄력이 감소되며 주근깨, 기미 등 색소 침착이 생기고, 피부가 건조해져 주름이 증가한다. 또, 피부의 면역 기능이 감퇴하고 민감해지며, 피지선의 기능을 저하시켜 여드름이 생기거나 심할 경우 피부암으로 발전하기도 한다.

1 건조증

표피 두께가 얇아지고 피부가 건조해짐에 따라 각질이 잘 생기고, 가벼운 외상에도 쉽게 피부가 벗겨지기도 한다. 또, 표피에서 비타민 D의 합성 능력도 감소된다.

2 주름

피부 노화 현상 중 가장 눈에 띄는 것이 주름이며, 노화의 지표가 된다. 유·수분 부족으로 인한 피부 건조와 탄성 섬유의 소멸로 인해 생긴다.

3 피부색 변화 및 색소 침착

피부색을 결정짓는 멜라닌 세포의 수가 감소하여 피부색이 옅어지고, 자외선에 대한 보호 능력이 점차 감소한다. 또, 유전적 요인과 자외선 등 환경적 요인에 의하여 얼굴, 손등 등 일광에 노출되는 부위를 중심으로 기미, 주근깨, 노인성 반점, 노인성 사마귀 등이 생긴다.

 기미는 노화, 자외선, 내분비 이상, 임신, 경구 피임약의 복용 등 여러 가지 원인으로 악화된다.

4 피부 면역 및 상처 치유 기능 저하

혈액 내 백혈구의 기능 저하와 함께 피부의 면역 기능 저하로 피부 감염과 종양에 취약해지며, 표피 세포의 분열 속도와 재생 속도의 감소로 상처 치유 기능 및 회복 기능이 저하된다.

5 피부 감각 기능 저하

피부의 촉각, 통각, 압각, 온도 감각 등을 담당하는 수용체의 숫자가 감소하고, 신경 전달 속도가 느려져 피부를 통해 느끼는 감각에 대한 정확도가 떨어진다.

PART 1

피부의 이해

메이크업 개론

01 다음 중 메이크업의 정의와 거리가 먼 것은?
① 화장품과 도구를 사용한 미의 표현 행위이다.
② '분장'의 의미를 가지고 있다.
③ 색상 표현으로 외형적인 아름다움을 나타낸다.
④ 의료 기기나 의약품을 사용한 눈썹 손질을 포함한다.

02 메이크업의 기원에 대한 설명으로 틀린 것은?
① 장식설: 아름다움에 대한 욕망으로 몸을 치장함
② 보호설: 외부 환경 및 위험으로부터 보호하기 위해 메이크업을 시작함
③ 종교설: 신분과 계급을 구별하기 위한 목적으로 메이크업을 시작함
④ 본능설: 이성을 유혹하기 위해 메이크업을 시작함

03 최초의 메이크업에 대한 기록이 남아 있는 시기로, 콜 메이크업이 특징인 시대는?
① 이집트   ② 그리스   ③ 로마   ④ 고딕

04 중세 시대 메이크업의 특징이 아닌 것은?
① 중세 초기에는 기독교적 금욕주의로 여성의 화장을 금기시하였다.
② 향수는 왕족과 종교 의식에서 사용되었다.
③ 중세 말기 십자군 전쟁으로 동양으로부터 화장법이 전해지기도 하였다.
④ 중세 말기에는 흰 피부를 선호하여 머리부터 발끝까지 전신에 분을 발랐다.

05 다음 중 근세부터 근대 시기의 화장 문화에 대한 설명으로 올바른 것은?
① 르네상스: 인간성 존중의 시대 정신으로, 이 시기의 여성은 화장을 하지 않았다.
② 바로크: 풍만한 아름다움의 유행으로, 남녀 모두 과도한 장식이나 화장을 하였다.
③ 로코코: 화장은 점차 진하고 화려해졌지만 헤어스타일과 의상은 자연스러웠다.
④ 근대: 흰 피부가 유행하여 백납분을 과도하게 사용하기도 하였다.

---

01 메이크업 미용사는 의료 기기나 의약품을 사용할 수 없다.

02 종교설은 주술적 목적으로 화장이 시작되었다는 기원설이다.

04 중세 말기에는 창백한 얼굴을 선호하였지만 종교의 영향으로 자연스러운 화장을 하였다.

---

01 ④   02 ③   03 ①   04 ④   05 ②

06 각 시대의 메이크업의 특징을 대표하는 영화배우와 시대 연결이 잘못된 것은?

① 1920년-클라라 보우

② 1930년-그레타 가르보

③ 1950년-오드리 헵번

④ 1960년-진 할로우

06 진 할로우는 1930년대를 대표하는 영화배우이다.

07 1930년대 서양에서 유행한 화장법에 대한 설명으로 틀린 것은?

① 아치형 눈썹

② 깊은 아이 홀

③ 작고 앵두같은 입술

④ 성숙한 이미지

07 앵두같이 작고 진한 입술은 1920년대 유행하던 립 메이크업이다.

08 1960년대 대표적 유행 스타일과 가장 거리가 먼 것은?

① 팝아트

② 모델 트위기

③ 히피 스타일

④ 진한 입술의 섹시한 이미지

08 트위기는 연한 핑크빛 립 메이크업을 했던 귀여운 이미지의 모델이다.

09 전 세계적인 경제 성장이 이루어진 시기로, 여배우 브룩쉴즈와 같은 화려하면서 강한 여성의 이미지가 유행했던 시기는?

① 1970년대

② 1980년대

③ 1990년대

④ 2000년대

10 한국의 메이크업 역사 중 컬러텔레비전의 등장으로 메이크업에서 색의 중요성이 부각되기 시작한 시기는?

① 1910~20년대

② 1930~40년대

③ 1950~60년대

④ 1970~80년대

10 우리나라에서는 1974년 아남산업에서 첫 컬러TV를 제작했으나, 1980년 12월에 이르러서야 컬러방송이 허가되었다.

11 삼국와 통일 신라 시대의 화장에 대한 설명으로 올바르지 않은 것은?

① 고구려: 연지 화장을 하고 눈썹을 짧고 뭉툭하게 그렸다.

② 백제: 중국 문헌에 따르면 백제에서는 붉은 입술이 유행하였다.

③ 신라: 영육 일치 사상으로 남성인 화랑들도 화장을 하였다.

④ 통일신라: 당의 영향으로 진한 화장이 유행하였다.

11 백제는 시분무주, 즉 분은 바르되 연지는 바르지 않는 은은한 화장법을 즐겼다.

12 조선 시대 화장 문화에 대한 올바른 설명은 무엇인가?

① 규합총서에 화장품이나 향의 제조 방법이 수록되어 있다.

② 여염집 아낙네들은 대부분 짙은 화장을 하였다.

③ 여성의 외적인 아름다움을 강조하였다.

④ 화장의 일원화가 이루어졌다.

12 조선 시대에는 기생과 궁녀의 분대 화장과 여염집 여성들의 담장으로 화장의 이원화가 이루어졌다.

06 ④   07 ③   08 ④   09 ②   10 ④   11 ②   12 ①

13 우리나라 관허 1호로 정식 제조 허가를 받은 화장품은 무엇인가?

① 서가분   ② 박가분   ③ 설화분   ④ 정가분

13 박가분은 1916년 가내 수공업으로 제조 허가를 받은 우리나라 공업 화장품의 효시이다.

14 얼굴의 균형도에 대한 설명으로 <u>틀린</u> 것은?

① 눈썹머리 위치: 입술 끝을 일직선으로 연장했을 때 만나는 점에 위치한다.

② 눈썹산 위치: 눈썹 전체 길이의 3분의 2 지점에 위치한다.

③ 얼굴 가로 분할: 얼굴 정면을 가로로 분할하면 헤어라인에서 눈썹, 눈썹에서 콧방울, 콧방울에서 턱 끝까지 3등분으로 나누어진다.

④ 눈썹 길이: 눈썹 길이는 콧방울에서 눈꼬리를 지난 연장선과 눈썹이 만나는 지점이다.

15 윤곽 수정 메이크업 시 둥근 얼굴형에 필요한 하이라이트의 위치가 <u>아닌</u> 것은?

① T존   ② 눈 밑   ③ 턱   ④ 볼 뼈

16 다음 중 긴 얼굴형의 화장법으로 올바른 것은?

① 이마 양옆에 셰이딩을 넣어 얼굴 폭을 감소시킨다.

② T존에 하이라이트를 넣어준다.

③ 턱에 하이라이트를 처리한다.

④ 블러셔는 가로로 길게 처리한다.

17 다음 중 건조한 피부를 가진 사람의 화장법으로 <u>잘못된</u> 것은?

① 기초 화장품으로 유·수분을 충분히 공급한다.

② 리퀴드 파운데이션을 소량씩 여러 번 두드려 발라준다.

③ 쿠션 파운데이션으로 가볍게 화장한다.

④ 입가, 눈가 등 움직이는 부위에 파우더를 많이 발라 유분기를 없앤다.

17 파우더를 많이 바르면 더욱 건조해지므로 유의한다.

18 커버력이 강한 크림이나 케이크 타입의 파운데이션을 사용하거나 눈이나 입술에 포인트 메이크업으로 시선을 분산시키는 것이 필요한 피부는?

① 잡티가 많은 피부   ② 유분기가 많은 피부

③ 건조한 피부   ④ 붉은 피부

19 다음 중 가산 혼합의 3원색이 <u>아닌</u> 것은?

① 빨강   ② 노랑   ③ 녹색   ④ 파랑

19 가산 혼합 3원색은 RGB(빨강, 초록, 파랑), 감산 혼합의 3원색은 CMY(파랑, 빨강, 노랑)이다.

정답   13 ②   14 ①   15 ④   16 ④   17 ④   18 ①   19 ②

20 채도가 14, 명도가 5, 색상이 5R인 빨강을 먼셀 기호로 올바르게 표시한 것은?

① 5R 5/14　　　　　　② 5R 14/5

③ 5 5R/14　　　　　　④ 14 5/5R

21 다음 중 색채의 연상이 <u>잘못</u> 연결된 것은?

① 빨강: 불, 피, 위험　　② 노랑: 병아리, 경고, 희망

③ 보라: 죽음, 허무, 절망　④ 흰색: 설탕, 청결, 순수

22 동일 색상의 두 가지 명도차가 큰 톤의 색끼리 배색하는 것을 무엇이라 하는가?

① 세퍼레이션 배색　　　② 토널 배색

③ 톤인톤 배색　　　　　④ 톤온톤 배색

23 19세기 인상파 화가인 시냑, 쇠라의 점묘화법은 멀리서 보면 점들이 혼색되어 다른 색으로 보이는 점을 이용한 표현 예술이었다. 이는 어떤 혼색의 결과인가?

① 회전 혼색

② 계시 가법 혼색

③ 병치 가법 혼색

④ 중간 혼색

24 색채의 중량감과 가장 관계가 깊은 것은?

① 명도　　　② 채도　　　③ 색상　　　④ 톤

25 다음 중 중성색이 <u>아닌</u> 것은?

① 녹색　　　　　　② 보라

③ 자주　　　　　　④ 노랑

26 부드럽고 여성스러운 느낌의 메이크업을 표현하기 위한 색상 선택으로 올바른 것은?

① 뉴트럴 톤의 색을 사용한다.

② 고명도, 저채도의 색을 사용한다.

③ 고채도, 중명도의 색을 사용한다.

④ 저명도의 색을 사용한다.

27 다음 중 계절에 어울리는 색으로 가장 거리가 <u>먼</u> 것은?

① 봄: 옐로, 코럴, 그린　　② 여름: 화이트, 블루, 바이올렛

③ 가을: 베이지, 브라운, 골드　④ 겨울: 레드, 오렌지, 옐로

20 먼셀 표기법은 색상을 'H', 명도를 'V', 채도를 'C'로 규정하여 HV/C로 표기한다.

21 보라색은 고귀함, 우아한, 신비로움 등의 추상적 연상이 이루어진다.

23 계시 가법 혼색은 색광을 빨리 교대하면서 계시적으로 혼색하는 법이며, 병치 가법 혼색은 가법 혼색의 일종으로 많은 색의 점들이 조밀하게 병치하여 서로 혼합되게 보이는 법이다.

25 따뜻한 색은 빨강, 주황, 노랑, 차가운 색은 파랑, 남색 등이 있다.

26 페일 톤, 화이티시 톤 등 고명도, 저채도의 색은 부드럽고 여성스러운 이미지를 가진다.

27 화이트, 실버, 블랙, 와인은 겨울을 대표하는 색이다.

20 ①　21 ③　22 ④　23 ③　24 ①　25 ④　26 ②　27 ④

28 여드름이나 붉은 피부에 사용하면 붉은 기를 잠재울 수 있는 베이스 메이크업 색상은?

① 핑크   ② 화이트

③ 그린   ④ 바이올렛

29 퍼스널 컬러의 각 계절과 어울리는 스타일이 가장 잘 연결된 것은?

① 봄: 클래식, 모던   ② 여름: 로맨틱, 클리어

③ 가을: 프리티, 시크   ④ 겨울: 내추럴, 캐주얼

> **29** 봄 타입은 프리티, 캐주얼, 가을은 내추럴, 클래식, 겨울은 시크, 모던 스타일이 어울린다.

30 텔레비전 조명의 목적이 <u>아닌</u> 것은?

① 화면 내 특정 부위를 강조하기 위해

② 장면의 분위기를 연출하기 위해

③ 연기자의 동작을 크게 표현하기 위해

④ 최소한의 광량을 확보하기 위해

31 영상 메이크업의 경우 조명으로 인해 주의하여야 할 사항 중 <u>틀린</u> 것은?

① 번들거리지 않도록 파우더를 적절히 사용하여야 한다.

② 하이라이트, 셰이딩을 섬세하게 표현하여야 한다.

③ 조명의 광량에 따라 색상 표현이 다를 수 있다.

④ 본래 메이크업 색보다 어둡게 나온다.

> **31** 조명이 밝아 본래 색보다 밝게 표현되는 경우가 많으므로 색 표현에 유의하여야 한다.

32 형광등 조명일 경우 주의하여야 할 메이크업 색상은?

① 하늘색, 파란색   ② 노란색, 빨간색

③ 검은색, 흰색   ④ 살구색, 갈색

> **32** 형광등은 푸른 기가 돌아 색을 차갑게 보이게 만들기도 한다.

33 한낮의 태양빛과 밝기가 유사한 색온도는?

① 2,300K   ② 3,400K   ③ 4,300K   ④ 6,500K

34 부드럽고 예뻐 보이도록 연출 가능한 조명의 각도는?

① 위 조명   ② 풋(foot) 조명

③ 후광   ④ 정면 조명

35 부채꼴 모양의 브러시로 여분의 파우더 가루를 털어낼 때 사용하는 것은?

① 팬 브러시   ② 파우더 브러시

③ 스크루 브러시   ④ 치크 브러시

28 ③   29 ②   30 ③   31 ④   32 ①   33 ④   34 ③   35 ①

36 눈썹 수정 시 사용되는 도구가 <u>아닌</u> 것은?

① 눈썹 칼   ② 스파출라

③ 트위저   ④ 가위

37 메이크업 도구의 사용법에 대한 설명으로 <u>틀린</u> 것은?

① 아이래시 컬러는 속눈썹을 올려줄 때 사용한다.

② 브러시는 전용 클리너로 세척하는 것이 좋다.

③ 라텍스는 세균이 번식하기 쉬워 자주 빨아 사용하는 것이 좋다.

④ 면봉은 부분 메이크업 또는 메이크업 수정 시 사용한다.

38 브라운 컬러에 골드 펄을 가미하여 깊이 있는 눈과 차분하고 럭셔리한 분위기를 연출하는 것이 어울리는 계절 메이크업은?

① 봄   ② 여름

③ 가을   ④ 겨울

39 밝고 화사하며 고전적인 단아한 이미지로, 강한 색상을 피하고 최대한 절제하면서도 우아함을 자연스럽게 연출하여야 하는 메이크업은 무엇인가?

① 한복 메이크업

② 태닝 메이크업

③ 스포츠 메이크업

④ 파티 메이크업

40 퍼스널 컬러의 겨울 타입에게 가장 어울리지 <u>않는</u> 메이크업은?

① 베이스 메이크업은 화사한 느낌이 나는 핑크 베이지 컬러가 어울린다.

② 섀도 색상은 브라운, 골드, 카키가 어울린다.

③ 악센트 컬러가 되는 색을 사용한다.

④ 시크하고 모던한 이미지를 연출한다.

41 신부의 웨딩 메이크업에 대한 설명으로 가장 거리가 <u>먼</u> 것은?

① 밝고 화사한 피부를 연출한다.

② 장시간 메이크업이 유지되기 위해 정성을 들인다.

③ 펄 파우더를 다량 사용하여 신비로운 이미지를 연출한다.

④ 얼굴과 목의 연결을 위해 자연스러운 셰이딩을 해준다.

---

36 스파출라는 메이크업 제품을 덜어 쓸 때 쓰는 도구이다.

37 위생을 위해 라텍스는 일회용으로 사용하거나 사용 부위를 자른 후에 사용한다.

PART 1

메이크업의 이해

40 브라운, 골드, 카키 색상은 가을 타입의 사람에게 잘 어울린다.

41 지나친 펄의 사용을 삼가고, 은은하고 우아한 웨딩 이미지로 연출하는 것이 좋다.

42 T.P.O에 따른 면접 메이크업에 대한 내용으로 옳지 <u>않은</u> 것은?

① 아이라인으로 눈매를 또렷하게 그려주어 믿음직한 이미지를 부여한다.

② 눈썹 화장은 블랙 컬러를 이용해 진하고 또렷한 눈썹 모양을 만들어 준다.

③ 핑크와 살구빛 치크로 얼굴에 혈색을 주어 건강함을 표현한다.

④ 베이지, 그레이, 브라운 등 자연스러운 색상을 사용한다.

42 너무 진한 눈썹은 고집이 세보일 수 있으므로 주의한다.

43 흑백 광고 사진 메이크업에 대한 설명으로 <u>틀린</u> 것은?

① 얼굴의 윤곽 수정을 강조한다.

② 유분기를 잡아 번들거리지 않도록 한다.

③ 아이섀도는 핑크, 옐로 등 파스텔 계열을 사용한다.

④ 립은 레드, 와인, 브라운 계열의 컬러가 자주 사용된다.

43 지나치게 연한 색상은 흑백 사진에서 표현되지 않는다.

44 귀엽고 사랑스러우며 소녀적인 이미지로 연출하는 패션 메이크업의 종류는?

① 매니시 룩   ② 아방가르드 룩

③ 엘레강스 룩   ④ 로맨틱 룩

45 민속풍을 반영한 패션 메이크업의 종류는?

① 에스닉 룩   ② 모던 룩

③ 스페이스 룩   ④ 미니멀리즘 룩

45 에스닉 룩은 이국적인 민속풍 이미지로 '이그조틱(exotic) 룩'이라고도 한다.

46 메이크업의 기본자세로 옳지 <u>않은</u> 것은?

① 시술 장소 및 시술 목적에 따라 메이크업 도구 및 제품을 점검한다.

② 모델이 심리적인 안정을 취하도록 끊임없이 대화를 청한다.

③ 메이크업 아티스트는 모델의 오른쪽 45°에 위치하는 것이 좋다.

④ 시술하는 동안 산만해 보이지 않도록 방향을 자주 바꾸지 않는다.

46 적절한 대화로 부드러운 분위기를 유도하는 것이 좋다.

47 메이크업 아티스트의 복장으로 옳지 <u>않은</u> 것은?

① 활동이 편한 복장

② 깨끗하고 위생적이며 단정한 복장

③ 체형을 커버할 수 있는 복장

④ 최신 유행 복장

47 복장이 지나치게 유행에 뒤처지거나 지나치게 최신 유행인 것 모두 올바르지 않다.

42 ②   43 ③   44 ④   45 ①   46 ②   47 ④

48 메이크업 상담의 자세와 가장 거리가 <u>먼</u> 것은?

① 방문한 고객을 응대하고 대기 공간 또는 시술 공간으로 안내한다.
② 예약으로 방문하는 고객의 예약 스케줄을 철저히 관리한다.
③ 고객이 원하는 메이크업 콘셉트를 파악한다.
④ 트렌디한 유행 메이크업을 시술한다.

49 메이크업 시 자세로 바르지 <u>않은</u> 것은?

① 브러시 및 메이크업 도구들을 위생적으로 관리한다.
② 컬러 트렌드, 화장품 트렌드 등 메이크업 관련 지식을 습득하기 위해 노력
한다.
③ 철저한 시간 약속 이행으로 신뢰감을 준다.
④ 모델이 편하도록 의자를 눕혀서 시술한다.

49 모델을 편안하게 앉게 하고, 시술자는 측면에 서서 거울을 통해 대칭을 맞추며 메이크업하는 것이 좋다.

50 메이크업 디자인 설계 시 고려하여야 할 사항이 <u>아닌</u> 것은?

① T.P.O에 어울리는 메이크업을 한다.
② 고객의 요구를 반영한다.
③ 최신 트렌드만을 반영하여 화려하게 메이크업한다.
④ 고객의 의상색에 어울리는 메이크업을 한다.

51 고객을 대하는 메이크업 아티스트의 자세로 바르지 <u>않은</u> 것은?

① 전문 용어를 많이 사용하여 전문가답게 과시한다.
② 고객의 장점을 부각시킬 수 있도록 메이크업한다.
③ 위생적인 환경에서 메이크업을 시술한다.
④ 메이크업을 계획, 수정, 보완 시 이해하기 쉽게 설명한다.

52 메이크업은 목적에 따라 여러 가지 테마로 분류된다. 이 중 데이타임 메이크
업을 설명한 것은?

① 스테이지 메이크업
② 낮 화장
③ 포토 메이크업
④ 야용 화장

52 데이타임 메이크업은 일반적인 메이크업인 낮 화장을 의미한다.

53 메이크업에서 T.P.O에 해당하지 <u>않는</u> 것은?

① 시간
② 장소
③ 목적
④ 체형

53 T.P.O란 시간(Time), 장소(Place), 상황(Occasion)을 의미한다.

48 ④   49 ④   50 ③   51 ①   52 ②   53 ④

54 다음의 아이섀도 색상 중 귀엽고 사랑스러운 이미지 연출에 가장 적합한 색상은?

① 핑크
② 블루
③ 바이올렛
④ 그린

55 이마의 양쪽 끝과 턱의 끝 부분을 진하게, 뺨 부분을 엷게 메이크업하면 어울리는 얼굴형은?

① 삼각형
② 역삼각형
③ 둥근형
④ 사각형

56 신라시대 화장 문화에 대한 설명으로 가장 거리가 먼 것은?

① 영육일치 사상의 영향을 받았다.
② 화장과 화장품이 발달하였다.
③ 화랑은 미소년 중 선발되었으며, 화장을 하였다.
④ 햇볕에 곱게 태운 피부가 유행하였다.

57 조선시대 화장품과 향의 제조 방법이 수록된 책의 이름은?

① 삼국사기
② 후한서
③ 규합총서
④ 삼국유사

58 다음 중 화장에 설명으로 가장 거리가 먼 것은?

① 담장 : 피부를 깨끗하게 정리하여 멋 내는 화장법
② 염장 : 짙은 색채 화장
③ 야용 : 억지로 아름답게 꾸민다는 의미의 분장
④ 성장 : 옷차림까지 완벽하게 꾸미는 꾸밈

59 우리나라 메이크업 역사 중 국가에서 정책적으로 화장을 장려했던 시기는?

① 고조선
② 고구려
③ 통일 신라
④ 조선

54 귀엽고 사랑스러운 이미지 연출에는 핑크 계통의 색상이 어울린다.

55 역삼각형의 얼굴은 이마를 좁게 보이게 하고, 얼굴의 옆을 밝게 한다.

56 신라시대를 포함한 우리나라 화장의 역사를 살펴보면, 백옥같이 하얀 피부를 선호하였다.

57 조선시대 규합총서에는 화장품이나 향의 제조 방법이 수록되었으며, 화장품을 생산하고 관리하는 관청인 보염서가 설치되기도 하였다.

58 성장은 야하거나 화려한 화장법을 뜻한다.

59 통일 신라시대 문무왕 6년에는 모든 복장을 당의 것과 동일하게 하라는 왕명으로 당나라의 짙은 색조 화장의 영향을 받아 메이크업이 화려하였다.

54 ① 55 ② 56 ④ 57 ③ 58 ④ 59 ③

60 중세시대 메이크업의 특징으로 가장 거리가 <u>먼</u> 것은?

① 창백한 얼굴이 유행하였다.

② 왕족이나 종교의식에서는 향수를 사용하였다.

③ 빨강 입술이 유행하였다.

④ 가늘고 긴 눈썹이 유행하였다.

61 뷰티 패치가 본격적으로 유행한 시기는?

① 로마   ② 중세

③ 바로크   ④ 근대

62 서양에서 경제공황으로 인한 어려움을 영화의 화려함으로 잊고자 할리우드 영화가 본격적으로 전성기를 맞게 된 시기는 언제인가?

① 1910년대   ② 1930년대

③ 1950년대   ④ 1970년대

63 1950년대 서양 메이크업에 대한 설명과 가장 거리가 <u>먼</u> 것은?

① 컬러 영화, TV 등 대중 매체

② 오드리 헵번, 마릴린 먼로와 같은 대중 스타 등장

③ 히피, 펑크와 같은 젊은이들의 문화가 인기

④ 미국이 대중문화의 중심

64 각 시대별 메이크업 유행에 대한 설명으로 가장 거리가 <u>먼</u> 것은?

① 1920년대 - 작은 앵두같은 입술

② 1930년대 - 얇고 가는 눈썹

③ 1940년대 - 두꺼운 눈썹

④ 1960년대 - 레드 립스틱

65 1980년 초반에 유행했던 메이크업에 대한 설명으로 가장 거리가 <u>먼</u> 것은?

① 화려한 디스코에 어울리는 펄을 메이크업에 사용하였다.

② 블러셔는 하지 않았다.

③ 아이섀도는 비비드 톤의 다양한 컬러가 사용되었다.

④ 레드, 오렌지 등 강하고 짙은 립스틱 컬러가 유행하였다.

---

60 중세에는 기독교적 금욕주의의 영향으로 화장 문화가 발달하지 못하였다.

61 바로크 시대에는 하얀 피부에 홍조 띤 얼굴과 뷰티패치가 유행하였다.

62 1930년대에는 경제공황으로 인해 할리우드 영화가 관심을 받았으며, 그레타 가르보와 같은 영화 배우가 인기를 끌었다.

63 히피는 1960년대, 펑크는 1970년대 인기를 끌었다.

64 1960년대에는 창백하고 밝은 색의 립스틱이 유행하였다.

65 1980년대 초반에는 디스코의 영향으로 화려하고 선명한 컬러가 메이크업에 사용되었으며, 블러셔도 진하게 표현되었다.

---

60 ③   61 ③   62 ②   63 ③   64 ④   65 ②

66 다음 중 가장 자연스러운 메이크업은?

① 패션 메이크업   ② 광고 메이크업

③ 스테이지 메이크업   ④ 내추럴 메이크업

66 내추럴 메이크업은 자연스러운 뷰티 메이크업이다.

67 겨울에 사용되는 컬러의 조합으로 가장 알맞은 것은

① 실버 – 와인   ② 옐로 – 골드

③ 화이트 – 브라운   ④ 핑크 – 그린

67 겨울에 어울리는 컬러는 실버, 화이트, 블랙, 와인, 라벤더 컬러 등이 있다.

68 다음 중 패션 메이크업에 대한 설명으로 가장 거리가 먼 것은?

① 디자이너와 함께 메이크업 스타일을 상의하면 좋다.

② 헤어, 의상, 메이크업의 토탈 코디네이션의 개념으로 구상한다.

③ 의상보다 눈에 띄는 색을 사용한다.

④ 의상에 따라 메이크업 패턴을 디자인한다.

68 의상과 어울리는 색을 사용해야 하며, 메이크업이 의상보다 눈에 띄는 것은 좋지 않다.

69 한복 메이크업 시 고려할 사항으로 가장 거리가 먼 것은?

① 한복의 저고리 색상   ② 고름과 끝동의 색상

③ 단아함, 우아함   ④ 두꺼운 베이스 메이크업

69 한복 메이크업은 깨끗하고 맑은 단아한 피부 표현이 어울린다.

70 메이크업 아티스트의 복장으로 가장 거리가 먼 것은?

① 청결하고 단정한 복장

② 체형을 잘 커버한 복장

③ 움직이기 편한 복장

④ 첨단 소재와 유행을 반영한 최신 복장

70 메이크업 아티스트는 위생적인 복장을 착용해야 하며, 움직임이 부드럽고 체형을 잘 커버한 복장을 착용하는 것이 좋다.

71 도구 손질법에 대한 설명으로 가장 거리가 먼 것은?

① 브러시는 전용 클렌저를 사용하는 것이 좋다.

② 면봉은 일회용이다.

③ 라텍스 스펀지는 사용한 곳을 잘라가며 사용한다.

④ 아이래시 컬러는 마스카라가 묻은 곳을 잘 닦아낸다.

71 라텍스 스펀지는 가능한 일회용으로 사용하는 것이 좋다.

72 메이크업 미용사의 자세로 가장 거리가 먼 것은?

① 고객의 개성미 연출

② 고객의 요구를 무엇이든 들어주는 자세

③ 고객의 희망사항 파악

④ 유행의 흐름 파악

72 고객의 무리한 요구까지 무조건 다 들어주어야 하는 것은 아니다.

66 ④   67 ①   68 ③   69 ④   70 ④   71 ③   72 ②

73 다음 중 안료의 3원색은?

① 빨강, 초록, 파랑   ② 빨강, 노랑, 파랑

③ 노랑, 초록, 파랑   ④ 빨강, 초록, 노랑

74 빛이 물체에 닿아 모든 빛을 흡수하면 무슨 색으로 나타나는가?

① 빨강색   ② 흰색

③ 검정색   ④ 파랑색

75 두 색이 가까이 있을 때 경계면이 닿아있는 부분이 먼 부분보다 강한 색채 대비가 일어나는 현상을 무엇이라 하는가?

① 연변대비   ② 한난대비

③ 면적대비   ④ 보색대비

76 색상이 단계적으로 변화되도록 배색하는 방법을 무엇이라 하는가?

① 톤온톤 배색   ② 톤인톤 배색

③ 그라데이션 배색   ④ 악센트 배색

77 겨울 이미지의 사람에게 가장 어울리는 색상은?

① 무채색과 원색   ② 중명도, 저채도의 색상

③ 파스텔 톤   ④ 중명도의 색상

78 한국의 전통 색채 중 남쪽 방위를 상징하는 색은?

① 노랑   ② 파랑

③ 빨강   ④ 검정

79 피부색이 노르스름하고 짙은 색의 눈동자와 전체적으로 차분한 이미지를 가진 여성은 4계절 타입 중 어느 계절 스타일에 가장 가까운가?

① 봄   ② 여름

③ 가을   ④ 겨울

80 봄 이미지로 가장 거리가 <u>먼</u> 것은?

① 프리티   ② 클래식

③ 로맨틱   ④ 캐주얼

73 빛의 3원색은 빨강, 초록, 파랑(RGB)이고 안료의 3원색은 파랑, 빨강, 노랑(CMY)이다.

74 물체가 모든 빛을 반사하면 흰색, 모든 색을 흡수하면 검정색이 된다.

75 연변대비란 두 가지 이상의 배색의 경계선 근처에서 일어나는 대비 현상을 말한다.

76 그라데이션 배색은 색이 점진적으로 변화되는 배색 방법이다.

77 겨울 이미지의 사람은 흰색, 회색, 검정색의 무채색에 비비드톤의 악센트 컬러가 어울린다.

78 한국의 전통색인 오방색은 파랑(동쪽), 흰색(서쪽), 중앙(노랑), 검정(북쪽), 빨강(남쪽)을 각각 의미한다.

79 퍼스널 컬러에서 가을 타입은 누르스름한 피부톤에 짙은 갈색 눈동자를 가지며, 차분하고 그윽한 이미지가 특징이다.

80 클래식은 가을 이미지에 가깝다.

73 ②   74 ③   75 ①   76 ③   77 ①   78 ③   79 ③   80 ②

81 여름 이미지 유형에 가장 어울리지 <u>않는</u> 립 컬러는?

① 버건디   ② 핑크 베이지

③ 피치 핑크   ④ 로즈 베이지

81 버건디는 겨울 이미지 유형에 가장 어울리는 립 컬러이다.

81 ①

01 다음은 어떤 메이크업 제품에 대한 설명인가?

> • 피부의 기미, 주근깨, 잡티 등 결점을 커버한다.
> • 피부색을 조절한다.
> • 외부 자극으로부터 피부를 보호한다.

① 메이크업 베이스   ② 컨실러

③ 파우더   ④ 파운데이션

02 메이크업 베이스의 기능 중 틀린 것은?

① 파운데이션의 밀착력을 높이고 메이크업의 지속력을 높인다.

② 피부의 결을 보정하는 역할을 한다.

③ 색조 화장품으로부터 피부를 보호한다.

④ 피부의 결점을 커버한다.

02 컨실러는 피부의 주근깨, 다크 서클 등 결점을 커버해준다.

03 발랄하고 경쾌하며 귀여운 이미지를 주는 입술 형태는?

① 인커브형   ② 스트레이트형

③ 아웃커브형   ④ 표준형

03 ② 스트레이트형: 활동적이고 현대적인 느낌의 선으로 샤프하고 지적인 이미지를 준다.

③ 아웃커브형: 여성적이고 세련되며 섹시한 이미지를 준다.

04 리퀴드 파운데이션의 특징에 대한 설명으로 알맞은 것은?

① 유분과 수분이 적당하여 입체감을 연출하기에 좋다.

② 워터프루프 효과가 뛰어나다.

③ 수분 함량이 높아 투명하고 자연스러운 피부 표현에 적당하다.

④ 커버력이 우수하다.

04 자연스러운 피부 연출이나 봄, 여름에 사용하기 좋다.

05 얼굴의 입체감 표현을 위한 파운데이션 컬러 선택법으로 알맞은 것은?

① 베이스 컬러: 피부보다 2~3단계 밝은 컬러를 선택하여 화사하게 표현한다.

② 섀도 컬러: 얼굴색에 맞춘다.

③ 하이라이트 컬러: 베이스 컬러보다 2~3단계 밝은 컬러를 선택한다.

④ 베이스 컬러: 피부색과 유사하거나 동일한 컬러를 선택한다.

05 피부색의 베이스 컬러는 피부색과 유사하거나 동일 컬러를 사용하고 섀도 컬러는 베이스 컬러보다 1~2단계 어두운 색을, 하이라이트 컬러는 1~2단계 밝은 색을 사용한다.

01 ④   02 ④   03 ①   04 ③   05 ④

06 붉은 피부톤을 조절하며 잡티가 많은 피부에 적합한 메이크업 베이스 컬러는?

① 분홍   ② 초록

③ 노랑   ④ 보라

07 눈 앞머리의 부위는 밝게 하고 눈꼬리 부분에 포인트를 주어 연출해야 하는 눈의 형태는?

① 눈과 눈 사이가 넓은 경우   ② 눈과 눈 사이가 좁은 경우

③ 눈꼬리가 올라간 경우   ④ 눈꼬리가 내려간 경우

08 눈꼬리에서 아이 홀 방향으로 상향이 되도록 섀도를 그라데이션하고 언더섀도는 생략해도 좋은 눈의 형태는?

① 눈과 눈 사이가 넓은 경우   ② 눈과 눈 사이가 좁은 경우

③ 눈꼬리가 올라간 경우   ④ 눈꼬리가 내려간 경우

09 파운데이션을 바르는 테크닉으로 옳지 <u>않은</u> 것은?

① 눈 밑의 다크서클은 컨실러나 밝은 색의 파운데이션으로 커버한다.

② 입체적인 피부 표현을 위해서는 두 가지 이상의 파운데이션을 사용해야 한다.

③ 한번에 많은 양의 파운데이션을 사용하면 베이스 메이크업 시간을 절약할 수 있다.

④ 안쪽에서 바깥 방향으로 펴 바른다.

10 다음 중 아이섀도의 사용 목적으로 옳지 <u>않은</u> 것은?

① 눈꺼풀에 명암과 컬러를 주어 입체감을 연출한다.

② 이미지와 개성을 표현한다.

③ 눈의 단점을 보완해준다.

④ 속눈썹의 양을 풍성하게 연출한다.

11 다음 중 아이섀도의 특징에 대한 설명으로 옳은 것은?

① 케이크 타입: 선으로 눈매를 강조하기 좋다.

② 펜슬 타입: 시간이 경과하면 지워지는 단점이 있다.

③ 크림 타입: 부드럽고 매끄럽게 발라지지만 번들거리는 단점이 있다.

④ 파우더 타입: 펄을 함유하고 있고 주로 내추럴한 메이크업 시 사용한다.

---

06 ① 분홍은 창백한 얼굴에 혈색 부여
③ 노랑은 어두운 피부톤에 적합
④ 보라는 노란 기가 많은 피부톤에 적합

09 소량 사용하는 것이 메이크업의 지속력을 높이며 자연스러운 피부 표현을 할 수 있다.

11 ① 케이크 타입은 사용하기 편리하고 그라데이션이 용이하다.
② 펜슬 타입은 발색력이 우수하지만 뭉칠 우려가 있다.
④ 파우더 타입은 하이라이트용, 무대 메이크업용으로 사용한다.

---

12 아이브로의 효과에 대한 설명 중 옳지 <u>않은</u> 것은?

① 얼굴형이나 눈매를 보완할 수 있다.

② 얼굴의 표정을 변화시킨다.

③ 얼굴의 균형을 잡아준다.

④ 얼굴의 색상을 변화시킨다.

13 펜슬로 라인을 연출할 때 번짐을 방지하는 방법은?

① 펜슬로 한 번 더 바른다.　　② 펜슬을 물에 적셔 사용한다.

③ 드라이어로 건조한다.　　④ 동일 계열의 섀도를 덧바른다.

14 기본형 아이브로를 그리는 방법에 대한 설명 중 옳지 <u>않은</u> 것은?

① 눈썹산의 위치는 눈썹 길이의 3분의 2 지점에 위치하도록 한다.

② 눈썹 앞머리는 콧방울을 지나 수직으로 올려 만나는 곳에 위치하도록 한다.

③ 눈썹 앞머리는 되도록 진하게 하며 눈썹 꼬리 쪽으로 갈수록 자연스럽고 옅게 그린다.

④ 눈썹 길이는 콧방울과 눈꼬리를 45°로 연결하여 연장했을 때 만나는 지점에 정한다.

15 얼굴형에 따른 올바른 아이브로 수정 방법은?

① 둥근형: 부드러운 곡선으로 그린다.

② 역삼각형: 아치형 아이브로를 부드럽게 그려 날카로운 인상을 감소시킨다.

③ 긴 형: 화살형으로 사선의 느낌을 살린다.

④ 사각형: 수평 느낌으로 직선으로 그린다.

16 다음 중 눈 모양에 따른 아이라인 수정에 대한 설명 중 옳은 것은?

① 부은 눈: 윗라인의 눈꼬리와 언더라인을 흐리게 그린다. 펄이 든 아이섀도나 아이라이너로 화려함을 부여한다.

② 움푹 들어간 눈: 윗라인과 언더라인을 진하게 그려 눈이 커보이게 하고 속눈썹 안쪽에 검은색 아이펜슬을 사용해도 좋다.

③ 처진 눈: 눈앞머리에 포인트를 주어 강조하고 언더라인은 생략하거나 가늘게 그린다.

④ 작은 눈: 눈의 윤곽을 크게 하기 위하여 윗라인과 언더라인 모두 강조한다.

14 눈썹 앞머리는 가능한 한 자연스럽게 하며 눈썹 꼬리 쪽으로 갈수록 진하게 그린다.

15 ① 둥근형: 각진 눈썹 형태로 그린다.
③ 긴 형: 수평 느낌의 직선으로 그린다.
④ 사각형: 부드러운 곡선 형태로 그린다.

16 ① 부은 눈: 윗라인의 눈꼬리와 언더라인을 약간 진하게 그린다. 펄이 든 아이섀도나 아이라이너는 피한다.
② 움푹 들어간 눈: 윗라인과 언더라인을 가늘고 자연스럽게 그리고 속눈썹 안쪽에 흰색의 라인을 그려도 좋다.
③ 처진 눈: 속눈썹을 따라 그리다가 윗라인의 눈꼬리 부분에서 약간 치켜 올리듯이 그려준다.

12 ④　　13 ④　　**14 ③**　　15 ②　　16 ④

17 동양인과 같이 노란색 피부를 밝고 화사하게 표현할 때 좋은 메이크업 베이스 색상은?

① 퍼플 ② 핑크
③ 블루 ④ 옐로

18 깊이감 있는 눈매를 연출하기 위한 아이 메이크업 방법으로 적당한 것은?

① 베이스, 하이라이트, 포인트 컬러를 적절히 사용한다.
② 한 가지 색으로 점차적으로 그라데이션한다.
③ 투명한 느낌의 글리터를 사용한다.
④ 쌍겹 부위에만 아이섀도를 바른다.

19 둥근형 얼굴의 수정 메이크업 테크닉으로 올바른 것은?

① 양 볼의 뒷부분에 셰이딩 효과를 주고 이마, 턱, 콧등에 세로로 하이라이트를 준다.
② 양쪽 아랫볼 부분에 하이라이트 효과를 준다.
③ 하이라이트를 가로로 발라주고 헤어라인과 턱 끝에 어두운 셰이딩 효과를 준다.
④ 이마 양 끝에 하이라이트를 주고 양 볼 부분은 셰이딩을 준다.

19 ② 역삼각형 얼굴
③ 긴 형 얼굴
④ 삼각형 얼굴

20 다음 중 아래의 립 메이크업 테크닉에 해당하는 것은?

매혹적이고 섹시한 느낌을 주며 곡선의 느낌으로 입술라인보다 1~2mm 정도 바깥쪽으로 그린다.

① 인커브 ② 아웃커브
③ 스트레이트 커브 ④ 표준형 커브

21 얼굴의 부위별 파운데이션 테크닉에 관련된 설명으로 옳지 않은 것은?

① T존: 피지의 분비가 활발한 부분이며, 하이라이트 컬러를 주로 사용한다.
② O존: 피지의 분비가 활발한 부분으로 피부가 얇아 주름이 쉽게 일어나므로 두껍게 도포해야 한다.
③ Y존: 눈 밑 부분으로, 기미나 주근깨가 가장 많이 분포되어 있으며 커버력이 요구된다.
④ S존: 볼 부분으로, 피부에 볼륨감이 있고 움직임이 적어 화장이 쉽게 흐트러지지 않는다.

21 눈 주변과 입술 주변은 피부가 얇아 주름이 쉽게 생기므로 얇게 도포해야 한다.

22 아이브로 색상이 주는 이미지로 옳지 <u>않은</u> 것은?

① 흑색: 고전적이며 강하다.

② 회색: 차분하고, 대중적이며 무난하다.

③ 회갈색: 강렬하고 남성적인 이미지이다.

④ 갈색: 세련되고 지적인 느낌을 준다.

23 얼굴형에 따른 치크 메이크업 테크닉으로 옳지 <u>않은</u> 것은?

① 긴 형: 볼 아랫부분에 가로로 넓게 바르고 이마와 턱 끝 부분에 셰이딩한다.

② 둥근형: 볼 뼈를 중심으로 사선의 세로 느낌으로 펴 바른다.

③ 다이아몬드형: 볼 뼈를 중심으로 넓게 펴 바른다.

④ 역삼각형: 볼 아랫부분에 가로로 넓게 펴 바른다.

24 아이섀도의 명칭으로 맞지 <u>않는</u> 것은?

① 악센트 컬러: 눈매를 또렷하게 표현한다.

② 언더 컬러: 눈썹 아래에 윤곽을 표현하고자 할 때 사용한다.

③ 하이라이트 컬러: 넓어 보이거나 돌출되어 보이고자 하는 부위에 사용한다.

④ 섀도 컬러: 좁아 보이거나 들어가 보이고자 하는 부위에 사용한다.

24 언더컬러: 선의 느낌으로 눈 밑에 발라 눈매를 다양하게 표현하고자 할 때 사용한다.

25 다음은 여러 가지 유형의 입술에 따른 수정 메이크업이다. 바르게 연결된 것은?

① 주름이 많은 입술: 펜슬을 사용하여 립라인을 그려 번짐을 막고 유분기가 적은 연한 색을 사용한다.

② 구각이 처진 입술: 입 주변에 어두운 파운데이션을 바르고 진한 색상의 립스틱을 사용한다.

③ 돌출형 입술: 구각을 1~2mm 올려 그리고, 윗입술은 인커브 형태로 그린다.

④ 두꺼운 입술: 립라인을 1~2mm 안으로 들여 그리고, 밝은 색상이나 펄이 들어 있는 립스틱을 바른다.

25 ② 구각이 처진 입술: 구각을 1~2mm 올려 그리고 윗입술은 인커브 형태로 그린다.
③ 돌출형 입술: 입 주변에 어두운 파운데이션을 바르고 진한 색상의 립스틱을 사용한다.
④ 두꺼운 입술: 립라인을 1~2mm 안으로 들여 그리고, 진한 색상이나 어두운 색상의 립스틱을 바른다.

26 치크 메이크업의 목적이 <u>아닌</u> 것은?

① 건강해 보인다.

② 여성스럽게 보인다.

③ 추위나 건조 등으로부터 보호하는 기능을 가진다.

④ 혈색이 있어 보이게 하면서 건강미를 돋보이게 한다.

22 ③   **23** ④   **24** ②   **25** ①   **26** ③

27 파우더의 사용 목적으로 볼 수 **없는** 것은?

① 얼굴색을 화사하게 표현해준다.

② 파운데이션의 지속력을 높여준다.

③ 색조 화장을 돋보이게 하고 강조해준다.

④ 파운데이션의 유분기를 제거해준다.

28 노르스름한 피부에 잘 어울리는 블러셔 색상은?

① 퍼플　　　　② 핑크색　　　　③ 브라운색　　　　④ 산호색

29 아이브로를 그릴 때 유의해야 할 점이 <u>아닌</u> 것은?

① 얼굴형에 어울리는 아이브로 모양을 선택하여 그린다.

② 눈썹 꼬리는 눈썹 앞머리와 일직선상에 놓이는 것이 기본 형태이다.

③ 눈썹 앞머리는 눈썹 모양과 메이크업 스타일에 따라 변형시키는 것이 좋다.

④ 눈썹 길이는 눈의 길이보다 길게 그려준다.

30 파운데이션을 바르는 테크닉 중 두드리는 기법으로 피부의 결점 부위 등 좁은 부위를 자연스럽게 베이스 컬러와 연결시키는 테크닉은?

① 선 긋기

② 패팅 기법

③ 슬라이딩 기법

④ 블랜딩 기법

30 ① 선 긋기: 노즈 섀도를 위해 반듯한 선을 긋는 기법
③ 슬라이딩 기법: 문지르듯이 바르는 기초적인 방법
④ 블랜딩 기법: 베이스 컬러와 하이라이트, 셰이딩 컬러의 경계가 보이지 않도록 혼합하듯이 연결시키는 방법

31 눈 밑의 다크서클을 커버해 주거나 뾰루지, 주근깨 등을 커버해주는 제품은?

① 컨실러　　　　　　② 베이스 컨트롤

③ 파운데이션　　　　④ 파우더

32 내추럴 메이크업에 가장 가깝게 표현된 것은?

① 원래의 아이브로 형태를 살리면서 기본형에 가까운 아이브로를 표현한다.

② 진한 핑크색의 블러셔로 건강함과 생동감을 준다.

③ 깨끗하고 잡티 없는 피부 표현을 위해 케이크 타입 파운데이션을 사용한다.

④ 윤곽 수정을 확실하게 하여 V라인 얼굴형을 만들어준다.

32 내추럴 메이크업은 인위적인 테크닉보다는 얼굴 형태나 피부톤, 얼굴의 결점 등을 지나치게 커버하지 않는 가장 자연스러운 메이크업을 말한다.

27 ③　　28 ④　　29 ③　　30 ②　　31 ①　　32 ①

33 아이라이너의 종류와 특징이 <u>잘못</u> 연결된 것은?

① 리퀴드 타입: 깨끗한 선을 그릴 수 있다.

② 크림 타입: 부드럽고 자연스러운 라인을 그릴 수 있다.

③ 케이크 타입: 액이 흘러내리는 것을 방지하기 위해 점토 광물이 배합되기도 한다.

④ 펜슬 타입: 자연스러운 선을 그릴 수 있고 사용이 간편하므로 초보자가 사용하기에 용이하다.

33 케이크 타입은 소형의 붓을 물이나 화장수에 적셔 사용하며, 리퀴드 타입의 아이라이너에는 액이 흘러내리는 것을 방지하기 위해 점토 광물을 배합한다.

34 다음 설명은 무엇에 대한 설명인가?

> 정면을 보고 있을 때 검은 눈동자를 지나는 수직선과 콧방울을 지나는 수평선이 만나는 곳의 바깥 부분에 위치한다.

① 눈썹 꼬리 위치

② 치크 메이크업의 위치

③ 아이라인의 위치

④ 구각의 위치

35 주름이 많은 입술을 화장할 경우의 입술 수정 방법으로 맞는 것은?

① 립글로스만 바른다.

② 유분기가 많은 타입을 발라준다.

③ 펜슬을 이용하여 립라인을 그리고 유분이 적은 립제품을 사용한다.

④ 립라인을 생략하고 립스틱을 바른다.

36 촉촉한 느낌으로 피부 표현을 하기 위한 적당한 방법은?

① 파우더를 매트하게 바른다.

② 파운데이션의 촉촉한 느낌을 살려주기 위해 파우더를 소량 바른다.

③ 팩트 타입 파우더를 이용하여 얼굴 전체를 두드린다.

④ 컨실러로 눈 밑의 다크서클을 커버한다.

37 크림 섀도의 특징이 <u>아닌</u> 것은?

① 발색력이 우수하다.

② 장시간 사용 시 번지기 쉬운 단점이 있다.

③ 매트한 질감만 가지고 있다.

④ 가루날림이 없다.

38 구각이 처진 입술의 경우 립 메이크업 방법으로 옳은 것은?

① 립라인보다 1~2mm 정도 작게 윤곽을 잡아준 후 립 컬러를 바른다.

② 아랫입술과의 조화를 고려하여 구각을 1mm 정도 위로 그리고 윗입술은 인커브로 그린다.

③ 립라인을 수정한 후 윗입술선 안쪽으로 라이너를 이용해 윤곽을 잡아준 후 립 컬러를 바른다.

④ 립펜슬을 이용하여 립라인을 그린 후 유분기가 적은 연한 색을 사용하여 표현한다.

39 눈가의 주름이 많은 사람의 경우 피해야 하는 메이크업 제품은?

① 펄이 다량 함유된 제품　② 리퀴드 파운데이션

③ 아이 크림　④ 크림 아이섀도

40 블러셔를 볼의 넓은 부위에 둥글게 발라주어 시선을 안쪽으로 모이게 하여 작아 보이게 연출해야 하는 얼굴형은?

① 긴 형　② 역삼각형

③ 사각형　④ 둥근형

41 눈 모양을 수정 보완하고 눈매를 더욱 선명하고 또렷하게 표현하는 것은?

① 마스카라　② 아이라이너

③ 아이섀도　④ 아이브로

42 이미지에 따른 아이브로 형태에 대한 설명으로 옳지 않은 것은?

① 직선형 – 젊고 남성적인 이미지

② 상승형 – 동양적이고 야성적인 이미지

③ 각진형 – 일반적이고 자연스러운 이미지

④ 아치형 – 우아하고 여성적인 이미지

43 다음 중 둥근형 얼굴 메이크업으로 틀린 것은?

① 하이라이트 : T-zone 부분에 짧게 연출한다.

② 섀딩 : 양 볼에 사선으로 터치한다.

③ 아이섀도 : 약간 상승형으로 연출한다.

④ 립 : 작고 둥글게 아랫입술을 넓게 연출한다.

38 두꺼운 입술은 컨실러로 입술선 수정 후 어두운 컬러의 라이너로 윤곽을 잡아준다. 얇은 입술은 컨실러로 립라인을 수정한 후 1~2mm 바깥으로 그리고, 밝은 색상이나 립글로스를 이용해 볼륨감을 준다. 윗입술이 두꺼운 경우는 립라인을 수정한 후 윗입술선 안쪽으로 라이너를 이용해 윤곽을 잡아준 후 립 컬러를 바른다. 주름이 많은 경우는 립펜슬로 립라인을 그린 후 유분기가 적은 연한 색으로 표현한다. 아랫입술이 두꺼운 경우는 컨실러로 립라인을 수정한 후 립라인보다 1~2mm 정도 작게 윤곽을 잡아준 후 립 컬러를 바른다.

42 각진형의 아이브로는 지적이고 세련된 느낌을 주고, 사각형이나 둥근 얼굴형에 잘 어울린다.

43 T-zone 부분의 하이라이트는 길게 표현해준다.

38 ②　**39** ①　**40** ③　**41** ②　**42** ③　**43** ①

44 가로 방향으로 치크를 넣어야 하는 얼굴형은?

① 둥근형　　　　　　　② 긴 형

③ 마름모형　　　　　　④ 역삼각형

45 다음의 이미지에 어울리는 립 메이크업 방법으로 옳은 것은?

① 부드럽고 여성스러운 이미지 – 퍼플 계열을 사용하고 아웃커브형으로 메이크업 한다.

② 지적인 이미지 – 브라운 계열을 사용하고 스트레이트형으로 메이크업 한다.

③ 발랄하고 활동적인 이미지 – 레드 계열을 사용하고 아랫입술을 아웃커브로 연출한다.

④ 우아하고 세련된 이미지 – 오렌지 계열을 사용하고 스트레이트형으로 연출한다.

46 내추럴 메이크업에서 아이 메이크업 방법으로 올바른 것은?

① 아이라인 끝을 올려 눈매를 또렷하게 강조한다.

② 펄이 들어간 제품을 사용하여 눈매를 화려하게 표현한다.

③ 풍성하고 숱이 많은 인조속눈썹을 사용하여 또렷한 눈매를 연출한다.

④ 아이섀도 사용 시 인위적이지 않도록 자연스럽게 그라데이션한다.

47 분말 형태의 압축 파운데이션으로 스피디한 메이크업을 할 때 편리하지만, 다소 커버력이 두꺼운 경향이 있는 파운데이션 종류를 무엇인가?

① 리퀴드 파운데이션　　　② 크림 파운데이션

③ 투웨이 케이크　　　　　④ 스틱 파운데이션

48 촉촉한 피부 표현 시 적합한 치크 메이크업 제품 타입은 무엇인가?

① 섀도 타입　　　　　　② 크림 타입

③ 케이크 타입　　　　　④ 팩트 타입

49 파우더의 색상별 특징으로 옳지 않은 것은?

① 노랑 – 태닝한 피부 또는 어두운 피부의 윤곽을 잡을 때 적합하다.

② 초록 – 노르스름한 피부톤을 보정해 화사하게 해주는 역할을 한다.

③ 분홍 – 피부에 생기와 화사함을 주는 역할을 하며 신부 메이크업에 적합하다.

④ 피치 – 부분적인 셰이딩이나 내추럴 메이크업 후 자연스러운 포인트를 주는 역할을 한다.

---

44 가로 방향으로 치크를 연출하면 수평 느낌으로 얼굴을 분할하여 긴 느낌을 보완할 수 있다.

45 ① 핑크계열을 사용하고 자연스러운 곡선을 살려 메이크업한다. ③ 오렌지 계열을 사용하고 스트레이트형으로 메이크업한다. ④ 레드 계열을 사용하고 아랫입술을 아웃커브형으로 메이크업 한다.

46 내추럴 메이크업 연출 시 아이섀도는 자연스럽게 표현하며 아이라인은 펜슬이나 섀도 타입을 이용하여 부드럽게, 속눈썹은 마스카라를 이용하여 자연스럽게 표현한다.

49 초록 파우더는 붉은기를 보정해주는 역할을 한다.

---

44 ②　45 ②　46 ④　47 ③　48 ②　49 ②

50 얼굴의 윤곽수정 시 셰이딩을 하는 부위가 **아닌** 곳은?

① S-zone

② 헤어라인

③ U-zone

④ T-zone

51 땀이나 물에 지워지지 않는 마스카라 종류는 무엇인가?

① 투명 마스카라

② 롱래시 마스카라

③ 워터프루프 마스카라

④ 섬유질 마스카라

52 다음은 얼굴의 어느 부분에 대한 설명인가?

• 베이스 파운데이션 컬러와 하이라이트 컬러를 함께 사용한다.

• 기미나 주근깨가 가장 많이 분포되어 있어 커버력이 필요하다.

① Y-zone

② T-zone

③ O-zone

④ 페이스 라인 존(face line-zone)

53 다음 보기는 얼굴 부위별 파운데이션 테크닉과 관련된 설명이다. 차례대로 나열한 것은?

• 볼 부분으로 피부에 볼륨감이 있고 움직임이 적어 화장이 쉽게 흐트러지지 않는다.

• 피지의 분비가 활발한 부분으로 하이라이트 컬러를 이용하여 밝게 해준다.

• 눈 밑 부분으로 기미나 주근깨가 많이 분포되어 있으며 커버력이 필요하다.

• 피부가 얇아 주름 생성이 쉽게 일어나므로 얇게 도포해야 한다.

① T-zone - Y-zone - O-zone - S-zone

② O-zone - T-zone - S-zone - Y-zone

③ S-zone - O-zone - T-zone - Y-zone

④ S-zone - T-zone - Y-zone - O-zone

54 부어 보이는 눈에 적합한 아이 메이크업 방법은 무엇인가?

① 펄이 들어 있는 아이새도를 사용한다.

② 브라운 계열의 펄이 없는 아이새도를 사용한다.

③ 붉은 계열의 아이새도를 사용한다.

④ 아이새도를 이용하여 아이 홀 부분에 강하게 그라데이션한다.

50 T-zone은 하이라이트 부위이다.

53 S-zone: 볼 부분
T-zone: 이마와 콧등 부분
Y-zone: 눈 밑 부분
O-zone: 입, 눈 주변

54 부어 보이는 눈에는 펄이 있거나 붉은 계열의 색상 사용은 자제한다.

50 ④   **51** ③   **52** ①   **53** ④   **54** ②

55 아이라인 그리는 방법으로 옳은 것은?

① 속눈썹 사이사이를 채우듯 그린다.

② 한 번에 이어서 그린다.

③ 속눈썹 위로 그린다.

④ 윗 라인과 언더라인을 반드시 연결하여 그린다.

56 아이섀도 사용 시 주의사항에 대한 내용으로 옳지 <u>않은</u> 것은?

① 한 번에 많은 양을 묻혀 반복하여 바른다.

② 넓은 부위는 넓은 면의 브러시를 사용하고, 좁은 부위는 좁은 면의 브러시를 사용한다.

③ 브러시에 힘을 가볍게 주어 사용하여 얼룩 또는 경계가 지지 않도록 한다.

④ 메이크업하기 전 섀도를 묻혀 색상과 농도를 조절한다.

57 마스카라 바르는 방법 중 알맞은 것은?

① 눈썹 끝 – 중간 – 뿌리　　② 눈썹 중앙 – 뿌리 – 끝

③ 눈썹 뿌리 – 중간 – 끝　　④ 눈썹 끝 – 뿌리 – 중간

58 유성 파운데이션에 대한 설명으로 <u>틀린</u> 것은?

① 부착성과 피복성

② 피부 색조의 결점 보완

③ 블루밍 효과

④ 건성 피부나 가을, 겨울에 사용하기 적합하다.

59 잘 묻어나지 않는 립 메이크업 제품으로 1990년대 초기에 개발되어 지속력이 뛰어난 립스틱은 무엇인가?

① 모이스처 립스틱　　② 매트 립스틱

③ 롱래스팅 립스틱　　④ 립글로스

60 미간이 넓은 경우 메이크업 방법으로 옳지 <u>않은</u> 것은?

① 노즈섀도를 한다.

② 섀도 포인트를 중간에서 앞 방향으로 준다.

③ 눈썹 앞머리를 미간 쪽으로 조금 당겨서 그려준다.

④ 눈꼬리 쪽으로 섀도 포인트를 준다.

56 한 번에 많은 양을 바르면 뭉치기 쉽고 두껍게 표현되므로 적은 양을 여러 번 반복하여 바른다.

58 블루밍 효과는 피부에 윤기 있는 광택을 부여하는 성질을 일컫는다.

59 ① 트리트먼트 작용이 우수하여 계절에 관계없이 사용한다.
② 왁스의 밀착력을 높여 번들거리지 않는다.
④ 립스틱을 바른 뒤 덧발라 광택을 내는 것으로 입술에 윤기를 부여한다.

55 ①　56 ①　57 ③　58 ③　59 ③　60 ④

웨딩 메이크업

01 웨딩 메이크업의 개념에 대한 설명으로 적절하지 <u>않은</u> 것은?

① 웨딩 메이크업이란 결혼식을 위한 메이크업으로, 결혼의 의미에 부합
될 수 있는 신성하고 순결한 신부의 이미지를 표출할 수 있는 메이크업
으로 표현되어야 한다.

② 신부의 장점을 부각시키되, 단점은 보완하지 않아도 된다.

③ 신부의 얼굴 형태를 파악하여 신부에게 가장 잘 어울리는 메이크업을
하여야 한다.

④ 결혼식의 장소와 드레스와의 조화에 맞도록 메이크업하여야 한다.

02 웨딩 헤드 드레스의 종류에 대한 설명으로 적절하지 <u>않은</u> 것은?

① 크라운: 크라운은 비즈나 보석으로 장식한 왕관 형태의 장식품을 말
한다.

② 꽃: 헤어스타일보다 꽃이 부각되도록 알록달록한 꽃 장식을 사용하여
화려한 이미지로 연출한다.

③ 모자: 웨딩드레스와 함께 사용되는 모자는 기능적인 면보다 장식적인
면을 적용하여 디자인된 형태가 많다.

④ 베일: 웨딩드레스 착용 시 중요한 장신구인 베일은 주로 비치는 소재인
망사나 오간자를 사용하고 레이스나 자수, 비즈 등으로 장식하여 결혼
식의 신성한 분위기를 만들어준다.

03 웨딩드레스의 네크라인 종류에 대한 설명으로 적절한 것은?

① 보트 네크라인: 보트의 선창같이 둥글면서 가로로 넓게 파진 네크라인
으로, 목이 짧고 두껍거나 얼굴이 둥근 사람은 피하는 것이 좋다.

② 베어드 톱 수평 네크라인 : 빈약한 가슴을 보완해 주는 디자인으로 선
호도가 높은 드레스 형태이다.

③ 오프 숄더 네크라인: 어깨 끝이 드러나며 바스트 라인 근처까지 깊게 파
인 네크라인으로, 쇄골과 어깨뼈가 드러나 매우 여성적이며 섹시하게
보인다. 얼굴이 짧고 턱이 둥근 사람에게 어울린다.

④ 스퀘어 네크라인: 직선적인 느낌의 사각형 형태의 네크라인으로, 둥근
얼굴형과 좁은 어깨를 가진 체형에 잘 어울리며 각진 얼굴형에게 무난
히 잘 어울린다.

---

01 신부의 장점을 부각시키고 단
점을 보완하여 심리적, 외적으로
가장 신부에게 어울리는 화장을 하
여야 한다.

02 꽃 장식은 헤어스타일과 자연
스럽게 조화되도록 사용하여 귀엽
고 화려하며 깔끔한 이미지로 연
출한다.

03 ② 베어드 톱 수평 네크라인은
가슴에 볼륨이 있는 여성에게 잘 어
울린다.
③ 오프 숄더 네크라인은 얼굴이
길고 턱이 뾰족한 사람에게 잘 어
울린다.
④ 스퀘어 네크라인은 각진 얼굴형
은 피하는게 좋다.

01 ②　**02** ②　**03** ①

04 하이 네크라인 드레스에 대한 설명으로 적절하지 <u>않은</u> 것은?

① 목선을 따라 높게 디자인된 네크라인이다.

② 웨딩드레스의 실루엣이 길어 보인다.

③ 각진 얼굴형과 목이 길거나 어깨가 좁은 체형에 어울린다.

④ 우아한 이미지를 상승시킨다.

05 결혼식장에 따른 웨딩 메이크업에서 성당 혹은 교회에서의 웨딩 메이크업에 대한 설명으로 적절하지 <u>않은</u> 것은?

① 교회나 성당은 전문 예식장 못지않게 조명이 밝으므로 일반 예식장에서의 메이크업과 별반 다르지 않게 메이크업하여야 한다.

② 신부의 이미지가 어두워지지 않게 밝고 화사하게 표현한다.

③ 성당이나 교회의 이미지와 조화될 수 있도록 화려하거나 색조를 강조하는 메이크업보다는 단아하며 우아한 이미지로 연출한다.

④ 피부톤은 신부의 피부톤보다 한 톤 밝게 표현하고 윤곽을 살려 메이크업하여야 한다.

06 야외 결혼식장에서의 신부 메이크업 시술 시 주의할 점이 <u>아닌</u> 것은?

① 태양 빛이 강렬한 시간대에 결혼식을 올리는 경우 일광에 노출되어 밝게 보이므로 피부 표현은 한 톤 어둡게 한다.

② 얼굴에 입체감을 주어 메이크업한다.

③ 색조 메이크업은 성당 혹은 교회에서의 예식보다 다소 화려한 컬러를 사용해도 좋다.

④ 라인이 강조되지 않게 표현한다.

07 웨딩 메이크업 시 주의하여야 할 사항이 <u>아닌</u> 것은?

① 메이크업의 지속 시간을 고려하여 메이크업한다.

② 속눈썹을 붙여 눈매를 뚜렷하게 표현하여야 한다.

③ 눈썹은 신부의 얼굴형을 고려하여 자연스럽게 표현한다.

④ 신부가 원하는 대로 개성을 살려 메이크업한다.

08 웨딩 메이크업에 대한 설명으로 올바르지 <u>않은</u> 것은?

① 촬영 시 조명 반사를 막기 위해 지나치게 펄이 많이 함유된 메이크업 제품을 사용한다.

② 얼굴형에 따라 수정 메이크업한다.

③ 드레스와 헤어스타일, 소품 등과 어울리도록 메이크업하여 통일감을 준다.

④ 자연스럽게 윤곽을 살리고 눈매와 입술을 효과적으로 표현한다.

---

04 하이 네크라인 드레스는 갸름한 얼굴형과 목이 길거나 어깨가 넓은 체형에 어울린다.

05 일반적으로 교회나 성당의 경우에는 전문 예식장이 아니므로 조명이 어두운 곳이 많다. 따라서 신부의 이미지가 어두워지지 않게 밝고 화사하게 표현한다.

06 야외 결혼식장은 일반적으로 넓은 공간이므로 얼굴에 입체감을 주고 이목구비가 뚜렷이 보이도록 라인을 강조한다.

07 웨딩 메이크업 시 신부의 개성에 치우치기보다는 신부의 고유 이미지를 살려 메이크업한다.

08 촬영 시 조명 반사를 막기 위해 지나치게 펄이 많이 함유된 메이크업 제품의 사용을 삼가야 한다.

---

04 ③   05 ①   06 ④   07 ④   08 ①

09 신랑 메이크업에 대한 설명으로 적절하지 <u>않은</u> 것은?

① 부드러운 이미지로 연출한다.

② 피부톤은 신랑의 피부색보다 밝게 표현하여 화사한 이미지를 연출한다.

③ 입술 색은 신랑의 입술 색과 유사한 컬러로 자연스럽게 표현한다.

④ 브라운 계열의 색상으로 광대뼈를 중심으로 사선으로 입체감을 주어 남성다움을 표현한다.

10 혼주 메이크업에 대한 설명으로 적절한 것은?

① 한복의 곡선과 색상에 조화되는 우아한 느낌으로 이미지를 표현한다.

② 주름이 두드러져 보이지 않게 매트한 파운데이션을 두껍게 도포한다.

③ 입술은 립글로스로 그라데이션하여 마무리하여야 한다.

④ 볼터치는 브라운 계열의 색상으로 얼굴라인에서 광대뼈 쪽으로 선명하게 표현한다.

11 혼주 메이크업을 할 경우에 가장 효과적인 파운데이션은?

① 스틱형 파운데이션

② 매트 파운데이션

③ 리퀴드 파운데이션

④ 케이크 파운데이션

12 신부 메이크업을 담당하는 아티스트의 자세로 적합하지 <u>않은</u> 것은?

① 사전에 충분한 토의 및 검토한 후 작업에 임한다.

② 신부를 아름답게 표현하기 위해 메이크업에만 신경을 쓴다.

③ 결혼식의 장소, 시간 등을 파악해야 한다.

④ 사전에 메이크업 제품과 소품 등을 미리 준비한다.

13 신부 메이크업에서 파우더 선택 시 유의해야 할 점으로 적절하지 <u>않은</u> 것은?

① 베이스 메이크업의 단계이므로 지속력은 신경 쓰지 않아도 된다.

② 보이는 색과 발리는 색의 차이가 적어야 한다.

③ 피부에 밀착성과 사용감이 좋아야 한다.

④ 땀이나 피지에 쉽게 지워지지 않아야 한다.

09 신랑의 피부 색상과 유사하게 그라데이션하도록 한다.

10 한복을 입으므로 한복의 곡선과 색상에 조화되는 우아한 느낌으로 이미지로 표현한다.

11 주름이 두드러져 보이지 않게 리퀴드 파운데이션으로 얇게 도포한다.

12 신부 메이크업 시 신부의 연령, 장소, 드레스의 색상 등을 고려하여야 한다.

13 신부의 메이크업 시 결혼식 시간을 염두에 두고 베이스 메이크업을 하여야 한다.

09 ② **10** ① **11** ③ **12** ② **13** ①

14 신부 메이크업의 표현으로 적절하지 <u>않은</u> 것은?

① 얼굴라인과 목 전체를 자연스럽게 연결하여 셰이딩한다.

② 은은하고 화사하게 연출한다.

③ 하이라이트와 셰이딩 컬러를 사용해 얼굴에 입체감을 준다.

④ 조명을 감안하여 짙고 강한 컬러로 개성과 입체감을 살린다.

14 신부 메이크업은 개성보다는 신부의 이미지를 살려 자연스럽게 메이크업한다.

14 ④

미디어 메이크업

01 미디어(media)의 사전적 의미는 '매체, 수단'이라는 뜻으로 불특정 대중에게 공적, 간접적, 일방적으로 많은 사회 정보와 사상을 전달하는 매체들을 말한다. 이들 중 전파 매체에 해당되지 <u>않는</u> 것은?

① 텔레비전　　　　　　　　② CM(CF)
③ 드라마　　　　　　　　　④ 잡지 화보

02 미디어 메이크업 중 특히 영상 메이크업은 아름답게만 하는 화장법이 아니라 대본 분석과 더불어 콘티 이해, (　　) 분석과 구상 및 디자인 능력을 필요로 한다. (　　) 안에 알맞은 말을 고르시오.

① 재료　　　　　　　　　　② 시대
③ 성격　　　　　　　　　　④ 작품

03 'CF 메이크업'에서는 특별한 제품 콘셉트가 없는 경우, (　　) 계열의 내추럴 메이크업을 선호한다. (　　) 안에 들어갈 말로 알맞은 것은?

① 화이트와 베이지　　　　　② 핑크와 레드
③ 오렌지와 브라운　　　　　④ 핑크와 그린

04 영화, 드라마 메이크업 시 '일반 분장'의 목적이 <u>아닌</u> 것을 고르시오.

① 피부색의 보완
② 결점 보완 및 잡티 커버
③ 조명 반사 방지
④ 피부톤 저하

05 텔레비전이나 영화에서의 등장인물은 스토리를 이끌어가고 영화 전체 분위기를 형성하는 중요 역할을 한다. 메이크업, 헤어스타일, 의상 등을 통해 알 수 있는 단서들이 <u>아닌</u> 것을 고르시오.

① 시대적 배경　　　　　　　② 문화적 배경
③ 등장인물의 캐릭터　　　　④ 등장인물들 간의 갈등 여부

01 전파 매체는 TV, CM, 드라마이고 잡지 화보는 인쇄매체이다.

02 '영상 메이크업'은 대본 분석, 콘티 이해, 성격 분석 후 등장인물의 캐릭터를 구상하고 디자인하는 능력을 필요로 한다.

03 '베이지와 브라운 컬러' 계열의 내추럴 메이크업이 무난한 광고용 색조 메이크업으로 적합하다.

04 캐릭터 표현이 아닌 '일반 분장(straight makeup)'은 등장인물의 피부색 보완, 결점 보완 및 잡티 커버, 조명에 반사되는 얼굴 빛을 방지하기 위함이다.

05 영상 미디어 등장인물의 메이크업, 헤어스타일, 의상 등을 통해 시대적 배경, 문화적 배경과 등장인물의 캐릭터를 파악할 수 있다.

01 ④　　02 ③　　03 ③　　04 ④　　05 ④

06 영화와 드라마와 같은 영상 미디어를 위한 캐릭터 표현 분장 유형이 <u>아닌</u> 것을 고르시오.

① 상처 분장

② 노화 분장

③ 수염 분장

④ 일반 분장

07 영상 미디어에 등장하는 인물들의 분장과 외모를 보고 시청자들이 짐작할 수 있는 것들이 <u>아닌</u> 것은?

① 작품의 주제 　　　　② 연령

③ 시대와 세대 　　　　④ 캐릭터의 직업

08 텔레비전 프로그램의 유형에 해당되지 <u>않는</u> 것을 고르시오.

① 보도 　　　　② 드라마

③ CF 　　　　④ 오락

09 텔레비전 드라마 중 시대적 배경에 따른 방송 형태의 분류로 맞지 <u>않는</u> 것은?

① 사극 　　② 단막극 　　③ 현대극 　　④ 미래극

10 다음 빈칸에 들어갈 말로 알맞은 것을 고르시오.

> 텔레비전 드라마의 시대극이나 사극의 경우, 극본이나 대본에 나와 있는 내용을 숙독하고 대화와 협의를 거친 정보를 바탕으로 (　　)을/를 참고해 디자인 작업한다.

① 촬영 장소 　　　　② 기본 재료

③ 경제적 여건 　　　　④ 고증 자료

11 영상 미디어 메이크업 시 가장 중요하게 점검하고 표현해야 하는 사항은 무엇인가?

① 섬세한 피부톤과 질감 표현 　② 눈썹 형태

③ 눈매 　　　　④ 이목구비 전체의 조화

12 텔레비전 드라마 출연자를 위한 메이크업 시 가장 먼저 해야 할 일은?

① 대본의 숙지 　　　　② 피부결 정리 정돈

③ 헤어스타일 디자인 　　④ 눈매 표현

PART 1

목으표이의 이해

06 '일반 분장(straight makeup)'은 등장인물의 피부색 보완, 결점 보완 및 잡티 커버, 조명에 반사되는 얼굴 빛을 방지하기 위함이고 상처 분장, 노화 분장, 수염 분장 등은 등장인물의 성격과 상황, 신분 등을 표현하기 위한 '성격 분장'에 해당된다.

07 영상 인물의 '피부톤'과 특정한 성격 설정 분장(주름, 점, 상처, 헤어스타일 등)을 보고 인물의 연령과 시대, 직업 등을 유추할 수가 있다.

08 TV 프로그램의 유형에는 보도, 드라마, 연예, 오락 프로그램이 있고 CF(Commercial Film)는 상업용 짧은 영상을 말한다.

09 드라마의 시대적 배경에 따라 사극, 현대극, 미래극, 시대극으로 나뉜다.

11 영상 메이크업은 등장인물의 깔끔하고 이상적인 피부톤과 질감 표현이 가장 중요하다.

06 ④ 　07 ① 　08 ③ 　09 ② 　10 ④ 　11 ① 　12 ①

13 상처나 수염 분장, 수염 자국 등을 표현할 때 사용하는 재료의 이름은?

① 스펀지

② 블랙 스펀지

③ 퍼프

④ 파운데이션 브러시

14 수염 분장 시 수염 생사를 붙이는 접착액의 이름은 무엇인가?

① 스프리트 검

② 라텍스

③ 스프리트 검 리무버

④ 듀오

15 인조 코나 얼굴 돌출 부위에 입체감을 주기 위해 사용하는 재료는?

① 라텍스

② 왁스

③ 스프리트 검

④ 찍구

16 녹말이 주 성분으로 화상 분장과 물집 표현에 사용하는 재료의 이름은?

① 오브라이트

② 튜플라스트

③ 콜로디온

④ 글리세린

17 다음 빈칸에 들어갈 말로 알맞은 것을 고르시오.

> 미디어 메이크업이 일반 뷰티 메이크업과 다른 점은 각 미디어 매체에 어울리도록 등장인물들의 (　)을/를 창조하고 이미지를 표현하는 점이다.

① 미래

② 배경

③ 성격

④ 아름다움

18 텔레비전 영상 출연자를 위한 메이크업을 하기 위해서는 가장 먼저 무엇을 파악해야 하는가?

① 텔레비전 시스템

② 출연자의 피부 상태

③ 출연자의 성격

④ 세트장의 규모

19 드라마에 출연하는 연기자 분장을 하려고 한다. 이를 위해 알아야 할 요소들이 <u>아닌</u> 것을 고르시오.

① 인물의 생물학적 나이

② 인물의 시대적 배경

③ 인물의 성격 특징

④ 인물의 과거 경험

13 블랙 스펀지는 '스티플 스펀지(stipple sponge)'라고도 부르는 재료로서 얼굴에 수염자국, 긁힌 상처를 표현 시 사용하는 재료이다.

14 사극 출연자를 위한 수염 분장 시 생사와 인조사를 이용해 인물의 성격과 신분 등에 어울리도록 수염을 붙이게 되는데 이때 수염 접착액 재료를 '스프리트 검(송진과 알콜 희석액)'이라고 한다.

15 '라텍스'는 인조 주름 생성 시, 긁힌 상처를 만들 때, '스프리트 검'은 수염 접착액, '찍구'는 시대극에서 남성 헤어스타일링(2:8) 연출 시에 사용하는 재료이다.

16 '튜플라스트'는 상처 분장, '콜로디온'은 칼에 찔리거나 베인 상처, '글리세린'은 인조눈물 분장 시 사용한다.

18 출연자의 피부 상태, 얼굴형, 성격 파악 등도 중요하지만 가장 먼저 출연자가 보여지게 될 텔레비전 환경과 제작 시스템 등을 사전에 파악함으로써 그에 어울리는 메이크업을 할 수 있어야 한다.

19 인물의 생물학적 나이, 인물의 시대적 배경, 인물의 성격 특징 등을 토대로 드라마에 출연하는 연기자의 분장을 디자인하고 실제로 작업에 임할 수 있다.

정답 **13** ② **14** ① **15** ② **16** ① **17** ③ **18** ① **19** ④

20 청춘연애 드라마에 출연하는 여자 배역 인물의 메이크업 계획을 세우려고 한다. 다음 중 대표적인 인물 유형 분류에 속하지 않는 것은?

① 우아한 이미지

② 귀엽고 발랄한 이미지

③ 성숙한 이미지

④ 고리타분한 이미지

20 여자 배역의 대표적인 이미지 유형은 주로 패션 스타일, 이미지와 유사하게 유형화하므로 고리타분한 이미지는 해당되지 않는다.

21 다음 중 미디어 메이크업의 특징으로 잘못된 것은?

① 광고 메이크업 시 특별한 콘셉트가 없는 경우에는 오렌지와 브라운 계열의 내추럴 메이크업을 선호한다.

② 성격 메이크업은 극중 캐릭터에 맞게 메이크업 해야 한다.

③ 스트레이트 메이크업 시에는 출연자의 개성을 중심으로 강조한다.

④ 신문 매체 메이크업은 다른 일반 매체 메이크업에 비해 조금 더 진하게 한다.

21 스트레이트 메이크업은 일반 메이크업으로, 출연자의 성격이나 개성을 표현하지 않고 피부색 또는 결점 보완, 조명 반사 방지 등의 기본적인 역할을 하는 것을 말한다.

22 드라마 출연자를 위한 메이크업 시 가장 먼저 해야 할 일은?

① 대본의 숙지

② 캐릭터 파악

③ 환경분석

④ 메이크업 디자인

22 드라마 출연자를 위한 메이크업 시 가장 먼저 해야 할 일은 '대본의 숙지'이다.

23 블루스크린(blue screen) 촬영 시 유의해야 할 사항으로 옳은 것은?

① 빛과 젤을 이용해 노랗고 주황빛이 나는 따뜻한 계열의 색을 활용한다.

② 블루스크린은 파란 배경에서 촬영하는 방법으로, 주로 상품 촬영에 적합하다.

③ 인물 촬영 시 메이크업 색에는 파란색을 사용하지 않도록 유의해야 한다.

④ 모델의 의상은 푸른 계열의 색상이 잘 어울린다.

23 블루스크린 촬영 시에는 의도하지 않은 빛이 얼굴에 비치지 않도록 메이크업 색에 파란색을 사용하지 않도록 유의한다.

24 투명한 점액상의 액체로 무취이며, 흐르는 눈물 자국, 땀방울을 표현할 때 사용하는 분장 재료는?

① 글리세린

② 티어스틱

③ 실러

④ 스킨 젤

24 ② 티어스틱 – 반투명 고체 상태의 스틱으로, 바르면 따끔거리고 눈이 충혈된다.

③ 실러 – 상처 메이크업 후 커버 작용 및 눈썹을 지울 때 사용한다. 점도가 있는 액상이다.

④ 스킨 젤 – 화상이나 상처를 표현하는 재료이다. 젤 가루를 반고체 상태로 정형화한 이후 사용 시 뜨거운 물에 봉투 채 넣어 녹여 사용한다.

20 ④ **21** ③ **22** ① **23** ③ **24** ①

25 무대 공연 메이크업 시 특징과 주의사항으로 바르지 <u>않은</u> 것은?

① 무대 공연 메이크업은 영상 미디어 메이크업보다 과장시켜 주어야 한다.

② 배우와 관객과의 거리에 따라 메이크업의 강약과 분장법이 달라져야 한다.

③ 무대 조명은 크게 상관없으니 배우의 개성을 더 고려해 메이크업 디자인 한다.

④ 무대의 크기와 규모, 객석의 수 등을 충분히 고려해 작업에 임해야 한다.

26 무대 공연의 유형이 바르게 짝지어진 것은?

① 뮤지컬 - 고전무용이나 현대무용의 춤을 표현 수단으로 한 연극의 형태이다.

② 무용극 - 유럽에서 유래하여 음악, 연기, 무용이 각본에 의해 만들어진 공연이다.

③ 번역극 - 새롭게 만들어진 창작무대공연이다.

④ 마당놀이 - 연기자와 관객이 함께 어우러지는 풍자와 해학이 있는 놀이극이다.

27 무대 메이크업에 대한 설명으로 바르지 <u>않은</u> 것은?

① 아이섀도 컬러에 의해 등장인물의 배역 성격과 인종 등을 전달할 수 있다.

② 관객이 극중 캐릭터를 확실히 알 수 있도록 최대한 강하게 메이크업 한다.

③ 배우의 시대적 배경과 성격, 경제적 지위와 신분 등을 고려해 메이크업 디자인을 구상하도록 한다.

④ 메이크업과 헤어, 의상이 조화되도록 한다.

28 다음 중 무대 메이크업에서 사용하는 재료가 <u>아닌</u> 것은?

① 라이닝 컬러　　　　　　② 인조속눈썹

③ 리퀴드 파운데이션　　　④ 아쿠아 컬러

29 분장 재료와 그 특징이 바르게 연결된 것은?

① 라이닝 컬러 - 수성 타입으로 물에 섞어 쓰는 고형의 페인트이다.

② 찍구 - 블랙 스펀지를 이용해 찍는 수염 작업 시 사용한다.

③ 스킨 젤 - 피부를 일시적으로 유연하게 만들어주는 데 사용한다.

④ 오브라이트 - 투명 상태의 액체로, 강한 냄새를 동반하는 피부 수축제이다.

---

25 무대의 크기와 규모, 객석의 수나 무대 조명 등을 충분히 고려해 메이크업 디자인을 구상하고 작업에 임해야 한다.

26 ① 뮤지컬 : 노래, 음악, 연기, 댄스가 있는 종합무대예술
② 무용극 : 고전무용이나 현대무용의 춤을 표현 수단으로 한 연극의 형태
③ 번역극 : 외국작품을 번역하여 만든 작품

27 배우와 관객과의 거리에 따라 메이크업의 강약과 분장법이 달라져야 한다.

28 리퀴드 파운데이션은 커버력과 지속력이 떨어져 무대 메이크업 시 적합하지 않다.

29 ① 라이닝 컬러 - 메이크업 유성 컬러로 붓이나 스펀지 또는 손으로 펴 바른다.
③ 스킨 젤 - 화상이나 상처를 표현하는 재료이다.
④ 오브라이트 - 녹말이 주 성분이며 의료용, 화상 메이크업에 사용한다.

피부학

01 다음 중 피부의 기능과 가장 거리가 먼 것은?

① 감각 기능　　　　　　② 체온 조절 기능

③ 호흡 기능　　　　　　④ 에너지 생성 기능

02 다음 중 표피의 피부층이 <u>아닌</u> 것은?

① 각질층　　② 투명층　　③ 유두층　　④ 유극층

03 두께가 가장 두꺼운 피부층은?

① 복부　　　　　　　　② 손, 발바닥

③ 손등　　　　　　　　④ 얼굴

04 엘라스틴과 콜라겐이 주 성분이며 피부의 대부분을 차지하는 피부 조직은?

① 표피의 과립층　　　　② 진피의 유두층

③ 진피의 망상층　　　　④ 피하조직

05 피부색과 가장 관련 <u>없는</u> 것은?

① 한선　　　　　　　　② 멜라닌

③ 헤모글로빈　　　　　④ 카로틴

06 면역 기능이 있는 랑게르한스세포가 존재하는 피부층은?

① 각질층　　　　　　　② 과립층

③ 유극층　　　　　　　④ 기저층

07 피부의 지각 작용 중에서 가장 분포도가 높고 민감한 것은?

① 통각　　　　　　　　② 온각

③ 냉각　　　　　　　　④ 압각

08 상처가 생기면 흉터가 남는 피부층은?

① 기저층　　　　　　　② 투명층

③ 유극층　　　　　　　④ 각질층

01 에너지는 열량을 내는 식품을 먹은 후 소화, 흡수, 호흡 과정을 통해 생성된다.

PART 1

피부의 이해

02 유두층, 망상층은 진피의 피부층이다.

05 한선은 땀을 배출하는 선으로 '분비선'이라고도 한다.

06 표피의 유극층에 랑게르한스세포가 존재한다.

07 통각 〉 압각 〉 냉각 〉 온각의 순서로 감각이 분포되어 있다.

정답 01 ④　02 ③　03 ②　04 ③　05 ①　06 ③　07 ①　08 ①

09 다음 중 피하조직에 대한 설명으로 가장 거리가 먼 것은?

① 피부의 가장 윗층이다.

② 외부 자극으로부터 뼈와 근육을 보호한다.

③ 체온 조절 기능을 담당한다.

④ 인종, 성별, 체형, 영양 상태에 따라 두께가 다르다.

10 다음 중 피지선에 관한 설명으로 가장 거리가 먼 것은?

① 피지는 모낭으로 배출된다.

② 하루 15~20g의 피지를 배출한다.

③ 손바닥과 발바닥에는 피지선이 없다.

④ 수분 손실을 억제하고 피부를 부드럽게 하는 것을 돕는다.

11 한선에 대한 설명으로 가장 거리가 먼 것은?

① 땀은 피부에 피지막을 형성한다.

② 체온을 조절하는 기능이 있다.

③ 노폐물 배설 기능이 있다.

④ 손바닥과 발바닥에는 한선이 없다.

12 대한선(아포크린선)에 대한 설명으로 옳지 않은 것은?

① 소한선보다 선체가 크고 털과 함께 존재한다.

② 무색, 무취가 특징이다.

③ 땀은 99%가 수분으로 이루어져 있다.

④ 주로 사춘이 이후에 분비가 많이 이루어진다.

13 건성 피부 관리법으로 가장 거리가 먼 것은?

① 보습 성분이 있는 화장품 사용

② 주기적인 일광욕

③ 유분기가 있는 크림 타입의 클렌저 사용

④ 영양 성분이 있는 오일이나 에센스 사용

14 민감성 피부에 대한 설명으로 가장 거리가 먼 것은?

① 모공이 크고 여드름이 나기 쉽다.

② 외부 자극에 의해 쉽게 붉어진다.

③ 피부 조직이 얇다.

④ 질병, 환경적 영향, 영양 부족 등의 원인으로 나타나기도 한다.

---

09 피하조직은 피부의 가장 아래 층에 위치한다.

10 피지의 1일 배출량은 1~2g 정도이다.

11 손바닥, 발바닥에는 피지선은 없으나 한선은 많이 분포되어 땀을 흘릴 수 있다.

12 대한선은 겨드랑이 밑 등에서 땀을 배출하며, 세균 감염을 일으켜 냄새를 유발한다.

13 일광욕은 피부를 더욱 건조하게 만들 수 있으므로 유의한다.

14 모공이 크고 여드름이 나기 쉬운 피부는 지성 피부이다.

---

09 ①   10 ②   11 ④   12 ②   13 ②   14 ①

15 비정상적인 피지선 기능 항진으로 나타나는 피부 성상은?

① 건성 피부 ② 지성 피부

③ 민감성 피부 ④ 노화 피부

16 칼슘과 인의 대사를 돕는 영양분으로 자외선에 의해 피부에서 합성이 되는 비타민은?

① 비타민 A ② 비타민 B

③ 비타민 C ④ 비타민 D

17 다음 중 열량소가 <u>아닌</u> 것은?

① 탄수화물 ② 지방

③ 단백질 ④ 비타민

17 영양소 중 탄수화물, 지방, 단백질만이 에너지를 생성하는 열량소이다.

18 다음 중 지용성 비타민에 해당하는 것은?

① 비타민 A ② 비타민 B_2

③ 비타민 B_6 ④ 비타민 C

18 지용성 비타민에는 비타민 A, D, E, K가 있다.

19 다음 중 비타민 C에 대한 설명으로 옳지 <u>않은</u> 것은?

① 수용성 비타민이다.

② 멜라닌 세포를 억제하여 미백에 효과적이다.

③ 적외선에 의해 피부에서 생성되기도 한다.

④ 결핍 시 괴혈병이 나타난다.

19 피부에서 합성되는 비타민은 비타민 D로 자외선에 의해 표피에서 합성된다.

20 무기질에 대한 설명으로 <u>잘못된</u> 것은?

① 칼슘 – 신경 자극 및 pH 조절에 관여한다.

② 철 – 적혈구의 헤모글로빈에 함유되어 산소 운반에 중요한 역할을 한다.

③ 나트륨 – 삼투압에 의해 혈액과 피부의 수분 균형에 관여한다.

④ 인 – 갑상선 기능, 에너지 대사 조절에 관여하며 미역, 다시마에 많이 들어 있다.

20 미역, 다시마에 많이 함유된 무기질 영양은 '요오드'이다.

21 다음 중 비타민과 그 결핍증을 <u>잘못</u> 연결한 것은?

① 비타민 A - 야맹증 ② 비타민 B_1 - 각기병

③ 비타민 C - 괴혈병 ④ 비타민 B_2 - 골다공증

21 골다공증은 비타민 D의 결핍 증상이며, 비타민 B_2 결핍 시 구순구각염이 나타난다.

15 ② 16 ④ 17 ④ 18 ① 19 ③ 20 ④ 21 ④

22 멜라닌 색소가 결핍되면 나타나는 피부 질환은?

① 주근깨   ② 백반증

③ 켈로이드   ④ 점

22 백반증은 멜라닌 세포 소실에 의해 나타나는 후천성 탈색소 질환으로 피부에 백색반들이 나타난다.

23 여드름 피부의 원인이 <u>아닌</u> 것은?

① 피지선의 항진으로 피지 분비 증가

② 과도한 스트레스

③ 충분한 수분 섭취

④ 강한 향신료와 매운 음식 섭취

24 자외선에 대한 설명으로 가장 거리가 <u>먼</u> 것은?

① 자외선 A는 색소 침착, 노화의 원인이다.

② 자외선 B는 280~320nm의 파장으로 피부 홍반, 일광 화상의 원인이다.

③ 자외선 C는 여드름 피부 치료에 사용되기도 한다.

④ 자외선 C는 비타민 D 생성에 관여한다.

24 비타민 D 합성에 관여하는 것은 'UV-B' 이다.

25 강한 살균 작용이 있는 광선은?

① 적외선

② 자외선

③ 가시광선

④ X선

25 자외선은 살균 작용 및 피부에서의 비타민 D 합성, 혈관 및 림프관의 순환을 자극하여 신진대사를 촉진하는 등의 역할을 하나 장시간 노출 시에는 색소 침착, 노화, 주름, 피부 트러블 등을 일으킬 수 있다.

26 혈액 내 림프구의 약 90%를 구성하며, 직접 항원을 공격하여 파괴하는 세포성 면역 반응을 일으키는 림프구의 종류는?

① A 림프구   ② B 림프구

③ T 림프구   ④ I 림프구

27 이물질에 대항하기 위하여 혈액에서 형성되는 방어 물질은 무엇인가?

① 항원   ② 항체

③ 항진   ④ 면역

28 다음 중 면역과 가장 거리가 <u>먼</u> 것은?

① 머켈세포   ② 랑게르한스세포

③ 식세포   ④ T 세포

28 머켈세포는 촉각을 감지하는 세포이다.

정답 22 ②   23 ③   24 ④   25 ②   26 ③   27 ②   28 ①

29 광노화의 원인으로 가장 적절한 것은?

① 잘못된 식습관   ② 스트레스

③ 장시간 햇빛 노출   ④ 의약품 복용

30 다음 중 노화 현상으로 가장 거리가 <u>먼</u> 것은?

① 건조증   ② 탄력 증가

③ 색소 침착   ④ 감각 기능 저하

31 다음 중 피지선에 관한 설명으로 가장 거리가 <u>먼</u> 것은?

① 피지선은 T존에 많이 분포한다.

② 피지를 분비하는 선으로 진피에 위치한다.

③ 피지선은 손바닥과 발바닥에는 없다.

④ 피지선의 1일 분비량은 10~20g 내외이다.

32 피부 표면의 구조와 생리에 대한 설명으로 가장 옳은 것은?

① 피부의 피지막은 건강 상태 및 위생과 관련이 없다.

② 피부의 pH는 계절별로 변화가 전혀 없다.

③ 피부의 이상적인 산성도는 pH 6~8이다.

④ 피지막의 친수성분을 천연보습인자(NMF)라 한다.

33 표피와 진피의 경계선의 형태는?

① 직선   ② 물결상

③ 점선   ④ 사선

34 다음 중 표피 조직과 거리가 <u>먼</u> 것은?

① 유두층   ② 유극층

③ 투명층   ④ 과립층

35 다음의 분비선 중 모낭에 부착되어 있는 것은?

① 대한선(아포크린선)

② 소한선(에크린선)

③ 모세혈관

④ 내분비선

30 피부 노화 현상으로는 건조증, 주름, 색소 침착, 면역 저하, 감각 기능 저하, 탄력 저하 등이 있다.

31 1일 피지 분비량은 1~2g이다.

32 피부는 피지막에 의해 보호가 이루어지며, 피지막의 친수성분을 천연보습인자(Natural Moisturising Factor)라고 한다. 피부의 이상적인 산성도는 pH 5.2~5.8 내외이다.

33 표피의 기저층과 진피의 유두층 사이의 경계는 유두 모양의 반복으로 물결의 형태를 이룬다.

34 유두층은 진피의 조직이다.

35 대한선은 모낭과 연결되어 있는 땀샘이다.

29 ③   30 ②   31 ④   32 ④   33 ②   34 ①   35 ①

36 다음 중 피지선이 전혀 <u>없는</u> 부위는?

① 입술　　　　　　　② 이마

③ 손바닥　　　　　　④ 콧방울

36 손바닥과 발바닥에는 피지선이 없다.

37 다음의 표피의 구조 중 맨 윗부분인 각질층으로부터 순서가 올바른 것은?

① 각질층 - 기저층 - 유극층 - 투명층

② 각질층 - 투명층 - 과립층 - 기저층

③ 각질층 - 과립층 - 기저층 - 투명층

④ 각질층 - 유극층 - 과립층 - 기저층

37 표피는 각질층 – 투명층 – 과립층 – 유극층 – 기저층의 순서로 구성되어 있다.

38 피부는 약 며칠을 주기로 생성과 사멸을 반복하는가?

① 18일　　　　　　　② 28일

③ 38일　　　　　　　④ 48일

38 각질층의 각화 주기는 28일이다.

39 다음 중 대한선의 분포가 가장 많은 부위는?

① 겨드랑이　　　　　② 이마

③ 입술　　　　　　　④ 볼

39 대한선(아포크린선)은 털과 함께 존재하는 한선으로, 겨드랑이에 가장 많이 분포되어 있다.

40 다음 중 표피에 있는, 면역과 가장 관계가 있는 세포는?

① 멜라닌세포　　　　② 머켈세포

③ 랑게르한스세포　　④ 엘라스틴

40 랑게르한스세포는 면역과 관련된 세포로 표피의 유극층에 존재한다.

41 다음 중 피부색을 결정하는 요소와 거리가 <u>먼</u> 것은?

① 멜라닌　　　　　　② 헤모글로빈

③ 각질층의 두께　　④ 티록신

41 피부색의 결정은 멜라닌, 카로틴, 헤모글로빈 및 피부의 두께와 관련이 있다.

42 피부 구조 중 콜라겐과 엘라스틴이 있는 층은?

① 피하조직　　　　　② 고립층

③ 기저층　　　　　　④ 망상층

42 콜라겐(교원섬유)과 엘라스틴(탄력섬유)은 진피층에 있다.

43 다음 중 입모근의 역할로 가장 중요한 것은?

① 수분 조절　　　　　② 피지 조절

③ 체온 조절　　　　　④ 호르몬 조절

43 입모근은 털이 서게 하는 것으로, 체온조절 역할을 하며, 공포감을 느끼거나 추울 때에도 반응한다.

36 ③　　37 ②　　38 ②　　39 ①　　40 ③　　41 ④　　42 ④　　43 ③

44 피부결이 섬세하고 모공이 작은 피부로, 화장이 잘 받지 <u>않는</u> 피부는?

① 지성 피부
② 민감 피부
③ 중성 피부
④ 건성 피부

45 다음 중 지성 피부에 대한 설명으로 가장 거리가 <u>먼</u> 것은?

① 피부결이 섬세하고 곱다.
② 여드름이 잘 생긴다.
③ 여성보다 남성 피부에 많다.
④ 모공이 크고 얼굴이 번들거린다.

46 다음 중 피부노화와 가장 거리가 <u>먼</u> 것은?

① 교원조직 약화
② 피하지방 결핍
③ 영양 불균형
④ 탄력조직 강화

47 여름철 피부 상태에 대한 설명으로 가장 거리가 <u>먼</u> 것은?

① 각질층이 두꺼워지고 피부가 건조해진다.
② 표피층에 색소 침착이 생긴다.
③ 얼굴 버짐이 생긴다.
④ 고온다습한 환경으로 피부에 활력이 없어진다.

48 다음 중 멜라닌 생성을 방해하는 물질은?

① 콜라겐
② 비타민 C
③ 엘라스틴
④ 철분

49 체내 부족 시 괴혈병과 색소 침착을 일으키는 것은?

① 비타민 A
② 비타민 B
③ 비타민 C
④ 비타민 K

50 다음의 영양소 중 항산화 작용으로 피부노화를 조절해주는 것은?

① 비타민 E
② 비타민 K
③ 칼슘
④ 나트륨

---

44 건성 피부는 유분과 수분이 없어 피부 당김이 심하고 건조하여 화장이 들뜬다.

45 지성 피부는 모공이 넓고 피지 분비량이 많아 번들거림이 심하고, 외부 오염에 취약하여 여드름이 나기 쉬운 피부이다. 여성보다는 남성에게 많은 피부 타입이다.

46 진피의 탄력섬유(엘라스틴)는 노화에 따라 점차 약해지며, 그에 따라 주름이 늘어난다.

47 여름철에는 피지 분비량이 늘어난다. 버짐은 건성일 때 증가하는 현상이다.

48 비타민 C는 기미와 색소 침착을 저해한다.

49 비타민 C 부족 시 괴혈병, 색소 침착이 생긴다.

50 비타민 E는 항산화제로 호르몬 생성 및 생식기능, 혈액순환에 영향을 미치며, 노화를 방지한다. 결핍 시 빈혈을 일으킨다.

---

44 ④   45 ①   46 ④   47 ③   48 ②   49 ③   50 ①

51 여드름 피부를 악화시키는 원인과 가장 거리가 먼 것은?

① 기름진 음식 ② 다시마

③ 피임약 ④ 우유

52 피부 표면의 함몰 없이 색조 변화만으로 나타나는 피부의 병변을 무엇이라 하는가?

① 가피 ② 찰상

③ 안설 ④ 반점

53 피부의 감각 중 가장 둔한 것은?

① 온각 ② 촉각 ③ 냉각 ④ 통각

54 다음 중 바이러스에 의한 피부 질환은?

① 켈로이드

② 농가진

③ 무좀

④ 대상포진

55 다음 중 UV-A(장파장 자외선)의 파장 범위는?

① 100~280㎚

② 280~320㎚

③ 320~400㎚

④ 400~780㎚

56 자외선 영역 중 홍반, 화상, 기미를 유발시키는 것은?

① UV-A ② UV-B

③ UV-C ④ UV-D

memo

PART 2

공중위생관리학

적중 문제 공중위생관리학·소독 방법 및 분야별 위생 소독·공중위생관리법·메이크업 숍 위생 관리

CHAPTER 01 | 공중보건학 총론

1 공중보건학의 정의

공중보건학은 여러 학자들에 의해 정의되고 있다. 그 중 윈슬로(Winslow)는 "공중보건은 모든 국민이 질병 예방, 수명 연장, 신체적·정신적 건강 및 효율의 증진, 개인위생 교육, 환경 개선, 즉 조직적인 지역 사회의 공동 노력을 통해 질병을 예방하고 생명을 연장시킴과 동시에 건강과 그 효율을 증진시키는 기술 및 과학이다."라고 하였다.

2 공중보건의 대상

개인이 아닌 지역 사회 주민, 더 나아가서는 한 나라의 국민을 포함한다.

1 건강의 정의

세계보건기구(WHO)의 정의에 따르면, 건강이란 질병이 없거나 허약하지 않다는 것만을 의미하는 것이 아니라 신체적·정신적 및 사회적으로 안녕한 상태를 의미한다. 즉, 건강이란 질병이 없는 상태만을 의미하는 것이 아니라 개인이 자신의 일을 수행하는 데 있어 신체적·정신적으로 아무런 문제가 없음을 의미한다.

2 질병

(1) 질병의 원인

질병은 병인, 숙주, 환경의 상호작용이 균형을 이루지 못하였을 경우 발생한다. 즉, 질병이란 병원체의 감염, 약물의 오남용, 환경 요인, 노화, 신체의 손상, 유전적 요인, 스트레스 등의 다양한 원인에 의해 발생한다.

(2) 질병의 예방

① 우리가 생활하는 환경을 청결하게 하여 병원체의 서식처를 없앤다.

② 예방 접종을 하여 면역력을 키운다.

③ 균형 있는 영양 섭취와 적당한 운동, 충분한 물 섭취, 햇빛, 깨끗한 공기, 충분한 휴식으로 스트레스를 제거함으로써 질병을 예방한다.

Section 3 인구 보건 및 보건 지표

1 보건 지표의 의미

지역 사회나 국가의 건강 수준을 파악할 수 있는 지표를 말하며 국민의 건강에 관한 전반적인 수준이나 특성을 나타내는 척도이다. 따라서 보건 지표는 국민의 건강 수준을 측정하는 방법으로, 지역 사회나 국가 간의 건강 수준을 측정하고 비교하는 수단이다.

① **비례 사망 지수**: 연간 사망자 수에 대한 50세 이상의 사망자 수를 백분율로 표시한 지수이다.

② **평균 수명**: 생명표 상의 출생 시 평균 여명(앞으로 죽을 때까지의 기대 수명을 의미)을 말한다.

> **Tip** 영아 사망률
>
> 어떤 연도 중 정상 출생 수 1,000명에 대한 1년 미만의 영아 사망자 수의 비율로, 건강 수준이 높아지면 영아 사망률이 가장 먼저 감소하므로 국민 보건 상태의 대표적인 지표로 사용한다.
>
> **Tip** 연간 영아 사망률 = (연간 생후 1년 미만 사망아 수 / 연간 출생아 수) × 1,000

2 인구구조

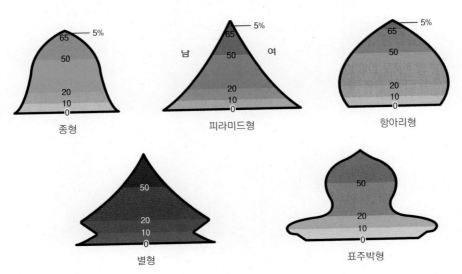

종형   피라미드형   항아리형

별형   표주박형

① 종형(인구정지형): 출생과 사망이 낮은 형(가장 이상적인 형)

② 피라미드형(인구증가형): 출생률은 증가하고 사망률은 감소형(후진국형)

③ 항아리형(인구감소형): 출생률이 사망률보다 낮은 형(선진국형)

④ 별형(도시형): 젊은 생산인구가 전체 인구의 1/2 이상인 형

⑤ 표주박형(농촌형): 젊은 생산인구가 전체 인구의 1/2 미만인 형

CHAPTER 02 | 질병 관리

Section 1　역학

1 역학의 개념

역학(epidemiology)은 희랍어로 '인간 집단의 연구'라는 뜻을 가지고 있다. 또한, 역학은 인간 집단에서 발생하는 질병의 크기와 분포를 알아보기 위함이며, 질병의 병원성을 확인하고 질병을 예방 및 관리 · 치료함을 목적으로 한다.

2 역학의 범위

① 감염성과 비감염성 질환을 모두 포함한다.
② 감염병은 과거에 많이 유행하여 연구가 이루어졌으며 학문의 기초를 다지게 되었다.
③ 최근에는 새로운 감염성 질병이 생겨나므로 이에 대한 연구는 지속되어야 한다.

Section 2　질병

1 질병

질병은 유전병, 당뇨병 등의 내인병과 외상, 화상, 동상, 기생충병 등의 외인병으로 나누어진다.

2 질병의 3대 요인

(1) 병인
질병 발생의 직접적인 원인이다.
① **생물적 요인** : 기생충, 바이러스, 병원미생물 등
② **물리적 요인** : 자외선, 방사선, 기압, 습도, 온도 등
③ **화학적 요인** : 중금속(수은 등), 유독물질(아황산가스, 자동차 배기가스) 등 화학성 물질
④ **정신적 요인** : 스트레스, 자살 등

(2) 환경

병인과 숙주 간의 매개체 역할을 한다.

① **생물적 요인** : 병원체, 매개동물, 미생물 등

② **물리적 요인** : 계절, 기후, 기상, 지리, 상하수도 등

③ **경제적 요인** : 직업, 빈부 상태 등

④ **사회적 요인** : 종교, 문화, 교육 교통, 주거 등

(3) 숙주

병인 요인에 의해 감염 또는 영향을 받는 살아있는 생물(인간, 동식물)을 말한다. 숙주의 반응은 같은 병인에 의해 침범을 받아도 다르게 나타날 수 있다.

① **생물학적 요인** : 연령, 성, 인종, 면역 등

② **형태 요인** : 위생, 생활습관 등

③ **체질적 요인** : 선천적 · 후천적 저항력, 영양상태, 건강상태 등

3 감염병 생성 과정의 6대 요소

(1) 병원체

숙주를 침범하는 병원성 미생물

병원체 종류	특징	질병
세균(bacteria)	육안으로 관찰할 수 없는 생물로, 어느 환경에나 존재한다.	콜레라, 장티푸스, 디프테리아, 결핵, 백일해
바이러스(virus)	병원체 중에 가장 작아 전자 현미경으로만 볼 수 있다. 여과성 병원체 생세포 내에서만 번식한다.	인플루엔자, 홍역, 일본뇌염, 소아마비, 후천성 면역 결핍증
기생충(parasite)	동물성 기생체이며, 육안으로 볼 수 있다.	회충, 십이지장충, 간 · 폐흡충증, 유구 · 무구조충증
진균(fungus)	아포를 형성하며, 버섯, 곰팡이, 효모가 있다.	무좀, 피부병
리케차(rickettsia)	세균과 바이러스의 중간 크기로, 생세포 내 증식하고, 절지 동물에 의해 매개된다.	발진티푸스, 발진열, 쯔쯔가무시병
클라미디아 (chlamydia)	리케차와 같이 진핵 생물의 세포 내에서만 증식한다.	트라코마

> **Tip** • 병원체의 크기 비교: 곰팡이 〉 효모 〉 세균(박테리아) 〉 리케차 〉 바이러스

(2) 병원소

병원체가 생활, 증식하여 다른 숙주에 전파할 수 있도록 생활하는 장소

① 인간 병원소

 Tip
- 보균자: 발병이 되지 않은 병원체 보유자이며, 감염병 관리상 가장 중요하게 취급하여야 할 대상자는 건강 보균자임
- 환자: 발병이 된 사람

ㄱ 잠복기 보균자: 잠복 기간 중에 타인에게 병원체를 전파할 수 있는 사람

ㄴ 회복기 보균자: 발병하여 회복기에 들어 증상은 없지만 병원체를 전파할 수 있는 사람

ㄷ 건강 보균자: 병원체에 감염은 되었지만 증상이 없이 전파할 수 있는 사람

② 동물 병원소: 동물이 병원체에 감염되어 감염원으로 작용하는 경우

ㄱ 쥐: 페스트, 발진열, 쯔쯔가무시병

ㄴ 개: 광견병

ㄷ 소: 탄저병

ㄹ 말, 돼지: 일본뇌염

③ 기타 병원소: 토양, 먼지, 공기 등

(3) 병원소로부터의 탈출

병원소로부터 병원체가 탈출하여 전파

ㄱ 호흡기계로 탈출: 기침, 재채기 등으로 전파(**예** 폐결핵, 천연두, 홍역, 인플루엔자 등)

ㄴ 소화기계로 탈출: 분변, 토사물로 전파(**예** 콜레라, 장티푸스, 이질 등)

ㄷ 비뇨생식기계로 탈출: 소변, 성관계에 의한 전파(**예** 성병, 후천성면역결핍증 등)

ㄹ 기타: 상처 부위, 주사기를 통해 전파(**예** 발진티푸스, 말라리아 등)

(4) 전파

① 직접전파: 피부 접촉(매독, 임질, 에이즈), 비말(호흡기계-디프테리아, 결핵)

② 간접전파: 중간 매개체에 의한 전파

③ 기계적 전파: 곤충의 흡혈, 주사기

④ 비활성 전파체: 공기, 토양, 음식물, 물

⑤ 절지동물에 의한 전파

파리	이질, 장티푸스, 콜레라, 결핵
모기	일본뇌염, 황열, 말라리아, 뎅기열
벼룩	페스트, 발진열

쥐	유행성출혈열, 발진열
바퀴벌레	이질, 소아마비, 장티푸스

(5) 새로운 숙주로의 침입

호흡기, 비뇨기, 피부 점막 등으로 침입한다.

(6) 숙주의 감수성

'숙주의 저항성'이라고도 하며, 숙주가 높은 저항성이나 면역력을 가지고 있으면 감염되거나 질병이 발생되지 않는다.

선천성 면역			태어날 때 부모님으로부터 물려받은 면역
후천성 면역	능동 면역	자연 능동 면역	홍역, 장티푸스, 천연두
		인공 능동 면역	천연두, BCG, 홍역, 파상풍, 디프테리아
	수동 면역	자연 수동 면역	소아마비, 홍역
		인공 수동 면역	B형간염, 파상풍

> **Tip** 병원체의 이동 경로: 병원체 → 병원소 → 병원체의 탈출 → 전파 → 새로운 숙주로의 침입 → 숙주의 감수성

3 법정 감염병

제1군 감염병	감염 속도가 빠르고 집단 발생의 우려가 커서 즉시 방역대책을 수립하여야 하는 감염병	콜레라, 장티푸스, 파라티푸스, 장출혈성대장균감염증, A형간염, 세균성이질
제2군 감염병	예방접종을 통하여 예방 및 관리가 가능하여 국가예방접종사업의 대상이 되는 감염병	백일해, 디프테리아, 파상풍, 홍역, 유행성이하선염, 폴리오, B형간염, 수두, 일본뇌염, b형헤모필루스인플루엔자, 폐렴구균, 풍진
제3군 감염병	간헐적으로 유행할 가능성이 있어 계속 그 발생을 감시하고 방역 대책의 수립이 필요한 감염병	말라리아, 결핵, 성홍열, 수막구균성수막염, 비브리오패혈증, 발진티푸스, 발진열, 쯔쯔가무시증, 렙토스피라증, 탄저, 공수병, 인플루엔자, 후천성면역결핍증, 매독, 크로이츠펠트-야콥병(CJD) 및 변종크로이츠펠트-야콥병(vCJD), 브루셀라증, 신증후군출혈열, 레지오넬라증, 한센병

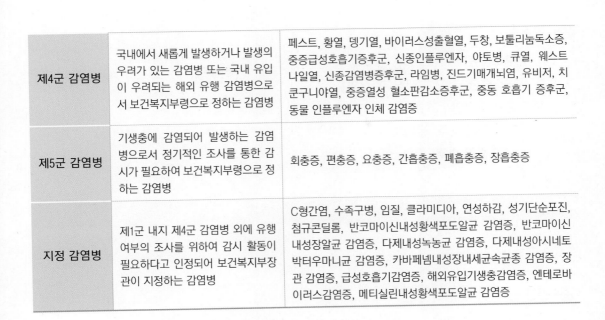

제4군 감염병	국내에서 새롭게 발생하거나 발생의 우려가 있는 감염병 또는 국내 유입이 우려되는 해외 유행 감염병으로서 보건복지부령으로 정하는 감염병	페스트, 황열, 뎅기열, 바이러스성출혈열, 두창, 보툴리눔독소증, 중증급성호흡기증후군, 신종인플루엔자, 야토병, 큐열, 웨스트나일열, 신종감염병증후군, 라임병, 진드기매개뇌염, 유비저, 치쿤구니야열, 중증열성 혈소판감소증후군, 중동 호흡기 증후군, 동물 인플루엔자 인체 감염증
제5군 감염병	기생충에 감염되어 발생하는 감염병으로서 정기적인 조사를 통한 감시가 필요하여 보건복지부령으로 정하는 감염병	회충증, 편충증, 요충증, 간흡충증, 폐흡충증, 장흡충증
지정 감염병	제1군 내지 제4군 감염병 외에 유행 여부의 조사를 위하여 감시 활동이 필요하다고 인정되어 보건복지부장관이 지정하는 감염병	C형간염, 수족구병, 임질, 클라미디아, 연성하감, 성기단순포진, 첨규콘딜롬, 반코마이신내성황색포도알균 감염증, 반코마이신내성장알균 감염증, 다제내성녹농균 감염증, 다제내성아시네토박터우마니균 감염증, 카바페넴내성장내세균속균종 감염증, 장관 감염증, 급성호흡기감염증, 해외유입기생충감염증, 엔테로바이러스감염증, 메티실린내성황색포도알균 감염증

Section 3 기생충 질환 관리

1 선충류

① **회충**: 가장 넓은 지역에 분포하며, 우리나라에서 감염률이 가장 높다. 음식을 통해 주로 감염된다.

② **구충**: 사람의 소장에 기생하며 경구 감염된다.

③ **요충**: 인구가 밀집되어 있는 도시에서 많이 발생하며, 항문 주위에서 산란 · 증식하며 경구 감염된다. 10세 이하의 아동에게 주로 감염된다.

2 흡충류

① **간디스토마**: 강 유역

　㉠ 제1 중간 숙주: 쇠우렁이

　㉡ 제2 중간 숙주: 잉어, 참붕어, 피라미 등의 민물고기

② **폐디스토마**: 산간 지방

　㉠ 제1 중간 숙주: 다슬기

　㉡ 제2 중간 숙주: 가재, 게

3 조충류

① **유구조충증**: 돼지고기 생식 후 감염

② **무구조충증**: 소고기 생식 후 감염

③ **긴촌충**(광절열두조충증)

　　㉠ 제1 중간 숙주: 물벼룩

　　㉡ 제2 중간 숙주: 송어, 연어

Section 4 성인병 관리

성인병은 중년 이후에 주로 발생하는 병의 총칭이다.

1 건강 관리

① **올바른 생활습관**: 균형 잡힌 식사, 규칙적인 배변, 금연, 금주, 바른 목욕과 피부 관리, 충분한 수면과 운동

② **질병 예방**: 상담, 예방, 화학적 예방 등

Section 5 정신 보건

1 정신 건강의 중요성

인간은 신체적인 건강뿐만 아니라 정신적인 건강도 중요하다.

① 정신질환은 누구에나 발생할 수 있으므로 조기에 발견하는 것이 중요하다.

② 정신질환 치료는 폐쇄 병동이 아닌 가족과 지역 사회를 중심으로 치료 및 재활한다.

Section 6 이·미용 안전 사고

1 이 · 미용 안전사고를 위한 대책

① 기자재의 사용법을 익히고, 자주 소독한다.

② 화재에 대한 예방책과 소방 기기를 구비한다.

③ 전열기에 대한 점검과 안전 상태를 점검한다.

④ 비상약을 비치한다.

⑤ 시술 시 출혈이나 화상에 대한 응급처치 방법과 의료 도구를 구비한다.

⑥ 주기적으로 안전사고에 대한 교육을 실시한다.

CHAPTER 03 | 가족 및 노인 보건

Section 1 　모자 보건

1 　모자 보건의 개념

모자 보건은 어머니와 어린이의 건강을 보호하고 관리하여, 건강하고 안정된 출산과 어린이의 건강하고 행복한 삶을 영위하는 것을 목적으로 한다.

2 　모자보건의 중요성

① 산전 관리, 산욕 관리 및 분만 관리
② 임산부와 영유아들은 건강 취약 대상

3 　영유아보건

① 영유아 사망은 대부분 신생아 기간에 발생한다.
② 생후 1년까지를 영아라 하고 4세까지를 유아라 한다.
③ **우리나라 영유아 사망 원인** : 폐렴, 위병, 장티푸스 등

Section 2 　노인 보건

질병의 예방과 치료, 기능 훈련에 이르는 각종 사업을 행하는 것을 말한다. 노인 보건 사업은 40세 이상인 자에 대해 시·군·구가 실시 주체가 되는 것을 원칙으로 건강 교육, 건강 상담, 건강 진단, 기능 훈련, 방문 지도 등의 사업을 한다. 기본 건강 진단 외에 위·자궁·폐·호흡기 등의 각종 검진 사업이 있다.

CHAPTER

04 | 환경 보건

Section 1 **환경 보건의 개념**

환경 보건은 건강한 자연과 국민의 건강을 지키고 환경 오염 예방 및 관리에 관한 전문 지식과 국민 보건 증진을 목적으로 한다.

Section 2 **대기 환경**

1 **공기의 자정 작용**

산화 작용, 희석 작용, 세정 작용, 동화 작용, 살균 작용을 한다.

2 **공기의 주요 성분**

(1) 산소

공기의 21%를 차지하고 있으며 생물체의 호흡이나 광합성 연소 등의 작용을 한다. 10% 이하면 호흡 곤란, 7% 이하면 사망한다.

(2) 질소

공기의 78%를 차지하고 있다.

(3) 이산화탄소

무색, 무취이고 공기의 0.03~0.04%를 차지하고 있으며 안정 시의 성인은 호흡한 공기의 4%를 배출한다. 실내 공기의 오염을 측정하는 지표로 사용한다. 0.1% 이상이면 오염으로 간주한다.

(4) 일산화탄소

불완전 연소 과정에서 나타나는 무색, 무취, 무자극의 맹독성 가스이다. 호흡을 통해 혈액 중에 헤모글로빈과 결합하여 산소와의 결합을 방해함으로써 조직의 산소 부족 현상을 일으켜 저산소증을 유발한다. 일산화탄소 중독 0.1% 이상이면 생명이 위험하다.

3 **공기의 유해성분**

① **군집독**: 환기가 나쁜 실내나 지하철 등에서 일어나며, 어지럼증, 구토 등을 유발한다.

② **이산화탄소**: 실내 공기의 오염을 측정하는 지표로 사용한다. 0.1% 이상이면 오염으로 간주한다.

③ **아황산가스**: 대기오염의 지표(허용량 0.05ppm)로 자동차, 공장 매연, 석탄 연소 등이 있다.

④ **먼지**: 알레르기, 점막 건조, 진폐증 등 발병

4 **온열지수**

① **기온**: 쾌적한 온도 18±2℃

② **습도**: 40~70%

③ **바람**: 옥외 1.0㎧, 옥내 0.2~0.3㎧

> **Tip** 공기의 자정 작용 – 산소, 오존, 과산화수소 등에 의한 산화 작용과 태양 관성에 의한 살균 작용, 그리고 공기 스스로의 희석 작용을 말한다.

Section 3 **수질 환경**

1 **물의 기능**

① 사람 몸의 70% 이상을 차지

② 영양분과 노폐물의 운반, 체온 유지 등 생명 유지에 필수

③ 사람의 생명 유지 섭취량은 1,400㎖~1,500㎖

④ 체내의 물은 1~2%만 잃어도 갈증과 답답함을 느끼며, 4% 부족 시 피로감을 느끼고 반혼수상태에 빠지며 12% 부족 시에는 혈액이 농축되어 근육 경련, 순환기능 부진 등으로 생명이 위험하다.

2 **물의 분류**

(1) 상수도

① **천수**: 비나 눈으로 내려오는 물로 대기오염의 영향을 많이 받으며 매진, 분진, 세균량이 많다.

② **지표수**: 연못, 저수지, 하천수, 호수 등을 말하며 오염도가 높을 수 있다.

③ **지하수**: 지표 아래의 물이며 오염도는 적으나 경도가 높다.

④ **해수**: 바닷물로 지표수보다 탁도가 낮고 경도가 높다.

(2) 물의 자정작용

지표수는 일정 기간 그대로 방치하면 자연히 깨끗한 상태로 돌아가게 된다. 이러한 현상을 자정작용이라 하며, 물리적 · 화학적 작용을 거치는 것을 말한다.

① **물리적 작용**: 여과 작용, 희석 작용, 분쇄 작용, 침전 작용 등

② **화학적 작용**: 폭기(용존산소를 증가시켜 호기성 세균에 영양분을 주고 병원균 억제), 자외선 살균 작용, 산화 작용 등

(3) 물과 보건

① **수인성 감염병**: 장티푸스, 콜레라, 세균성이질 및 세균성 대장균 등

② **기생충**: 간디스토마, 폐디스토마

③ **유해물질**: 산업폐수에 의한 수은, 페놀, 카드뮴, 비소 등에 의한 오염

(4) 하수

① **하수의 종류**

    ㉠ 합류식 : 오수와 하수로 유입되는 빗물, 지하수를 함께 운반 · 처리하며 우리나라에서 가장 많이 쓰인다. 우기에는 자연 청소가 가능하지만 우기에 범람하거나 악취 발생 시 사용이 불가능한 단점이 있다.

    ㉡ 혼합식 : 천수, 오수의 일부를 함께 운반 · 처리하는 방법

    ㉢ 분류식 : 빗물, 지하수를 각각 구분하여 운반 · 처리하는 방법

② **하수 처리과정**

    ㉠ 예비처리 : 하수 위에 떠있는 불순물을 제거하고 유속을 느리게 하여 무거운 물질을 침전시킨다.

    ㉡ 본처리

        • 혐기성 분해처리 – 메탄가스 발생

        • 호기성 분해처리 – 이산화탄소 발생

        • 오니처리 – 육상투기, 소각처리, 사상건조법, 소화법 등

③ **하수오염 측정**: 생물학적 산소요구량(BOD), 화학적 산소요구량(COD) 등

Section 4   **주거 환경**

---

1 **주택의 조건**

  ① 사람이 살아가는 데 있어 휴식과 수면, 가족 관계 유지 등에 가장 기본이 되는 장소이다.

  ② 안전하고 건강하며, 위생적인 요소를 갖추어야 한다.

2 **환기**

① **자연 환기**: 실내 · 외 온도차는 5℃ 정도이면 원활하고, 1시간에 두 번 정도는 환기시켜야
한다.

② **인공 환기**: 강당, 극장 등의 사람이 많이 모이는 장소의 환기 방법으로는 공기 조정법, 송풍
식 환기법, 배기식 환기법 등이 있다.

3 **조도**

① 자연 채광은 눈의 피로가 적다.

② 인공 채광의 조도는 50~100Lux, 일반 작업실은 30~100Lux, 정밀 작업은 300~ 1,000Lux,
초정밀 작업은 1,000Lux 이상이 적당하다.

4 **실내 온도**

실내 온도로 쾌적한 온도는 18±2℃이다.

CHAPTER 05 | 산업 보건

Section 1 산업 보건의 개념

사업장에서 모든 근로자의 육체적·정신적 건강을 유지·증진시키는 데 목적을 두고 있다. 즉, 근로자로 하여금 취업 과정에서 그 업무에 기인하여 건강 장해를 일으킴으로써 질병에 걸리거나 사망하게 하는 유해·위험 인자를 제거하는 것 또는 유해·위험 인자가 제거된 상태를 말하며, 궁극적인 목적은 직업성 질병과 재해가 없는 건강하고 쾌적한 사업장을 만드는 것이다. 이를 위해서는 작업의 방법, 근로 시간, 온도, 습도, 환기, 광선, 전리 방사선, 소음, 진동, 기압 등의 여러 가지 환경 조건과 근로자의 체력, 영양, 피로, 작업 적성과 그 밖의 생활 문제 등의 유해·위험 요인 또는 인자에 대한 관리가 필요하다.

Section 2 산업 재해

1 산업재해의 종류

① **사망재해**: 인명 손상을 중심으로 사망이 발생하는 것
② **주요재해**: 입원할 정도의 재해가 일어나는 것
③ **경미재해**: 통원(외래)할 정도의 상해가 일어난 것
④ **유사재해**: 상해와 상관없이 재산 피해를 준 것

2 재해발생의 요인

(1) 환경적 요인

기계적인 문제로 인해 시설물의 불량, 작업장의 환경, 공구 불량, 정돈 불량, 복장 미비 등

(2) 인적 요인

① **관리상 요인**: 작업지식 부족 및 미숙, 작업진행의 혼란, 인원 부족, 과중 업무, 기타 돌발 사고 등
② **생리적 요인**: 수면 부족, 체력 부족, 음주, 임신, 피로, 질병 등
③ **심리적 요인**: 집중력 부족, 부주의, 태만, 경솔 등

3 산업재해 지표

① **건수율 또는 발생률**: 근로자 1,000명당 발생하는 재해 건수

$$\frac{재해 \; 건수}{평균실 \; 근로자 \; 수} \times 1,000$$

② **도수률**: 연근로시간 100만시간당 재해가 발생한 건수

$$\frac{재해 \; 건수}{연근로 \; 일수} \times 1,000 \quad 또는 \quad \frac{재해 \; 건수}{연근로 \; 일수} \times 1,000$$

③ **강도률**: 근로시간 1,000시간당 발생한 근로작업 손실 일수

$$\frac{근로작업 \; 손실 \; 일수}{연근로시간 \; 수} \times 1,000$$

4 재해의 상병 분류

① **사망, 중상**: 휴업 14일 이상
② **중등상**: 휴업 8~13일
③ **경상**: 휴업 3~7일
④ **미상**: 휴업 1~2일
⑤ **불휴재해**: 휴업일 없음

5 직업병의 종류

발생 원인	질병
이상 고온	열경련, 열사병, 열쇠약증, 열허탈증 등
이상 저온	동상, 동창
고압 환경	산소중독증, 잠수병(잠함병), 고압증
저압 환경	저압증, 고산증, 저산소증
조명 불량	근시, 눈의 피로
진동	위장장애, 내장하수증, 척수이상의 장애를 가져옴
소음	난청
분진	진폐증, 석면폐증, 탄폐증(연탄)
방사선	피부암, 백내장, 생식기장애, 조혈기능 장애
자외선 및 적외선	피부 및 눈의 피로, 장애

중금속 중독	수은	• 체내에 장기간 축적되면 만성 중독이 됨 • 미나마타병(언어장애, 지각이상, 보행곤란)
	납	요독증, 체중감소, 사지마비, 구토
	크롬	비염, 인두염, 기관지염
	카드뮴	이타이이타이병, 신장장애, 골연화

CHAPTER 06 | 식품 위생과 영양

Section 1 | 식품 위생의 개념

식품 위생은 식품으로 인한 건강상의 피해를 방지하고 식품 영양의 질적 향상을 추구하는 것으로, 식품의 제조, 생산, 유통의 모든 단계에 있어서 안전함을 유지하는 것을 말한다.

Section 2 | 식중독

오염된 음식물 섭취에 의해 발생되는 위장염 동반 장애이며, 주로 여름철에 많이 발병한다.

1 식중독의 종류

① 세균성 식중독
- ㉠ 독소형 식중독: 황색포도상구균(우유), 보툴리누스균(햄, 소시지), 웰치균(육류 가공품, 어패류 가공품) 등
- ㉡ 감염형 식중독: 장염비브리오균(어패류), 병원성 대장균(사람이나 동물의 분변)

② 자연독 식중독
- ㉠ 식물성 식중독: 독버섯(무스카린), 감자(솔라닌), 독미나리(시큐톡신)
- ㉡ 동물성 식중독: 복어(테트로도톡신), 바지락(베네루핀)

> **Tip** 복어독 증상 : 구순 및 혀의 지각마비, 언어장애, 운동불능, 연하, 호흡곤란, 호흡정지 등의 증상이 있다.

Section 3 | 영양소

인간을 비롯한 생물이 외부로부터 받아들인 물질 중에서 생물체의 몸을 구성하거나 에너지원으로 사용되거나 또는 생리 작용을 조절하는 물질을 말한다.

1 단백질

① 단백질은 신체의 골격근과 근육 유지를 위해 필요하다. 또, 단백질은 우리 몸에 필요한 항체를 형성하고, 호르몬의 성분이 되기도 한다. 탄수화물이 없을 때 에너지원으로 쓰이기도 한다.

② 주로 육류에 많이 들어 있으며 닭가슴살, 계란 흰자 등이 이에 해당한다.

③ 단백질 1g당 4kcal의 열량을 낸다.

2 탄수화물

① 탄수화물은 몸의 주된 열량 공급원으로, 한국인이 가장 많이 섭취한다. 주로 밥, 빵, 밀가루, 국수 등이 있다.

② 1g당 4kcal이고 하루 열량 중 60~65%를 섭취해주는 것이 좋다.

3 지방

① 지방은 피하에 지나치게 저장되었을 때 비만을 일으키기도 하지만, 적당한 지방은 꼭 필요하다. 지방이 적절히 저장되면 체내의 장기를 보호해주고 체온을 유지하는 것을 도와주며, 탄수화물이 없을 때 쓰일 수 있는 농축된 에너지원으로써 중요한 역할을 하기도 한다.

② 지방은 1g당 9kcal의 열량을 낸다.

4 비타민

비타민은 아주 적은 양이지만 우리 몸에서 일어나는 여러 가지 호르몬의 작용을 도와준다. 비타민이 부족하면 결핍증이, 너무 많아지면 과잉증이 나타나기도 한다.

종류	효과
비타민 A	바이러스 면역, 뼈와 치아 성장 정지, 피부미용, 시력 향상(야맹증, 안구 건조증), 불임
비타민 B_1	각기병, 신부전증, 수족 마비, 피로 회복, 식욕 감퇴, 멀미, 심장 비대, 건위(健胃), 정신 혼미
비타민 B_2	구강 · 입술 · 생식기 염증, 피부와 점막 변형, 시력 향상 등
비타민 B_3	위장(胃腸) 기능 강화, 피부미용, 설사, 피부염, 신경 장애, 정신질환 등에 효과
비타민 B_5	우울증, 부신피질 기능 저하, 신경장애 등에 효과
비타민 B_6	아미노산과 단백질 합성과 대사 작용, 적혈구와 항체 생성, 신경질환 예방, 빈혈, 지루성 피부염, 구토, 경련, 발작 등에 효과
비타민 B_9	성기능 향상, 빈혈, 적혈구 생성, 무력감, 피로 회복, 학질 항체 등에 효과
비타민 B_{12}	빈혈, 성장 어린이, 식욕 증진, 기억력, 집중력, 뇌기능 활성, 신경계 강화
비타민 C	괴혈병, 부종(浮腫), 잇몸이 붓고 출혈과 저항력, 빈혈, 노화 방지, 항산화 작용

5 **무기질**

무기질은 칼슘과 철분이 포함되어 있어 신체의 치아와 뼈에 중요한 역할을 한다. 주로 미역, 김, 다시마, 멸치 등에 포함되어 있으며, 체액의 산염기 균형을 조절해주는 역할을 한다.

Section 4 영양 상태 판정 및 영양 장애

① **식사 내용상 열량 구성의 불균형**: 곡류 과잉 섭취에 의한 영양소 불균형
② **비타민 및 무기질 섭취 부족**: 비타민 A, 비타민 B_2, 비타민 B_{12} 섭취 부족
③ **Na(소듐, 나트륨) 및 캡사이신 과잉 섭취**: 장류, 염장 식품, 국 등의 섭취로 나트륨이 과잉 섭취되고 있으며, 매운 음식을 찾는 사람이 증가함에 따라 캡사이신의 과잉 섭취가 위장 장애를 일으키고 있다.

CHAPTER 07 | 보건 행정

Section 1 보건 행정의 정의 및 체계

1 정의

보건 행정은 국민이 신체적·정신적 건강을 유지함과 동시에 적극적으로 건강 증진을 도모하도록 돕는 보건 정책을 목표로 하는 행정이며, 영·유아 및 성인에서 노인까지의 보건 대책, 성인병이나 감염병을 포함한 각종 질병, 정신·위생 대책 등을 그 내용으로 한다.

2 체계

보건 행정 체계는 공공 보건 조직 체계를 기반으로 하여 상부 중앙 보건 조직과 하부 지방 보건 조직 간에 직접적인 행정적 연계성이 없으며, 모든 행정 조직이 지방 자치 단체를 전제로 하여 종합 행정 체계로 되어 있다.

정부 중앙 보건 행정 조직의 중추 기관인 보건복지부는 사회 복지 정책, 보건 정책, 건강 증진 및 연금 등에 관한 사무를 관장하고 있지만 보건 사업의 진행에 있어서는 인사권, 예산 집행권이 없는 정책 결정 기관으로서 기술 지원만 하고 있다.

하부 지방 보건 행정 조직은 시, 도의 보건환경국, 보건복지국 또는 복지여성국 등으로 지역에 따라 명칭이 각기 다르게 사용되고 있고 산하 보건 사회 관련 각 과와 시·군·구 보건소, 읍·면 보건지소, 벽·오지 보건 진료소는 일반 행정의 한 부분으로 행정 자치부의 직접적인 통제를 받고 있는 이원적인 행적 체계로 되어 있다.

3 보건 행정의 범위

① 보건 관련 기록 보존
② 환경 위생
③ 대중에 대한 보건 교육
④ 감염병 관리
⑤ 모자 보건
⑥ 의료서비스 제공
⑦ 보건 간호

1 사회 보장

「사회 보장기본법」제3조 제1호에 따르면 "사회 보장이란 질병·장애·노령·실업·사망 등 각종 사회적 위험으로부터 모든 국민을 보호하고 빈곤을 해소하며 국민 생활의 질을 향상시키기 위하여 제공되는 사회 보험, 공공 부조, 사회 복지 서비스 및 관련 복지 제도를 말한다." 라고 정의하고 있다. 즉, 국민이 안정적인 삶을 영위하는 데 있어 위험이 되는 요소, 즉 빈곤이나 질병, 생활 불안 등에 대해 국가적인 부담 또는 보험 방식에 의하여 행하는 사회 안전망을 말한다.

2 국제 보건 기구

세계 보건 기구(World Health Organization, 약칭 WHO)는 유엔의 전문 기구이다. 2009년까지 193개 회원국이 WHO에 가맹되었으며, 그 목적은 세계 인류가 가능한 한 최고의 건강 수준에 도달하는 것이다.

PART 2

미용과위생관리

CHAPTER

08 | 소독의 정의 및 분류

Section 1 **소독 관련 용어 정의**

① **살균**: 세균을 죽이는 모든 것을 말한다. 세균의 번식에 필요한 조건은 온도, 습도, 영양분이다. 살롱 내에서는 미용 기기, 수건, 시술자의 손, 손톱 등에 의해 여러 사람이 감염될 수 있으며, 파리나 모기 등의 해충에 의해서도 감염이 가능하다. 미생물에 여러 가지 물리 · 화학적 처리를 하여 균을 죽이는 것을 '살균 작용'이라고 하며, 그 강도에 따라 소독과 멸균으로 구분한다.

② **멸균**: 주로 열을 이용하여 모든 균을 제거하는 것을 말한다.

③ **소독**: 병원성 미생물을 죽이거나 감염력을 억제하는 것 또는 병원균의 감염력을 제거하는 것을 말한다. 소독은 멸균과 달리 무균 상태가 되는 것을 의미하지는 않는다.

④ **세척**: 사람이나 기구의 표면에 부적합하게 부착된 유기물과 오염을 제거하는 것을 말한다.

⑤ **방부**: 약한 살균력을 작용시켜 병원 미생물의 발육과 작용을 저지하는 것을 말한다.

⑥ **무균**: 균이 존재하지 않는 상태를 말한다.

⑦ **아포**: 세균이 불리한 환경이 주어지면 아포가 생성된다.

⑧ **감염**: 병원체가 인체에 침투하여 발육 또는 증식하는 것을 말한다.

⑨ **오염**: 물체 내부 표면에 병원체가 붙어 있는 것을 말한다.

⑩ **용질**: 용액 속에 용해되어 있는 물질을 말한다.

⑪ **용매**: 용질을 용해시키는 어떤 물질(액체)을 말한다.

> **Tip** 소독력 순서: 멸균 〉소독 〉방부 순으로 실시한다.

1 **단백질의 변성과 응고 작용**

① 단백질은 열을 가하거나 산 용액에 넣으면 응고된다.

② 단백질 응고에 의한 살균기전은 물리적 또는 화학적 인자에 의해 세균세포의 단백질이 응고되어 그 기능을 상실하는 것이다.

③ 석탄산, 생석회, 승홍, 알코올 등

2 **특이적 화학 결합**

① 세포 내로 침투한 화학 물질은 조효소 등 활성 분자들의 활성을 저해하거나 정지시킨다.

② 미생물 체내에 들어가 급속히 사멸시키거나 세포와 특이적으로 결합하여 정지 상태를 유도한다.

③ 석탄산, 알코올, 강산, 강알칼리 등

3 **비특이성 결합**

① 여러 종류의 화학 물질이 단백질과 비특이적으로 결합하여 작용함으로써 효소 단백질을 불활성화시킨다.

② 세포막 또는 세포벽을 파괴시켜 영양 물질과 노폐물의 선택적 투과 기능을 상실시킨다.

③ 알코올, 역성비누, 석탄산 등

4 **계면활성**

① 계면활성제의 작용기전은 일반적으로 미생물이나 효소의 표면을 손상시켜 투과성을 저해하고 다른 물질과의 접촉을 방해하는 것이다.

② 세포벽과 세포막의 지질을 융해 또는 유화시키는 변성 작용이 있다.

③ 역성비누, 석탄산 등

Section 3 　소독법의 분류

1 **물리적 방법**

(1) 건열(dry heat)

소독대상 물품을 고열에 노출시켜 박테리아 등을 제거하는 것으로 주로 병원에서 사용된다.

① **화염멸균법** : 불꽃에 20초 이상 가열하여 미생물을 멸균한다. 금속류, 유리, 도자기류의 소

독과 멸균에 이용된다.

② **건열멸균법** : 160~170℃의 열을 1~2시간 가열하여 미생물을 완전 멸균한다. 유리류, 금속류(주사기, 가위, 클리퍼 등)에 주로 사용하며, 종이나 천은 부적합하다.

③ **소각소독법** : 불에 태워 없애는 방법으로 재생 불가능한 가장 쉽고 안전한 멸균 방법이다. 환자분뇨, 오염된 수건과 의복에 사용한다.

(2) 습열 (most heat)

고온의 물과 습기로 소독하는 방법이다.

① **자비소독법** : 100℃ 이상 끓는 물에 15~20분간 직접 담궈 멸균한다. 수건 소독에 가장 많이 사용되며, 의류, 금속류(주사기 등), 도자기류 등에 주로 사용한다. 녹이 슬 수 있는 금속은 물이 끓은 후 넣는 것이 좋다.

② **고압증기 멸균법** : 120℃ 이상의 고압증기에서 20분간 가열하면, 아포를 포함한 모든 미생물이 완전히 사멸한다. 수증기는 미세한 공간까지 침투성이 높아 소독에 효과적이다.

③ **간헐멸균법** : 100℃에서 15~30분간, 하루 한 번씩 3일간 소독하는 방법이다. 고압증기멸균법으로 확실히 멸균이 되지 않을 때 사용한다.

④ **저온살균법** : 파스퇴르가 고안한 살균법으로 62~65℃에서 30분간 가열하거나 75℃에서 15분간 가열한다. 주로 우유, 포도주 같은 음식물의 부패 방지가 주요 목적이며, 대장균은 사멸하지 않는다.

⑤ **초고온 순간멸균법** : 135℃에서 2초간 순간적인 열처리를 하는 방법으로 우유 등 식품의 영양물질 파괴를 줄이고 소독하는 방법으로 주요 사용된다.

(3) 자외선 방사(ultraviolet radiation)

이미 소독된 기구들을 멸균하기 위해 자외선 소독기 안에 넣어 두는 것은 매우 좋은 방법이다. 일단 기구들을 물과 세제로 닦은 후 설명에 따라 자외선 소독기 안에 넣어둔다.

2 화학적 방법

(1) 화학적 방법의 특성

화학적 방법은 멸균제와 항균제를 이용하는 것으로, 살롱 내에서 매일 사용되는 액체 형태의 살균제이다. 멸균제는 박테리아를 제거하지는 않지만 박테리아의 증식을 막는다. 항균제는 유해한 박테리아와 무해한 박테리아를 모두 무해한 상태로 만들어준다. 알코올과 같은 일부 제품은 그 농도에 따라 멸균제(30% 알코올 이소프로판올)로 분류되기도 하고, 항균제(79% 알코올)로 분류되기도 한다.

> **Tip** 화학적 소독 약품의 특징: 약재는 소독력이 강하여야 하고 무해하여야 하며 취급 방법이 안전하고 간단하여야 한다. 또 값이 싸고 독한 냄새가 없어야 하며 살균하고자 하는 대상물을 손상시키지 말아야 한다. 그 예로는 알코올 소독법, 알데히드 소독법, 계면활성제 소독법, 과산화수소 소독법 등이 있다.

(2) 화학적 방법의 종류

① 석탄산(페놀)

ㄱ 3% 수용액 사용

ㄴ 석탄산 계수 = $\dfrac{\text{소독약의 희석 배수}}{\text{석탄산의 희석 배수}}$

ㄷ 독성이 강하여 피부 점막에 자극성·마비성이 있음

ㄹ 금속을 부식시킴

ㅁ 살균력이 안정적이며 유기물 소독이 양호함

② 크레졸

ㄱ 3% 수용액 사용: 석탄산 3배의 소독력을 가지고 있음

ㄴ 바이러스 소독에 효과가 없음

ㄷ 세균 소독에 적합함

③ 승홍수

ㄱ 맹독성, 살균력이 강함

ㄴ 피부 소독에 0.1~0.5%의 수용액 사용

ㄷ 금속을 부식

④ 과산화수소

ㄱ 3%의 수용액 사용

ㄴ 자극성이 적음

⑤ 생석회

ㄱ 값이 싸고 하수 등의 오물 처리에 좋음

ㄴ 공기 중에 장시간 방치하면 살균력이 떨어짐

⑥ 알코올

ㄱ 피부 및 기구 소독에 적합

ㄴ 아포균에는 효과가 없음

⑦ 약용비누

ㄱ 손, 피부에 쓰임

ⓒ 살균과 세정을 동시에 행함

⑧ **머큐로크롬**

　ⓐ 2% 수용액 사용

　ⓑ 점막이나 피부 상처에 적합함

⑨ **포르말린**

　ⓐ 독성이 강하여 아포에도 강한 살균력을 가짐

　ⓑ 25% 용액(10분 이상), 10% 용액(20분 이상)은 멸균제로, 5% 용액은 방부제로 사용

Section 4 소독 인자

(1) 물리적 인자

① **열**: 건열과 습열이 있으며, 단백질을 응고시킨다.

② **자외선**: 직접 조사되는 곳에 강한 작용을 하므로 소독하고자 하는 대상을 그늘에 놓지 않는다.

(2) 화학적 인자

① **물**: 소독약은 화학 반응이므로 건조한 곳에서는 반응이 진행되기 어렵다. 또한, 균은 단독
으로 존재하기는 어렵고 물과 함께 있는 상태일 때가 많다. 따라서 소독약은 물에 젖어 있
는 균체와 접촉하여 단백질을 응고시킨다.

② **온도**: 소독약의 살균 작용은 온도 상승과 함께 빨라지며, 균체 내에 확산되어 침입하는 속
도가 빨라진다.

③ **농도**: 소독약의 농도가 높으면 소독력이 강해지나 동시에 부작용도 심하다. 피부에 상해를
주거나 소독 대상물을 손상시킬 수 있다. 따라서 적절한 농도로 조절하여 사용하도록 해
야한다.

④ **시간**: 일정 이상의 작용 시간이 필요하다. 지나치게 오랜 시간을 방치하면 소독 대상물을
손상시킬 수 있다.

Section 5 소독의 구비조건

① 소독의 효과가 확실하여야 한다.

② 경제적이어야 한다.

③ 간편하게 사용 가능해야 한다.

④ 소독 시 사람에게 해를 주어서는 안 된다.

⑤ 표면뿐만 아니라 내부까지 소독이 가능해야 한다.

⑥ 부식성, 표백성이 없고 용해성이 높아야 한다.

⑦ 안정성이 있어야 한다.

CHAPTER 09 | 미생물 총론

Section 1 미생물의 정의

육안으로 볼 수 없는 0.1mm 이하의 크기인 미세한 생물을 말한다. 주로 단일 세포 또는 균사로 이루어져 있으며, 생물로서 최소 생활 단위를 영위한다.

Section 2 미생물의 역사

① 고대에는 질병을 신이 내리는 벌로 인식하였으며, 히포크라테스에 의해 오염된 공기를 통해 질병이 감염된다는 것을 알게 되었다.
② 레벤후크는 세포를 처음 발견한 과학자로, 현미경의 조명 장치를 고안하여 개량한 현미경으로 식물의 세포 구조를 발견했다.

Section 3 미생물의 분류

1 원핵 생물

단세포로 분화되지 않는 생물로, 세포의 구조가 극히 간단하며 세균, 바이러스 등이 이에 해당한다.

2 진핵 생물

세포에 막으로 싸인 핵을 가진 생물이다. 점균, 진균, 원생 동물 그리고 조류가 이에 해당한다.

(1) 진균

곰팡이, 효모, 버섯으로 나누어진다.

(2) 원생 동물

운동 방식에 따라 분류하며 섬모, 편모 등이 있다. 말라리아 원충, 아메바성 이질균 등이 이에 해당한다.

Section 4 미생물의 증식

(1) 필요조건

① 물

    ㉠ 세균의 80~90%는 수분이다.

    ㉡ 세균은 높은 습도가 필요하다.

② 온도

    ㉠ 세균의 적정 온도: 37±1℃

    ㉡ 고온균: 55℃ 이상에서 발육

    ㉢ 중온균: 20~40℃에서 발육

    ㉣ 저온균: 0℃에서도 발육

③ 산소

    ㉠ 절대 호기성균: 산소를 필요로 하는 세균

    ㉡ 절대 혐기성균: 산소를 필요로 하지 않는 균(산소 존재하에서는 발육할 수 없음)

    ㉢ 통성 호기성균: 산소의 유무에 관계없는 균

④ **영양**: 미생물이 발육하기 위해서는 에너지가 필요한데, 이 물질을 '영양소'라 한다.

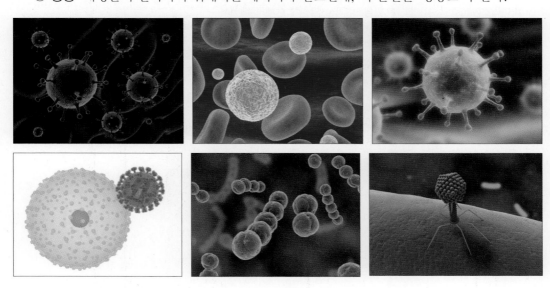

10 | 병원성 미생물

Section 1 병원성 미생물의 분류

질병의 원인이 되는 미생물을 말한다. 병원체의 종류로는 바이러스, 리케차, 세균, 진균, 원충, 연충류 등이 있다.

Section 2 병원성 미생물의 특성

감염증의 발생에서 병원체의 존재는 필요조건이지만 충분조건은 아니다. 즉, 병원체의 독력, 양 등의 조건이 필요하며, 감염 개체의 감수성, 감염 경로 등의 요인이 존재하지 않으면 발생하지 않는다.

병원체 종류	특징	질병
세균(bacteria)	육안으로 관찰할 수 없는 생물로, 어느 환경에나 존재	콜레라, 장티푸스, 디프테리아, 결핵, 백일해
바이러스(virus)	병원체 중에 가장 작아 전자현미경으로만 볼 수 있음. 여과성 병원체 생세포 내에서만 번식	인플루엔자, 홍역, 일본뇌염, 소아마비, 후천성 면역결핍증
기생충(parasite)	동물성 기생체, 육안으로 볼 수 있음	회충, 십이지장충, 간ㆍ폐흡충증, 유구ㆍ무구조충증
진균(fungus)	아포 형성, 버섯, 곰팡이, 효모	무좀, 피부병
리케차(rickettsia)	세균과 바이러스의 중간 크기, 생세포 내 증식, 절지 동물에 의한 매개	발진티푸스, 발진열, 쯔쯔가무시
클라미디아(chlamydia)	리케차와 같이 진핵 생물의 세포 내에서만 증식	트라코마

CHAPTER 11 | 소독 방법

Section | 소독 도구 및 기기

1 자연 소독법

희석(dilution), 태양광선(sunlight), 한랭(cold)

2 이학적 소독법(물리적 멸균법)

종류	방법
화염 멸균법	알코올 버너나 램프, 천연가스
건열 멸균법	건열 멸균기
간헐 멸균법	아놀드 멸균기, 코흐 멸균기
고압 증기 멸균법	증기 멸균기, 화학적 지시계, 생물학적 지시계
자비 멸균법	끓는 물
초음파 멸균법	초음파 세척기
여과 멸균법	샴베렌형 여과기, 자이즈형 여과기, 셀룰로오스 유도체로 만든 막, 베르케 펠트형 여과기, 한외 여과기
E.O(Ethylene Oxide) 가스 멸균법	E.O 가스 멸균기
자외선 멸균법	저전압 수은 램프

건열 멸균기

고압 증기 멸균기

자외선 소독기

E.O 가스 멸균기

▲ 멸균기의 종류

3 화학적 소독법

① 에탄올(ethanol)

② 이소프로판올(isopropanol)

③ 포름알데히드(formaldehydel)

④ 글리옥시살(glyoxysal)

⑤ 글루타르알데히드(glutaraldehyde)

⑥ 계면활성제(surface active agents): 양성비누(inverte soap, cationic soap), 음성비누(anionic soap), 약용비누(germicidal soap)

⑦ 중금속 화합물: 승홍, 염화제이수은(mercury dichloride, $HgCl_2$), 질산은(silver nitrate, $AgNO_3$), 머큐로크롬(mercurochrome)

⑧ 할로겐화합물: 염소(chloride, Cl), 차아염소산나트륨(sodium hypochloride, NaOCl), 아이오딘(iodine, l)

⑨ 페놀화합물: 페놀(phenol), 크레졸(cresol), 헥사클로로펜(hexachoropHene)

⑩ 산화제(oxidizingagent): 과산화수소(hydrogenperoxide), 생석회(CaO: Lime), 과망가니즈산칼륨(potassium permanganate, $KMnO_4$)

Section 2 소독 시 유의 사항

① 소독 시 외부와 내부를 모두 소독할 수 있어야 한다.

② 소독제 원액의 냄새를 맡거나 증기를 직접적으로 쐬지 않는다.

③ 소독제 원액이 피부와 접촉하면 발진, 발적 등의 과민 증상을 일으킬 수 있으므로 보호안경, 고무장갑, 마스크 등을 착용하고 처리한다.

④ 목적에 따라 적합한 소독제와 정확한 소독 방법을 사용한다.

⑤ 물품의 부식성 및 표백성이 없어야 한다.

⑥ 소독약은 직사광선을 피해 밀폐시켜 보관한다.

⑦ 염소제는 냉암소(-20°)에 보관하여야 한다.

⑧ 약물은 사용할 때마다 새로 제조하고, 혼합된 소독액은 재사용하지 않고 폐기한다.

⑨ 소독 약품의 폐기 시 환경 오염 문제와 관련하여 수은 및 화합물은 수은으로써 $0.005mg/l$을 초과해서는 안 되며, 반드시 분해 또는 중화 처리한 후에 배출해야 한다.

⑩ 모든 용기에는 내용물에 라벨을 붙여 보관한다.

⑪ 라벨이 더러워지거나 훼손되지 않도록 주의하며 다른 것과 구별되도록 한다.

⑫ 화학적 소독의 경우 사용 농도를 엄수한다.

⑬ 소독약은 용해성이 높고 안정성이 있어야 한다.

⑭ 사용 방법이 간단하고 경제적이어야 한다.

⑮ 소독 약품을 혼합 시 반드시 통풍이 되도록 하고 내용물을 흘리지 않도록 주의한다.

Section 3 **대상별 살균력 평가**

1 멸균법에 따른 기준

종류	방법
화염 멸균법	불꽃 속에 접촉하여 20초 이상
건열 멸균법	160~170℃에서 1~2시간
자비 소독법	100℃에서 15~20분
간헐 멸균법	100℃ 증기에서 30~60분씩 간헐적으로 멸균
저온 소독법	62~63℃에서 30분
초고온 순간 멸균법	130~140℃에서 2~3초
고압 증기 멸균법	115.5℃에서 30분, 121.5℃에서 20분, 126.5℃에서 15분
자외선 멸균법	2,650 Å의 파장 사용
초음파 멸균법	8,800 cycle 음파, 200,000 Hz 이상의 진동
방사선 멸균법	세포 내핵의 DNA나 RNA의 작용으로 단시간 살균

2 소독제에 따른 기준

종류	방법
크레졸	3% 용액에 10분 이상
에탄올	70% 용액에 10분 이상 또는 에탄올 수용액을 머금은 면 또는 거즈로 기구의 표면을 닦아줌
소디움 클로라이트	10% 용액에 10분 이상
제4급 암모늄 복합제	1:1,000 용액에 20분 이상
포르말린	25% 용액에 10분 이상
차아염소산나트륨	10%의 용액에 10분 정도

3 살균력 평가

$$석탄산\ 계수\ =\ \frac{소독제의\ 최대\ 희석\ 배수}{석탄산의\ 최대\ 희석\ 배수}$$

> **Note** 소독의 농도
>
> ① 퍼센트(%)
>   희석액의 퍼센트를 구할 때
> $$\frac{용질량}{용액량} \times 100 = (\%)$$
>
> ② 퍼밀리(‰)
>   용액 1,000v 중에 포함되어 있는 소독약의 양을 구할 때
> $$\frac{용질량}{용액량} \times 1,000 = (‰)$$
>
> ③ 피피엠(ppm)
>   용액 100만 중에 포함되어 있는 용질의 양을 구할 때
> $$\frac{용질량}{용액량} \times 1,000,000 = ppm$$

CHAPTER 12 | 분야별 위생·소독

Section 1 실내 환경 위생·소독

1 실내 공기 위생 관리 기준

① 24시간 평균 실내 미세먼지의 양이 $150\mu g/m^3$를 초과하는 경우에는 실내 공기 정화 시설(덕트) 및 설비를 교체 또는 청소하여야 한다.

② 1시간 평균치 일산화탄소는 25ppm 이하여야 한다.

③ 1시간 평균치 이산화탄소는 100ppm 이하여야 한다.

④ 1시간 평균치 포름알데히드는 $120\mu g/m^3$ 이하여야 한다.

2 실내 환경

(1) 고객대기실

① 냉·난방 시설이 잘 설치되어 있고 환기와 통풍이 되어야 한다.

② 냉·온수 음료와 1회용 종이컵이 갖추어져 있어야 한다.

③ 소파, 쿠션, 방석 등은 자주 세탁하여 청결함을 유지해야 하고, 정리정돈이 되어 있어야 한다.

④ 테이블 위는 늘 깨끗하게 정리해야 한다.

⑤ 오래되거나 파손된 잡지나 서적은 정리한다.

⑥ 쓰레기통은 뚜껑이 달린 것으로 사용하며, 수시로 점검하여 늘 청결하게 한다.

⑦ 실내의 최적 온도는 18℃를 기준으로 ± 2℃ 범위로 하고 습도는 40~70% 범위를 유지한다.

⑧ 바닥이 사람들의 신발에 의해 오염되거나 먼지나 액체 또는 기타 오염 물질로 인해 더럽혀지지 않도록 수시로 점검하고 청결히 한다.

(2) 작업실

① 작업에 알맞은 조도의 조명을 설치한다.

② 냉·난방 시설이 잘 설치되어 있고 환기와 통풍이 되어야 한다.

③ 사람들이 접촉하는 작업대와 의자 및 바닥이 항상 청결히 유지되어야 한다.

④ 거울은 얼룩에 의해 오염이 되지 않도록 수시로 점검하여 깨끗이 유지한다.

⑤ 바닥에 떨어진 쓰레기는 쓰레기통에 즉시 집어넣고 수시로 점검하여 청결히 비운다.

⑥ 모든 도구 및 설비들은 알코올이나 기타 다른 소독액으로 닦아 소독한다.

⑦ 사용한 가운이나 머리띠는 세탁하여 소독해두고 다른 고객에게 재사용하지 않도록 한다.

(3) 재료 보관실

① 직사광선을 피하고 환기와 통풍이 잘 되어야 한다.

② 바닥과 벽은 먼지가 생기지 않도록 자주 청소하며 항상 청결히 유지해야 한다.

③ 냉 · 온장고와 자외선 소독기가 갖추어져 있어야 한다.

④ 수납장과 정리대 위의 물건을 정돈하며 수시로 닦아 청결을 유지한다.

⑤ 미용기구는 소독을 한 기구와 소독을 하지 아니한 기구로 분리하여 보관한다.

(4) 화장실

① 정기적으로 화장실을 소독하여 청결을 유지하고 수시로 청소를 점검한다.

② 벽과 바닥은 계면활성제 등으로 닦은 후 염소계를 이용하여 소독한다.

③ 환기가 잘 되도록 하고 필요시 방향제를 사용한다.

④ 휴지를 항상 여유 있게 준비해둔다.

⑤ 쓰레기가 넘치지 않도록 한다.

⑥ 바닥에 물이 고여 있지 않도록 하고 변기를 사용하지 않을 때에는 뚜껑을 덮어둔다.

⑦ 출입문을 잘 닫아 외부에서 화장실 내부가 보이지 않도록 한다.

⑧ 종이 수건과 건조된 수건을 늘 비치해둔다.

3 실내 공기 정화 시설 및 설비

① 공기 정화기와 이에 연결된 급 · 배기관(급 · 배기구를 포함한다)

② 중앙 집중식 냉 · 난방 시설의 급 · 배기구

③ 실내 공기의 단순 배기관

④ 화장실용 배기관

⑤ 조리실용 배기관

4 실내 소독

벽이나 바닥의 오염 물질은 즉시 제거한다. 먼지나 쓰레기 제거 등 청소를 깨끗이 한 후 석탄산 3%의 수용액이나 크레졸 3%의 수용액 또는 역성비누로 바닥과 의자, 테이블 등을 닦는다.

Section 2 도구 및 기기 위생·소독

1 일반 기준

① **자외선 소독**: 1㎠당 85㎼ 이상의 자외선을 20분 이상 쬐어준다. 침투력이 약하므로 표면만 살균되지 않도록 내부까지 방향을 돌려가며 소독한다.

② **건열 멸균 소독**: 100℃ 이상에서 20분 이상 쬐어준다.

③ **증기 소독**: 100℃ 이상에서 20분 이상 쬐어준다.

④ **열탕 소독**: 100℃ 이상에서 10분 이상 끓여준다. 석탄산, 크레졸을 첨가하면 소독 효과가 높아진다.

⑤ **에탄올 소독**: 에탄올 70% 수용액에 10분 이상 담가두거나 에탄올 수용액을 머금은 면 또는 거즈로 기구의 표면을 닦아준다.

⑥ **크레졸 소독**: 크레졸 3% 수용액에 10분 이상 담가둔다.

⑦ **석탄산수소독**: 석탄산 3% 수용액에 10분 이상 담가둔다.

2 도구나 기자재들의 위생

(1) 화장품

① 화장품에 먼지가 쌓이지 않도록 보관하고 작업 후에는 용기의 뚜껑을 닫아 깨끗이 닦아준다.

② 로션, 크림 등 용기 안에 있는 제품을 덜어내거나 사용할 때는 스파츌라를 사용한다.

③ 화장품의 내용물을 다른 제품의 용기에 넣어 사용 또는 보관하지 않는다.

(2) 화장품 도구

① **라텍스 스펀지, 분첩**

사용 후에는 미지근한 물과 비누를 사용하여 가볍게 누르듯이 오염된 부분을 제거한 후 수건이나 소쿠리 위에 올려놓고 건조한다.

② **메이크업 브러시**

립 브러시나 파운데이션 브러시, 컨실러 브러시는 브러시 클리너 또는 클렌징 크림, 샴푸 등으로 세척한 후 수건에 뉘어 그늘에서 말린 후 보관한다. 치크 브러시는 미온수에 샴푸로 세척 후 린스 또는 유연제를 사용한다.

③ **스파츌라, 아이래시 컬러, 수정가위 등**

알코올을 적신 화장솜으로 닦아서 소독한다.

(3) 눈썹 다듬는 면도날

감염을 예방하기 위해 1회 사용 후 폐기하여 재사용을 금한다.

(4) 화장용 어깨덮개 또는 가운

고객의 피부에 직접 닿지 않도록 하며 1회 사용 후 매번 세탁하여 깨끗한 덮개를 사용하도록
한다.

(5) 환기구, 에어컨

사용하지 않을 때에는 먼지가 끼지 않도록 비닐 등으로 씌우고 자주 청소해준다.

(6) 온장고, 자외선 소독기

세제를 사용하여 내부, 외부를 닦아 청결을 유지한다.

(7) 메이크업 의자

비닐로 된 커버는 물걸레로 닦은 후 알코올로 닦아준다.

(8) 화장대 거울

먼지나 이물질이 쌓이지 않도록 수시로 점검하고 닦아준다.

(9) 장갑

메이크업 시 필요에 의해 사용하는 장갑은 일회용을 사용하고 사용 후에는 손목 부분부터 뒤
집듯이 벗어서 폐기한다.

(10) 피부 진단기

모니터 부분은 마른 걸레로 닦아주고, 나머지 부분은 70% 알코올 솜으로 닦아준다.

(11) 바닥

카펫보다는 물걸레로 닦기 쉬운 재질을 사용하고 화장품이나 이물질 또는 음료 등이 떨어졌
을 때 재빠르게 닦아낸다.

(12) 면봉, 화장솜 등 일회용품

모든 일회용품은 반드시 1회 사용한 후 버린다.

▲ 이·미용 소독기

3 기구별 위생과 소독

① **의복 및 침구류**: 일광 소독, 자비 소독, 증기 소독, 석탄산 수에 2시간 정도 담가둔다.
② **유리, 도자기류**: 석탄산 수, 크레졸 수, 승홍 수, 포르말린 수 등을 사용한다.
③ **금속 제품**: 크레졸 수, 페놀 수, 포르말린, 역성비누액, 에탄올 등을 사용한다.
④ **고무, 플라스틱 제품**: 중성세제 세척, 0.5%의 역성비누액, E.O 가스 멸균법 또는 자외선에 의한 소독을 한다.
⑤ **나무 제품**: 3% 정도의 역성비누액으로 닦거나 자외선에 의한 소독을 한다.
⑥ **가죽 제품**: 소독용 에탄올 또는 3%의 역성비누액으로 닦는다.
⑦ **피부**: 소독용 에탄올, 3%의 역성비누액, 소독용 양성 계면활성제의 수용액을 사용한다.
⑧ **하수구, 쓰레기통**: 생석회 수용액, 차아염소산나트륨, 석탄산 수, 크레졸 수를 사용한다.

PART 2

1 이 · 미용 업무와 관련된 병원균

박테리아, 바이러스, 곰팡이류, 칸디다, 효모, 포도구균(부스럼, 다래끼, 피부병 등), 진균류, 결막염, 트라코마, 연쇄구균(농가진), 비말핵 감염, 수인성 감염병, 결핵, 간염 등

2 이 · 미용 업무와 관련된 질환의 감염 경로

세균의 감염 경로는 공기 전파로 이루어지며 손잡이, 전화기, 음식물 또는 기침이나 재채기와 같은 호흡기를 통해서도 감염되고, 피부의 상처나 부스럼, 종기 그리고 눈의 다래끼나 결막염이 있을 시 접촉된 수건이나 피부의 접촉을 통해서도 감염된다.

> **Note** 미용 기구의 기계 세척
> ① 세척 멸균기: 도구를 담은 세제통을 강력하게 흔들어 세척하는 방식으로 오염 물질과 각종 미생물을 대부분 제거하며 사용이 용이하다.
> ② 초음파 세척기: 주파수가 높은 초음파를 물속에서 발생시켜 물 분자의 진동으로 먼지나 기름기 등 오염 물질을 떨어뜨린다. 미세한 틈 사이의 곳까지 단시간 내에 세척이 가능하다.

3 메이크업사의 개인 위생

① 매일 깨끗하고 정결한 유니폼을 착용한다. 항상 복장과 용모를 점검한다.
② 메이크업 숍 위생과 안전 규정을 준수한다.
③ 작업을 하는 손에 상처가 생기지 않도록 주의한다.

④ 작업 전·후에 반드시 손을 깨끗이 씻고 손과 손톱을 단정히 한다.

⑤ 필요에 따라 마스크나 장갑을 착용한다.

⑥ 바이러스성 질환 또는 감염성 질환을 앓고 있으면 작업을 금한다.

⑦ 작업실에서 메이크업 시 고객 이외의 사람은 출입을 자제시킨다.

⑧ 메이크업과 헤어스타일을 항상 전문가답게 단정하고, 청결하며 깔끔하게 연출한다.

⑨ 메이크업 시 고객과 불필요하게 신체가 닿지 않도록 일정 간격을 두고 작업한다.

⑩ 메이크업 수정 시 고객의 얼굴을 손으로 문지르거나 입으로 바람을 불어 고객이 불쾌감을 느끼지 않도록 한다.

⑪ 메이크업 시 일회용품은 재사용하지 않는다.

⑫ 장신구나 액세서리는 작업에 방해되지 않도록 한다.

⑬ 신체나 의복에 땀이나 음식물, 기타 오염에 의한 체취를 수시로 점검한다.

Tip 메이크업 숍 내 도구 소독 방법

① 유리, 도자기류: 석탄산 수, 크레졸 수, 승홍 수, 포르말린 수 등을 사용한다.
② 금속 제품: 크레졸 수, 페놀 수, 포르말린, 역성비누액, 에탄올 등을 사용한다.
③ 고무, 플라스틱 제품: 중성세제 세척, 0.5%의 역성비누액, E.O 가스 멸균법 또는 자외선에 의한 소독을 한다.
④ 나무 제품: 3% 정도의 역성비누액으로 닦거나 자외선에 의한 소독을 한다.
⑤ 가죽 제품: 소독용 에탄올 또는 3%의 역성비누액으로 닦는다.

CHAPTER 13 | 공중위생관리법의 목적 및 정의

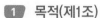 **Section 1** 목적 및 정의

1 목적(제1조)

공중위생관리법은 공중이 이용하는 영업의 위생 관리 등에 관한 사항을 규정함으로써 위생 수준을 향상시켜 국민의 건강 증진에 기여함을 목적으로 한다.

2 정의(제2조)

① 공중 위생법에서 사용하는 용어의 정의는 다음과 같다.

1. 공중위생영업: 다수인을 대상으로 위생관리서비스를 제공하는 영업으로서 숙박업·목욕장업·이용업·미용업·세탁업·건물위생관리업을 말한다.
2. 이용업: 손님의 머리카락 또는 수염을 깎거나 다듬는 등의 방법으로 손님의 용모를 단정하게 하는 영업을 말한다.
3. 미용업: 손님의 얼굴, 머리, 피부 및 손톱·발톱 등을 손질하여 손님의 외모를 아름답게 꾸미는 다음 각 목의 영업을 말한다.
   가. 일반 미용업: 파마·머리카락 자르기·머리카락 모양내기·머리피부 손질·머리카락 염색·머리 감기, 의료기기나 의약품을 사용하지 아니하는 눈썹 손질을 하는 영업
   나. 피부 미용업: 의료기기나 의약품을 사용하지 아니하는 피부 상태 분석·피부관리·제모(除毛)·눈썹 손질을 하는 영업
   다. 네일 미용업: 손톱과 발톱을 손질·화장(化粧)하는 영업
   라. 화장·분장 미용업: 얼굴 등 신체의 화장, 분장 및 의료기기나 의약품을 사용하지 아니하는 눈썹 손질을 하는 영업
   마. 그 밖에 대통령령으로 정하는 세부 영업
   바. 종합 미용업 : 가목부터 마목까지의 업무를 모두 하는 영업

② 공중위생영업은 대통령령이 정하는 바에 의하여 이를 세분할 수 있다.

CHAPTER 14 | 영업의 신고 및 폐업

1 영업의 신고(제3조)

① 공중위생영업을 하고자 하는 자는 공중위생영업의 종류별로 보건복지부령이 정하는 시설 및 설비를 갖추고 시장·군수·구청장(자치구의 구청장에 한한다. 이하 같다)에게 신고하여야 한다(규정에 의한 신고를 하지 아니한 자는 1년 이하의 징역 또는 1천만 원 이하의 벌금에 처한다). 보건복지부령이 정하는 중요사항을 변경하고자 하는 때에도 또한 같다(규정에 의한 변경사항을 신고하지 아니한 자는 6월 이하의 징역 또는 500만 원 이하의 벌금에 처한다).

② 제1항의 규정에 의하여 공중위생영업의 신고를 한 자(이하 "공중위생영업자"라 한다)는 공중위생영업을 폐업한 날부터 20일 이내에 시장·군수·구청장에게 신고하여야 한다. 다만, 제11조에 따른 영업정지 등의 기간 중에는 폐업신고를 할 수 없다.

③ 시장·군수·구청장은 공중위생영업자가 「부가가치세법」 제8조에 따라 관할 세무서장에게 폐업신고를 하거나 관할 세무서장이 사업자등록을 말소한 경우에는 신고 사항을 직권으로 말소할 수 있다.

④ 시장·군수·구청장은 제3항의 직권말소를 위하여 필요한 경우 관할 세무서장에게 공중위생영업자의 폐업여부에 대한 정보 제공을 요청할 수 있다. 이 경우 요청을 받은 관할 세무서장은 「전자정부법」 제36조제1항에 따라 공중위생영업자의 폐업 여부에 대한 정보를 제공하여야 한다.

⑤ 제1항 및 제2항의 규정에 의한 신고의 방법 및 절차 등에 관하여 필요한 사항은 보건복지부령으로 정한다.

⑥ 미용업의 시설 및 설비 기준(시행규칙 제2조)

> 1. 일반 기준
>   ① 공중위생영업장은 독립된 장소이거나 공중위생영업 외의 용도로 사용되는 시설 및 설비와 분리되어야 한다.

② 제1호에도 불구하고 다음 각 목에 해당하는 경우에는 공중위생영업장을 별도로 분리 또는 구획하지 않아도 된다.
　　가. 법 제2조제1항제5호 각 목에 해당하는 미용업을 2개 이상 함께 하는 경우(해당 미용업자의 명의로 각각 영업신고를 하거나 공동신고를 하는 경우 포함)로서 각각의 영업에 필요한 시설 및 설비기준을 모두 갖추고 있으며, 각각의 시설이 선·줄 등으로 서로 구분될 수 있는 경우
　　나. 건물위생관리업을 하는 경우로서 영업에 필요한 설비 및 장비 등을 영업장과 독립된 공간에 보관하는 경우
　　다. 그 밖에 별도로 분리 또는 구획하지 않아도 되는 경우로서 보건복지부장관이 인정하는 경우

2. 개별 기준
① 미용업(일반), 미용업(손톱·발톱) 및 미용업(화장·분장)
　　가. 미용 기구는 소독을 한 기구와 소독을 하지 아니한 기구를 구분하여 보관할 수 있는 용기를 비치하여야 한다.
　　나. 소독기·자외선 살균기 등 미용 기구를 소독하는 장비를 갖추어야 한다.
② 미용업(피부) 및 미용업(종합)
　　가. 미용 기구는 소독을 한 기구와 소독을 하지 아니한 기구를 구분하여 보관할 수 있는 용기를 비치하여야 한다.
　　나. 소독기·자외선 살균기 등 미용 기구를 소독하는 장비를 갖추어야 한다.

2 미용업의 개설 신고 시 제출 서류(시행규칙 제3조 제1항)

공중위생영업의 신고를 하려는 자는 공중위생영업의 종류별 시설 및 설비기준에 적합한 시설을 갖춘 후 신고서에 다음의 서류를 첨부하여 시장·군수·구청장에게 제출하여야 한다.
1. 영업시설 및 설비개요서
2. 교육수료증(사전 위생교육을 받을 경우)
3. 국유재산 사용허가서(국유철도 정거장 시설 또는 군사시설에서 영업하려는 경우에만 해당한다)
4. 철도사업자(도시철도사업자를 포함한다)와 체결한 철도시설 사용계약에 관한 서류(국유철도 외의 철도 정거장 시설에서 영업하려고 하는 경우에만 해당한다)

3 신고서를 제출받은 시장 · 군수 · 구청장이 확인해야 하는 서류

> 1. 건축물 대장
> 2. 토지이용계획 확인서
> 3. 전기 안전점검 확인서(전기안전점검을 받아야 하는 경우에만 해당)
> 4. 면허증(이 · 미용의 경우에만 한함)
> 5. 액화석유가스 사용시설 완성검사증명서(액화석유가스 사용시설의 완성검사를 받아야 하는 경우에만 해당)

① 신고를 받은 시장 · 군수 · 구청장은 즉시 영업신고증을 교부하고, 신고관리대장(전자문서를 포함한다)을 작성 · 관리하여야 한다.

② 신고를 받은 시장 · 군수 · 구청장은 해당 영업소의 시설 및 설비에 대한 확인이 필요한 경우에는 영업신고증을 교부한 후 30일 이내에 확인하여야 한다.

③ 공중위생영업의 신고를 한 자가 교부받은 영업신고증을 잃어버렸거나 헐어 못 쓰게 되어 재교부 받으려는 경우에는 영업신고증 재교부신청서를 시장 · 군수 · 구청장에게 제출하여야 한다. 영업신고증이 헐어 못쓰게 된 경우에는 못 쓰게 된 영업신고증을 첨부하여야 한다.

4 변경 시 신고하여야 하는 중요사항(시행규칙 3조의 2 제1항)

보건복지부령이 정하는 공중위생영업의 관련 중요사항을 변경하고자 할 때에는 시장 · 군수 · 구청장에게 신고한다. "보건복지부령이 정하는 중요사항"이란 다음 각 호의 사항을 말한다.

> 1. 영업소의 명칭 또는 상호
> 2. 영업소의 주소
> 3. 신고한 영업장 면적의 3분의 1 이상의 증감
> 4. 대표자의 성명 및 생년월일
> 5. 법 제2조 제1항 각 목에 따른 미용업 업종 간 변경

5 변경 신고 시 제출서류

> 1. 영업신고증(신고증을 분실하여 영업신고사항 변경신고서에 분실 사유를 기재하는 경우에는 첨부 불필요)
> 2. 변경사항을 증명할 수 있는 서류

6 **변경 신고를 제출받은 시장 · 군수 · 구청장이 확인해야 하는 서류**

1. 건축물 대장
2. 토지이용계획 확인서
3. 전기 안전점검 확인서(전기 안전전검을 받아야 하는 경
4. 면허증(이용업 및 미용업의 경우에만 해당한다)
5. 액화석유가스 사용시설 완성검사증명서(액화석유가스 사용시설의 완성검사를 받아야 하는 경우에만 해당)

신고를 받은 시장 · 군수 · 구청장은 영업신고증을 고쳐 쓰거나 재교부하여야 한다. 다만, 변경 신고사항이 제1항 제5호 또는 제6호에 해당하는 경우에는 변경 신고한 영업소의 시설 및 설비 등을 변경신고를 받은 날부터 30일 이내에 확인하여야 한다.

7 **폐업 신고(제3조)**

폐업 신고를 하려는 자는 공중위생영업을 폐업일로부터 20일 이내에 시장 · 군수 · 구청장에게 신고하여야 한다. 다만, 영업정지 등의 기간 중에는 폐업신고를 할 수 없다. 폐업 신고의 방법 및 절차에 관하여 필요한 사항을 보건복지부령으로 정한다.

> **Tip** 보건복지부령
> – 공중위생영업의 종류별로 시설 및 설비 공중위생영업의 관련 중요사항을 변경, 정함
> 시장 · 군수 · 구청장
> – 영업소의 개설과 중요사항의 변경 및 영업소의 폐업

Section 2 공중위생영업의 승계(제3조의 2)

1 영업의 승계

1. 공중위생영업자가 그 공중위생영업을 양도하거나 사망한 때 또는 법인의 합병이 있는 때에는 그 양수인·상속인 또는 합병 후 존속하는 법인이나 합병에 의하여 설립되는 법인은 그 공중위생영업자의 지위를 승계한다.
2. 민사 집행법에 의한 경매, 「채무자 회생 및 파산에 관한 법률」에 의한 환가나 「국세징수법」·「관세법」 또는 「지방세기본법」에 의한 압류 재산의 매각 그 밖에 이에 준하는 절차에 따라 공중위생영업 관련 시설 및 설비의 전부를 인수한 자는 이 법에 의한 그 공중위생영업자의 지위를 승계한다.
3. 제1항 또는 제2항의 규정에도 불구하고 이용업 또는 미용업의 경우에는 면허를 소지한 자에 한하여 공중위생영업자의 지위를 승계할 수 있다.
4. 1 또는 2의 규정에 의하여 공중위생영업자의 지위를 승계한 자는 1월 이내에 보건복지부령이 정하는 바에 따라 시장·군수 또는 구청장에게 신고하여야 한다.
- 규정에 의한 지위 승계 신고를 하지 아니한 자는 6월 이하 또는 500만 원 이하의 벌금에 처한다.

2 영업 승계 시 제출서류

1. 영업 양도의 경우 : 양도·양수를 증명할 수 있는 서류 사본
2. 상속의 경우 : 상속인임을 증명할 수 있는 서류(가족관계등록전산정보만으로 상속인임을 확인할 수 있는 경우는 제외한다)
3. 그 외의 경우 : 해당 사유별로 영업자의 지위를 승계하였음을 증명할 수 있는 서류

CHAPTER 15 | 영업자 준수사항

Section 1 공중위생영업자의 위생 관리의 의무(제4조)

공중위생영업자는 그 이용자에게 건강상 위해요인이 발생하지 아니하도록 영업 관련 시설 및 설비를 위생적이고 안전하게 관리하여야 한다(제4조 제1항).

1 미용사의 위생 관리(제4조제4항)

① 의료기구와 의약품을 사용하지 아니하는 순수한 화장 또는 피부미용을 할 것
② 미용기구는 소독을 한 기구와 소독을 하지 아니한 기구로 분리하여 보관하고, 면도기는 1회용 면도날만을 손님 1인에 한하여 사용할 것(이 경우 미용기구의 소독기준 및 방법은 보건복지부령으로 정한다)
③ 미용사 면허증을 영업소 안에 게시할 것

2 이 · 미용 기구의 소독 기준 및 방법

제4조 4항의 규정에 위반하여 미용업소의 위생관리 의무를 지키지 아니한 자는 200만 원 이하의 과태료에 처한다.

(1) 일반 기준

소독 종류	소독 방법
자외선 소독	1㎠당 85㎼ 이상의 자외선을 20분 이상 쬐어준다.
건열 멸균 소독	100℃ 이상의 건조한 열에 20분 이상 쬐어준다.
증기 소독	100℃ 이상의 습한 열에 20분 이상 쬐어준다.
열탕 소독	100℃ 이상의 물속에 10분 이상 끓여준다.
석탄산수 소독	석탄산수(석탄산 3%, 물 97%의 수용액을 말함)에 10분 이상 담가둔다.
크레졸 소독	크레졸수(크레졸 3%, 물 97%의 수용액을 말함)에 10분 이상 담가둔다.
에탄올 소독	에탄올 수용액(에탄올이 70%인 수용액을 말함)에 10분 이상 담가두거나 에탄올수용액을 머금은 면 또는 거즈로 기구의 표면을 닦아준다.

(2) 개별 기준

이용기구 및 미용기구의 종류 · 재질 및 용도에 따른 구체적이 소독 기준 및 방법은 보건복지부 장관이 정하여 고시한다.

3 미용업자가 준수하여야 하는 위생 관리 기준(시행규칙 제7조)

① 점 빼기 · 귓볼 뚫기 · 쌍꺼풀 수술 · 문신 · 박피술 그 밖에 유사한 의료행위를 하여서는 아니 된다.

② 피부미용을 위하여 「약사법」에 따른 의약품 또는 「의료기기법」에 따른 의료기기를 사용하여서는 아니 된다.

③ 미용기구 중 소독을 한 기구와 소독을 하지 아니한 기구는 각각 다른 용기에 넣어 보관하여야 한다.

④ 1회용 면도날은 손님 1인에 한하여 사용하여야 한다.

⑤ 영업장 안의 조명도는 75룩스 이상이 되도록 유지하여야 한다.

⑥ 영업소 내부에 미용업 신고증 및 개설자의 면허증 원본을 게시하여야 한다.

⑦ 영업소 내부에 최종지불요금표를 게시 또는 부착하여야 한다.

⑧ 신고한 영업장 면적이 66제곱미터 이상인 영업소의 경우 영업소 외부에도 손님이 보기 쉬운 곳에 「옥외광고물 등 관리법」에 적합하게 최종지불요금표를 게시 또는 부착하여야 한다. 이 경우 최종지불요금표에는 일부 항목(5개 이상)만을 표시할 수 있다.

⑨ 3가지 이상의 미용서비스를 제공하는 경우에는 개별 미용서비스의 최종 지불가격 및 전체 미용서비스의 총액에 관한 내역서를 이용자에게 미리 제공하여야 한다. 이 경우 미용업자는 해당 내역서 사본을 1개월간 보관하여야 한다.

Tip 보건복지부령

- 미용기구의 소독기준 및 방법
- 위생 관리 의무와 기준, 영업자가 준수해야 할 사항

이 · 미용 업소 내 게시사항

- 이 · 미용 신고증, 개설자의 면허증 원본, 최종지불요금표

Section 2 **공중위생영업자의 불법카메라 설치 금지(제 5조 신설)**

공중위생영업자는 영업소에 「성폭력범죄의 처벌 등에 관한 특례법」 제14조제1항에 위반되는 행위에 이용되는 카메라나 그 밖에 이와 유사한 기능을 갖춘 기계장치를 설치해서는 아니 된다.

① 제5조의 위반사항에 대한 개선을 명하고자 하는 때에는 위반사항의 개선에 소요되는 기간 등을 고려하여 그 즉시 그 개선을 명하거나 6개월 범위에서 기간을 정하여 개선을 명하여야 한다.

② 시 · 도지사 또는 시장 · 군수 · 구청장으로부터 개선명령을 받은 공중위생영업자는 천재 · 지변 기타 부득이한 사유로 인하여 제1항의 규정에 의한 개선기간 이내에 개선을 완료할 수 없는 경우에는 그 기간이 종료되기 전에 개선기간의 연장을 신청할 수 있다. 이 경우 시 · 도지사 또는 시장 · 군수 · 구청장은 6개월의 범위에서 개선기간을 연장할 수 있다.

CHAPTER

16 | 이 · 미용사의 면허

Section 1 **미용사의 면허 발급**

1 미용사의 면허 발급 자격(제6조 제1항)

미용사가 되고자 하는 자는 다음 각호의 1에 해당하는 자로서 보건복지부령이 정하는 바에 의하여 시장 · 군수 · 구청장의 면허를 받아야 한다.

① 전문대학 또는 이와 같은 수준의 이상의 학력이 있다고 교육부장관이 인정하는 학교에서 이용 또는 미용에 관한 학과를 졸업한 자

② 「학점인정 등에 관한 법률」 제8조에 따라 대학 또는 전문대학을 졸업한 자와 같은 수준 이상의 학력이 있는 것으로 인정되어 같은 법 제9조에 따라 이용 또는 미용에 관한 학위를 취득한 자

③ 고등학교 또는 이와 같은 수준의 학력이 있다고 교육부장관이 인정하는 학교에서 이용 또는 미용에 관한 학과를 졸업한 자

④ 초 · 중등교육법령에 따른 특성화고등학교, 고등기술학교나 고등학교 또는 고등기술학교에 준하는 각종학교에서 1년 이상 이용 또는 미용에 관한 소정의 과정을 이수한 자

⑤ 국가기술자격법에 의한 미용사의 자격을 취득한 자

2 미용사의 면허 결격 사유(제6조 제2항)

① 피성년후견인

② 「정신보건법」 제3조제1호에 따른 정신질환자(다만, 전문의가 이용사 또는 미용사로서 적합하다고 인정하는 사람은 그러하지 아니하다)

③ 공중의 위생에 영향을 미칠 수 있는 감염병 환자로서 보건복지부령이 정하는 자

④ 마약 기타 대통령령으로 정하는 약물 중독자

⑤ 제7조제1항제2호, 제4호, 제6호 또는 제7호의 사유로 면허가 취소된 후 1년이 경과되지 아니한 자

3 미용사의 면허증 대여 금지(제6조 제3항)

제1항에 따라 면허증을 발급받은 사람은 다른 사람에게 그 면허증을 빌려주어서는 아니 되고, 누구든지 그 면허증을 빌려서는 아니 된다.

4 미용사의 면허증 대여 알선 금지(제6조 제4항)

누구든지 제3항에 따라 금지된 행위를 알선하여서는 아니 된다.

5 미용사의 면허 신청 제출서류(시행규칙 제9조)

미용사의 면허를 받으려는 자는 별지 제7호서식의 면허 신청서(전자문서로 된 신청서를 포함한다)에 다음 각 호의 서류를 첨부하여 시장·군수·구청장에게 제출해야 한다.

① 미용사 면허신청서 1부

② 최근 6개월 이내의 의사의 진단서 1부(정신질환자, 감염성 결핵 환자 및 마약·대마·향정신성의약품 중독자가 아니라는 내용) 또는 전문의 진단서 1부(신청인이 정신질환자인 경우 '정신질환자이지만 미용사로서 적합하다'는 내용)

③ 사진(신청 전 6개월 이내에 모자 등을 쓰지 않고 촬영한 천연색 상반신 정면사진으로 가로 3.5센티미터, 세로 4.5센티미터의 사진을 말한다. 이하 같다) 1장 또는 전자적 파일 형태의 사진

④ 그 밖에 다음의 구분에 따른 증명서나 국가기술자격증 1부

구분	제출 서류
고등학교, 전문대학 또는 이와 같은 수준 이상의 학력이 있다고 교육부장관이 인정하는 학교에서 미용에 관한 학과를 졸업한 자 및 「학점인정 등에 관한 법률」에 따라 대학 또는 전문대학을 졸업한 자와 같은 수준 이상의 학력이 있는 것으로 인정되어 미용에 관한 학위를 취득한 자	졸업증명서 또는 학위증명서 1부
교육부장관이 인정하는 고등기술학교에서 1년 이상 미용에 관한 소정의 과정을 이수한 자	이수를 증명할 수 있는 서류 1부
「국가기술자격법」에 따라 미용사(일반) 또는 미용사(피부) 자격증을 취득한 자가 「전자정부법」 제38조제1항에 따른 행정정보의 공동이용에 동의하지 않은 경우	미용사 국가기술자격증 사본 1부

> **미용사 면허 수수료(시행령 제10조의 2)**
> ① 미용사 면허를 신규로 신청하는 경우 : 5,500원
> ② 미용사 면허증을 재교부 받고자 하는 경우 : 3,000원

Section 2 미용사의 면허 취소 및 정지

1 미용사의 면허 취소 및 정지(제7조)

(1) 시장, 군수, 구청장은 미용사가 다음 각호의 1에 해당하는 때에는 그 면허를 취소하거나 6월 이내의 기간을 정하여 그 면허의 정지를 명할 수 있다. 다만, 결격사유에 해당하는 경

우에는 그 면허를 취소해야 한다.

① 피성년후견인, 정신질환자, 공중의 위생에 영향을 미칠 수 있는 감염병 환자로서 보건복지부령이 정하는 자, 마약 기타 대통령령으로 정하는 약물 중독자

② 면허증을 다른 사람에게 대여한 때

③ 「국가기술자격법」에 따라 자격이 취소된 때

④ 「국가기술자격법」에 따라 자격 정지 처분을 받은 때(「국가기술자격법」에 따른 자격 정지 처분 기간에 한정한다)

⑤ 이중으로 면허를 취득한 때(나중에 발급받은 면허를 말한다)

⑥ 면허 정지 처분을 받고도 그 정지 기간 중에 업무를 한 때

⑦ 「성매매알선 등 행위의 처벌에 관한 법률」이나 「풍속영업의 규제에 관한 법률」을 위반하여 관계 행정기관의 장으로부터 그 사실을 통보받은 때

(2) 제1항의 규정에 의한 면허 취소·정지 처분의 세부적인 기준은 그 처분의 사유와 위반의 정도 등을 감안하여 보건복지부령으로 정한다.

2 면허증의 반납

① 면허 취소, 면허 정지 명령을 받은 자는 지체 없이 시장·군수·구청장에게 이를 반납한다.

② 면허 정지 명령을 받은 자가 반납한 면허증은 그 면허 정지 기간 동안 관할 시장·군수·구청장이 보관한다.

③ 면허증을 잃어버린 후 재교부받은 자가 그 잃어버린 면허증을 찾은 때에는 지체없이 관할 시장·군수·구청장에게 이를 반납하여야 한다.

Section 3 면허증의 재발급

1 면허증의 재발급 사유(시행규칙 제10조)

① 면허증의 기재사항이 변경이 되었을 때

② 면허증을 잃어버렸을 때

③ 면허증이 헐어 못쓰게 된 때

2 면허증의 재발급 신청서류(시행규칙 제10조)

신청서에 다음의 서류를 첨부하여 시장·군수·구청장에게 제출하여야 한다.

① 면허증 원본(기재사항이 변경되거나 헐어 못쓰게 된 경우)

② 사진 1장 또는 전자적 파일 형태의 사진

CHAPTER

17 | 이 · 미용사의 업무

이·미용사의 업무 범위(제8조)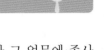

이용사 또는 미용사의 면허를 받은 자가 아니면 이용업 또는 미용업을 개설하거나 그 업무에 종사할 수 없다. 다만 이용사 또는 미용사의 감독을 받아 미용 업무의 보조를 행하는 경우에는 그러하지 아니하다.

1 이용사의 업무

이발 · 아이론 · 면도 · 머리피부 손질 · 머리카락 염색 및 머리 감기

2 미용사의 업무

헤어, 피부, 손톱, 발톱, 화장, 분장까지의 업무를 모두 하는 영업

	구분	업무범위
2016년 6월 1일 이후	미용사(일반) 자격을 취득한 사람으로서 미용사 면허를 받은 사람	파마 · 머리카락 자르기 · 머리카락 모양내기 · 머리피부 손질 · 머리카락 염색 · 머리 감기, 의료기기나 의약품을 사용하지 않는 눈썹 손질
	미용사(피부) 자격을 취득한 사람으로서 미용사 면허를 받은 사람	의료기기나 의약품을 사용하지 않는 피부 상태 분석 · 피부 관리 · 제모 · 눈썹 손질
	미용사(네일) 자격을 취득한 사람으로서 미용사 면허를 받은 사람	손톱과 발톱의 손질 및 화장
	미용사(메이크업) 자격을 취득한 사람으로서 미용사 면허를 받은 사람	얼굴 등 신체의 화장 · 분장 및 의료기기나 의약품을 사용하지 않는 눈썹 손질

영업소 외 시술의 특별한 사유(시행규칙 제13조)

이용 및 미용의 업무는 영업소 외의 장소에서 행할 수 없다. 다만, 보건복지부령이 정하는 특별한 사유가 있는 경우에는 그러하지 아니하다.

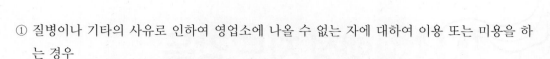

① 질병이나 기타의 사유로 인하여 영업소에 나올 수 없는 자에 대하여 이용 또는 미용을 하는 경우

② 혼례나 기타 의식에 참여하는 자에 대하여 그 의식 직전에 이용 또는 미용을 하는 경우

③ 「사회복지사업법」 제2조 제4호에 따른 사회복지시설에서 봉사활동으로 이용 또는 미용을 하는 경우

④ 방송 등의 촬영에 참여하는 사람에 대하여 그 촬영 직전에 이용 또는 미용을 하는 경우

⑤ 그 외에 특별한 사정이 있다고 시장·군수·구청장이 인정하는 경우

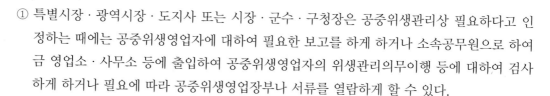

CHAPTER 18 | 행정 지도 감독

① 특별시장 · 광역시장 · 도지사 또는 시장 · 군수 · 구청장은 공중위생관리상 필요하다고 인정하는 때에는 공중위생영업자에 대하여 필요한 보고를 하게 하거나 소속공무원으로 하여금 영업소 · 사무소 등에 출입하여 공중위생영업자의 위생관리의무이행 등에 대하여 검사하게 하거나 필요에 따라 공중위생영업장부나 서류를 열람하게 할 수 있다.

② 시 · 도지사 또는 시장 · 군수 · 구청장은 공중위생영업자의 영업소에 제5조에 따라 설치가 금지되는 카메라나 기계장치가 설치되었는지를 검사할 수 있다. 이 경우 공중위생영업자는 특별한 사정이 없으면 검사에 따라야 한다.

③ 제2항의 경우에 시 · 도지사 또는 시장 · 군수 · 구청장은 관할 경찰관서의 장에게 협조를 요청할 수 있다.

④ 제2항의 경우에 시 · 도지사 또는 시장 · 군수 · 구청장은 영업소에 대하여 검사 결과에 대한 확인증을 발부할 수 있다.

⑤ 제1항 및 제2항의 경우에 관계공무원은 그 권한을 표시하는 증표를 지녀야 하며, 관계인에게 이를 내보여야 한다.

Section 2　영업의 제한

시 · 도지사는 공익상 또는 선량한 풍속을 유지하기 위하여 필요하다고 인정하는 때에는 공중위생영업자 및 종사원에 대하여 영업 시간 및 영업 행위에 관한 필요한 제한을 할 수 있다.

1 위생지도 및 개선 명령

시 · 도지사 또는 시장 · 군수 · 구청장은 아래에 해당하는 자에 대하여 즉시 또는 일정한 기간을 정하여 그 개선을 명할 수 있다.

① 공중위생영업의 종류별 시설 및 설비기준을 위반한 공중위생영업자

② 위생관리의무 등을 위반한 공중위생영업자

Section 3 영업소의 폐쇄

1 공중위생업소의 폐쇄

(1) 시장·군수·구청장은 공중위생영업자가 다음 각 호의 어느 하나에 해당하면 6월 이내의 기간을 정하여 영업의 정지 또는 일부 시설의 사용 중지를 명하거나 영업소 폐쇄 등을 명할 수 있다.

① 제3조제1항 전단에 따른 영업신고를 하지 아니하거나 시설과 설비 기준을 위반한 경우

② 제3조제1항 후단에 따른 변경신고를 하지 아니한 경우

③ 제3조의2제4항에 따른 지위승계신고를 하지 아니한 경우

④ 제4조에 따른 공중위생영업자의 위생 관리 의무 등을 지키지 아니한 경우

　4의 2. 제5조를 위반하여 카메라나 기계장치를 설치한 경우

⑤ 제8조제2항을 위반하여 영업소 외의 장소에서 이용 또는 미용 업무를 한 경우

⑥ 제9조에 따른 보고를 하지 아니하거나 거짓으로 보고한 경우 또는 관계 공무원의 출입, 검사 또는 공중위생영업 장부 또는 서류의 열람을 거부·방해하거나 기피한 경우

⑦ 제10조에 따른 개선명령을 이행하지 아니한 경우

⑧ 「성매매알선 등 행위의 처벌에 관한 법률」, 「풍속영업의 규제에 관한 법률」, 「청소년 보호법」 또는 「의료법」을 위반하여 관계 행정기관의 장으로부터 그 사실을 통보받은 경우

(2) 시장·군수·구청장은 제1항에 따른 영업 정지 처분을 받고도 그 영업 정지 기간에 영업을 한 경우에는 영업소 폐쇄를 명할 수 있다.

(3) 시장·군수·구청장은 다음 각 호의 어느 하나에 해당하는 경우에는 영업소 폐쇄를 명할 수 있다.

① 공중위생영업자가 정당한 사유 없이 6개월 이상 계속 휴업하는 경우

② 공중위생영업자가 「부가가치세법」 제8조에 따라 관할 세무서장에게 폐업신고를 하거나 관할 세무서장이 사업자 등록을 말소한 경우

(4) 제1항에 따른 행정처분의 세부기준은 그 위반행위의 유형과 위반 정도 등을 고려하여 보건복지부령으로 정한다.

(5) 시장·군수·구청장은 공중위생영업자가 제1항의 규정에 의한 영업소 폐쇄 명령을 받고도 계속하여 영업을 하는 때에는 관계공무원으로 하여금 당해 영업소를 폐쇄하기 위하여 다음 각 호의 조치를 하게 할 수 있다. 제3조제1항 전단을 위반하여 신고를 하지 아니하고 공중위생영업을 하는 경우에도 또한 같다.

① 해당 영업소의 간판 기타 영업표지물의 제거

② 해당 영업소가 위법한 영업소임을 알리는 게시물 등의 부착

③ 영업을 위하여 필수불가결한 기구 또는 시설물을 사용할 수 없게 하는 봉인

(6) 시장·군수·구청장은 제5항 제3호에 따른 봉인을 한 후 봉인을 계속할 필요가 없다고 인정되는 때와 영업자 등이나 그 대리인이 당해 영업소를 폐쇄할 것을 약속하는 때 및 정당한 사유를 들어 봉인의 해제를 요청하는 때에는 그 봉인을 해제할 수 있다. 제5항 제2호에 따른 게시물 등의 제거를 요청하는 경우에도 또한 같다.

2 청문(제12조)

보건복지부장관 또는 시장 · 군수 · 구청장은 다음 각 호의 어느 하나에 해당하는 처분을 하려면 청문을 하여야 한다.

① 제3조 제3항에 따른 신고 사항의 직권 말소

② 제7조에 따른 이용사와 미용사의 면허 취소 또는 면허 정지

③ 제11조에 따른 영업 정지 명령, 일부 시설의 사용 중지 명령 또는 영업소 폐쇄 명령

3 동일 업종의 영업 금지

① 「성매매 알선 등 행위의 처벌」에 관한 법률 등을 위반한 때

  ㉠ 폐쇄 명령을 받은 자: 2년이 경과하지 아니한 때에는 같은 종류의 영업을 할 수 없다.

  ㉡ 폐쇄 명령을 받은 영업 장소: 1년이 경과하지 아니한 때에는 누구든지 그 폐쇄 명령이 이루어진 영업 장소에서 같은 종류의 영업을 할 수 없다.

② 「성매매 알선 등 행위의 처벌」에 관한 법률 등 외의 법률을 위반한 때

  ㉠ 폐쇄 명령을 받은 자: 1년이 경과하지 아니한 때에는 같은 종류의 영업을 할 수 없다.

  ㉡ 폐쇄 명령을 받은 영업 장소: 6개월이 경과하지 아니한 때에는 누구든지 그 폐쇄 명령이 이루어진 영업 장소에서 같은 종류의 영업을 할 수 없다.

Section 4 **공중위생감시원**

1 공중위생감시원(법 제15조)

(1) 영업의 신고 및 폐업 신고, 영업의 승계, 영업자의 위생관리 의무, 미용사 업무 범위, 영업소의 폐쇄 등 규정에 의한 관계 공무원의 업무를 행하게 하기 위하여 특별시·광역시·도 및 시·군·구(자치구에 한한다)에 공중위생감시원을 둔다.

(2) 공중위생감시원의 자격·임명·업무 범위 기타 필요한 사항은 대통령령으로 정한다.

① 공중위생감시원의 자격 및 임명(시행령 제8조)

특별시장 · 광역시장 · 도지사 · 시장 · 군수 · 구청장은 다음에 해당하는 소속 공무원 중에서 공중위생감시원을 임명한다.

㉠ 위생사 또는 환경기사 2급 이상의 자격증이 있는 자

㉡ 고등 교육법에 의한 대학에서 화학 · 화공학 · 환경공학 또는 위생학 분야를 전공하고 졸업한 자 또는 이와 동등 이상의 자격이 있는 자

㉢ 외국에서 위생사 또는 환경기사의 면허를 받은 자

㉣ 1년 이상 공중위생 행정에 종사한 경력이 있는 자

㉤ 공중위생감시원의 인력확보가 곤란하다고 인정되는 때에는 공중위생행정에 종사하는 자중 공중위생감시에 관한 교육 훈련을 2주 이상 받은 자를 공중위생행정에 종사하는 기간 동안 공중위생감시원으로 임명할 수 있다.

② 공중위생감시원의 업무범위(시행령 제9조)

㉠ 시설 및 설비의 확인

㉡ 공중위생영업 관련 시설 및 설비의 위생 상태 확인 · 검사, 공중위생영업자의 위생 관리 의무 및 영업자 준수사항 이행 여부의 확인

㉢ 위생 지도 및 개선 명령 이행 여부의 확인

㉣ 공중위생영업소의 영업 정지, 일부 시설의 사용 중지 또는 영업소 폐쇄 명령 이행 여부의 확인

㉤ 위생 교육 이행 여부의 확인

2 명예공중위생감시원

(1) 시·도지사는 공중위생의 관리를 위한 지도, 계몽 등을 행하게 하기 위하여 명예공중감시원을 둘 수 있다.

(2) 명예공중위생감시원의 자격은 공중위생에 대한 지식과 관심이 있는 자, 소비자 단체, 공중위생 관련 협회 또는 단체의 소속 직원 중에서 당해 단체 등의 장이 추천하는 자로 한다.

(3) 명예공중위생감시원의 업무

① 공중위생감시원이 행하는 검사 대상물의 수거 지원

② 법령 위반 행위에 대한 신고 및 자료 제공

③ 그 밖에 공중위생에 관한 홍보 계몽 등 공중위생관이 업무와 관련하여 시 · 도지사가 따로 정하여 부여하는 업무

(4) 명예공중위생감시원의 활동 지원 및 운영에 관한 필요사항과 함께 예산의 범위 안에서 수당을 지급할 수 있다.

Section 1 위생 평가

1 위생서비스 수준의 평가(법 제13조)

① 시·도지사는 공중위생 영업소의 위생 관리 수준을 향상시키기 위하여 위생 서비스 평가 계획을 수립하여 시장·군수·구청장에게 통보한다.

② 시장·군수·구청장은 평가 계획에 따라 관할 지역별 세부 평가 계획을 수립한 후 공중위생 영업소의 위생 서비스 수준을 평가하여야 한다.

③ 시장·군수·구청장은 위생 서비스 평가의 전문성을 높이기 위하여 필요하다고 인정하는 경우에는 관련 전문 기관 및 단체로 하여금 위생 서비스 평가를 실시하게 할 수 있다.

④ 위생 서비스 평가의 주기·방법, 위생 관리 등급의 기준, 기타 평가에 관하여 필요한 사항은 보건복지부령으로 정한다.

Section 2 업소 위생 등급

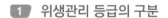

1 위생관리 등급의 구분

① **최우수 업소**: 녹색 등급
② **우수 업소**: 황색 등급
③ **일반 관리 대상 업소**: 백색 등급

Section 3 위생 관리 등급 공표

① 시장·군수·구청장은 보건복지부령이 정하는 바에 의하여 위생 서비스 평가의 결과에 따른 위생 관리 등급을 해당 공중위생영업자에게 통보하고 이를 공표하여야 한다.

② 공중위생영업자는 통보받은 위생 관리 등급의 표지를 영업소의 명칭과 함께 영업소의 출입구에 부착할 수 있다.

③ 시·도지사 또는 시장·군수·구청장은 위생 서비스 평가의 결과 위생 서비스의 수준이 우수하다고 인정되는 영업소에 대하여 포상을 실시할 수 있다.

④ 시·도지사 또는 시장·군수·구청장은 위생 서비스 평가의 결과에 따른 위생 관리 등급별로 영업소에 대한 위생 감시를 실시하여야 한다. 이 경우 영업소에 대한 출입·검사와 위생 감시의 실시 주기 및 횟수 등 위생 관리 등급별 위생 감시 기준은 보건복지부령으로 정한다.

Section 1 영업자 위생 교육

① 매년 위생 교육을 받아야 하며 위생 교육 시간은 3시간으로 한다.

② 위생교육의 내용은 「공중위생관리법」 및 관련 법규, 소양교육(친절 및 청결에 관한 사항을 포함한다), 기술교육, 그 밖에 공중위생에 관하여 필요한 내용으로 한다.

③ 동일한 공중위생영업자가 법 제2조제1항제5호 각 목 중 둘 이상의 미용업을 같은 장소에서 하는 경우에는 그 중 하나의 미용업에 대한 위생교육을 받으면 나머지 미용업에 대한 위생교육도 받은 것으로 본다. 〈신설 2020. 6. 4.〉

④ 법 제17조제1항 및 제2항에 따른 위생교육 대상자 중 보건복지부장관이 고시하는 섬·벽지지역에서 영업을 하고 있거나 하려는 자에 대하여는 제7항에 따른 교육교재를 배부하여 이를 익히고 활용하도록 함으로써 교육에 갈음할 수 있다. 〈개정 2010. 3. 19., 2019. 9. 27., 2020. 6. 4.〉

⑤ 법 제17조제1항 및 제2항에 따른 위생교육 대상자 중 「부가가치세법」 제8조제7항에 따른 휴업신고를 한 자에 대해서는 휴업신고를 한 다음 해부터 영업을 재개하기 전까지 위생교육을 유예할 수 있다. 〈신설 2019. 12. 31., 2020. 6. 4.〉

⑥ 법 제17조제2항 단서에 따라 영업신고 전에 위생교육을 받아야 하는 자 중 다음 각 호의 어느 하나에 해당하는 자는 영업신고를 한 후 6개월 이내에 위생교육을 받을 수 있다. 〈개정 2019. 12. 31., 2020. 6. 4.〉

1. 천재지변, 본인의 질병·사고, 업무상 국외출장 등의 사유로 교육을 받을 수 없는 경우

2. 교육을 실시하는 단체의 사정 등으로 미리 교육을 받기 불가능한 경우

⑦ 법 제17조제2항에 따른 위생교육을 받은 자가 위생교육을 받은 날부터 2년 이내에 위생교육을 받은 업종과 같은 업종의 영업을 하려는 경우에는 해당 영업에 대한 위생교육을 받은 것으로 본다.

Section 2 위생 교육 기관

① 위생 교육을 실시하는 단체는 보건복지부장관이 고시한다.

② 위생 교육 실시 단체는 교육 교재를 편찬하여 교육 대상자에게 제공하여야 한다.

③ 위생 교육 실시 단체의 장은 위생 교육을 수료한 자에게 수료증을 교부하고, 교육 실시 결과를 교육 후 1개월 이내에 시장·군수·구청장에게 통보하여야 하며, 수료증 교부 대장 등 교육에 관한 기록을 2년 이상 보관·관리하여야 한다.

④ 규정 외에 위생 교육에 관하여 필요한 세부사항은 보건복지부장관이 정한다.

Section 3 위임 및 위탁

① 보건복지부장관은 이 법에 의한 권한의 일부를 대통령령이 정하는 바에 의하여 시·도지사 또는 시장·군수·구청장에게 위임할 수 있다.

② 보건복지부장관은 대통령령이 정하는 바에 의하여 관계 전문 기관 등에 그 업무의 일부를 위탁할 수 있다.

Section 4 국고 보조

국가 또는 지방자치단체는 제13조 제3항의 규정에 의하여 위생 서비스 평가를 실시하는 자에 대하여 예산의 범위 안에서 위생 서비스 평가에 소요되는 경비의 전부 또는 일부를 보조할 수 있다.

Section 5 수수료

규정에 의하여 미용사 면허를 받고자 하는 자는 대통령령이 정하는 바에 따라 수수료를 납부하여야 한다.

(1) 미용사 면허 수수료 (시행령 제10조의 2)

① 미용사 면허를 신규로 신청하는 경우: 5,500원

② 미용사 면허증을 재교부받고자 하는 경우: 3,000원

21 | 벌칙

위반자에 대한 벌칙 및 과징금

1 벌칙

(1) 1년 이하의 징역 또는 1,000만 원 이하의 벌금

① 영업 신고 규정에 의한 신고를 하지 아니한 자

② 영업 정지 명령 또는 일부 시설의 사용 중지 명령을 받고도 그 기간 중에 영업을 하거나 그 시설을 사용한 자 또는 영업소 폐쇄 명령을 받고도 계속하여 영업을 한 자

(2) 6월 이하의 징역 또는 500만 원 이하의 벌금

① 중요사항 변경 신고를 하지 아니한 자

② 공중위생영업자의 지위를 승계한 자로서 규정에 의한 신고를 하지 아니한 자

③ 건전한 영업 질서를 위하여 공중위생영업자가 준수하여야 할 사항을 준수하지 아니한 자

(3) 300만 원 이하의 벌금

① 다른 사람에게 이용사 또는 미용사의 면허증을 빌려주거나 빌린 사람

② 이용사 또는 미용사의 면허증을 빌려주거나 빌리는 것을 알선한 사람

③ 다른 사람에게 위생사의 면허증을 빌려주거나 빌린 사람

④ 위생사의 면허증을 빌려주거나 빌리는 것을 알선한 사람

⑤ 면허의 취소 또는 정지 중에 이용업 또는 미용업을 한 사람

⑥ 면허를 받지 아니하고 이용업 또는 미용업을 개설하거나 그 업무에 종사한 사람

2 과징금

(1) 과징금처분(제11조의2)

① 시장 · 군수 · 구청장은 제11조제1항의 규정에 의한 영업정지가 이용자에게 심한 불편을 주거나 그 밖에 공익을 해할 우려가 있는 경우에는 영업정지 처분에 갈음하여 1억 원 이하의 과징금을 부과할 수 있다. 다만, 「성매매알선 등 행위의 처벌에 관한 법률」, 「아동 · 청소년의 성보호에 관한 법률」, 「풍속영업의 규제에 관한 법률」 제3조 각호의 1 또는 이에 상응하

는 위반행위로 인하여 처분을 받게 되는 경우를 제외한다.

② 제1항의 규정에 의한 과징금을 부과하는 위반행위의 종별·정도 등에 따른 과징금의 금액 등에 관하여 필요한 사항은 대통령령으로 정한다.

③ 시장·군수·구청장은 제1항의 규정에 의한 과징금을 납부하여야 할 자가 납부기한까지 이를 납부하지 아니한 경우에는 대통령령으로 정하는 바에 따라 제1항에 따른 과징금 부과처분을 취소하고, 제11조제1항에 따른 영업정지 처분을 하거나 「지방행정제재·부과금의 징수 등에 관한 법률」에 따라 이를 징수한다.

④ 제1항 및 제3항의 규정에 의하여 시장·군수·구청장이 부과·징수한 과징금은 해당 시·군·구에 귀속된다.

⑤ 시장·군수·구청장은 과징금의 징수를 위하여 필요한 경우에는 다음 각 호의 사항을 기재한 문서로 관할 세무관서의 장에게 과세정보의 제공을 요청할 수 있다.

1. 납세자의 인적사항
2. 사용목적
3. 과징금 부과기준이 되는 매출금액

(2) 과징금 산정 기준

① 영업 정지 1월은 30일로 계산한다.

② 과징금 부과 기준이 되는 매출 금액은 당해 업소에 대한 처분일이 속한 연도의 전년도의 1년 간 총 매출 금액을 기준으로 한다.

    ※ 신규 사업, 휴업 등으로 인하여 1년간의 총 매출 금액을 산정할 수 없거나 2년간의 총 매출 금액을 기준으로 하는 것이 불합리하다고 인정되는 경우에는 분기별, 월별 또는 일별 매출 금액을 기준으로 산출 또는 조정함

③ 위반행위의 종별에 따른 금액은 영업정지 1일당 과징금의 금액을 곱하여 얻은 금액으로 한다.

    ※ 과징금 산정금액이 3,000만 원을 넘는 경우에는 3,000만 원으로 한다.

④ 시장·군수·구청장은 영업자의 사업 규모, 위반 행위 및 횟수의 정도 등을 참작하여 과징금 금액의 2분의 1 범위에서 과징금을 늘리거나 줄일 수 있다.

    ※ 과징금을 늘리는 때에도 그 총액은 1억 원을 초과할 수 없음

(3) 과징금의 부과 및 납부

① 과징금을 부과하고자 하는 경우에는 위반 행위의 종별과 해당 과징금의 금액 등을 명시하여 납부할 것을 서면으로 통지하여야 한다.

② 통지를 받을 날로부터 20일 이내에 과징금을 시장·군수·구청장이 정하는 수납 기관에 납부하여야 하며, 천재지변 또는 그 밖에 부득이한 사유로 그 기간에 납부할 수 없을 경우에는 그 사유가 없어진 날부터 7일 이내에 납부하여야 한다.

③ 과징금의 납부를 받은 수납 기관은 영수증을 납부자에게 교부하여야 한다.

④ 과징금의 수납 기관은 규정에 따라 과징금을 수납한 때에는 시장·군수·구청장에게 통보하여야 한다.

⑤ 시장·군수·구청장은 법 제11조의2에 따라 과징금을 부과받은 자(이하 "과징금납부의무자"라 한다)가 납부해야 할 과징금의 금액이 100만 원 이상인 경우로서 다음 각 호의 어느 하나에 해당하는 사유로 과징금의 전액을 한꺼번에 납부하기 어렵다고 인정될 때에는 과징금납부의무자의 신청을 받아 12개월의 범위에서 분할 납부의 횟수를 3회 이내로 정하여 분할 납부하게 할 수 있다.

1. 재해 등으로 재산에 현저한 손실을 입은 경우
2. 사업 여건의 악화로 사업이 중대한 위기에 있는 경우
3. 과징금을 한꺼번에 납부하면 자금사정에 현저한 어려움이 예상되는 경우
4. 그 밖에 제1호부터 제3호까지의 규정에 준하는 사유가 있다고 인정되는 경우

⑥ 과징금납부의무자는 제5항에 따라 과징금을 분할 납부하려는 경우에는 그 납부기한의 10일 전까지 같은 항 각 호의 사유를 증명하는 서류를 첨부하여 시장·군수·구청장에게 과징금의 분할 납부를 신청해야 한다.

⑦ 시장·군수·구청장은 과징금납부의무자가 다음 각 호의 어느 하나에 해당하는 경우에는 분할 납부 결정을 취소하고 과징금을 한꺼번에 징수할 수 있다.

1. 분할 납부하기로 결정된 과징금을 납부기한까지 내지 않은 경우
2. 강제집행, 경매의 개시, 파산선고, 법인의 해산, 국세 또는 지방세의 체납처분을 받은 경우 등 과징금의 전부 또는 잔여분을 징수할 수 없다고 인정되는 경우

⑧ 과징금의 징수절차는 보건복지부령으로 정한다.

Section 2 과태료, 양벌 규정

1 과태료

(1) 300만 원 이하의 과태료
① 규정 보고를 하지 아니하거나 관계 공무원의 출입·검사 기타 조치를 거부·방해 또는 기피한 자
② 위생 지도 및 개선 명령을 위반한 자

(2) 200만 원 이하의 과태료
① 미용업소의 위생 관리 의무를 지키지 아니한 자
② 영업소 외의 장소에서 미용 업무를 행한 자
③ 위생 교육을 받지 아니한 자

2 양벌 규정

법인의 대표자나 법인 또는 개인의 대리인, 사용인 기타 종업원이 그 법인 또는 개인의 업무에 관하여 위반 행위를 한 때에는 행위자를 벌하는 외에 그 법인 또는 개인에 대하여도 동조의 벌

금형을 과한다. 다만, 법인 또는 개인이 그 위반 행위를 방지하기 위하여 해당 업무에 관하여 상당한 주의와 감독을 게을리하지 아니한 경우에는 그러하지 않다.

Section 3 행정 처분

위반 행위	근거 법조문	행정처분기준			
		1차 위반	2차 위반	3차 위반	4차 위반
1. 법 제3조 제1항 전단에 따른 영업신고를 하지 않거나 시설과 설비기준을 위반한 경우	법 제11조 제1항 제1호				
1) 영업신고를 하지 않은 경우		영업장 폐쇄명령			
2) 시설 및 설비기준을 위반한 경우		개선명령	영업정지 15일	영업정지 1월	영업장 폐쇄명령
2. 법 제3조 제1항 후단에 따른 변경신고를 하지 않은 경우	법 제11조 제1항 제2호				
1) 신고를 하지 않고 영업소의 명칭 및 상호 또는 영업장 면적의 3분의 1 이상을 변경한 경우		경고 또는 개선명령	영업정지 15일	영업정지 1월	영업장 폐쇄명령
2) 신고를 하지 아니하고 영업소의 소재지를 변경한 경우		영업정지 1월	영업정지 2월	영업장 폐쇄명령	
3. 법 제3조의 2 제4항에 따른 지위승계신고를 하지 않은 경우	법 제11조 제1항 제3호	경고	영업정지 10일	영업정지 1월	영업장 폐쇄명령
4. 법 제4조에 따른 공중위생영업자의 위생 관리 의무 등을 지키지 않은 경우					
1) 소독을 한 기구와 소독을 하지 않은 기구를 각각 다른 용기에 넣어 보관하지 않거나 1회용 면도날을 2인 이상의 손님에게 사용한 경우		경고	영업정지 5일	영업정지 10일	영업장 폐쇄명령
2) 피부미용을 위하여 「약사법」에 따른 의약품 또는 「의료기기법」에 따른 의료기기를 사용한 경우	법 제11조 제1항 제4호	영업정지 2월	영업정지 3월	영업장 폐쇄명령	
3) 점 빼기·귓볼 뚫기·쌍꺼풀 수술·문신·박피술 그 밖에 이와 유사한 의료행위를 한 경우		영업정지 2월	영업정지 3월	영업장 폐쇄명령	
4) 미용업 신고증 및 면허증 원본을 게시하지 않거나 업소 내 조명도를 준수하지 않은 경우		경고 또는 개선명령	영업정지 5일	영업정지 10일	영업장 폐쇄명령
5) 미용서비스의 최종 지불가격 및 전체 미용 서비스의 총액에 관한 내역서를 이용자에게 미리 제공하지 않은 경우		경고	영업정지 5일	영업정지 10일	영업정지 1월
5. 카메라나 기계장치를 설치한 경우	법 제11조 제1항 제4호의2	영업정지 1월	영업정지 2월	영업장 폐쇄명령	

위반사항	관련법규	1차 위반	2차 위반	3차 위반	4차 위반
6. 법 제7조제1항 각 호의 어느 하나에 해당하는 면허 정지 및 면허 취소 사유에 해당하는 경우	법 제7조 제1항	경고	영업정지 5일	영업정지 10일	영업정지 1월
1) 법 제6조 제2항 제1호부터 제4호까지에 해당하게 된 경우		면허취소			
2) 면허증을 다른 사람에게 대여한 경우		면허정지 3월	면허정지 6월	면허취소	
3) 「국가기술자격법」에 따라 자격이 취소된 경우		면허취소			
4) 「국가기술자격법」에 따라 자격 정지처분을 받은 경우(「국가기술자격법」에 따른 자격정지처분 기간에 한정한다)		면허정지			
5) 이중으로 면허를 취득한 경우(나중에 발급받은 면허를 말한다)		면허취소			
6) 면허 정지 처분을 받고 도 그 정지 기간 중 업무를 한 경우	법 제7조 제1항	면허취소			
7. 법 제8조 제2항을 위반하여 영업소 외의 장소에서 미용 업무를 한 경우	법 제11조 제1항 제5호	영업정지 1월	영업정지 2월	영업장 폐쇄명령	
8. 법 제9조에 따른 보고를 하지 않거나 거짓으로 보고한 경우 또는 관계 공무원의 출입, 검사 또는 공중위생영업 장부 또는 서류의 열람을 거부·방해하거나 기피한 경우	법 제11조 제1항 제6호	영업정지 10일	영업정지 20일	영업정지 1월	영업장 폐쇄명령
9. 법 제10조에 따른 개선명령을 이행하지 않은 경우	법 제11조 제1항 제7호	경고	영업정지 10일	영업정지 1월	영업장 폐쇄명령
10. 「성매매알선 등 행위의 처벌에 관한 법률」, 「풍속영업의 규제에 관한 법률」, 「청소년 보호법」 또는 「의료법」을 위반하여 관계 행정기관의 장으로부터 그 사실을 통보받은 경우	법 제11조 제1항 제8호				
1) 손님에게 성매매알선 등 행위 또는 음란 행위를 하게 하거나 이를 알선 또는 제공한 경우					
가) 영업소		영업정지 3월	영업장 폐쇄명령		
나) 미용사		면허정지 3월	면허취소		
2) 손님에게 도박 그 밖에 사행 행위를 하게 한 경우		영업정지 1월	영업정지 2월	영업장 폐쇄명령	
3) 음란한 물건을 관람·열람하게 하거나 진열 또는 보관한 경우		경고	영업정지 15일	영업정지 1월	영업장폐쇄명령
4) 무자격 안마사로 하여금 안마사의 업무에 관한 행위를 하게 한 경우		영업정지 1월	영업정지 2월	영업장 폐쇄명령	
11. 영업 정지 처분을 받고 도 그 영업 정지 기간에 영업을 한 경우	법 제11조 제2항	영업장 폐쇄명령			
12. 공중위생영업자가 정당한 사유 없이 6개월 이상 계속 휴업하는 경우	법 제11조 제3항 제1호	영업장 폐쇄명령			
13. 공중위생영업자가 「부가가치세법」 제8조에 따라 관할 세무서장에게 폐업신고를 하거나 관할 세무서장이 사업자 등록을 말소한 경우	법 제11조 제3항 제2호	영업장 폐쇄명령			

공중위생관리학

01 다음 중 실내 공기오염 지표가 되는 것은?
① 아황산가스 　　　　② 이산화탄소
③ 질소 　　　　　　　④ 산소

02 다음 중 대기오염의 지표가 되는 것은?
① 아황산가스 　　　　② 이산화탄소
③ 산소 　　　　　　　④ 질소

03 다음 중 수질오염의 지표가 아닌 것은?
① 화학적 산소 요구량 　　② 생물 화학적 산소 요구량
③ 용존 산소량 　　　　　　④ 부유 물질

04 실내 공기 오염도를 판정하는 지표로 사용되는 것은 무엇인가?
① 산소 　　　　　　　② 오존
③ 이산화탄소 　　　　④ 일산화탄소

05 근로 종류에 따른 발생 질병에 대한 설명으로 옳은 것은?
① 이상 고온으로 인한 직업병: 근시, 안구진탕증, 안정피로 등
② 이상 저온으로 인한 직업병: 열사병, 열경련증, 열쇠약증 등
③ 불량 조명으로 인한 직업병: 열사병, 열경련증, 열쇠약증 등
④ 소음: 불안, 소화장애, 이명, 이통, 청력 저하, 두통, 불면증 등

06 산업 재해에 대한 설명으로 옳은 것은?
① 산업 재해란 근로자가 건설물, 설비, 원재료, 가스, 증기, 분진 작업 등의 업무 관련 사고로 사망, 부상, 질병 상태가 되는 것을 총칭하는 말이다.
② 산업 재해는 더운 여름과 추운 겨울에 많이 발생한다.
③ 산업 재해는 오전 1시 경, 오후 3시 경에 다발한다.
④ 산업 재해는 월요일, 화요일에 다발한다.

---

01 실내 공기 오염도를 판정하는 지표로 사용되는 것은 이산화탄소이며 측정 기준량은 0.1%로 규정한다.

02 석유를 정제하거나 연소될 때 주로 발생하는 아황산가스는 대기 오염물질에서 가장 큰 비중을 차지한다.

04 실내 공기 오염도를 판정하는 지표로 사용되는 것은 이산화탄소이며 측정 기준량은 0.1%로 규정한다.

05 • 이상 고온으로 인한 직업병: 열사병, 열경련증, 열쇠약증 등
• 이상 저온으로 인한 직업병: 동상, 신경염 등
• 불량 조명으로 인한 직업병: 근시, 안구진탕증, 안정피로 등
• 소음: 불안, 소화장애, 이명, 이통, 청력 저하, 두통, 불면증 등
• 진동: 통증, 소화기장애, 위하수 등

06 계절적으로 8월에 증가, 11월~12월 감소를 보이며, 오후 2~3시 경에 많이 발생한다.

정답 **01** ② 　**02** ① 　**03** ③ 　**04** ③ 　**05** ④ 　**06** ①

07 식품 위생 관리 3대 요소로 올바르게 짝지어진 것이 <u>아닌</u> 것은?

① 식품의 안전성-완전 무결성　　② 식품의 안전성-건전성

③ 완전 무결성-건전성　　　　　　④ 완전 무결성-식품 무균성

08 보건 3대악으로 올바르게 짝지어진 것이 <u>아닌</u> 것은?

① 부정 식품　　② 부정 의료　　③ 부정 첨가물　　④ 부정 의약품

09 다음 중 3대 영양소가 <u>아닌</u> 것은?

① 탄수화물　　　② 비타민　　　③ 단백질　　　④ 지방

10 다음 중 비타민 종류와 결핍 시 생기는 증상이 올바르게 연결된 것은?

① 비타민 A - 구루병　　　　　② 비타민 D - 괴혈병

③ 비타민 B_1 - 각기병　　　　④ 비타민 C - 야맹증

11 보건 행정에 대한 설명으로 옳지 <u>않은</u> 것은?

① 스밀(W. G. Smilie)은 "보건 행정이란 공적 또는 사적 기관이 사회 복지를 위하여 공중보건의 원리와 기법을 응용하는 과정이다"라고 말하였다.

② 보건 행정 활동은 공중보건 사업을 실현해나가는 중요한 접근 방법으로, 보건 교육 활동 및 보건 관련 법규의 적용 등과 함께 3대 접근 방법 중 하나이다.

③ 보건 행정 활동은 개인이나 민간 조직을 가지고도 가능하기 때문에 보건이라는 내용과 행정이라는 형식을 하나로 묶은 활동이라 할 수 있다.

④ 보건 행정은 공공성과 봉사적 성격이 있는 활동이다. 또, 자연 과학 기술의 적용, 사회 과학적 관리 방법이 적용된다는 특성을 지닌다.

12 세계보건기구에 대한 설명으로 옳지 <u>않은</u> 것은?

① 세계보건기구는 매년 4월 7일을 세계 보건일로 정하고 회원국은 다채로운 행사를 하고 있다.

② 세계보건기구의 목적은 전 인류가 가능한 한 최고 수준의 건강을 달성하도록 하는 데 있다.

③ 1948년 4월 7일 국제 연합의 보건 전문 기관으로서 세계보건기구가 정식으로 발족되었다.

④ WHO 가입은 UN 가입 여부와 상관이 있어 가맹국 수가 쉽게 늘지 않는다.

---

07 ④　08 ③　09 ②　10 ③　11 ③　12 ④

---

07 식품위생관리의 3대요소 : 안전성, 완전무결성, 건전성
식품에는 유산균과 같이 좋은 세균도 있으므로, 무균성은 식품 위생 관리의 요소에 해당하지 않는다.

08 보건 3대악이란 부정 식품, 부정 의료, 부정 의약품을 말한다.

09 3대 영양소는 탄수화물, 단백질, 지방이다.

10 • 비타민 A: 바이러스 면역, 뼈와 치아 성장 정지, 야맹증, 안구 건조증, 불임
• 비타민 D: 구루병, 성장 중의 동물은 골의 석회화가 늦어지고 골에 변화가 일어남
• 비타민 C: 괴혈병, 부종(浮腫), 잇몸이 붓고 출혈, 빈혈
• 비타민 B_1: 각기병, 신부전증, 수족 마비, 식욕 감퇴, 멀미, 심장 비대, 건위(健胃), 정신 혼미

12 세계 보건기구(World Health Organization, 약칭 WHO)는 유엔의 전문 기구이다. 2009년까지 193개 회원국이 WHO에 가맹되었으며, 그 목적은 세계 인류가 가능한 한 최고의 건강 수준에 도달하는 것이다.

13 소독의 정의로 옳은 것은?

① 감염을 일으킬 수 있는 병원 미생물을 파괴하여 감염력을 없애는 것이다.

② 감염을 일으킬 수 있는 모든 미생물들을 죽이는 것이다.

③ 미생물의 발육과 성장을 억제 또는 정지시켜 부패나 발효를 억제하는 방법이다.

④ 모든 미생물을 완전하게 제거하여 멸균시키는 방법이다.

14 다음 중 물리적 소독법 중 건열법이 <u>아닌</u> 것은?

① 화염 멸균법　　　　② 건열 멸균법

③ 자비 소독법　　　　④ 소각 소독법

15 물리적 소독법에 대한 설명으로 옳지 <u>않은</u> 것은?

① 화염 멸균법: 불꽃 속에서 20초 이상 가열

② 자비 소독법: 100℃에서 15~20분간 가열

③ 건열 멸균법: 170℃에서 1~2시간 가열

④ 저온 소독법: 95℃에서 1시간 가열

16 석탄산(페놀)의 설명으로 옳지 <u>않은</u> 것은?

① 소독력의 살균 지표이다.

② 살균력의 안전성이 강하다.

③ 포자나 바이러스에는 효과가 약하다.

④ 가격이 저렴하지만 사용 범위가 작다.

17 크레졸에 대한 설명으로 옳은 것은?

① 병원균과 포자, 결핵균에는 효과가 있지만 바이러스에 효과가 없다.

② 냄새가 약하다.

③ 소독력이 강하지만 일부 세균에 효과가 없다.

④ 피부에 자극이 강하다.

18 미생물에 대한 설명으로 옳은 것은?

① 육안으로 보인다.

② 0.01mm 이하의 미세한 생물체를 총칭한다.

③ 미생물의 종류에는 세균, 바이러스 등이 포함되지만 원생 동물은 포함되지 않는다.

④ 현미경을 통해서만 볼 수 있는 아주 작은 생물이다.

13 소독이란 병원균의 감염력을 제거하는 것을 말하며 멸균이란 주로 열을 이용하여 모든 균을 제거하는 것을 말한다. 소독은 멸균과 달리 무균 상태가 되는 것이 아니다. 또한, 세척이란 사람이나 기구의 표면에 부적합하게 부착된 유기물과 오염을 제거하는 것을 말한다.

14 건열법: 소독 대상 물품을 300~320°의 고온에 계속 노출시켜 박테리아를 제거하는 것으로, 주로 병원에서 이용되는 방법이다. 화염 멸균법, 건열 멸균법, 소각 소독법 등이 있다.

15 저온 소독법: 파스퇴르가 고안한 방법으로 일반적인 소독은 62~63℃에서 30분이다.

16 3% 수용액 사용

• 석탄산 계수
$$= \frac{\text{소독약의 희석 배수}}{\text{석탄산의 희석 배수}}$$

• 독성이 강하여 피부 점막에 자극되며 마비성이 있음

• 금속을 부식

• 살균력이 안정적이며 유기물 소독에 양호함

18 ② 세균 – 육안으로 볼 수 없는 0.1mm 이하의 크기인 미세한 생물, 즉 아주 작은 주로 단일 세포 또는 균사로 몸을 이루며, 생물로서 최소 생활 단위를 영위한다.
③ 바이러스(virus) – 병원체 중에 가장 작아 전자현미경으로만 볼 수 있다. 여과성 병원체 생세포 내에서만 번식한다.

13 ①　　14 ③　　15 ④　　16 ④　　17 ①　　18 ④

19 다음 중 미생물의 역사로 옳지 <u>않은</u> 것은?

① 미생물을 최초로 발견한 인물은 네덜란드의 레벤후크이다.

② 파스퇴르는 저온 살균법을 발견하였다.

③ 코흐는 "나쁜 바람이 병을 운반해온다"라고 하였다.

④ 보일은 "부패와 병은 관련되어 있다"라고 하였다.

20 다음 중 미생물의 분류로 옳지 <u>않은</u> 것은?

① 미생물은 크게 병원성과 비병원성으로 나누어진다.

② 병원성 미생물은 체내에 침입하여 병적인 반응을 일으키는 미생물이다.

③ 비병원성 미생물은 진균류, 유산균류 등 인체에 해가되는 미생물들이 포함된다.

④ 병원성 미생물은 세균, 바이러스, 원충 동물 등이 포함된다.

21 미생물의 증식 환경 중 온도에 대한 설명으로 옳지 <u>않은</u> 것은?

① 온도는 미생물의 증식과 사멸에 있어서 가장 중요한 요소이다.

② 미생물이 증식하기에 알맞은 최적의 발육 온도는 25~38°이다.

③ 증식 및 생존 온도 범위는 0~75℃이다.

④ 온도에 따라 저온균, 중온균, 고온균으로 나누어진다.

22 미생물의 증식 환경으로 옳은 것은?

① 미생물 증식에 적당한 수소 이온 농도는 pH 6.5~7.5이다.

② 호기성 세균은 산소의 유무에 상관없이 증식된다.

③ 미생물은 수분이 없어도 증식이 가능하다.

④ 파상풍균은 호기성 세균이다.

23 다음 중 병원성 미생물이 <u>아닌</u> 것은?

① 세균 ② 바이러스

③ 유산균 ④ 원충 동물

24 다음 중 세균에 대한 설명으로 옳지 <u>않은</u> 것은?

① 세균은 단세포로 된 미생물이다.

② 인간에 기생하여 질병을 유발한다.

③ 대부분 유사 분열로 분열한다.

④ 간균은 형태가 길고 가느다란 막대기 모양의 세균이다.

19 코흐는 독일의 세균학자로 세균학의 근본 원칙을 확립하였다. 1882년에는 결핵균을, 1885년에는 콜레라를 발견했고, 1890년에는 결핵균의 치료약인 투베르쿨린을 창제하였다.

20 비병원성 미생물은 인체에 해가 되지 않는다.

21 미생물이 생육할 수 있는 한계 온도는 0~75℃이며, 발육하는 적온과 온도 범위에 따라서 미생물을 저온균(15~25℃), 중온균(30~35℃), 고온균(40~75℃)이 있다.

23 병원체의 종류로는 바이러스, 리케차, 세균, 진균, 원충, 연충류 등이 있다.

24 ② 기생충은 인간에 기생하여 질병을 유발하며, 십이지장충, 회충, 요충 등이 있다.

19 ③ 20 ③ 21 ② 22 ① 23 ③ 24 ②

25 다음 중 바이러스에 대한 설명으로 옳지 <u>않은</u> 것은?

① 병원성 미생물 중 가장 작다.

② 살아 있는 세포 내에 기생하여 인체에 감염을 유발한다.

③ 바이러스성 질환은 항생제 등 약물 복용으로도 효과가 없다.

④ 세균 여과기로 분리가 가능하다.

26 다음 중 질병 발병 인자가 <u>아닌</u> 것을 고르시오.

① 환경적 인자　　　　　② 병인적 인자

③ 숙주적 인자　　　　　④ 약품적 인자

27 역학의 역할 중에서 가장 중요한 것은 무엇인가?

① 질병의 자연사 연구　　② 질병의 발생 원인 규명

③ 의료 서비스의 연구　　④ 질병의 예방 대책 수립

28 공중보건학의 정의를 설명한 것이다. 가장 적합한 것을 고르시오.

① 질병 예방, 수명 연장, 조기 치료

② 질병 예방, 수명 연장, 풍요로운 삶

③ 질병 예방, 수명 연장, 건강 증진

④ 질병의 조기 발견 및 예방, 수명 연장

29 공중보건학의 범위에 해당하지 <u>않는</u> 것을 고르시오.

① 환경 보건 분야　　　　② 질병 관리 분야

③ 보건 관리 분야　　　　④ 보건 교육 분야

30 세계보건기구(WHO)가 건강에 대하여 정의한 것에 해당하지 <u>않는</u> 것은?

① 질병이 치료되는 상태

② 사회적 안녕이 완전한 상태

③ 육체적 안녕이 완전한 상태

④ 정신적 안녕이 완전한 상태

31 건강에 대한 정의로 맞는 것을 고르시오.

① 신체적 · 정신적 및 사회적으로 안녕한 상태

② 질병이 생겨 허약한 상태

③ 감염되어 면역력이 떨어진 상태

④ 질병이 완치되어가는 상태

25 바이러스(virus) – 병원체 중에 가장 작아 전자현미경으로만 볼 수 있다. 세균 여과기로 분리되지 않는다. 병원체 생세포 내에서만 번식한다. 인플루엔자, 홍역, 일본 뇌염, 소아마비, 후천성 면역 결핍증 등이 있다.

26 질병은 병인, 숙주, 환경의 상호작용이 균형을 이루지 못하였을 경우에 발생한다.

27 역학의 역할에는 질병의 발생 원인 규명의 역할, 질병의 발생 및 유행의 감시 역할, 질병의 자연사 연구의 역할, 보건의료 서비스 연구, 임상 분야에 대한 역할 등이 있다.

29 환경 보건 분야는 환경 위생, 식품 위생, 환경 보전과 공해, 산업 환경으로 나뉜다. 한편 보건 교육은 보건 관리 분야에 해당된다.

30 세계보건기구(WHO)의 정의에 의하면 건강이란 질병이 없거나 허약하지 않다는 것만을 의미하는 것이 아니라 신체적·정신적 및 사회적으로 안녕한 상태를 의미한다. 즉, 건강이란 질병이 없는 상태만을 의미하는 것이 아니고 개인이 자신의 일을 수행하는 데 있어 신체적·정신적으로 아무런 문제가 없음을 의미한다.

25 ④　**26** ④　**27** ②　**28** ③　**29** ④　**30** ①　**31** ①

32 들쥐 등 야생동물 배설물에 섞여 있던 균이 사람의 피부에 접촉되어 전파되는 감염병은 무엇인가?

① 콜레라　　　　　　　② 장티푸스
③ 렙토스피라증　　　　④ 말라리아

33 비말 감염은 어떤 것을 통해 전파되는가?

① 기침, 재채기　　　　② 태양
③ 물　　　　　　　　　④ 식품

34 다음 중 직접 전파가 <u>아닌</u> 것을 고르시오.

① 모기 매개 감염　　　② 진애 감염
③ 포말 감염　　　　　④ 피부 접촉 감염

35 질병 발생 시 3대 인자가 <u>아닌</u> 것은?

① 병인적 인자　　　　② 예방적 인자
③ 환경적 인자　　　　④ 숙주적 인자

36 예방 접종을 하여 형성되는 면역을 무엇이라 하는가?

① 자연 능동 면역　　　② 인공 능동 면역
③ 인공 수동 면역　　　④ 자연 수동 면역

37 병원체의 크기가 가장 작은 것은?

① 세균　　　　　　　② 진균
③ 리케차　　　　　　④ 기생충

38 병원소에 속하지 <u>않는</u> 것은?

① 환자　　　　　　　② 건강 보균자
③ 무증상 감염자　　　④ 식품

39 분변이나 구토물에 의해 감염병이나 기생충 질환의 병원체가 체외로 배설되는 경우는?

① 기계적 탈출　　　　② 소화기계 계통으로 탈출
③ 비뇨생식기 계통으로 탈출　　④ 개방적 탈출

32 렙토스피라증은 가을철 추수기 농촌 지역에서 주로 들쥐 등에 의하여 사람에게 전파되는 감염병으로, 갑작스런 발열과 오한, 근육통 등의 증세를 보인다.

33 비말 감염은 기침, 재채기, 타액을 통해 감염된다.

34 모기 매개 감염은 절지동물에 의한 간접전파이다.

36 인공 능동 면역은 인위적으로 항원을 투입하는 예방 접종을 통해 이루어진다.

37 병원체의 크기는 기생충 〉 진균 〉 세균 〉 리케차 〉 바이러스 순으로 크다.

38 병원소란 병원체가 생활, 증식하여 다른 숙주에 전파할 수 있도록 생활하는 장소를 말하며 인간(결핵, 콜레라, 매독 등)과 동물(광견병, 페스트 등)이 이에 해당한다.

39 소화기계 탈출을 말하며, 그 예로는 세균성이질, 장티푸스, 콜레라 등이 있다.

32 ③　33 ①　34 ①　35 ②　36 ②　37 ③　38 ④　39 ②

40 질환 후의 면역을 무엇이라 하는가?

① 자연 능동 면역　　　　② 인공 능동 면역

③ 인공 수동 면역　　　　④ 자연 수동 면역

41 다음 중 선충류에 속하지 <u>않는</u> 것은?

① 선충　　　　　　　　② 요충

③ 회충　　　　　　　　④ 이질아메바

42 돼지고기를 익혀 먹지 않았을 때 발병하는 기생충은 무엇인가?

① 간디스토마　　　　　② 무구조충증

③ 유구조충증　　　　　④ 폐디스토마

43 다음 연결 중 바르지 <u>않은</u> 것을 고르시오.

① 간디스토마 – 바다회　　② 무구조충증 – 소고기

③ 유구조충증 – 돼지고기　④ 광절열두조충증 – 송어, 연어

44 인간에게 가장 흔한 기생충으로 어린이들에게 빈번한 기생충은 무엇인가?

① 회충　　　　　　　　② 편충

③ 요충　　　　　　　　④ 조충

45 다음 중 간디스토마의 제1 중간 숙주, 제2 중간 숙주로 맞게 짝지어진 것은?

① 쇠우렁이 – 잉어　　　② 다슬기 – 참붕어

③ 물벼룩 – 소라　　　　④ 소라 – 피라미

46 다음 중 독소형 식중독은 어느 것인가?

① 보툴리누스　　　　　② 웰치균

③ 장염비브리오　　　　④ 살모넬라

47 다음 중 감염형 식중독에 속하는 것은 어느 것인가?

① 보툴리누스　　　　　② 포도상구균

③ 웰치균　　　　　　　④ 살모넬라

48 다음 세균성 식중독 중 감염형이 <u>아닌</u> 것은 무엇인가?

① 보툴리누스　　　　　② 병원성 대장균

③ 장염비브리오　　　　④ 살모넬라

40 자연 능동 면역을 말하며 이에는 페스트, 장티푸스, 백일해, 유행성이하선염 등이 있다.

42 ① 간디스토마 – 제 1중간 숙주는 쇠우렁이, 제 2중간 숙주는 잉어, 참붕어, 피라미 등의 민물고기
② 무구조충증 – 소고기
④ 폐디스토마 – 제 1중간 숙주는 다슬기, 제 2중간 숙주는 가재, 게 등

44 ③ 요충은 야간 취침 시에 주로 산란하고, 항문 주위에 알이 산란되는 경우가 많아 항문이 가려운 것이 특징이다.

45 간디스토마 – 강 유역
• 제1 중간 숙주: 쇠우렁이
• 제2 중간 숙주: 잉어, 참붕어, 피라미 등의 민물고기

46 세균성 식중독은 독소형과 감염형으로 구분된다. 독소형 식중독의 원인균은 보툴리누스 식중독, 포도상구균 식중독 등이 있다.

47 감염 독소형 식중독(중간형)의 원인균은 웰치균, 장 병원성 대장균, 장 독소형 대장균 등이 있다.

40 ①　41 ④　42 ③　43 ①　44 ③　45 ①　46 ①　47 ③　48 ①

49 다음 중 복어독 증상이 <u>아닌</u> 것을 고르시오.

① 고열

② 호흡장애

③ 언어장애

④ 지각마비

50 공기 중 가장 많은 비율을 차지하고 있는 것은 무엇인가?

① 산소

② 질소

③ 이산화탄소

④ 아르곤

51 공기의 자정 작용으로 <u>틀린</u> 것을 고르시오.

① 강설, 강우 등에 의한 용해성 가스의 세정 작용

② 공기 자체의 희석 작용

③ 기온 역전 현상의 자정 작용

④ 식물의 탄소 동화 작용에 의한 이산화탄소와 산소의 교환 작용

52 산업 보건의 목적으로 바른 것을 고르시오.

① 직업병 치료

② 근로자의 보건 유지

③ 산업 재해 유발

④ 근로자의 안전 유지를 위한 질병 치료

53 다음 중 고기압으로 인하여 발생되는 직업병이 <u>아닌</u> 것은 무엇인가?

① 고압증

② 잠수병

③ 고산병

④ 산소중독증

54 미생물의 종류에 맞지 <u>않는</u> 것을 고르시오.

① 곰팡이

② 세균

③ 효모

④ 편모

55 공중보건학의 개념에 대한 설명이다. 가장 적합한 것은?

① 질병 예방, 건강 증진, 수명 연장

② 질병 예방, 조기 치료, 건강 증진

③ 질병의 조기 발견 및 치료, 수명 연장

④ 질병 예방, 수명 연장, 조기 치료

---

49 복어독 증상 – 호흡 곤란, 혀의 지각마비, 구토, 언어장애, 호흡정지 등

50 공기는 질소 78%, 산소 20.9%, 아르곤 0.9%, 이산화탄소 0.03%, 기타 0.04%로 구성되어 있다.

51 공기의 자정 작용은 ①, ②, ④번 이외에 산화 작용, 그리고 살균 작용이 있다.

52 사업장에서 모든 근로자의 육체적 정신적 건강을 유지, 증진시키는 데 목적이다.

53 고산병과 저압증, 그리고 저산소증은 저기압으로 인한 직업병이다.

54 미생물의 정의는 육안으로 볼 수 없는 0.1mm 이하의 크기인 미세한 생물, 즉 아주 작은 주로 단일 세포 또는 균사로 몸을 이루며, 생물로서의 최소 생활 단위를 영위한다. 세균, 바이러스, 곰팡이, 효모 등이 속한다.

55 윈슬로우는 공중보건학을 '조직된 지역 사회의 노력을 통해 질병을 예방하고, 수명을 연장하며, 건강과 효율을 증진시키는 과학이다'라고 정의하였다.

정답 49 ① 　 50 ② 　 51 ③ 　 52 ② 　 53 ③ 　 54 ④ 　 55 ①

56 공중보건학의 범위에서 환경보건 분야가 <u>아닌</u> 것은?

① 환경위생   ② 산업위생

③ 보건교육   ④ 환경보전과 공해

57 공중보건의 개념으로 볼 수 <u>없는</u> 것은?

① 질병 예방   ② 질병 치료

③ 건강 증진   ④ 수명 연장

58 공중보건사업과 가장 관계가 <u>적은</u> 것은?

① 심장병 환자 치료 사업

② 감염병 예방 사업

③ 환경위생 개선 사업

④ 의료봉사 사업

59 다음 중 질병의 3대 요인이 <u>아닌</u> 것을 고르시오.

① 병인   ② 숙주

③ 환경   ④ 매개체

60 역학의 역할 중에서 가장 중요한 것은?

① 보건의료서비스 연구

② 질병의 치료 연구

③ 질병의 예방대책 수립

④ 질병의 발생원인 규명

61 병원소에 속하지 <u>않는</u> 것은?

① 환자   ② 건강보균자

③ 무증상 감염자   ④ 바이러스

62 환경 위생을 깨끗하게 함으로써 예방할 수 있는 감염병은?

① 홍역   ② 디프테리아

③ 백일해   ④ 장티푸스

63 균에 감염되어 증상이 나타날 때까지의 기간을 무엇이라 하는가?

① 잠복기   ② 발열기

③ 태동기   ④ 분열기

---

56 환경보건 분야는 환경위생, 식품위생, 환경보전과 공해, 산업환경으로 나눈다.

58 공중보건사업은 치료를 목적으로 하지 않는다.

59 질병의 3대 요인 – 병인, 숙주, 환경

60 역학의 역할에는 질병의 발생원인 규명의 역할, 질병의 발생 및 유행의 감시 역할, 질병의 자연사 연구의 역할, 보건의료 서비스 연구, 임상 분야에 대한 역할 등이 있다.

61 바이러스는 병원체이다.

62 소화기 질환의 이상적 관리 방법은 철저한 환경 위생(개선)이다.

63 잠복기는 균에 감염되어 임상증상이 나타날 때까지의 기간을 말한다.

---

56 ③   57 ②   58 ①   59 ④   60 ④   61 ④   62 ④   63 ①

64 국내에서 새로 발생한 신종감염병증후군, 재출현 감염병 또는 국내 유입이 우려되는 해외 유행 감염병은?

① 제1군 감염병　　　　　　② 제2군 감염병
③ 제3군 감염병　　　　　　④ 제4군 감염병

65 다음 중 지체 없이 보건복지부장관 또는 관할 보건소장에게 신고하여야 하는 감염병이 <u>아닌</u> 것은?

① 콜레라　　　　　　　　　② 폐흡충증
③ 일본뇌염　　　　　　　　④ 페스트

66 돼지고기를 익혀 먹지 않았을 때 감염될 수 있는 기생충은?

① 폐디스토마　　　　　　　② 회충
③ 유구조충　　　　　　　　④ 무구조충

67 광절열두조충의 중간 숙주는?

① 다슬기　　　　　　　　　② 송어, 연어
③ 우렁이　　　　　　　　　④ 가재

68 다음 중 자가 감염과 집단 감염의 가능성이 가장 큰 것은?

① 회충　　　　　　　　　　② 편충
③ 요충　　　　　　　　　　④ 십이지장충

69 3대 영양소가 <u>아닌</u> 것은?

① 탄수화물　　　　　　　　② 지방
③ 단백질　　　　　　　　　④ 무기질

70 에너지원으로 대부분 이용되고, 과다 섭취 시 체내에 글리코겐으로 저장되는 영양소는?

① 탄수화물　　　　　　　　② 지방
③ 단백질　　　　　　　　　④ 무기질

71 다음 중 복어독 중독 증상이 <u>아닌</u> 것은?

① 고열 및 오한　　　　　　② 호흡장애
③ 지각마비　　　　　　　　④ 언어장애

64 국내에서 새롭게 발생하거나 발생의 우려가 있는 감염병 또는 국내 유입이 우려되는 해외 유행 감염병으로서 보건복지부령으로 정하는 감염병을 제4군감염병이라 한다.

65 제1군 감염병부터 제4군 감염병까지의 경우에는 지체 없이, 제5군 감염병 및 지정 감염병의 경우에는 7일 이내에 보건복지부 장관 또는 관할 보건소장에게 신고하여야 한다.

67 제1중간 숙주 – 물벼룩, 제2중간 숙주 – 송어, 연어

68 요충은 항문 주위에 산란하여 인체에 침입과 탈출이 가능하므로 자가 감염과 집단 감염률이 높다.

70 탄수화물은 결핍 시 영양장애, 허약, 피로 등을 보이며 과잉 섭취 시에는 비만의 원인이 된다.

71 복어독 중독 증상: 구순 및 혀의 지각마비, 언어장애, 운동불능, 연하, 호흡곤란, 호흡정지 등의 증상이 있다.

64 ④　**65** ②　**66** ③　**67** ②　**68** ③　**69** ④　**70** ①　**71** ①

72 다음 사항 중 산업재해 지표와 무관한 것은?

① 건수율　　　　　　② 발병률

③ 강도율　　　　　　④ 도수율

73 다음 중 절족 동물 매개 감염병이 <u>아닌</u> 것은?

① 페스트

② 유행성 출혈열

③ 말라리아

④ 탄저

74 다음 중 이·미용업소의 실내 온도로 가장 알맞은 것은?

① 10℃ 이하　　　　② 12~15℃

③ 18~21℃　　　　④ 25℃ 이상

75 공중보건학의 대상으로 적합한 것은?

① 개인　　　　　　② 지역주민

③ 의료인　　　　　④ 환자 집단

76 다음 질병 중 모기가 매개하지 <u>않는</u> 것은?

① 일본뇌염　　　　② 황열

③ 발진티푸스　　　④ 말라리아

77 다음 ( )안에 알맞은 말은 순서대로 나열한 것은?

> 세계보건기구(WHO)의 본부는 스위스 제네바에 있으며 6개의 지역사무소를 운영하고 있다. 이 중 우리나라는 ( ) 지역에, 북한은 ( ) 지역에 소속되어 있다.

① 서태평양, 서태평양　　② 동남아시아, 동남아시아

③ 동남아시아, 서태평양　　④ 서태평양, 동남아시아

72 산업재해 지표에는 건수율, 도수율, 강도율이 있다.

73

파리	이질, 장티푸스, 콜레라, 결핵
모기	일본뇌염, 황열, 말라리아, 뎅기열
벼룩	페스트, 발진열
쥐	유행성출혈열, 발진열
바퀴벌레	이질, 소아마비, 장티푸스

탄저병은 흙 속에 사는 균인 탄저균(bacillus anthracis)에 노출되어 발생한다.

74 실내의 최적 온도는 18℃를 기준으로 ±2℃ 범위로 하고 습도는 40~70% 범위를 유지한다.

75 지역주민 또는 국민을 대상으로 한다.

76 발진티푸스는 발진티푸스 리케차(rickettsia prowazekii)에 감염되어 발생하는 급성 열성 질환으로 감염원은 리케차균을 가지고 환자의 피를 빨아 먹은 이(louse)이다.

77 헌장에 따라 6개 지역위원회(regional committee)가 구성되어 있으며, 각 지역마다 지역위원회의 집행기구로서 지역사무소(regional office)가 설치되어 있다. 그 6개 지역은 ① 서태평양, ② 동남아시아, ③ 중동, ④ 유럽, ⑤ 남북아메리카, ⑥ 아프리카 등이다.

PART 2

78 요충에 대한 설명으로 옳은 것은?

① 집단 감염의 특징이 있다.

② 충란을 산란한 곳에는 소양증이 없다.

③ 흡충류에 속한다.

④ 심한 복통이 특징이다.

79 일산화탄소와 가장 관계가 <u>적은</u> 것은?

① 혈색소와 친화력이 산소보다 강하다.

② 실내공기 오염의 대표적인 지표로 사용한다.

③ 중독 시 중추신경계에 치명적인 영향을 미친다.

④ 냄새와 자극이 없다.

80 다음 중 세균 세포벽의 가장 외층을 둘러싸고 있는 물질로 백혈구의 식균작용에 대항하여 세균의 세포를 보호하는 것은?

① 편모　　　　　　　　② 섬모

③ 협막　　　　　　　　④ 아포

78 요충의 몸길이는 암컷 10~13 mm, 수컷 3~5mm으로, 쌍선충류에 속하며 사람의 맹장 부위에 기생한다. 세계적으로 분포하며 한국의 감염률도 높은 편이다. 몸은 명주실처럼 희고 가늘다. 야간 취침 시에 산란하는 일이 많고, 항문 주위에 산란된 알이 속옷이나 침구에 묻어 전파되므로 깨끗하게 소독하여 사용해야 한다. 특히 유치원에 갈 무렵의 유아에게 감염률이 높아 집단 감염의 특징을 나타낸다.

79 실내공기 오염도를 판정하는 지표로 사용되는 것은 이산화탄소이며, 측정기준량은 0.1%로 규정한다.

80 세균의 구조는 '세포벽'이라 불리는 단단한 막으로 둘러싸여 있고, 그 아래로 지질 이중층(lipid bilayer)으로 구성된 세포막이 있다. 세포벽은 사람의 세포에는 없으며, 세균에 따라 협막(capsule), 점액층(slime layer), 편모, 섬모 등과 같은 구조를 갖는 것도 있다. 이들 구조는 외부 환경으로부터 몸을 보호하고 운동을 하며 숙주에 부착하는 데 도움을 준다.

| 기본 구조 | 특수 부속기관 |

리보솜(Ribosomes)

mRNA의 정보를 토대로 해서 단백합성을 실시하는 세포내 소기관이다. 세균에서는 크기가 70S(S는 침강계수)이다.

핵양체(Nucleoid)

염색체 DNA가 핵막에 싸이지 않고 세포질 내에 존재한다(원핵생물).

세포벽(Cell wall)

세균의 형상을 유지하는 기능을 한다. 펩티도글리칸이 주성분이다.

세포막(Plasma membrane)

세포질(Cytoplasm)

협막(Capsule)

세균 주위의 염색되기 어려운 층으로서 대부분은 다당체로 구성된다. 식세포의 탐식에 저항하는 작용 등을 가지고 있다.

섬모(Fimbriae pili), 선모

감염 장소로서 동물세포에 부착하기 위한 부착섬모와 세균끼리 결집하여 정보전달을 하기 위한 접합섬모가 있다.

편모(Flagella)

운동을 위한 기관으로 편모의 회전이 동력이 된다. 편모의 수나 부착부위는 균종에 따라 다르다(주편모 등).

[출처 : 네이버 지식백과]

78 ① 　79 ② 　80 ③

소독 방법 및 분야별 위생 소독

01 다음 중 소독법과 기기가 알맞게 연결된 것은?

① 자외선 멸균법: 저전압 수은 램프

② 간헐 멸균법: 베르케 펠트형 여과기

③ 건열 멸균법: 알콜 버너나 램프

④ 고압 증기 멸균법: 코흐 멸균기

02 화학적 소독법에 해당되지 <u>않는</u> 것은?

① 에탄올   ② 포름알데히드

③ 과산화수소   ④ 태양광선

03 소독 시 유의사항으로 바르지 <u>않은</u> 것은?

① 물품의 부식성 및 표백성이 없어야 한다.

② 염소제는 상온에 보관해야 한다.

③ 소독약의 용해성이 높고 안정성이 있어야 한다.

④ 소독 약품의 폐기 시 수은으로써 0.005mg/*l*을 초과해서는 안 된다.

04 세포 내핵의 DNA나 RNA의 작용으로 단시간 살균하는 멸균법은 무엇인가?

① 방사선 멸균법   ② 건열 멸균법

③ 자외선 멸균법   ④ 초음파 멸균법

05 일광 소독과 관계가 있는 전자기파는?

① 가시광선   ② 자외선

③ 열선   ④ 적외선

06 소독제에 따른 기준에 적합한 것은 무엇인가?

① 에탄올: 20% 용액에 10분 이상 머금은 면 또는 거즈로 기구의 표면을 닦아준다.

② 프로말린: 70% 용액에 10분 이상 소독한다.

③ 크레졸: 3% 용액에 10분 이상 소독한다.

④ 소디움 클로라이트: 50% 용액에 20분 이상 소독한다.

01 ② 간헐 멸균법: 아놀드 멸균기, 코흐 멸균기
③ 건열 멸균법: 건열 멸균기
④ 고압 증기 멸균법: 증기 멸균기, 화학적 지시계, 생물학적 지시계

02 태양광선은 자연 소독법이다.

03 염소제는 냉암소에 보관하여야 한다.

04 방사선 멸균법은 핵산의 단열을 일으키는 주요한 멸균 방법이다.

05 일광 소독은 약 1% 포함되어 있는 자외선의 살균력을 이용한 것이다.

06 크레졸은 3~5% 수용액을 사용하며, 크레졸 3%에 물 97%의 비율로 크레졸 비누액을 만들어 손, 오물, 객담 등의 소독에 사용한다.

01 ①   02 ④   03 ②   04 ①   05 ②   06 ③

07 실내의 바닥과 의자, 테이블 등을 위생 소독 시 적절한 소독 방법은 무엇인가?

① 석탄산 용액 3% ② 제4급 암모늄 복합제 20%

③ 이소프로판올 100% ④ 포름알데히드 10%

7 실내의 바닥과 의자, 테이블 등은 3%의 석탄산 용액이나 3% 크레졸 용액 또는 역성비누로 닦아준다.

08 이 · 미용 업무와 관련된 병원균이 <u>아닌</u> 것은?

① 칸디다 ② 결막염 ③ 진균류 ④ 비브리오

8 비브리오는 어패류와 생선류에 의해 오염된다.

09 피부 소독에 사용되는 에틸 알코올의 가장 적합한 농도는?

① 5% 이하 ② 20~30% ③ 70~80% ④ 90~100%

9 에틸 알코올 75%에서 가장 살균력이 뛰어나고 이소프로판올은 70% 농도에서 에틸 알코올보다 살균 작용이 강하고 휘발성이다.

10 이 · 미용 업소에서 사용하는 수건을 소독하는 방법으로 가장 적절한 것은?

① 자비 소독 ② 석탄산 소독

③ 적외선 소독 ④ 건열 멸균 소독

10 자비 소독: 100℃ 이상에서 10분 이상 끓여준다.

11 플라스틱 기구의 소독 방법에 가장 적합한 것은?

① 오존 살균법 ② E.O 가스 멸균법

③ 고압 증기 멸균법 ④ 여과 멸균법

11 E.O 가스는 고온, 고습, 고압을 필요로 하지 않고 기구에 손상을 주지 않으며 모든 미생물이 사멸된다.

12 2%의 소독액 800ml를 만드는 방법으로 옳은 것은?(소독액 원액의 농도는 100%이다)

① 원액 2ml에 물 798ml를 가한다.

② 원액 20ml에 물 600ml를 가한다.

③ 원액 16ml에 물 784ml를 가한다.

④ 원액 160ml에 물 640ml를 가한다.

12 $\dfrac{\text{용질량}}{\text{용액량}} \times 100 = (\%)$

$\dfrac{\times}{800} \times 100 = 2$

13 다음 중 살균 작용이 가장 강한 것은?

① 방부 ② 소독 ③ 세척 ④ 멸균

13 멸균은 병원체이든 비병원체이든 무균 상태로 완전히 없애는 것이다.

14 다음 중 자비 소독으로 살균되지 <u>않는</u> 균은?

① 대장균 ② 장티푸스균

③ 아포 형성균 ④ 결핵균

14 고압 증기는 포자 형성균 멸균에 사용된다. 아포는 가열에 강하고, 사멸시키기 위해서는 장시간 끓여야 한다.

15 여과 멸균법의 종류에 해당되지 <u>않는</u> 것은?

① 짜이쯔형 ② 샴베랜형 ③ 글리옥시살 ④ 베르케 펠트

15 글리옥시살은 화학적 소독법이다.

07 ① 08 ④ 09 ③ 10 ① 11 ② 12 ③ 13 ④ 14 ③ 15 ③

16 다음 기구(집기) 중 열탕소독이 적합하지 <u>않은</u> 것은?

① 금속성 식기 ② 면 종류의 타월

③ 도자기 ④ 고무제품

17 다음 전자파 중 소독에 가장 일반적으로 사용되는 것은?

① 음극선

② 엑스선

③ 자외선

④ 중성자

18 다음의 계면활성제 중 살균보다는 세정의 효과가 더 큰 것은?

① 양성 계면활성제

② 비이온 계면활성제

③ 양이온 계면활성제

④ 음이온 계면활성제

19 분해 시 발생하는 발생기 산소의 산화력을 이용하여 표백, 탈취, 살균효과를 나타내는 소독제는?

① 승홍수 ② 과산화수소

③ 크레졸 ④ 생석회

20 역성비누액에 대한 설명으로 틀린 것은?

① 냄새가 거의 없고 자극이 적다.

② 소독력과 함께 세정력이 강하다.

③ 수지, 기구, 식기소독에 적합하다.

④ 물에 잘 녹고 흔들면 거품이 난다.

21 바이러스에 대한 설명으로 틀린 것은?

① 독감 인플루엔자를 일으키는 원인이 여기에 해당된다.

② 크기가 작아 세균여과기를 통과한다.

③ 살아있는 세포 내에서 증식이 가능하다.

④ 유전자는 DNA와 RNA 모두로 구성되어 있다.

---

16 고무, 플라스틱 제품: 중성세제 세척, 0.5%의 역성비누액, E.O 가스멸균법 또는 자외선에 의한 소독을 한다.

17 자외선 소독: $1cm^2$당 85μW 이상의 자외선을 20분 이상 쬐어준다. 침투력이 약하므로 표면만 살균되지 않도록 내부까지 방향을 돌려가며 소독한다.

18 계면활성제
- 계면활성제의 작용기전은 일반적으로 미생물이나 효소의 표면을 손상시켜 투과성을 저해하고 다른 물질과의 접촉을 방해한다.
- 세포벽과 세포막의 지질을 융해 또는 유화시키는 변성작용이 있다.
- 역성비누 등

19 과산화수소 : 3%의 수용액 사용하며, 자극성이 적다. 과산화수소가 소독 작용을 일으키는 이유는 피부 조직 내 생체 촉매에 의해 분해되어 생성된 산소가 피부 소독 작용을 하기 때문이다.

20 침투력과 살균력이 강한 계면활성제로서, 일반적으로 0.1~0.5%의 수용액을 만들어 사용한다. 무색, 무취, 무자극이므로 수지, 기구, 용기소독에 적당하고, 이·미용에서도 널리 사용하고 있다. 세정력은 거의 없으며, 결핵균에도 효력이 없다.

21 병원체 중에 가장 작아 전자현미경으로만 볼 수 있으며, 여과성 병원체의 생세포 내에서만 번식한다. 인플루엔자, 홍역, 일본뇌염, 소아마비, 후천성면역결핍증이 있다. 핵산의 종류에 따라 DNA 바이러스와 RNA 바이러스로 구분된다.

---

16 ④ 17 ③ 18 ④ 19 ② 20 ② 21 ④

PART 2

공중위생관리법

01 공중위생관리법의 정의 중 ( ) 안에 순서대로 들어갈 내용으로 적절한 것은?

> • "( )"이라 함은 다수인을 대상으로 위생관리 서비스를 제공하는 영업
> 으로서 숙박업·목욕장업·이용업·( )·세탁업·건물위생관리업을 말한
> 다(제2조 제1항 제1호).
> • "( )"이라 함은 손님의 얼굴·머리·피부 등을 손질하여 손님의 외모를
> 아름답게 꾸미는 영업을 말한다(제2조 제1항 제5호).

① 공중위생관리업, 미용업, 이용업
② 공중위생관리업, 미용업, 이·미용업
③ 공중위생영업, 미용업, 미용업
④ 공중위생영업, 미용업, 이·미용업

02 공중위생관리법의 궁극적인 목적으로 적절한 것은?
① 국민의 건강 증진
② 공중위생영업의 수준 향상
③ 공중위생영업 종사자의 위생 관리
④ 공중위생영업소의 위생 관리 수준 향상

03 공중위생관리법 시행령에서 미용업의 세분에 대한 것으로 적절하지 <u>않은</u>
것은?
① 미용업(일반): 파마, 머리카락 자르기, 머리카락 모양내기, 머리카락
염색, 머리 감기, 의료 기기나 의약품을 사용하지 아니하는 눈썹 손질
② 미용업(피부): 의료 기기나 의약품을 사용하지 아니하는 피부 상태 분
석, 피부 관리, 제모, 눈썹 손질을 행하는 영업
③ 미용업(손톱, 발톱): 손톱과 발톱을 손질, 화장하는 영업
④ 미용업(화장, 분장): 얼굴 등 신체의 화장, 분장 및 눈매 반영구 시술 및
의료 기기나 의약품을 사용하지 아니하는 눈썹 손질을 하는 영업

04 미용업의 개설 신고 시 제출 서류로 적절하지 <u>않은</u> 것은?
① 건강진단증   ② 공중위생영업 설비개요서
③ 공중위생영업 시설개요서   ④ 교육수료증

---

01 "공중위생영업"이라 함은 다수인을 대상으로 위생 관리 서비스를 제공하는 영업으로서 숙박업·목욕장업·이용업·미용업·세탁업·건물위생관리업을 말한다(제2조 제1항 제1호).
"미용업"이라 함은 손님의 얼굴·머리·피부 등을 손질하여 손님의 외모를 아름답게 꾸미는 영업을 말한다(제2조 제1항 제5호).

02 「공중위생관리법」은 공중이 이용하는 영업과 시설의 위생 관리 등에 관한 사항을 규정함으로써 위생 수준을 향상시켜 국민의 건강 증진에 기여함을 목적으로 한다.

03 미용업(화장, 분장): 얼굴 등 신체의 화장, 분장 및 의료 기기나 의약품을 사용하지 아니하는 눈썹 손질을 하는 영업

04 건강진단증은 개설 신고 시 필요사항이 아니다.

정답 **01** ③   **02** ①   **03** ④   **04** ①

05 제3조(공중위생영업의 신고 및 폐업 신고)에 대한 설명 중 (   ) 안에 순서대로 들어갈 내용으로 적절한 것은?

> • 공중위생영업을 하고자 하는 자는 공중위생영업의 종류별로 (   )이/가 정하는 시설 및 설비를 갖추고 (   )에게 신고하여야 한다.
> • 규정에 의한 신고를 하지 아니한 자는 1년 이하의 징역 또는 (   ) 이하의 벌금에 처한다.

① 보건복지부령, 시장·군수·구청장, 300만 원

② 보건복지부령, 시장·군수·구청장, 1,000만 원

③ 대통령령, 시장·군수·구청장, 300만 원

④ 대통령령, 시장·군수·구청장, 1,000만 원

06 공중위생영업의 변경 시 신고해야 하는 사항으로 적절하지 <u>않은</u> 것은?

① 영업소의 명칭 또는 상호

② 영업소의 전화번호

③ 영업소의 주소

④ 대표자의 성명 및 생년월일

07 "공중위생영업의 신고 및 폐업 신고 시행규칙 3조의 2 제1항"의 내용 중 신고한 영업장 면적의 (   ) 이상의 증감이 있을 때 변경 신고를 하여야 한다. (   ) 안에 들어갈 내용으로 적절한 것은?

① 2분의 1

② 3분의 1

③ 4분의 1

④ 5분의 1

08 공중위생영업자의 지위를 승계한 자는 1월 이내에 보건복지부령이 정하는 바에 따라 (   )에게 신고하여야 한다. (   ) 안에 들어갈 내용으로 적절하지 <u>않은</u> 것은?

① 시장

② 군수

③ 구청장

④ 보건복지부장관

05 공중위생영업을 하고자 하는 자는 공중위생영업의 종류별로 보건복지부령이 정하는 시설 및 설비를 갖추고 시장·군수·구청장(자치구의 구청장에 한한다. 이하 같다)에게 신고하여야 한다.(제3조(공중위생영업의 신고 및 폐업 신고)) 규정에 의한 신고를 하지 아니한 자는 1년 이하의 징역 또는 1,000만 원 이하의 벌금에 처한다.(제20조(벌칙))

06 공중위생영업의 변경 시 신고해야 하는 사항: 영업소의 명칭 또는 상호, 영업소의 주소, 신고한 영업장 면적의 3분의 1 이상의 증감, 대표자의 성명 및 생년월일, 영 제4조 제2호 각 목에 따른 미용업 업종 간 변경

07 신고한 영업장 면적의 3분의 1 이상의 증감이 있을 때 신고하여야 한다.

08 공중위생영업자의 지위를 승계한 자는 1월 이내에 보건복지부령이 정하는 바에 따라 시장·군수 또는 구청장에게 신고하여야 한다.

09 공중위생영업자의 위생 관리 준수사항에 대한 설명으로 적절하지 <u>않은</u> 것은?

① 의료 기구와 의약품을 사용하지 아니하는 순수한 화장 또는 피부미용을 할 것

② 미용 기구는 소독을 한 기구와 소독을 하지 아니한 기구로 분리하여 보관할 것

③ 면도기는 1회용 면도날을 사용하지 아니할 것

④ 미용사 면허증을 영업소 안에 게시할 것

10 공중위생영업자는 그 이용자에게 (　　　)이/가 발생하지 아니하도록 영업 관련 시설 및 설비를 위생적으로 안전하게 관리하여야 한다. (　　　) 안에 들어갈 내용으로 적절한 것은?

① 건강상 위해 요인　　　　　② 질병

③ 사망　　　　　　　　　　　④ 감염병

11 공중위생관리법 시행규칙에 규정된 이·미용 기구의 자외선 소독 기준으로 적절한 것은?

① 1cm²당 85㎼ 이상의 자외선을 20분 이상 쬐어준다.

② 1cm²당 95㎼ 이상의 자외선을 10분 이상 쬐어준다.

③ 10cm²당 85㎼ 이상의 자외선을 10분 이상 쬐어준다.

④ 10cm²당 95㎼ 이상의 자외선을 20분 이상 쬐어준다.

12 미용업자가 준수하여야 하는 위생 관리 기준에 적절하지 <u>않은</u> 것은?

① 점 빼기·귓불 뚫기·쌍꺼풀 수술·문신·박피술 그 밖에 유사한 의료 행위를 하여서는 아니 된다.

② 미용 기구 중 소독을 한 기구와 소독을 하지 아니한 기구는 각각 다른 용기에 넣어 보관하여야 한다.

③ 영업장 안의 조명도는 95Lux 이상이 되도록 유지하여야 한다.

④ 영업소 내부에는 최종지불요금표를 게시 또는 부착하여야 한다.

13 미용사의 면허를 허가할 수 있는 자로 적절하지 <u>않은</u> 것은?

① 시장

② 군수

③ 구청장

④ 보건복지부 장관

09 면도기는 1회용 면도날만을 손님 1인에 한하여 사용하여야 한다.

10 공중위생영업자는 그 이용자에게 건강상 위해 요인이 발생하지 아니하도록 영업 관련 시설 및 설비를 위생적이고 안전하게 관리하여야 한다(제4조 제1항).

11 자외선 소독 : 1㎠당 85㎼ 이상의 자외선을 20분 이상 쬐어준다.

12 영업장 안의 조명도는 75Lux 이상이 되도록 유지하여야 한다.

13 미용사가 되고자 하는 자는 보건복지부령이 정하는 바에 의하여 시장·군수·구청장의 면허를 받아야 한다.

09 ③　**10** ①　**11** ①　**12** ③　**13** ④

14 다음 중 미용사의 면허를 받을 수 있는 사람은?

① 피성년후견인

② 감염병 환자

③ 마약 기타 대통령령으로 정하는 약물 중독자

④ 전과자

15 미용사의 면허 요건에 대한 설명으로 적절한 것은?

① 전문대학 또는 이와 같은 수준 이상의 학력이 있다고 보건복지부 장관이 인정하는 학교에서 이용 또는 미용에 관한 학과를 졸업한 사람

② 고등학교 또는 이와 같은 수준의 학력이 있다고 교육부장관이 인정하는 학교에서 졸업한 사람

③ 교육부장관이 인정하는 고등기술학교에서 6개월 이상 이용 또는 미용에 관한 소정의 과정을 이수한 사람

④ 국가기술자격법에 의한 미용사의 자격을 취득한 사람

16 미용사의 면허 신청 시 제출하여야 할 서류로 적절하지 <u>않은</u> 것은?

① 법 제6조 제1항 제1호 및 제2호에 해당하는 자: 졸업 증명서 또는 학위 증명서 1부

② 법 제6조 제1항 제3호에 해당하는 자: 이수를 증명할 수 있는 서류 1부

③ 법 제6조 제2항 제3호 및 제4호에 해당되지 아니함을 증명하는 최근 1년 이내의 의사의 진단서 1부

④ 신청 전 6개월 이내에 모자 등을 쓰지 않고 촬영한 천연색 상반신 정면 사진으로 가로 3.5센티미터, 세로 4.5센티미터의 사진 1장

17 미용사의 면허 결격 사유 중 제7조 제1항 제2호, 제4호, 제6호 또는 제7호의 사유로 면허가 취소된 후 (   )이 경과되지 아니한 자가 포함된다. (   ) 안에 들어갈 내용으로 적절한 것은?

① 6개월　　　　　　　② 1년

③ 2년　　　　　　　　④ 3년

---

14 미용사의 면허 결격 사유

① 피성년후견인

②「정신보건법」제3조제1호에 따른 정신 질환자

③ 공중의 위생에 영향을 미칠 수 있는 감염병 환자로서 보건복지부령이 정하는 자

④ 마약 기타 대통령령으로 정하는 약물 중독자

⑤ 제7조 제1항 제2호, 제4호, 제6호 또는 제7호의 사유로 면허가 취소된 후 1년이 경과되지 아니한 자

15 미용사의 면허 요건: 전문대학 또는 이와 같은 수준 이상의 학력이 있다고 교육부장관이 인정하는 학교에서 이용 또는 미용에 관한 학과를 졸업한 사람,「학점인정 등에 관한 법률」제8조에 따라 대학 또는 전문대학을 졸업한 사람과 같은 수준 이상의 학력이 있는 것으로 인정되어 같은 법 제9조에 따라 이용 또는 미용에 관한 학위를 취득한 사람, 고등학교 또는 이와 같은 수준의 학력이 있다고 교육부장관이 인정하는 학교에서 이용 또는 미용에 관한 학과를 졸업한 사람, 초·중등교육법에 따른 특성화고등학교, 고등기술학교나 고등학교 또는 고등기술학교에 준하는 각종 학교에서 1년 이상 이용 또는 미용에 관한 소정의 과정을 이수한 사람, 국가기술자격법에 의한 미용사의 자격을 취득한 사람

16 법 제6조 제2항 제3호 및 제4호에 해당되지 아니함을 증명하는 최근 6개월 이내의 의사의 진단서 1부

17 제7조 제1항 제2호, 제4호, 제6호 또는 제7호의 사유로 면허가 취소된 후 1년이 경과되지 아니한 자

PART 2

아래위생관리학

---

18 「공중위생관리법」 제7조 제1항에 따라 미용사의 면허가 취소될 수 있는 사항이 **아닌** 것은?

① 이중으로 면허를 취득한 때

② 제6조 제2항 제1호 내지 제4호에 해당하게 된 때

③ 면허증을 손 · 분실한 때

④ 면허증을 다른 사람에게 대여한 때

18 미용사의 면허 취소: 이중으로 면허를 취득한 때, 제6조 제2항 제1호 내지 제4호에 해당하게 된 때, 면허증을 다른 사람에게 대여한 때 등

19 미용사의 ( )을/를 받은 자가 아니면 미용업을 개설하거나 그 업무에 종사할 수 없다. 다만 미용사의 감독을 받아 미용 업무의 보조를 행하는 경우에는 그러하지 아니하다. ( ) 안에 들어갈 내용으로 적절한 것은?

① 면허   ② 통보

③ 허가   ④ 신고

19 미용사의 면허를 받은 자가 아니면 미용업을 개설하거나 그 업무에 종사할 수 없다. 다만 미용사의 감독을 받아 미용 업무의 보조를 행하는 경우에는 그러하지 아니하다.

20 미용업의 업무는 영업소 외의 장소에서 행할 수 없다. 다만, 보건복지부령이 정하는 특별한 사유가 있는 경우에는 그러하지 아니하다. 이때 영업소 외 시술의 특별한 사유(시행규칙 제13조)로 적절하지 **않은** 것은?

① 질병 기타의 사유로 인하여 영업소에 나올 수 없는 자에 대하여 미용을 하는 경우

② 혼례 기타 의식에 참여하는 자에 대하여 그 의식 직전에 미용을 하는 경우

③ 「사회복지사업법」 제2조 제4호에 따른 사회복지시설에서 봉사 활동으로 미용을 하는 경우

④ 보건복지부장관이 인정하는 경우

20 영업소 외 시술의 특별한 사유: ① 질병 기타의 사유로 인하여 영업소에 나올 수 없는 자에 대하여 미용을 하는 경우, ② 혼례 기타 의식에 참여하는 자에 대하여 그 의식 직전에 미용을 하는 경우, ③ 사회복지사업법 제 2조 제4호에 따른 사회 복지 시설에서 봉사 활동으로 미용을 하는 경우, ④ 방송 등의 촬영에 참여하는 사람에 대하여 그 촬영 직전에 미용을 하는 경우, ⑤ 시장·군수·구청장이 인정하는 경우

21 관계 공무원이 영업소를 폐쇄하기 위한 조치가 **아닌** 것은 무엇인가?

① 해당 영업소의 간판, 기타 영업 표지물의 제거

② 해당 영업소가 위법함을 알리는 게시물의 부착

③ 영업에 필요한 기구 또는 시설물을 사용할 수 없도록 봉인

④ 해당 영업소의 면허증 부착

22 보고 및 출입·검사에 대한 내용이 **아닌** 것은 무엇인가?

① 소속 공무원으로 하여금 영업장에 출입시킨다.

② 시장, 도지사에게 필요한 보고를 한다.

③ 영업장 출입 시 관계 공무원은 권한의 증표를 보여야 한다.

④ 공중위생관리상 필요와 관계없이 수시로 출입시킨다.

22 공중위생관리상 필요하다고 인정되는 때에는 영업자에 대하여 보고 및 출입·검사를 할 수 있다.

18 ③   19 ①   20 ④   21 ④   22 ④

23 종전의 영업자에 대하여 영업소 폐쇄 위반을 사유로 행한 행정 제재 처분의 효과는 무엇인가?

① 처분 기간이 만료된 날로부터 6개월이다.

② 6개월 간 양수인, 상속인에게 승계된다.

③ 처분 기간이 만료된 날로부터 1년 간 승계된다.

④ 합병 후 존속하는 법인에도 6개월 간 승계된다.

24 청문을 해야 하는 처분에 해당하지 <u>않는</u> 경우는 무엇인가?

① 미용사 면허 취소 및 정지　　② 모든 시설의 사용 중지

③ 영업소의 폐쇄 명령　　　　　④ 영업 정지

25 1억 원 이하의 과징금 부과에 해당하지 <u>않는</u> 경우는 무엇인가?

① 관계 공무원의 영업소 출입을 방해한 경우

② 공중위생영업소의 폐쇄 규정에 갈음함

③ 공익을 해할 우려가 있는 경우

④ 영업 정지가 이용자에게 불편을 주는 경우

26 공중위생감시원에 대한 설명으로 <u>틀린</u> 것은 무엇인가?

① 위생 지도 및 개선 명령 이행 여부의 확인 등의 업무가 있다.

② 특별시, 광역시, 도 및 시, 군, 구에 둔다.

③ 자격 · 임명 · 업무 범위, 기타 필요한 사항은 보건복지부령으로 정한다.

④ 위생사 또는 환경기사 2급 이상의 자격증이 있는 소속 공무원 중에서 임명한다.

27 위생 관리 등급의 구분이 올바르지 <u>않은</u> 것은 무엇인가?

① 최우수 업소: 녹색 등급

② 우수 업소: 황색 등급

③ 보통 업소: 청록 등급

④ 일반 관리 대상 업소: 백색 등급

28 공중위생영업소를 개설하고자 하는 자는 언제 위생 교육을 받아야 하는가?

① 미리 받는다.　　　　　　　　② 개설 후 3개월 이내

③ 개설 후 6개월 이내　　　　　④ 개설 후 1년 이내

23 종전의 영업자에 대해 영업소 폐쇄 위반을 사유로 행한 행정 제재 처분의 효과는 처분 기간이 만료된 날로부터 1년 간 양수인, 상속인, 합병 후 존속하는 법인에게 승계된다.

 23 ③　　24 ②　　25 ①　　26 ③　　27 ③　　28 ①

29 다음 중 1년 이하의 징역 또는 1,000만 원 이하의 벌금에 처할 수 있는 것은?

① 면허 정지 기간 중 영업을 한 자

② 이 · 미용업 신고를 하지 아니하고 영업을 한 자

③ 이 · 미용업 허가를 받지 아니하고 영업을 한 자

④ 음란 행위를 알선 또는 제공하거나 이에 대한 손님의 요청에 응한 자

30 위생 서비스 평가 결과에 따른 위생 관리 등급은 누구에게 통보하고 이를 공표하여야 하는가?

① 보건소장

② 시장 · 군수 · 구청장

③ 해당 공중위생 영업자

④ 시 · 도지사

31 공중위생감시원의 업무에 해당하지 <u>않는</u> 것은 무엇인가?

① 영업소 시설 및 설비의 확인

② 공중 이용 시설의 위생 상태 검사

③ 공중 이용 시설의 위생 지도 이행 결과 평가

④ 공중 이용 시설의 위생 상태 확인

31 공중 이용 시설의 위생 지도 이행 여부 확인이 업무에 해당한다.

32 위생 교육을 실시하는 단체에 해당하는 것은 무엇인가?

① 보건복지부령에 의해 허가된 단체

② 보건복지부장관에 의해 허가된 단체

③ 시장, 군수, 구청장에 의해 허가된 단체

④ 시 · 도지사에 의해 허가된 단체

32 위생 교육은 보건복지부장관이 허가한 단체에서 실시한다.

33 영업 신고를 한 후 위생 교육을 받을 수 있는 기간에 해당하는 것은 무엇인가?

① 2개월   ② 3개월   ③ 6개월   ④ 12개월

33 보건복지부령으로 정하는 부득이한 사유로 미리 교육을 받을 수 없는 경우에는 영업 개시 후 6개월 이내에 위생 교육을 받을 수 있다.

34 대통령령이 정하는 바에 의하여 그 업무의 일부를 위탁할 수 있는 자에 해당하는 것은?

① 보건복지부장관   ② 시장, 군수, 구청장

③ 시 · 도지사   ④ 특별시장, 광역시장, 도지사

29 ②   **30** ③   **31** ③   **32** ②   **33** ③   **34** ①

35 300만 원 이하의 과태료에 해당하는 사항이 <u>아닌</u> 것은 무엇인가?

① 규정에 의한 보고를 하지 않은 자

② 관계 공무원의 출입을 거부한 자

③ 위생 관리 의무를 지키지 않은 자

④ 개선 명령을 위반한 자

36 200만 원 이하의 과태료에 해당하는 사항이 아닌 것은?

① 미용업소의 위생 관리 의무를 지키지 아니한

② 영업소 외의 장소에서 미용 업무를 행한 자

③ 개선 명령을 위반한 자

④ 위생 교육을 받지 아니한 자

37 행정 처분을 하기 위한 절차가 진행되는 기간 중 같은 사항을 위반하였을 때 처분으로 옳지 <u>않은</u> 것은 무엇인가?

① 같은 사항을 위반한 때에는 처분이 달라진다.

② 위반 횟수마다 가중된다.

③ 위반 횟수에 상관없이 무조건 가중된다.

④ 행정 처분 기준의 2분의 1씩 더하여 처분된다.

38 미용업의 위생 교육에 대한 설명 중 바르지 <u>않은</u> 것은 무엇인가?

① 위생 교육 시간은 3시간이다.

② 위생 교육 실시 후 1개월 이내에 결과를 시장·군수·구청장에게 통보한다.

③ 부득이한 사정으로 교육을 받지 못한 자는 6월 이내에 위생 교육을 받게 한다.

④ 위생 교육에 관한 기록은 1년 이상 보관·관리해야 한다.

39 과징금 금액의 2분의 1 범위 안에서 가중 또는 경감할 수 있는 참작 내용이 <u>아닌</u> 것은 무엇인가?

① 영업자의 사업 규모   ② 위반 행위의 횟수 정도

③ 매출 금액   ④ 위반 행위의 정도

40 과징금 금액 부과는 누구의 명으로 집행되는가?

① 보건복지부령   ② 대통령령

③ 시·도지사   ④ 시장·군수·구청장

---

35 법 제22조 300만 원 이하의 과태료(보고를 하지 않거나 관계 공무원의 출입, 감사, 기타 조치를 거부한자, 개선 명령에 위반한 자)

36 200만 원 이하의 과태료
① 미용업소의 위생 관리 의무를 지키지 아니한 자
② 영업소 외의 장소에서 미용 업무를 행한 자
③ 위생 교육을 받지 아니한 자

아주위생관리학

38 시행규칙 제23조 교육한 기록을 2년 이상 보관, 관리해야 한다.

39 시장, 군수, 구청장은 영업자의 사업 규모, 위반 행위의 정도, 횟수 등을 참작하여 과징금 금액의 2분의 1 범위 안에서 이를 가중 또는 경감할 수 있다.

40 제정하는 것은 대통령령이지만 집행은 시장·군수·구청장이다.

---

35 ③   36 ③   37 ③   38 ④   39 ③   40 ④

41 공중위생관리법의 목적에서 ( ) 안에 순서대로 들어갈 말로 알맞은 것은?

공중이 이용하는 영업의 (   ) 등에 관한 사항을 규정함으로써 (   )을/를 향상시켜 국민의 건강증진에 기여함을 목적으로 한다.

① 위생 관리, 위생 수준　　②위생 수준, 위생 관리
③ 위생 관리, 소독 수준　　④ 위생과 청결, 위생 관리

42 공중위생영업에 속하지 <u>않는</u> 것은?

① 세탁업　　　　　　② 위생관리업
③ 미용업　　　　　　④ 목욕장업

42 공중위생영업에는 숙박업, 목욕장업, 이용업, 미용업, 세탁업, 건물위생관리업이 속한다.

43 다음 (   )안에 적합한 것은?

공중위생관리법의 목적은 위생 수준을 향상시켜 국민의 (   )에 기여함에 있다.

① 건강 회복　　　　　② 건강 증진
③ 삶의 질 향상　　　　④ 복지 증진

44 공중위생관리법에서 정의하고 있는 공중위생영업의 종류에 해당되지 <u>않는</u> 것은?

① 건물위생관리업　　　② 목욕장업
③ 세탁업　　　　　　④ 학원 영업

45 공중위생관리법상 정의되는 용어의 설명으로 가장 올바른 것은?

① 공중위생영업이란 미용업, 이용업, 세탁업, 학원 영업 등을 말한다.
② 이용업은 손님의 머리, 수염, 피부를 손질해 손님의 외모를 아름답게 꾸미는 영업을 말한다.
③ 미용업은 손님의 얼굴, 머리, 피부 등을 손질해 손님의 외모를 아름답게 꾸미는 영업을 말한다.
④ 공중위생증진업이란 다수인을 대상으로 위생 관리 서비스를 제공하는 영업을 말한다.

46 공중위생영업자가 변경신고를 해야 하는 경우가 <u>아닌</u> 것은?

① 영업소의 명칭 변경　　② 영업소의 상호 변경
③ 영업소의 주소 변경　　④ 영업소의 5분의 1 이상 증감 시

46 신고한 영업소 면적의 3분의 1 이상 증감 시 변경신고 하여야 한다.

41 ①　**42** ②　**43** ②　**44** ④　**45** ③　**46** ④

47 공중위생영업자의 중요사항 변경 시 누구에게 하여야 하는가?

① 보건복지부장관　　　② 시 · 도지사

③ 노동부장관　　　④ 시장 · 군수 · 구청장

48 공중위생관리법상 이 · 미용업자가 시장 · 군수 · 구청장에게 변경신고 하여야 할 경우가 <u>아닌</u> 것은?

① 영업소의 명칭 또는 상호 변경

② 영업소의 주소 변경

③ 신고한 영업장 면적의 3분의 1이상 증감 시

④ 영업장 내 직원 변경 시

49 면허를 소지한 자에 한하여 이 · 미용업을 승계할 수 있는 경우가 <u>아닌</u> 것은?

① 영업장을 폐업할 때

② 영업자의 사망으로 상속을 받은 경우

③ 영업을 양도하고자 할 때

④ 법인이 합병한 때

50 공중위생영업자의 지위를 승계한 자가 시장 · 군수 또는 구청장에게 신고하여야 하는 기간은?

① 15일 이내　　　② 1월 이내

③ 2월 이내　　　④ 3월 이내

51 공중위생영업을 폐업한 자가 폐업한 날부터 시장 · 군수 또는 구청장에게 신고하여야 하는 기간은?

① 10일 이내　　　② 15일 이내

③ 20일 이내　　　④ 1월 이내

52 이 · 미용기구의 소독 기준으로 <u>틀린</u> 것은?

① 자외선 소독은 1㎠당 85㎼ 이상의 자외선을 20분 이상 쬐어준다.

② 건열 멸균 소독은 100℃ 이상의 건조한 열에 20분 이상 쬐어준다

③ 증기 소독은 100℃ 이상의 습한 열에 20분 이상 쬐어준다.

④ 열탕 소독은 100℃ 이상의 물속에 20분 이상 끓여준다.

47 공중위생영업자는 중요 변경사항을 시장·군수·구청장에게 신고하여야 한다.

49 영업장을 폐업한 경우에는 승계와 관련이 없다.

PART 2

50 공중위생영업자의 지위를 승계한 자는 1월 이내에 시장·군수 또는 구청장에게 신고하여야 한다.

51 공중위생영업을 폐업한 자는 폐업한 날부터 20일 이내에 시장·군수 또는 구청장에게 신고하여야 한다.

52 열탕 소독은 100℃ 이상의 물 속에 10분 이상 끓여준다.

47 ④　　48 ④　　49 ①　　50 ②　　51 ③　　52 ④

53 이·미용기구의 소독 기준 및 방법, 영업자가 준수해야 할 사항을 규정하는 법령은?

① 노동부령   ② 시장·군수·구청장령

③ 보건복지부령   ④ 행정자치부령

54 이·미용업자가 준수하여야 하는 위생 관리 기준이 <u>아닌</u> 것은?

① 소독을 한 기구와 소독을 하지 아니한 기구는 각각 다른 용기에 넣어 보관하여야 한다.

② 1회용 면도날은 손님 1인에 한하여 사용하여야 한다.

③ 영업장 안의 조명도는 80룩스 이상이 되도록 유지하여야 한다.

④ 영업소 내부에 이·미용업 신고증 및 개설자의 면허증 원본을 게시하여야 한다.

55 이·미용 업소 내 게시사항이 <u>아닌</u> 것은?

① 근무자의 면허증 원본

② 개설자의 면허증 원본

③ 이·미용 요금표

④ 이·미용업 신고증

56 미용사의 면허 발부권자는 누구인가?

① 시·도지사   ② 보건복지부

③ 행정부   ④ 시장·군수·구청장

57 이·미용사의 면허증 재발급 신청을 할 수 없는 경우는 무엇인가?

① 면허증의 기재사항이 변경이 되었을 때

② 이·미용사의 자격증이 취소된 때

③ 면허증을 잃어버렸을 때

④ 면허증이 헐어 못쓰게 된 때

58 미용사(메이크업)의 업무에 속하는 것은?

① 피부 상태 분석

② 피부 관리

③ 손톱의 손질 및 화장

④ 눈썹 손질

54 영업장 안의 조명도는 75룩스 이상이 되도록 유지하여야 한다.

55 근무자의 면허증 원본은 게시할 의무가 없다.

53 ③   54 ③   55 ①   56 ④   57 ②   58 ④

59 6월 이하의 징역 또는 500만 원 이하의 벌금에 해당되지 <u>않는</u> 것은?

① 중요사항 변경신고를 하지 아니한 자

② 영업신고 규정에 의한 신고를 하지 아니한 자

③ 공중위생영업자의 지위를 승계한 자로서 규정에 의한 신고를 하지 아니한 자

④ 건전한 영업 질서를 위하여 공중위생영업자가 준수하여야 할 사항을 준수하지 아니한 자

60 공중위생감시원의 자격에 해당되지 <u>않는</u> 자는?

① 위생사 또는 환경기사 2급 이상의 자격증이 있는 자

② 외국에서 환경기사의 면허를 받은 자

③ 3년 이상 공중위생행정에 종사한 경력이 있는 자

④ 외국에서 미용학을 전공한 자

59 영업신고 규정에 의한 신고를 하지 아니한 자는 1년 이하의 징역 또는 1,000만 원 이하의 벌금에 처한다.

PART 2

미용위생관리학

메이크업 숍 위생 관리

01 메이크업 숍에서 사용하는 도구나 기자재들의 위생이 바르지 <u>않은</u> 것은?

① 화장품 도구는 작업 전과 후에 소독하여 청결히 보관한다.

② 눈썹을 다듬는 면도날은 감염을 예방하기 위해 사용 후 잘 닦아놓는다.

③ 자외선 소독기는 세제를 사용하여 정기적으로 내·외부를 닦아준다.

④ 메이크업 의자의 비닐로 된 커버는 물걸레로 닦은 다음 알코올로 닦아준다.

02 실내 환경의 위생이 올바르지 <u>않은</u> 것은?

① 냉난방 시설이 잘 되고 환기와 통풍이 되어야 한다.

② 쓰레기통은 뚜껑이 달린 것으로 사용한다.

③ 화장실은 수시로 청소하여 내부에 물기가 마르지 않게 한다.

④ 화장품 재료는 직사광선을 피하여 보관한다.

03 메이크업 시의 올바른 개인위생에 해당하지 <u>않는</u> 것은?

① 필요에 따라 마스크나 장갑을 착용한다.

② 작업을 하는 손에 상처가 생기지 않도록 주의한다.

③ 메이크업과 헤어스타일을 가능한 한 화려하고 강하게 꾸며준다.

④ 바이러스성 질환 또는 감염성 질환을 앓고 있으면 작업을 금한다.

04 메이크업 숍 내 도구 소독 방법으로 옳은 것은?

① 고무, 플라스틱 제품: 0.5%의 역성비누액, E.O 가스 멸균법 또는 자외선에 의한 소독을 한다.

② 금속 제품: 3% 정도의 역성비누액으로 닦거나 자외선에 의한 소독을 한다.

③ 나무 제품: 일광 소독, 자비 소독, 증기 소독, 석탄산 수에 2시간 정도 담가둔다.

④ 유리, 도자기류: 크레졸 수, 페놀 수, 포르말린, 역성비누액, 에탄올 등을 사용한다.

01 눈썹을 다듬는 면도날 및 일회용품은 재사용하지 않는다.

02 화장실 바닥은 물이 고여 있지 않도록 한다.

03 메이크업과 헤어스타일은 전문가답게 표현하되, 청결하고 단정히 한다.

04 고무, 플라스틱 제품은 중성세제 세척, 0.5%의 역성비누액, E.O 가스 멸균법 또는 자외선에 의한 소독을 한다.

정답 **01** ② **02** ③ **03** ③ **04** ①

05 메이크업 숍이 의무적으로 가입해야 할 보험은?

① 화재 배상 책임 보험   ② 상해 보험

③ 종신 보험   ④ 여행자 보험

05 화재 배상 책임 보험은 메이크업 숍의 인테리어 및 시설과 도구 집기 부분을 화재로부터 안전하게 보장받는 보험이다.

05 ①

PART 3

화장품학

적중 문제 　　　화장품학

01 | 화장품학 개론

화장품의 정의

화장품이란 인체를 대상으로 사용하며, 신체를 청결, 미화하고 매력을 더해 용모를 밝게 변화시키거나 피부와 모발의 건강을 유지 또는 증진하기 위하여 인체에 바르고 문지르거나 뿌리는 등 이와 유사한 방법으로 사용되는 물품으로써 인체에 대한 작용이 경미한 것을 말한다.(화장품법 제 2조) 화장품들 중 효능과 효과가 강조되어 미백, 여드름, 자외선 차단, 각질 제거, 주름 완화 등의 기능성 화장품과 특정 부위에 사용하는 의약외품의 중간적 성격을 가지는 화장품이 있는데, 이는 화장품의 범주에 해당되며 일정 기간 동안 신체에 사용함으로써 질병을 치료하는 의약품과는 구분된다.

화장품, 의약외품, 의약품의 비교 분석

구분	화장품	의약외품	의약품
사용 대상	정상인	정상인	환자
사용 목적	청결, 미화	위생, 미화	질병 치료 및 진단
사용 기간	장기간, 지속적	장기간, 일시적	일정 기간
사용 범위	전신	특정 부위	특정 부위
부작용	없어야 함	없어야 함	어느 정도는 무방

(1) 기능성 화장품

• 기능성 화장품 정의

① 피부의 미백에 도움을 주는 제품

② 피부의 주름개선에 도움을 주는 제품

③ 피부를 곱게 태워주거나 자외선으로부터 피부를 보호하는 데 도움을 주는 제품

④ 모발의 색상 변화. 제거 또는 영양공급에 도움을 주는 제품

자외선 차단제, 미백, 주름 개선, 태닝 제품

(2) 유기농 화장품

유기농 원료, 동식물 및 그 유래 원료 등으로 제조되고, 식품의약품안전처장이 정하는 기준에 맞는 화장품을 말한다.

• 유기농 화장품 원료 범위

- 유기농 원료
- 동물에서 생산된 원료 및 동물성 유래 원료
- 물
- 식물 원료 및 식물 유래 원료
- 미네랄 원료 및 미네랄 유래 원료

> **Tip** 화장품과 의약품 비교
> • 화장품은 청결, 미화를 목적으로 부작용이 없음
> • 의약품은 질병의 진단 및 치료를 목적으로 약리적인 효과를 주기 위함이며 부작용이 있을 수 있음

Section 2 화장품의 분류

화장품을 크게 기초 화장품, 메이크업 화장품, 모발 화장품, 바디 화장품 및 방향 화장품으로 나눌 수 있다. 사용 목적에 따른 화장품의 분류는 다음과 같다.

사용 목적에 따른 화장품의 분류

분류	사용 목적	주요 제품
기초 화장품	세안, 피부 정돈, 피부 보호	클렌징 크림, 클렌징 로션, 클렌징 오일, 클렌징 젤, 클렌징 폼, 화장수, 로션, 팩, 모이스처 크림, 에센스, 페이셜 스크럽, 영양크림, 마사지 크림 등
메이크업 화장품	베이스 메이크업, 포인트 메이크업	파운데이션, 파우더, 블러셔, 립스틱, 아이섀도, 마스카라, 아이라이너, 눈썹연필
모발 화장품	세정, 컨디셔닝, 트리트먼트, 정발, 퍼머넌트 웨이브, 염색 · 탈색제	샴푸, 헤어 트리트먼트, 헤어 무스, 헤어 스프레이, 퍼머넌트 웨이브 로션, 염모제, 블리치제, 린스, 헤어 팩, 두발용 왁스, 젤 등
바디 화장품	제모, 세정, 피부의 보호, 미화, 체취 억제	제모제, 바디 클렌저, 바디 오일, 바스토너, 체취 방지제, 선스크린, 선탠오일, 바디로션, 데오드란트, 버블바스, 바디스크럽
방향 화장품	향취 부여	퍼퓸, 오드코롱, 오드뜨왈렛
네일 화장품	네일 보호, 색채	베이스코트, 탑코트, 네일 폴리시, 네일 에나멜, 네일 로션, 에센스, 네일 폴리시 · 네일 에나멜 리무버
기능성 화장품	미백, 자외선 차단, 주름개선	주름개선 크림, 미백크림, 자외선 크림, 자외선 차단 오일 등

02 | 화장품 제조

Section 1 화장품의 원료

1 수성 원료

(1) 물

물은 화장수, 로션, 젤, 크림 등 많은 화장품의 필수 기초 물질로 주로 용매로 사용된다. 세균과 금속 이온이 정제되지 않은 물은 피부의 모공을 막거나 화장품의 품질을 저하시킬 수 있으므로 멸균한 물 또는 정제수를 사용하고 있다.

(2) 에탄올

무색 투명한 향이 있는 액체로 기화성이 강한 성질을 가지고 있으며 이와 같은 휘발성은 피부에 시원한 수렴 효과를 준다. 에탄올의 강한 기화성은 향수의 용매로 적합하다.

(3) 보습제

알코올 중에 OH(수산기)를 하나 이상 가지고 있는 경우는 친수성 부분이 강해져서 수분을 끌어당기고 보유하는 성질이 강해진다. 화장품에 있어서 이러한 보습제는 수분을 피부 표면에 머물게 하여 피부가 갈라지거나 트는 현상을 방지하고 건조한 세포를 부드럽고 촉촉하게 만들어준다. 폴리올(polyol), 천연 보습 인자, 고분자 보습제로 나눌 수 있다.

2 유성 원료

표피의 수분 증발을 억제하고 건조를 방지하여 피부의 거칠음을 예방한다. 동물의 피하 조직이나 식물의 종자에서 추출하는데 보통 상온에서 고체, 반고체인 것은 지방(fat), 액체인 것은 기름(oil)이라고 하며, 이러한 유성 원료는 물이나 알코올에 거의 녹지 않고 유기 용매인 에테르, 휘발유, 클로로포름(탄화수소류) 등에 녹는다.

(1) 동물성 오일

① 터틀 오일(turtle oil): 멕시코만 거북에서 추출하며 침투력이 매우 강하다. 천연 상태로 강력한 아스트리젠트이며 주름 방지 역할을 한다.

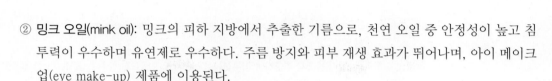

② 밍크 오일(mink oil): 밍크의 피하 지방에서 추출한 기름으로, 천연 오일 중 안정성이 높고 침투력이 우수하며 유연제로 우수하다. 주름 방지와 피부 재생 효과가 뛰어나며, 아이 메이크업(eye make-up) 제품에 이용된다.

③ 퍼세린 오일(peceline oil): 새의 깃털에서 추출하며 유막 형성이 잘 되어 피부 건조 방지에 좋다.

④ 스쿠알렌(squalene): 상어의 간에서 추출하고 피부 세포에 활력을 준다. 산소 공급이 뛰어나며 퍼짐성이 좋고 쉽게 유화된다.

(2) 식물성 오일

① 아보카도 오일(avocado oil): 비타민이 높은 함량으로 포함되어 있으며 레시틴, 히스티딘, 피포스테롤, 클로로필을 함유하여 세븐 비타민 오일(seven vitamin oil)이라 불린다. 용해성 콜라겐을 활성화시키며 콜라겐이 함유된 제품의 효과를 집중적으로 유지시킨다. 피부의 보습 효과와 자외선 흡수 효과가 우수하다. 각질이 일어나거나 건조하여 거칠고 딱딱한 피부를 매끄럽게 해 준다.

② 밀눈 기름(wheatgerm oil): 보리씨의 배젖을 냉압력으로부터 얻어낸다. 비타민 A, E가 풍부하며 순수한 상태로 쓰이지 않고 효소나 영양 크림과 함께 쓰인다. 건성 노화 피부에 세포 재생 효과를 준다.

③ 아몬드 오일(almond oil): 잘 익은 아몬드를 냉압력으로 추출하여 부드러운 맛이 나는 잘 마르지 않는 오일이다. 불포화 지방산인 리놀레산(linoleic acid)이 풍부해 피부를 부드럽게 해 주어 예민한 피부나 유아용 제품에 많이 쓰인다.

④ 아줄렌(azulene): 카모마일의 스팀, 증류 작용에 의해 제조되는 휘발성 오일이다. 진정 작용과 함께 암청색 색소 10%가 함유된다.

⑤ 올리브 오일(oilive oil): 냉압력 과정에서 추출한 버진(순수) 오일이 가장 좋다. 피부 표면의 수분 증발을 억제하고 에탄올에 잘 용해되어 침투력과 영양 효과가 좋다.

(3) 광물성 오일

① 고형 파라핀: 석유에서 추출한 맛과 냄새가 없는 탄화수소의 혼합 고체이다. 물이나 알코올에 녹지 않고 에테르, 클로로포름, 벤젠에 잘 녹으며, 피마자유, 지방유에 섞어 사용한다.

② 유동 파라핀: 석유에서 얻는 오일로 미네랄 오일이라고도 불린다. 무색 투명, 무취의 기름으로 정제도가 나쁜 것은 피부에 해가 된다. 피부, 모발에 대한 유연, 습윤 효과가 우수하고 가격이 저렴하여 널리 사용되는 오일 중 하나이다.

③ 바세린: 석유에서 얻는 반고체상의 탄화수소 혼합물로 정착성이 강한 백색의 액체이다. 포마드, 크림, 립스틱 등에 많이 사용된다. 불순한 것은 피부 멜라닌 색소 침착, 물집이 생긴다.

3 **왁스류**

(1) 밀랍(beeswas)

벌집에서 얻어지는 밀랍은 황색을 띤 부드럽거나 부석부석한 물질로, 꿀 냄새가 난다. 백색 밀랍은 황백색으로, 황색 밀랍과 맛만 다를 뿐 다른 성질은 대개 같다. 화장품의 가장 오래된 원료 중 하나로 전반에 걸쳐 사용되고 있지만 피부 알레르기를 일으킬 수 있다.

(2) 경랍(고래골랍, spermaceti)

고래의 머리 부분에서 취한 납으로, 정제하면 은이나 진주와 같은 백색의 아름다운 광택이 있고 특이한 냄새가 있다. 연고형의 향장품 제조에 쓰인다.

(3) 라놀린(lanolin)

'양모지'라고도 한다. 양털에서 추출하여 정제, 탈수한 지방산의 납으로, 다황색 또는 황갈색의 연한 덩어리이며 냄새가 거의 없다. 에테르, 클로로포름, 석유, 벤젠에 잘 녹고 알코올에는 약간 용해한다. 에몰리엔트 제품이나 립스틱, 모발 화장품 등의 베이스로써 널리 사용되고 있지만 피부 알레르기를 일으킬 수 있다.

(4) 카르나우바 왁스(carnauba wax)

마스카라, 크림 루즈, 립스틱, 탈모제, 방취제에 사용되는 브라질산 왁스로, 카르나우바 야자나무의 잎에서 추출한다. 립스틱의 융점, 광택 부여와 내온성 향상의 목적으로 사용된다.

(5) 칸델릴라 왁스(cdandelilla wax)

칸델릴라 식물에서 얻어진 것으로 립스틱, 고체 향수, 액체분 등 스틱상의 제품에 광택이나 내온성 향상 등의 목적으로 사용된다.

4 **계면활성제**

비누와 세제의 주 성분은 계면활성제이다. 계면활성제는 크림이나 로션 등을 제조할 때 유화제로 작용하고 비누와 샴푸에서는 물의 세척력을 더욱 활성화시키는 역할을 한다. 즉, 계면활성제는 포괄적인 용어로 그 기능과 효과에 따라 유화제(emulsifier), 세정제(deterhent), 물에

녹지 않는 물질인 식물의 에센스, 향, 지용성 비타민 등을 녹이는 가용화제(soluviliser), 거품 등을 만드는 발포제(foaming agent), 현탁제(suspending agent), 분산제, 습윤, 대전 방지 등의 기능으로 분류할 수 있다.

① **음이온 계면활성제**: 세정성과 거품성이 우수하여 비누 및 샴푸, 클렌징 폼 등에 사용된다. 광범위하게 사용되고 값이 저렴하여 가장 많이 사용되고 있다.

② **양이온 계면활성제**: 살균, 소독 작용을 하고 대전 방지 기능이 있어 정전기 발생을 억제하므로 헤어 린스, 트리트먼트 등에 사용된다.

③ **비이온 계면활성제**: 수용액에서 이온화하지 않는 것으로 거품이 적고, 낮은 농도에서도 계면활성의 역할을 하며 화장품의 가용화제, 유화제, 클렌징 크림의 세정제로도 사용된다. 이온성 계면활성제와 혼용이 쉽다.

④ **양쪽성 계면활성제**: 세정 능력을 가지고 있으면서 피부 자극이 적어 주로 베이비 샴푸, 저자극성 샴푸에 이용되며 모발이나 섬유에 흡착성이 커 정전기 발생을 억제하여 유연제 및 대전 방지제로 사용된다.

⑤ **천연 계면활성제**: 동식물 기름을 원료로 하여 만든 것으로, 대두, 난황 등에서 얻는 레시틴은 인산에스테르의 음이온 계면활성제와 제4급 암모늄염의 양이온 활성제를 공유한다. 그 밖에 라놀린 유도체, 콜레스테롤 유도체, 미생물, 사포닌을 이용한다.

5 방부제

화장품에 불순물이 침투하거나 공기에 노출되어 시간이 흐르면 부패하게 되는데 미생물 오염에 의해 변색 및 변질, 변취, 침전 및 곰팡이 발생 등 감염증을 유발할 수 있어 미생물에 오염되지 않도록 하여야 한다. 방부제는 화장품을 인체에 안전하게 사용할 수 있도록 일정 기간 동안 미생물의 증가를 억제하여 산화 부패를 막아준다. 그러나 화장품을 오랜 시간 보존하기 위해 방부제를 많이 배합할 경우 피부 트러블을 유발할 수 있다.

주요 방부제로는 파라옥시안식향산(paraben), 파라옥시안식향산메틸(methyl paraben), 파라옥시안식향산프로필(propyl paraben), 파라옥시향산부틸(butyl paraben), 이미다졸리디닐우레아(imidazolidinyl urea), 페녹시에탄올(phenoxy ethanol), 디아졸리디닐우레아(diazolidinyl urea), EDTA(ethylenediaminetera acetic acid), 소르빈산(sorbic acid), 이소치아졸리논(isothiazolinone) 등이 있다.

> **Tip** 방부제의 조건
> ① pH변화에 대해 항균력의 변화가 없을 것
> ② 다른 성분과 작용하여 변화되지 않을 것
> ③ 무색 · 무취이며 피부에 안정적일 것

6 색소

(1) 염료

물 또는 오일에 녹는 색소로, 화장품에 시각적인 색상의 효과를 부여하기 위해 폭넓게 사용되고 있다. 수용성 염료는 화장수, 로션, 샴푸 등의 착색에 사용되며, 유용성 염료는 헤어 오일 등의 착색에 사용된다.

(2) 안료

① **무기 안료**: '광물성 안료'라 불리기도 한다. 내광, 내열성이 양호하고 커버력이 우수하지만 색상이 화려하지 못하다. 빛, 산, 알칼리에 강하다. 파운데이션, 페이스 파우더, 마스카라 등에 사용한다.

② **유기 안료**: 착색력, 내광성이 뛰어나고, 색상이 선명하고 화려하여 립스틱, 블러셔 등의 색조 제품에 널리 쓰인다. 석유에서 합성한 것으로 대량 생산이 가능하고 높은 순도의 색재를 제조할 수 있지만, 빛과 산, 알칼리에 약하다.

③ **레이크**: 물에 불용화시킨 칼슘 등의 염으로, 산과 알칼리에 약하며 색상은 무기 안료와 유기 안료의 중간 정도이다. 립스틱, 블러셔, 네일 에나멜 등에 안료와 함께 사용된다.

> **Tip** 염료와 안료비교
>
> | 염료 | 안료 |
> | --- | --- |
> | • 물이나 오일에 잘 녹음
• 화장품에 색상효과 부여 | • 물이나 오일에 잘 녹지 않음
• 빛 반사 및 차단효과 우수 |

7 비타민

① **레티놀(retinol)**: 레틴산(retinoic acid)의 전구 물질로, 잔주름 개선 효과가 있다.

② **비타민 E 아세테이트(비타민 E acetate)**: 지용성 비타민, 항산화, 항노화, 재생, 산화 방지에 효과적이다.

③ **코엔자임 Q10(conenzyme Q10)**: 지용성 비타민의 일종으로, 미토콘드리아의 세포막에 존재하며 생체 에너지(ATP)가 잘 생성되도록 돕고 피부 노화를 억제하는 조효소이다.

8 동식물 추출물

① **로얄 젤리 추출물(royal jelly extract)**: 주 성분은 비타민 B 복합체, 아미노산 등으로 보습, 피부 면역 강화, 세포 재생 및 호흡 증진 작용이 있다.

② **실크 추출물(silk extract)**: 실크를 묽은 황산으로 추출한 것으로, 주 성분은 펩타이드(peptide)이다. 보습과 유연 효과가 있다.

③ **카렌둘라(calendula)**: 금잔화(금송화)에서 추출하며, 식물성 활성 성분으로 피부의 재생을 도와 예민하고 거친 피부 또는 염증에 효과적이다.

④ **녹차 추출물(green tea extract)**: 녹차 잎에서 추출한 것으로, 카테킨(catechin) 성분은 항산화, 유해 산소 제거, 냄새 제거 작용이 있다.

⑤ **솔잎 추출물(pine needle extract)**: 솔잎에서 추출한 항산화 물질인 히드록시메틸프라논 (HMF)의 멜라닌 생성 억제 작용으로 기미나 주근깨를 줄여 미백, 살균, 피부염, 피지 분비 조절 작용이 있다.

⑥ **알로에 추출물(aloe extract)**: 알로에 잎에서 추출한 것으로, 미백, 보습, 화상 및 상처 치유 촉진 작용이 있다. 화장품 원료와 약용 및 식용으로도 사용된다.

⑦ **은행잎 추출물(ginko extract)**: 은행잎에서 추출한 것으로, 혈액 순환, 유해 산소 제거 기능이 있다. 피부 노화의 원인이 되는 활성 산소에 대한 보호 능력을 가지며 카로틴, 비타민 C 등의 영양 성분을 함유하고 있다.

⑧ **오이 추출물(cucumber extract)**: 오이에서 추출한 것으로, 피부에 청량감을 주며 수분을 공급해주는 보습 효과가 있다. 주요 성분이 미네랄, 뮤신, 아미노산 등이 함유되어 있어 피부의 산성막을 강화시키고 항염 및 진정 기능이 있다.

⑨ **인삼 추출물(ginseng extract)**: 인삼 뿌리에서 추출한 것으로, 혈액 순환, 말초 혈관 확장, 피부의 대사 촉진, 피로 회복 작용이 있다. 피부 에너지와 면역력 증진에 관여하여 탄력 있고 건강한 피부 관리에 도움을 준다.

⑩ **위치하젤(witch hazel)**: 북아메리카 동북부에서 서식하는 식물로, 보습 효과 및 피부 진정 효과가 우수하고 알레르기로 인한 가려움증 및 피부 발진 등에도 효과가 있어 화장수의 수렴 및 소독제로 사용된다.

> **Tip** 계면활성제는 기능과 효과에 따라 유화제(emulsifier), 세정제(deterhent), 가용화제(soluviliser), 발포제(foaming agent), 현탁제(suspending agent), 분산제 등으로 분류할 수 있다.

Section 2 화장품의 제조기술

1 용액(solution)

소금을 물에 넣고 용해시키면 소금은 녹아 없어진다. 이러한 혼합물의 형태가 용액이다.

2 가용화제

물에 녹지 않는 극성이 적은 유성 성분이 계면활성제에 의해 투명하게 용해되어 있는 상태의 제품을 말한다. 가용화 제품으로는 화장수, 에센스, 헤어토닉, 향수, 헤어 리퀴드, 에멀젼 등이 있다.

3 유화제(emulsion)

크림이나 밀크 로션 등과 같이 둘 혹은 그 이상 섞이지 않는 오일, 지방, 왁스와 물이 유화제의 도움으로 결합되어 균일하게 분산된 영구적인 혼합물이다. 화장품 제조에 쓰이는 유화의 형태는 O/W(수중 유형) 타입과 W/O(유중 수형) 타입의 두 가지가 있다.

(1) O/W 타입

수분 베이스에 오일의 입자를 분산시켜 제조한다. 물에 쉽게 제거되는 것이 O/W형의 이점이다. 좋은 예로서 O/W형 클렌징 로션은 젖은 면 패드나 스펀지로 쉽게 제거된다. 사용감이 산뜻하고 피부흡수가 빠르다.

(2) W/O 타입

오일 베이스 내에 수분 입자가 흩어져 있는 것이다. 따라서 W/O 유화 상태는 O/W보다 유분이 많다. 주로 나이트용 크림, 클렌징, 콜드 크림의 제형이다.

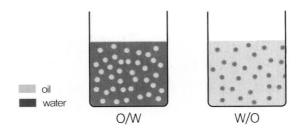

4 산제(powder)

페이스 파우더, 석고 마스크 등은 카올린, 탈크, 산화아연, 마그네슘 등과 같은 불용성의 분말 물질에 기타의 성분을 배합한 것이다.

5 에어로졸(aerosol)

면도용 거품이나 헤어 스프레이 등과 같이 밀폐된 용기에 분사제를 넣어 분사에 의해 생기는 압력으로 균일하게 분산시키는 것이다.

6 분산 제품

계면활성제에 고체 입자가 균일하게 혼합되어 표면에 흡착되거나 균일하게 혼합되어 분체 표면의 성질을 변화시키는 제품을 말한다. 분산 제품에는 마스카라, 아이라이너, 파운데이션 등이 있다.

> **Tip** 유화의 타입
> ① O/W 타입 주 성분: 수중 유적형(**예** 클렌징 로션, 기초 화장품 등)
> ② W/O 타입 주 성분: 유중 수적형(**예** 자외선 크림, 특수 영양 크림 등)

Section 3 화장품의 특성

1 화장품 품질 특성

① **안정성**: 변색 또는 변질, 변취되어서는 안 되며, 미생물의 오염이 없어야 한다.

② **안전성**: 피부에 대한 자극 및 알레르기, 홍반과 가려움증 등 독성과 부작용 등이 없어야 한다.

③ **유효성**: 사용 목적에 따라 미백, 세정, 자외선 차단, 보습, 노화 예방, 색채 표현의 기능이 이루어져야 한다.

④ **사용성**: 사용감이 쉽고 편리하며, 피부에 잘 발라져야 한다.

2 화장품의 첨가제

① **보습제**: 피부를 촉촉하게 만들어 건조한 세포의 수분량을 증가시키고 유연하도록 수분 흡수 작용을 돕는다. 주요 보습제로는 프로필렌글리콜, 폴리에틸렌 클리코, 솔비톨, 글리세린, 하이루론산염, 베타인, 아미노산 등이 있다.

② **연화제**: 피부를 부드럽게 만들어준다. 알로에, 올리브, 아몬드유, 사과 추출물, 살구씨 추출물, 쇠뜨기 추출물, 백합 추출물 등이 있다.

③ **미백제**: 멜라닌 색소와 자외선에 의한 색소 침착 및 활성 산소를 억제한다. 비타민, 알부틴, 알로에 추출물, 플라센타 추출물, 감마-오리자놀 등이 있다.

④ **산화 방지제**: 화장품이 공기 중의 산소를 흡수하여 변질되는 산화 반응을 억제시켜준다. 비타민 E, 폴리페놀, BHA, BHT, EDTA, 고추틴크, 로즈마리 추출물 등이 있다.

⑤ **노화 방지제**: 자외선, 산화, 피부 건조에 의한 주름과 색소 침착 등을 예방 및 지연시켜준다. 플라센타, 알부민, 엠브리오, 구리펩타이드, 사이토카인 등이 있다.

⑥ **여드름 활성성분**: 피지흡착력이 뛰어나고 각질 탈락, 피지 조절, 살균 및 염증성 여드름에 효과적이다. 캠퍼(camphor), 황(sulfur), 카올린(kaolin), 살리실산(salicylic acid)

PART 3

3 화장품의 피부 흡수

피부를 통한 흡수는 표피 흡수와 피부 부속기관을 통한 흡수로 구분된다. 즉, 화장품의 성분은 표피를 지나 피지선과 모낭을 통해 흡수되거나 각질세포 사이에 존재하는 세포 간 지질에 흡수된다. 지용성 성분이 수용성 성분보다 피부에 잘 흡수되고 분자의 크기가 작을수록 피부에 잘 흡수된다.

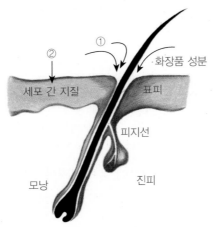

▲ 화장품 성분이 피부에 흡수되는 경로

> **Tip** 화장품 품질 특성의 네 가지 요소는 안정성, 안전성, 유효성, 사용성이다.
>
> **Tip** 비타민 C는 수용성 비타민으로, 피부 흡수가 잘 되지 않아 에스테르 타입인 비타민 C 팔미테이트가 주로 사용되고 콜라겐 합성 촉진과 피부 미백, 모세혈관 강화 효과가 있다.

1 세안 화장품

피부의 생리 기능을 쇠퇴시키는 먼지, 피지, 땀 및 더러움이나 메이크업 잔여물 등을 제거해주고 피부의 자극과 손상을 줄여 청결하게 도와준다.

(1) 클렌징 폼(cleansing foam)

부드러운 크림상으로, 손에 소량을 덜어 물과 함께 거품을 만들어 먼지나 땀, 메이크업을 지우거나 이중 세안 시 사용하는 제품이다. 보습제, 글리세린이나 솔비톨, 유성 성분 등이 첨가된다.

(2) 클렌징 로션(cleansing lotion)

로션 타입으로 가벼운 화장을 지우기에 적합하며, 유분 함량이 낮고 수분을 많이 함유하고 있어 피부에 자극과 부담이 적고 끈적임이 적어 지성 피부와 여드름성 및 예민성 피부에 적합하다.

(3) 클렌징 크림(cleansing cream)

색조 화장이나 짙은 메이크업을 했을 때 사용하기 적합하다. 유분의 함량이 많아 지성 피부나 여드름 피부에는 적합하지 않다.

(4) 클렌징 오일(cleansing oil)

피부 침투성이 좋고 다량의 수용성 오일과 비이온성 계면활성제가 함유되어 있어 유성 성분을 많이 포함한 메이크업의 클렌징에 적합하다.

(5) 클렌징 워터(cleansing water)

가벼운 메이크업 화장을 지우거나 지성 피부에 적합하다. 피부에 먼지, 유분 등 더러움을 닦아내기 위해 사용하고 유성 성분에 대한 세정력은 약하다. 화장솜에 2~3번 펌프하여 피부결 방향으로 닦아내어 마무리한다.

2 화장수

피부 각질층에 수분 또는 보습 성분을 공급하여 피부의 결을 정돈해주고 유·수분 밸런스를 유지한다.

(1) 유연 화장수(skin softner)

피부의 pH를 회복시키고 노화된 각질을 부드럽게 정리해주며 수분과 보습 성분이 피부를 촉촉하고 탄력 있게 만들어준다.

(2) 수렴 화장수(astringent lotion)

각질층에 수분을 공급하고, 배합된 알코올이 모공을 수축시켜 피부결을 정리하고 소독해주는 작용을 한다. 피지 억제 작용과 청량감이 있어 지성 피부나 여름철 화장수로 사용된다.

3 크림 유액

(1) 로션(lotion)

수분, 보습제, 유분, 계면활성제를 주 성분으로 세안 후 건조해진 피부에 수분과 영양을 공급하여 피부의 상태를 부드럽고 촉촉하게 유지해준다. 로션은 수분이 60~80%인 일종의 점성이 낮은 크림으로, 피부에 가볍게 사용하기에 적당하다.

(2) 크림(cream)

로션과 비교하여 점도가 높고 다량의 유분과 보습제를 배합할 수 있어 피부의 보습, 유연, 보호 기능을 가진다. 크림의 종류에는 데이 크림, 나이트 크림, 영양 크림, 아이 크림, 넥 크림, 모이스처 크림, 선스크린 크림, 화이트닝 크림, 마사지 크림, 클렌징 크림, 각질연화 크림, 핸드 크림 등으로 구분된다.

(3) 에센스(essence)

에센스는 기초 제품의 하나로 '세럼(serum)'이라는 명칭으로도 불린다. 피부에 유익한 각종 미용 성분을 고농축으로 함유하여 영양과 보습 효과가 우수하다.

▲ 기초 화장품

4 팩

팩제는 주로 얼굴에 사용되며 전신 혹은 특정한 부위에도 사용된다. 피부 표면의 노폐물과 오염물, 죽은 각질 세포를 제거하고 유·수분을 공급해주며 혈액 순환을 촉진시켜준다.

팩의 종류와 특징

종류	특징
필 오프(peel-off) 타입	피부에 바른 후 건조된 피막을 떼어내는 타입으로, 각종 노폐물을 제거하여 피부를 청결하게 만들며 탄력을 부여한다. 떼어낼 때 자극이 될 수 있기 때문에 민감성 또는 여드름 피부에 사용을 자제하는 것이 좋다.
워시 오프(wash-off)타입	머드나 젤리와 같은 반투명 크림 상태로, 피부에 펴 바른 후 일정 시간이 지나거나 건조되면 닦아내거나 미온수로 씻어낸다. 피부에 자극이 적다.
패치(patch) 타입	패치 형태로 되어 신체의 일부 또는 특정한 부위에 부착한 후 떼어내면 오염과 피지를 제거하는 데 좋다.
티슈 오프(tissue-off) 타입	영양 공급을 주 목적으로 하며, 크림 상태의 팩 내용물을 얼굴에 발라놓고 일정 시간이 지나면 닦아낸다. 사용이 간편하고 보습력이 우수하다.
마스크(mask) 타입	고농축 보습 및 영양 성분이 보습 효과와 탄력을 증진시킨다. 사용이 쉽고 원하는 부위에 집중적인 관리를 할 수 있다.
분말(powder) 타입	친수성이 강한 파우더 형태로, 물 또는 화장수, 과즙, 꿀 등 필요한 액체를 넣고 점성이 있는 페이스트 상태로 만들어 얼굴에 도포하는 형태의 팩이다.

▲ 팩 제품

Section 2 **메이크업 화장품**

1 **베이스 메이크업 화장품**

(1) 메이크업 베이스

기초 화장 후 파운데이션을 바르기 전에 사용하여 파운데이션 색소가 피부에 침착되거나 들뜨지 않도록 밀착성을 높여준다. 전체적으로 피부톤을 균일하게 정리해주며 피지막을 형성해 피부 메이크업의 지속력을 높여준다.

▲ 메이크업 베이스

(2) 프라이머

피부의 표면에 요철과 모공 또는 잔주름 등을 메워주고 정리하여 피부결을 매끄럽고 부드럽게 만들어주는 기능의 베이스 제품이다. 지성 피부의 경우 얇게 발린 프라이머의 코팅막이 유분과 피지로 인한 번들거림을 막아준다.

▲ 프라이머

(3) 파운데이션

피부에 맞는 색상과 윤기를 부여하고 결점을 커버해 원하는 피부색을 만들며 건강하고 균일한 피부톤을 만들어준다. 또, 자외선과 먼지, 각종 공해로부터 피부를 보호해주고 얼굴의 윤곽을 수정하거나 2~3가지 색상으로 입체감 있게 표현할 수 있다. 파운데이션의 타입에는 리퀴드 타입, 크림 타입, 스틱형 타입, 파우더 타입, 워터 타입 등이 있다.

▲ 파운데이션

① **유화형 파운데이션**

에멀전에 안료를 균일하게 분산시킨 형태로 O/W(수중 유형) – 리퀴드 파운데이션과 W/O (유중 수형) – 크림파운데이션 타입이 있다.

② **분산형 파운데이션**

유성원료(유지, 납, 합성에스테르유)로 된 유제에 분말원료를 분산시켜 밀착감과 커버력이 우수하다. 컨실러, 스킨커버, 스틱 파운데이션이 있다.

③ **고형 파운데이션**

분말원료에 유성물질이나 계면활성제가 배합되어 있어 번들거림이 없고 매트한 느낌을 준다. 파우더 파운데이션, 트윈케이크, 케이크형 파운데이션이 있다.

(4) 파우더

분말 형태로 화장의 지속력을 높여주는 마무리 제품이다. 파운데이션을 바른 후 피부톤을 한 번 더 보정해주고 피지 분비에 의해 번들거리는 유분기를 잡아주어 산뜻하고 부드럽게 표현된 피부결을 보송보송하게 유지시켜준다. 분말을 압축시켜 놓은 콤팩트 타입은 가루 날림이 없고 휴대하기 편리하다.

▲ 파우더

(5) 컨실러

스틱이나 크림 또는 액상 타입의 형태로, 점, 주근깨, 기미, 다크서클 등 잡티 부위에 소량을 발라주면 피부 결점이 커버되어 깨끗하고 매끈한 피부 표현이 가능하다.

▲ 컨실러

2 포인트 메이크업 화장품

(1) 아이섀도

눈두덩과 눈 주위에 발라 음영과 입체감을 주고 다양한 색상을 표현하여 눈의 아름다움과 개성을 강조해준다. 안료는 산화철, 흑산화철, 황산화철, 산화크롬, 움모티탄 등이 사용된다. 종류는 케이크 타입, 크림 타입, 스틱 타입, 가루 타입 등이 있다.

▲ 아이섀도

① **고형 타입**

　가장 일반적으로 사용하는 것으로, 선명한 색감과 다양한 색상 표현이 특징이다.

② **파우더 타입**

　펄이 섞인 제품이 많으며 화사한 느낌을 줄 수 있어 광택 표현이나 하이라이트 표현을 할 수 있다.

③ **크림 타입**

　밀착감 있고 부드럽게 펴발라지며 내수성이 좋다. 유분기가 많아 시간이 흐르면서 번들거릴 수 있다.

④ **스틱 타입**

　발색이 우수하고 사용하기가 편리하여 빠르게 화장할 때 편리하다. 라인 표현에 효과적이다.

PART 3

(2) 아이브로

눈썹의 모양을 잡아주고 색상을 부여해 자연스럽고 아름다운 눈썹의 형
태를 만들어준다. 연필 타입, 샤프펜슬 타입, 케이크 타입, 액상 타입 등
이 있다.

▲ 아이브로

(3) 립스틱

색상에 따라 개성 있고 다양한 이미지를 연출할 수 있으며, 입술의 라인
과 형태를 수정하여 아름답게 만들어준다. 추위나 건조한 환경으로부터
입술을 보호해주며 색상과 광택을 부여한다. 스틱, 크림, 액상 타입 등이 있다.

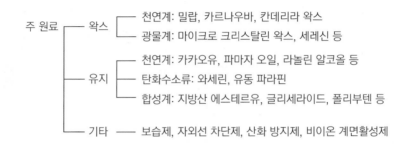

주 원료 ─┬─ 왁스 ─┬─ 천연계: 밀랍, 카르나우바, 칸데리라 왁스
　　　　　│　　　　└─ 광물계: 마이크로 크리스탈린 왁스, 세레신 등
　　　　　├─ 유지 ─┬─ 천연계: 카카오유, 파마자 오일, 라놀린 알코올 등
　　　　　│　　　　├─ 탄화수소류: 와세린, 유동 파라핀
　　　　　│　　　　└─ 합성계: 지방산 에스테르유, 글리세라이드, 폴리부텐 등
　　　　　└─ 기타 ── 보습제, 자외선 차단제, 산화 방지제, 비이온 계면활성제

(4) 블러셔

얼굴에 건강한 혈색을 부여하고 윤곽에 음영을 주어 입체감을 주기 위해 볼과 광대뼈 부분에
사용되며 제품의 형태로는 크림형 타입, 스틱형 타입, 리퀴드 타입, 케이크 타입 등이 있다.

(5) 마스카라

눈썹을 보다 진하고 선명하며 길고 풍성하게 보이도록 연
출해준다. 다양한 컬러감으로 개성과 매력을 강조한다.
눈에 매우 가깝게 사용되기 때문에 독성, 자극성이 없는
원료와 미생물 오염이 없어야 한다. 유형은 리퀴드 타입
과 케이크 타입이 있다.

① 리퀴드 타입

　유성용 제형과 유화형 크림, 수성 현탁형 등이 있다.
　젤 타입은 부착력이 우수하며, 전용 제거액으로 지운다.
　유화형 크림상은 수용성 현탁액으로, 물에 번지기 쉽
　지만, 수성 현탁형은 눈 주위에 쉽게 번지지 않는다.

▲ 마스카라

② 케이크 타입

　왁스와 오일 성분에 안료를 분산시켜 압축성형한 것이다. 소형 브러시에 물로 개어 사용하

며 땀이나 물에 번질 수 있다.

(6) 아이라이너

속눈썹을 따라 눈의 점막 또는 그 위에 라인을 만들어 눈의 윤곽을 또렷하고 매력적으로 연출
해준다. 피부에 자극이 없고 빠른 건조로 눈물이나 땀에 번지지 않아야 하며, 지우기가 수월하
여야 한다. 리퀴드 타입, 펜슬 타입, 케이크 타입, 젤 타입 등이 있다.

손톱의 표면에 광택과 색채를 주어 아름답게 표현하는 목적으로, 네일 락카 또는 네일 컬러라고도
하며, 흔히 '매니큐어(manicure)'라고 한다.

네일 에나멜의 구성 성분		
피막 형성제	피막 형성 성분	니트로 셀룰로오즈
	수지	알키드, 아크릴, 설폰아마이드수지 등
	가소제	구연산 에스테르, 캄파 등
용제 성분	주용제	초산에틸, 추산부틸 등
	보조용제	IPA, 부탄올 등
	희석제	톨루엔 등
착색 성분	색제	유기 안료, 무기 안료, 염료 등
	펄제	합성펄제, 천연 어린박, 알루미늄 분말 등
침전 방지 성분	겔화제	유기 변성 점토 광물

PART 3

화장품학

1 세정제

몸에 있는 유분, 먼지, 노폐물 등을 제거하여 피부를 깨끗하고 청결하게 가꾸어 주는 기능을
한다. 고체 타입의 비누와 액체 타입의 샴푸 등이 있다.

2 방향제

전신에 향기를 지속시키기 위해 뿌리거나 바르는 형태로, 데오드란트 스프레이, 스틱, 파우더,
샤워코롱, 바디 로션, 바디 크림, 바디 오일 등이 있다.

3 보습제

피부에 수분과 유분을 공급해 유·수분 밸런스를 맞춰주며, 각질을 부드럽게 만들어 매끄럽고 탄력 있는 피부를 유지시켜준다. 바디 로션, 바디 크림, 바디 오일, 바디 프로덕션 제품 등이 있다. 얼굴보다 넓은 면적에 발라지기 때문에 사용감이 산뜻하고 끈적임이 없고 발림성이 좋아야 한다.

4 일소 방지제

피부가 타거나 색소 침착 또는 일광 화상을 방지해주는 역할을 하며, 선탠 리퀴드, 선크림, 선탠 오일, 애프터 선케어 로션 등이 있다.

Section 5 방향 화장품

1 향수의 역사

① 향수를 뜻하는 '퍼퓸(perfume)'은 Per-Fumum에서 유래되었으며 태워서 연기를 낸다는 뜻으로 향이 나는 나무를 태워서 나는 연기에서 유래되었다.

② 고대 인도에서는 종교 의식으로 처음 사용되었다.

③ 향나무 등을 태워나는 냄새나는 연기를 향수의 시초라고 볼 수 있다.

④ 900년경 아랍인들이 증류하여 향을 얻는 방법으로 장미향이 최초로 발생되었다.

⑤ 1370년경에 향료를 알코올에 녹인 헝가리 워터가 현대 향수의 시초가 되었다.

2 향수의 조건

① 향에 특징이 있어야 한다.

② 향의 확산성이 좋아야 한다.

③ 향이 지속성이 좋아야 한다.

④ 시대성에 부합되는 향이어야 한다.

⑤ 향의 조화가 되어야 한다.

3 향수의 특징

① **시트러스**: 레몬, 베르가못, 자몽, 만다린, 오렌지, 라임 등의 감귤제의 산뜻한 향취

② **그린**: 숲 속의 풀이나 젖은 나뭇잎에서 느껴지는 상쾌하고 싱그러운 자연의 향취

③ **싱글 플로럴**: 한 가지 꽃(장미, 라일락, 일랑일랑 등)에서 느껴지는 향취

④ **플로럴 알데히드**: 꽃향기에 알데히드가 가미된 세련되고 로맨틱한 향취

⑤ **시프레**: 안개에 싸인 숲 속의 이끼류에서 느껴지는 개성있고 온화한 향취

⑥ **오리엔탈**: 동물성 향취로 무겁고 중후한 느낌을 주며 섹시하며 성숙한 분위기의 향취

⑦ **플로리엔탈**: 꽃의 우아함과 오리엔탈이 복합된 온화한 향취

⑧ **퓨제아**: 싱싱하고 촉촉하며 중후한 느낌이 복합된 향취

4 향수의 분류

① **퍼퓸**: 향수 중에서 가장 강하고 풍부한 향으로 6~7시간 지속된다. 부향률은 15~20%이다.

② **오드퍼퓸**: 퍼퓸에 가까운 지속성으로, 향에 깊이가 있으며 5~6시간 지속된다. 부향률은 7~15%이다.

③ **오드토일렛**: 알코올에 향료를 부과한 것으로 상쾌하고 풍부한 향으로, 3~5시간 지속된다. 부향률 5~10%이다.

④ **오드코롱**: 가볍고 후레시한 느낌으로 1~2시간 지속된다. 부향률 3~5%이다.

> **Tip** 향수 부향률 순서
> * 부향률 : 전체 내용물에 대한 향료의 농도
> 퍼퓸〉오드퍼퓸〉오드토일렛〉오드코롱

5 발향단계에 따른 분류

① **탑노트(Top note)**: 휘발성이 높은 첫 향으로 시트러스(Citrus), 그린(Green) 계열의 향이 주로 사용된다.

② **미들노트(Middle note)**: 탑 노트 다음으로 느껴지는 중간 향으로 향료 자체의 향이다. 플로럴(Floral), 오리엔탈(Oriental) 계열의 향이 주로 사용된다.

③ **베이스 노트(Base note)**: 시간이 지난 후에 지속적으로 느껴지는 향으로 휘발성이 낮고 우디(Woody), 시프레(Chypre) 계열의 향이 주로 사용된다.

Section 6 | 에센셜(아로마) 오일 및 캐리어 오일

1 아로마 테라피의 역사

① 아로마 테라피의 역사는 B.C. 4500~5000년경 인도와 중국에서 시작되었다.

② 중국에서는 사향을 사용한 기록이 있고, 인도에서는 종교 의식에도 사용되었다.

③ 고대 로마는 이집트와 그리스를 통해 향료에 대한 문화를 수입하였다.

④ 이집트는 미이라를 만들 때 향유로서 사용하였다.

⑤ 프랑스는 가떼포세(Gattefosse)에 의해 '아로마 테라피'라는 용어를 처음 사용하게 되었다.

2 아로마 테라피의 원리

식물에서 추출한 100% 순수 천연 향료인 아로마 오일을 목욕 또는 증기 호흡 등을 통하여 체내에 침투시키거나 흡입시키면 생체 내의 호르몬의 분비를 조절하고 미용효과가 있다. 또, 질병의 치료와 예방에 사용하는 '방향 요법' 또는 '향기 요법'이라고도 하는 대체 요법의 하나이다.

3 아로마 오일의 효능

① 수면 장애
② 항스트레스 작용
③ 면역 기능 향상
④ 신진대사 조절
⑤ 피부미용
⑥ 항균 작용
⑦ 심리적 안정
⑧ 호흡기 장애
⑨ 불면증
⑩ 편두통

4 아로마 오일의 분류

(1) 허브류

종류	효과
로즈마리	기억력을 향상시키고 두통을 없애주며 이뇨, 혈액순환 촉진, 정신 피로 회복 및 진통 작용이 있다.
마죠람	모세혈관을 확장시키고 혈액의 흐름을 좋게 해준다. 소독 및 타박상으로 멍든 피부를 풀어주는 데 효과적이다.
페퍼민트	청량감과 산뜻함을 느끼게 하며 피로 회복, 졸음 방지에 효과적이다. 항염, 살균 작용과 두통, 해열, 천식, 피부 염증에 효과적이다.

(2) 감귤류

종류	효과
베르가못	달콤한 감귤향으로 피지 제거 효과가 있어 지성 피부에 효과적이다.
오렌지	감귤계의 산뜻한 향기가 나며 비만 치유와 주름 억제에 효과적이다.
레몬	소화기계, 부스럼 치유 및 살균, 미백 효과가 있다.

(3) 수목류

종류	효과
주니퍼	살균과 소독 및 수렴 작용이 있어 여드름 및 지성 피부에 효과적이다. 이뇨 작용을 하여 체내 독소를 배출시켜준다.

시더우드	수렴 및 소독 작용이 있어 지성 및 여드름 피부에 효과적이다.
유칼립투스	감기, 천식 등 호흡기 질환에 좋으며 항염, 살균 작용과 알레르기 및 해독, 해열 작용을 한다.

(4) 꽃류

종류	효과
라벤더	편안한 향취로 불면증, 스트레스, 긴장 완화 등 심리적 안정에 좋고 살균, 진정, 세포 재생에도 효과적이다.
쟈스민	우울할 때 기분 전환에 좋고 정서적 안정에 효과적이다.
카모마일	살균, 방부, 항염, 항균 작용을 하며 진정, 상처 치유 및 가벼운 탈취 효과를 나타낸다.

5 추출방법

(1) 증류법
가장 보편적으로 사용되는 방법으로, 수증기를 통과시켜 추출하며 짧은 시간에 다량 추출한다.

(2) 냉각압착법
감귤류의 레몬, 오렌지 등을 압착시켜 추출할 때 주로 사용된다.

(3) 휘발성 용매추출법
유기용매에 잎이나 식물의 줄기, 뿌리 등을 넣어 추출한다.

(4) 초임계유체법
압력과 온도의 변화에 따라 원하는 물질을 고순도로 추출할 수 있다.

6 아로마 오일 사용 시 주의사항

① 원액이 피부에 직접적으로 닿지 않도록 한다.
② 반드시 희석하여 사용한다.
③ 암갈색 병에 담아 직사광선을 피해 그늘진 곳에 보관한다.
④ 시트러스 계열의 아로마 오일은 광감성 성분이 있으므로 햇빛을 주의한다.
⑤ 블렌딩한 아로마 오일은 약 6개월 정도 사용이 가능하다.

7 캐리어 오일(Carrier Oil)

베이스 오일이라고도 하며, 에센셜 오일을 희석하여 피부에 사용할 오일을 만드는 식물성 오일이다. 에센셜 오일의 자극을 낮추고 피부 흡수를 높이기 위해 사용하므로 사용목적에 맞게 선택하는 것이 중요하다.

종류	효과
윗점 오일	피부노화방지, 건성에 효과가 있으며 비타민 E 성분으로 항산화 작용을 하며 미네랄이 풍부하다. 혈액순환 촉진, 결합조직 개선에 효과적이다.
호호바 오일	비타민과 미네랄이 풍부하고 피부 유연 효과와 보습력이 좋아 건조한 피부, 기미, 주름 등 피부 노화에 효과적이며, 화상 시 피부 진정 작용을 한다.
아몬드 오일	아몬드 종자에서 추출되며, 건성 및 알레르기, 염증 피부에 효과적이다.
살구씨유	기미와 모공 수축 등 피부 노화와 민감성 피부에 효과적이다.
캐럿 오일	피부 건조, 습진, 염증에 효과가 있어 여드름 및 항염 효과가 있다. 각질 제거와 피부를 유연하게 해준다.
아보카도 오일	아보카도 열매에서 추출되며 건성 피부에 효과적이다.

> **Tip** 아로마 오일의 사용 방법에는 목욕법, 흡입법, 마사지법, 족욕법, 확산법, 습포법 등이 있다.

Section 7 기능성 화장품

기능성 화장품은 효능과 효과가 강조되어 미백과 주름 개선에 도움을 주고 피부를 곱게 태워주거나 자외선으로부터 피부를 보호하는 데 도움을 주는 제품을 말한다.

1 미백 화장품

피부색은 표피에 존재하는 색소(멜라닌), 혈관에 함유된 색소 인자(헤모글로빈, 카로틴), 피부 두께 등에 의해 결정된다. 자외선 노출에 의해 기미, 주근깨 및 멜라닌에 의해 색소 침착이 발생하게 되는데 미백 화장품은 자외선에 의한 색소 침착 등을 완화시키고 멜라닌 생성을 억제하기 위해 만들어진 제품이다.

피부 표피 색소에 따른 피부색 구분

구분	색	영향 요인
멜라닌	흑갈색	표피의 기저층
헤모글로빈	적색	진피의 혈관
카로틴	황색	피하조직

> **Note** 미백 화장품의 원료
> 알부틴, 비타민 C, 나이아신아마이드, 코직산, 상백피 추출물, 닥나무 추출물, 감초 추출물, 알파-비사보롤, AHA, 리놀레산, 하이드로 퀴논, 옥틸디메틸파바, 이산화티탄, 에칠아스코빌에텔 등

2 자외선 차단 화장품

(1) 물리적 차단제

자외선이 피부에 흡수되지 못하도록 피부 표면에서 빛을 반사 또는 산란시켜 차단한다(**예** 티타늄옥사이드, 이산화티탄, 징크옥사이드, 탈크, 카올린).

(2) 화학적 차단제

피부에 유해한 자외선을 흡수하여 피부 침투를 차단한다(**예** 벤조페논, 디옥시벤존, 옥틸메톡시신나메이트, 옥틸살리실레이트).

> 자외선차단지수(SPF, Sun Protection Factor)
> - UV-B를 차단하는 정도를 나타내는 지수
> - 수치가 높을수록 자외선 차단지수가 높음을 의미
> - SPF=제품을 바른 피부의 초소홍반량/제품을 바르지 않은 피부의 최소홍반량

3 주름 개선 화장품

(1) 주름의 발생 원인

① 각질층과 표피의 유연성 저하
② 표피, 진피 경계부의 평탄화
③ 콜라겐과 무코다당류의 수분 결합 능력 저하
④ 엘라스틴의 탄력성 저하
⑤ 산소와 영양분의 부족
⑥ 자외선

(2) 주름 개선 성분

주름 개선 성분과 효능

성분	효능
레티놀	피부 세포 분화를 촉진하고 콜라겐과 엘라스틴의 합성 및 히알루론산 생성 촉진, MMP 생성 억제 등 피부의 주름을 완화시키고 탄력을 증가시킨다. 각질을 제거하고, 피지 분비도 억제한다.
폴리에톡실레이티드, 레틴아마이드	레티노이드에 PEG를 첨가한 형태로 우수한 안정성과 피부 흡수력으로 레티놀의 단점을 보완하여 개발되었다.
아데노신	아데닌(adenine)과 리보스(ribose) 성분이 결합한 화합물로 피부에 침투 시 자극이 적고 지속력이 우수해 진피 세포의 파괴와 노화로 인한 주름 개선에 효과적이다.
레틴산	피부에 탄력을 주고 주름 개선과 여드름에 효과적이다.

> **Tip** ① 미백 화장품의 성분: 알부틴, 비타민 C, 나이아신아마이드, 코직산, 상백피 추출물, 닥나무 추출물, 감초 추출물,
> 알파-비사보롤, AHA, 리놀레산, 하이드로 퀴논, 옥틸디메틸파바, 이산화티탄, 에칠아스코빌에텔 등
> ② 주름 개선 성분: 레티놀, 폴리에톡실레이티드, 레틴아마이드, 아데노신, 레틴산

▲ 기능성 제품

화장품학

01 화장품의 원료 중 수성 원료가 <u>아닌</u> 것은?

① 보습제　　　② 에탄올　　　③ 파라핀　　　④ 정제수

02 다음 중 페이스 파우더 성분인 것은?

① 탈크, 이산화티탄　　　　　② 아줄렌, 바세린

③ 유동파라핀, 왁스　　　　　④ 밀랍, 라놀린

03 팩에 사용되는 종류와 특징으로 바르지 <u>않은</u> 것은?

① 필 오프 타입: 피부에 바른 후 건조된 피막을 떼어내는 타입으로, 각종 노폐물을 제거하여 피부를 청결하게 만들며 탄력을 부여한다.

② 워시 오프 타입: 피부에 자극을 줄 수 있으므로 민감성 또는 여드름 피부는 사용을 자제하는 것이 좋다.

③ 마스크 타입: 사용이 쉽고 원하는 부위에 집중적인 관리를 할 수 있다.

④ 분말 타입: 물 또는 화장수, 과즙, 꿀 등 필요한 액체를 넣어 점성이 있는 페이스트 상태로 만들어 얼굴에 도포하는 형태의 팩이다.

04 다음 중 방부제의 종류로 맞지 <u>않는</u> 것은?

① 이미다졸리디닐우레아　　　② 파라옥시안식향산메틸

③ 소르빈산　　　　　　　　　④ 코엔자임

05 다음 중 유연 화장수에 관한 설명이 <u>잘못된</u> 것은?

① 수분 및 보습 성분이 피부를 촉촉하고 탄력 있게 만들어준다.

② pH는 약알칼리성에서 약산성이 주류를 이루고 있지만 최근에는 pH 5.5~6.5 정도로 조정된 제품이 많다.

③ 노화된 각질과 피부 결을 부드럽게 정리해준다.

④ 알코올 배합량이 높아 피부에 청량감과 수렴 효과를 부여한다.

06 화장품의 품질 특성 중 4대 요건에 속하지 <u>않는</u> 것은?

① 안정성　　　② 안전성　　　③ 유행성　　　④ 유효성

---

01 파라핀은 유성 원료 중 광물성 오일에 해당한다.

02 페이스 파우더 성분: 탈크, 이산화티탄, 카올린, 탄산칼슘, 스테아린산 아연, 미리스틴산 아연 등

03 ② 워시 오프 타입: 머드나 젤리와 같은 반투명 크림 상태로 피부에 펴 바른 후 일정 시간이 지나거나 건조되면 닦아내거나 미온수로 씻어내므로 피부에 자극이 적다.

04 ④ 코엔자임은 생체 조직에 존재하는 조효소로 노화 억제와 주름 개선 작용이 있어 노화 방지용 화장품 원료로 사용되고 있다.

05 수렴 화장수: 알코올 배합량이 높아 배합된 알코올이 모공을 수축시켜 피부 결을 정리하고 피지 억제 작용과 청량감이 있어 지성 피부나 여름철 화장수로 사용된다.

06 화장품 품질 특성의 4대 요건: 안정성, 안전성, 유효성, 사용성이다.

---

01 ③　　**02** ①　　**03** ②　　**04** ④　　**05** ④　　**06** ③

07 다음 중 수분이 60~80%인 일종의 점성이 낮은 크림으로 피부에 가볍게 사용하기에 적당한 것은?

① 로션　　　　② 크림　　　　③ 에센스　　　　④ 팩

08 기능성 화장품에 대한 설명이 <u>아닌</u> 것은?

① 자외선으로부터 피부를 보호하는 제품
② 피부의 질병을 치료해주는 제품
③ 피부의 주름 개선을 도와주는 제품
④ 미백에 도움을 주는 제품

09 파운데이션의 종류 중 다음 설명이 나타내고 있는 성질은 무엇인가?

- 에멀전에 분말 원료를 분산시킨 것으로, 유중 수형의 것과 수중 유형의 것이 있다.
- 사용감이 가볍고 퍼짐성이 좋다.
- 보습 작용과 부착성이 좋다

① 유화형 파운데이션　　　　② 컨실러
③ 스킨커버　　　　　　　　④ 고형 파운데이션

10 다음 중 유기 합성 색소가 <u>아닌</u> 것은?

① 아조계 염료　　② 베타카로틴　　③ 레이크　　　　④ 유기 안료

11 다음은 세안 화장품 중 어떤 제품에 대한 설명인가?

- 과도한 탈지를 막고 수분을 공급하기 위해 유성 성분과 보습제가 배합되어 있다.
- 글리세린이나 솔비톨 등이 첨가된다.
- 계면활성제형의 세안 화장품으로 비누의 우수한 세정력과 피부 보호 기능이 있다.

① 클렌징 크림　　② 클렌징 워터　　③ 클렌징 오일　　④ 클렌징 폼

12 다음 중 마스카라가 갖추어야 할 조건과 <u>관계없는</u> 것은?

① 피부에 자극이 없어야 한다.
② 점도가 강해야 한다.
③ 벗겨지거나 갈라지지 않아야 한다.
④ 뭉치지 않고 균일하게 묻혀져야 한다.

---

07 ①　　**08** ②　　**09** ①　　**10** ②　　**11** ④　　**12** ②

07 로션: 유분 30% 이하로 대체로 수분의 함량이 높으며 O/W 유화이므로 피부에 가볍고 산뜻하게 퍼져 사용 감촉도 우수하다.

08 기능성 화장품에는 미백 화장품, 자외선 차단 화장품, 주름 개선 화장품 등이 있다.

09 유화형 파운데이션: 커버력이나 유분 함량에 따라 유액 또는 크림 타입 등으로 구분되고 피부의 결점 및 톤을 보정하는 데 사용된다. 파운데이션 중 사용감이 가볍고 퍼짐성이 좋다.

10 베타카로틴은 당근, 호박, 감 등에서 추출된 천연 황색 색소이다.

11 클렌징 폼: 부드러운 크림상으로 물과 함께 거품을 만들어 먼지나 땀, 메이크업을 지우거나 이중 세안 시 사용하며 보습제, 글리세린이나 솔비톨, 유성 성분 등이 첨가된다.

12 마스카라의 구비 요건: 자극이 없을 것, 뭉치지 않고 균일하게 묻혀질 것, 벗겨지거나 갈라지지 않을 것, 적당한 컬링 효과가 있을 것, 속눈썹이 진하고 길게 보이는 효과가 있을 것 등이다.

13 아이브로 펜슬의 구성 성분이 <u>아닌</u> 것은?

① 안료　　　　② 왁스　　　　③ 오일　　　　④ 레티놀

14 화장품의 정의에 대한 설명 중 옳지 <u>않은</u> 것은?

① 인체를 청결, 미화하고 매력을 더해 용모를 밝게 변화시키는 물품이다.

② 피부와 모발의 건강을 유지 또는 증진하기 위한 물품이다.

③ 일정 기간 동안 신체에 사용함으로써 질병을 치료하는 물품이다.

④ 미백, 여드름, 자외선 차단 등 기능성 제품이 포함된다.

15 다음 중 식물성 오일이 <u>아닌</u> 것은?

① 아몬드 오일　　② 아줄렌　　　③ 피마자유　　④ 바세린

16 다음 중 왁스류의 성분 중 옳지 <u>않은</u> 것은?

① 밀랍　　　　② 라놀린　　　③ 경랍　　　　④ 마이카

17 손톱의 주름을 메워 네일 에나멜의 밀착성을 높이는 제품을 무엇인가?

① 베이스 코트　　　　　　② 톱 코트
③ 네일 컬러　　　　　　　④ 에나멜 리무버

18 립스틱의 성분 중 '립스틱의 녹는점을 높여 고체 상태를 유지할 수 있도록 하며, 립스틱 표면에 광택을 주는 성분은' 무엇인가?

① 산화 방지제　　　　　② 왁스
③ 오일　　　　　　　　　④ 탈크

19 네일 에나멜의 구성성분 중 해당되지 <u>않는</u> 것은?

① 안료　　　　　　　　　② 니트로 셀룰로오즈
③ AHA　　　　　　　　　④ 아크릴

20 화장품에 사용되는 유성 원료와 그 설명으로 <u>틀린</u> 것은?

① 퍼세린 오일: 새의 깃털에서 추출하며 유막 형성이 잘 되어 피부 건조 방지에 좋다.

② 올리브 오일: 냉압력 과정에서 추출한 버진 오일이 가장 좋다.

③ 바세린: 석유에서 얻은 정착성이 강한 백색의 액체이다.

④ 실리콘 오일: 벌집에서 추출되어 얻어지며 유연한 촉감을 부여한다.

13 레티놀은 레틴산(retinoic acid)의 전구 물질로 잔주름 개선 효과가 있다.

14 일정 기간 동안 신체에 사용함으로써 질병을 치료하는 물품은 의약품에 대한 설명이다.

15 바세린은 석유에서 얻는 반고체상의 탄화수소 혼합물로 정착성이 강한 백색의 액체이다.

16 마이카는 천연에서 생성되는 함수규산알루미늄칼륨으로 화장품에 안료로 사용된다.

17 베이스 코트는 네일 에나멜 전에 발라 밀착성을 좋게 할 목적으로 사용되는 제품이다.

18 왁스는 립스틱에 사용되는 유분으로 스틱 형상을 만들어주며 표면에 광택을 준다.

19 AHA는 유기산의 일종으로 표피의 탈락을 유도하여 미백에 관여하는 화장품 성분이다.

20 실리콘 오일은 무기 물질인 실리콘에 유기 물질이 결합되어 만들어진다.

화장품학

13 ④　　14 ③　　15 ④　　16 ④　　17 ①　　18 ②　　19 ③　　20 ④

21 향수의 분류 중 향이 가장 오래 지속되는 순서로 옳은 것은?

① 퍼퓸 〉 오드퍼퓸 〉 오드코롱 〉 오드뜨왈렛

② 퍼퓸 〉 오드퍼퓸 〉 오드뜨왈렛 〉 오드코롱

③ 퍼퓸 〉 오드뜨왈렛 〉 오드퍼퓸 〉 오드코롱

④ 퍼퓸 〉오드뜨왈렛 〉 오드코롱 〉 오드퍼퓸

21 향수의 지속성
① 퍼퓸 : 6~7시간 지속된다. 부향률 20~30%
② 오드퍼퓸 : 5~6시간 지속된다. 부향률 10~20%
③ 오드뜨왈렛 : 3~5시간 지속된다. 부향률 5~10%
④ 오드코롱 : 1~2시간 지속된다. 부향률 3~5%

22 아랍인들이 증류하여 향을 얻는 방법으로 장미향이 최초로 발생된 시기는?

① 1370년경   ② 900년경

③ 200년경   ④ 1570년경

22 900년경 아랍인들이 증류하여 향을 얻는 방법으로 장미향이 최초로 발생되었다.

23 향수 타입에 따른 특징으로 바르지 <u>않은</u> 것은?

① 오리엔탈: 동물성 향취로 무겁고 중후한 느낌을 준다.

② 시트러스: 싱싱하고 촉촉하며 중후한 느낌이 복합된 향취이다.

③ 플로리엔탈: 꽃의 우아함과 오리엔탈이 복합된 향취이다.

④ 스파이시: 향취가 자극적이고 샤프하다.

23 시트러스는 레몬, 베르가못, 자몽, 만다린, 오렌지, 라임 등의 감귤제의 산뜻한 향취이다.

24 다음 중 아로마테라피의 역사로 맞지 <u>않는</u> 것은?

① 프랑스는 가떼포세에 의해 아로마테라피의 본격적인 연구가 시작되었다.

② 아로마테라피의 역사는 BC 4500~5000년경 인도와 중국에서 시작되었다.

③ 고대 그리스인들은 인도로부터 아로마테라피의 의료 지식을 획득하였다.

④ 고대 이집트인들은 미이라를 만들 때 향유로 사용하였다.

24 고대 그리스인들은 이집트로부터 아로마테라피의 의료 지식을 획득하여 향의 종류에 따라 처방하는 방법을 발견하였다.

25 편안한 향취로 불면증, 스트레스, 긴장 완화 등 심리적 안정에 좋고 살균, 일광화상, 세포 재생에도 효과적인 아로마 오일은?

① 라벤더

② 페퍼민트

③ 주니퍼

④ 레몬

25 라벤더의 효능: 편안한 향취로 불면증, 스트레스, 긴장 완화 등 심리적 안정에 좋고 살균, 진정, 세포 재생에도 효과적이다.

21 ②   22 ②   23 ②   24 ③   25 ①

26 캐리어 오일의 효능으로 맞게 설명된 것은?

① 아보카도 오일: 행인유 또는 아프리코트 커널 오일이라고도 한다.

② 캐럿 오일: 피부 건조, 습진, 염증에 효과가 있어 여드름 및 항염 효과가 있다.

③ 호호바 오일: 불포화 지방산의 트리글리세리드를 함유하고 있다.

④ 살구씨유: 여드름 및 항염 효과가 있다.

27 미백 화장품의 원료로 맞지 <u>않는</u> 것은?

① 알부틴   ② 아데노신
③ 이산화티탄   ④ 코직산

28 바디 관리 화장품 중 피부가 타거나 색소 침착 또는 일광 화상을 방지해주는 역할은 하는 것은 무엇인가?

① 보습제   ② 산화 방지제
③ 일소 방지제   ④ 블리치제

29 피부 세포의 증식과 분화에 영향을 주고 손상된 콜라겐과 엘라스틴의 회복을 촉진시켜주는 주름 개선 성분은 무엇인가?

① 레티놀   ② 아스코빅애씨드
③ 리포좀   ④ 코메도제닉

30 다음 괄호 안에 들어갈 알맞은 단어는 무엇인가?

에센스는 기초 제품의 하나로 (   )이라는 명칭으로도 불리고 있으며, 미용 성분을 고농축으로 함유하고 영양과 보습 효과가 우수하다.

① 크림   ② 세럼   ③ 로션   ④ 아크릴

---

26 ① 아보카도 오일: 아보카도 열매에서 추출되며 건성 피부에 효과적이다.

② 캐럿 오일: 피부 건조, 습진, 염증에 효과가 있어 여드름 및 항염 효과가 있다.

③ 호호바 오일: 피부 유연 효과와 보습력이 좋아 건조한 피부와 화상 시 피부 진정 작용을 한다.

④ 살구씨유: 기미와 모공 수축 등 피부 노화와 민감성 피부에 효과적이다.

27 아데노신은 진피 세포의 파괴와 노화로 인한 주름 개선에 효과적이다.

28 일소 방지제: 피부가 타거나 색소 침착 또는 일광 화상을 방지해주는 역할을 하며, 선탠 리퀴드, 선크림, 선탠 오일, 애프터 선케어 로션 등이 있다.

29 레티놀: 피부 세포 분화를 촉진하고 콜라겐과 엘라스틴의 합성 및 히알루론산 생성 촉진, MMP 생성 억제 등 피부의 주름을 완화시키고 탄력을 증가시킨다. 각질 제거 및 피지 분비도 억제한다.

30 에센스는 '세럼'이라고도 불린다.

31 화장품 성분 중 유황(sulfur)에 대해 바르게 설명한 것은?

① 자외선을 피부에 흡수되지 못하도록 피부 표면에서 빛을 반사시킨다.

② 피부에 유해한 자외선을 흡수하여 피부 침투를 차단한다.

③ 콜라겐과 엘라스틴의 합성 및 히알루론산 생성을 촉진한다.

④ 피지 흡착력이 뛰어나 피지 조절, 살균 및 염증성 여드름에 효과적이다.

31 ①, ②는 자외선 차단 화장품에 대한 설명이고, ③은 레티놀의 효능이다.

32 자외선 화장품 중 화학적 차단제의 성분을 고르시오.

㉠ 벤조페논	㉡ 옥틸메톡시신나메이트
㉢ 티타늄옥사이드	㉣ 이산화티탄
㉤ 징크옥사이드	㉥ 디옥시벤존

① ㉠, ㉡, ㉤　　　　　　② ㉠, ㉡, ㉥

③ ㉠, ㉢, ㉤　　　　　　④ ㉢, ㉣, ㉤

32 • 화학적 차단제 : 벤조페논, 디옥시벤존, 옥틸메톡시신나메이트 등
• 물리적 차단제 : 티타늄옥사이드, 이산화티탄, 징크옥사이드 등

33 아로마 오일 추출 방법으로 **틀린** 것은?

① 증류법　　　　　　② 습포법

③ 휘발성 용매추출　　④ 냉각압착법

33 습포법은 아로마 오일 사용방법 중 한 가지이다.

34 다음 중 기초 화장품이 **아닌** 것은?

① 에센스　　　　　　② 콤팩트

③ 마사지 크림　　　　④ 스킨

34 기초화장품은 세안화장품, 화장수, 크림유액, 마사지, 팩 등이다.

35 음이온 계면활성제의 설명으로 **틀린** 것은?

① 기포형성 능력이 우수하다.

② 세정력이 뛰어나다.

③ 살균, 소독의 효과가 가장 좋다.

④ 값이 저렴하여 가장 많이 사용되고 있다.

35 음이온 계면활성제는 살균, 소독의 효과보다는 세정의 효과가 더 크다.

36 다음의 세안 화장품 중 진한 화장에 가장 효과적으로 클렌징 되는 것은?

① 클렌징 젤　　　　　② 클렌징 오일

③ 클렌징 로션　　　　④ 클렌징 워터

36 클렌징 오일은 피부 침투성이 좋아 진한 화장 및 땀이나 피지 등, 더러움 제거에 효과적이다.

37 다음 중 동물성 오일에 해당되는 것은?

① 퍼세린 오일　　　　② 바세린

③ 아줄렌　　　　　　④ 미네랄 오일

37 퍼세린 오일 – 새의 깃털에서 추출하여 유막형성이 잘 되고 피부 건조 방지에 좋은 동물성 오일이다.

31 ④　　**32** ②　　**33** ②　　**34** ②　　**35** ③　　**36** ②　　**37** ①

38 다음 중 의약품, 의약외품이 바르게 연결되지 **않은** 것은?

① 의약품 – 구강청결제　　② 의약품 – 소독제

③ 의약외품 – 마스크　　④ 의약외품 – 탈모방지제

39 향이 좋지만 피부 흡수가 늦고 유지 기간이 짧아 부패하기 쉬운 오일은?

① 동물성 오일　　② 식물성 오일

③ 합성오일　　④ 광물성 오일

40 다음 중 보습효과 및 피부 진정효과가 우수하여 화장수의 수렴 및 소독제로 사용되는 성분은?

① 카렌둘라　　② 레티놀

③ 위치하젤　　④ 코엔자임

41 다음 중 분산 제품에 해당되는 것이 **아닌** 것은?

① 아이라이너

② 페이스 파우더

③ 마스카라

④ 파운데이션

42 화장품 품질 특성 중 피부에 대한 자극 및 알레르기, 홍반과 가려움증 등 독성과 부작용 등이 없어야 하는 것은?

① 안정성　　② 안전성

③ 유효성　　④ 사용성

43 화장품을 사용했을 때 목적에 따라 미백, 세정, 자외선 차단, 보습, 노화 예방, 색채 표현의 기능이 이루어져야 하는 화장품의 특성은?

① 안정성　　② 안전성

③ 유효성　　④ 사용성

44 다음 중 유기안료의 특성으로 **틀린** 것은?

① 석유에서 합성한 것으로 대량 생산이 가능하다.

② 립스틱, 블러셔 등의 색조 제품에 널리 쓰인다.

③ 색상이 선명하고 화려하지 못하다.

④ 빛과 산, 알칼리에 약하다.

38 구강청결제는 의약외품에 속한다.

39 식물성 오일은 식물의 잎이나 열매에서 채취하여 향이 좋지만, 유지 기간이 짧아 부패하기 쉬우며, 피부 흡수가 늦다.

40 위치하젤은 북아메리카 동북부에서 서식하는 식물로 보습효과 및 피부 진정효과가 우수하고 알레르기로 인한 가려움증 및 피부발진 등에도 효과가 있어 화장수의 수렴 및 소독제로 사용된다.

41 분산 제품은 계면활성제에 고체 입자가 균일하게 혼합되어 표면에 흡착되거나 균일하게 혼합되어 분체 표면의 성질을 변화시키는 제품을 말한다. 분산 제품에는 마스카라, 아이라이너, 파운데이션 등이 있다.

44 유기안료는 색상이 선명하고 화려하여 립스틱, 블러셔 등의 색조 제품에 널리 쓰인다.

38 ①　39 ②　40 ③　41 ②　42 ②　43 ③　44 ③

45 아로마 오일 중 소독 및 타박상으로 멍든 피부를 풀어주는 데 효과적인 오일은?

① 마죠람   ② 베르가못

③ 샌달우드   ④ 캐럿

45 마죠람 오일은 모세혈관을 확장시키고 혈액의 흐름을 좋게 해주어 소독 및 타박상으로 멍든 피부를 풀어주는 데 효과적이다.

46 다음 중 에센셜 오일의 효능이 바르게 연결되지 <u>않은</u> 것은?

① 로즈마리 – 근육통   ② 티트리 – 미백

③ 라벤더 – 세포 재생   ④ 카모마일 – 살균, 방부

46 티트리 오일은 항균, 살균 작용을 한다.

47 오드퍼퓸의 부향률은 몇 %인가?

① 5~10%   ② 10~15%

③ 15~20%   ④ 10~20%

47 오드퍼퓸의 부향률은 10~20%이다.

48 향수에서 미들 노트에 대한 설명으로 바르지 <u>않은</u> 것은?

① 마지막까지 지속적으로 은은하게 유지되는 향이다.

② 알코올이 날아간 다음 나타나는 향이다.

③ 향수 본래의 향취이다.

④ 향수를 뿌리고 약 30분이 지난 후의 향이다.

48 마지막까지 지속적으로 은은하게 유지되는 향은 베이스 노트로 구분된다.

49 다음 중 기능성 화장품에 대한 설명으로 <u>틀린</u> 것은?

① 기능성 화장품은 미백 개선, 자외선 차단, 주름 개선 효과가 있는 화장품이다.

② 일정 기간 동안 피부에 질병을 치료해준다.

③ 식약청의 승인을 받고 제조 판매된다.

④ 화장품과 의약품의 중간적 성격을 가진다.

49 일정 기간 동안 피부에 질병을 치료해주는 것은 의약품에 해당된다.

50 다음 중 화장품에 방부제 역할을 하는 성분이 <u>아닌</u> 것은?

① 파라옥시안식향산프로필

② 디아졸리디닐우레아

③ 폴리에틸렌 글리코

④ 페녹시에탄올

50 폴리에틸렌 글리코는 화장품의 주요 보습성분으로 다른 성분들과 섞여 연화제 및 안정화제와 같은 다양한 기능을 가진 성분으로 사용된다.

---

45 ①   46 ②   47 ④   48 ①   49 ②   50 ③

memo

PART 4

종합예상문제

종합예상문제 1회

01 분장을 의미하는 연극 용어로 쓰이던 메이크업 용어는 무엇인가?

① 페인팅 ② 페인트
③ 마뀌아즈 ④ 토일렛

02 다음의 기원설 중 신분 표시설에 해당하는 기원설의 내용은?

① 문신과 장신구를 사용하여 몸을 치장하였다.
② 향료를 사용하여 곤충으로부터 피부를 보호하였다.
③ 인도 여성은 미간의 붉은 점으로 기혼자임을 알 수 있게 하였다.
④ 고대 이집트 여인들은 짙은 눈화장을 하였다.

03 기미나 주근깨가 많이 분포되어 있어 커버력이 요구되는 얼굴의 부위는?

① S-zone
② T-zone
③ Y-zone
④ O-zone

04 얼굴의 명암을 주어 윤곽 수정 메이크업을 할 때 셰이딩 부위가 아닌 것은?

① 광대뼈 주변
② 턱밑
③ 콧날의 양 옆
④ T-zone 부위

05 메이크업이라는 용어에 대한 설명으로 **틀린** 것은 무엇인가?

① 얼굴의 결점을 보완·수정하고, 장점을 부각시켜 아름답게 꾸미는 모든 행위
② 사전적 의미는 '제작하다', '보완하다'라는 뜻
③ 17세기 초 영국의 시인 리차드 크라슈가 최초로 메이크업이라는 용어 사용
④ 메이크업은 단순히 얼굴 외적인 변화만을 추구한다.

06 하이라이트를 주어야 할 부분이 **아닌** 것은?

① T-zone ② Y-zone
③ S-zone ④ 눈썹 뼈 부분

07 방수 효과가 높으며 물과 함께 사용하고 건조 유막을 형성해주는 파운데이션은?

① 스틱 파운데이션 ② 팬 케이크
③ 크림 파운데이션 ④ 리퀴드 파운데이션

08 눈 모양에 따른 아이섀도 표현 방법으로 바르지 **않은** 것은 무엇인가?

① 올라간 눈 - 눈꼬리 부분보다 바깥 방향에 포인트를 준다.
② 눈의 간격이 좁은 눈 - 눈 앞머리에 포인트를 준다.
③ 쌍꺼풀이 없는 눈 - 진한 컬러의 아이섀도로 아이라인 전체를 진하게 표현한다.
④ 눈의 길이가 짧은 눈 - 눈의 위, 아래 꼬리 부분에 길게 포인트를 준다.

09 다음의 내용은 어떤 얼굴형에 대한 수정 메이크업을 설명한 것인가?

> 이마 양 옆 부분과 턱선과 이마 중앙 부분에 하이라이트를 준 후, 튀어 나온 볼 뼈 부분과 턱 끝에는 음영 처리를 하여 자연스러운 느낌으로 연출한다.

① 긴 형 얼굴
② 둥근형 얼굴
③ 다이아몬드형 얼굴
④ 사각형 얼굴

10 젤 타입 아이라이너의 설명으로 틀린 것은 무엇인가?

① 수용성으로 수분이 닿으면 잘 지워진다.
② 눈 주위에 번지기 쉽다.
③ 오일이 함유된 리무버로 지워야 한다.
④ 유성용 제형의 아이라이너이다.

11 립스틱을 바르는 기본 테크닉으로 틀린 것은?

① 입술 주변에 파운데이션을 발라 피부톤을 정리해준다.
② 입술 중앙을 표시한 후 입술 모양의 균형을 맞춘다.
③ 립스틱을 바른 후 티슈를 이용하여 유분기를 제거한 후 덧바르면 지속력이 높아진다.
④ 립라이너 펜슬을 이용하여 입술 끝에서 입술 중앙 방향으로 립라인을 그린 후 입술산을 그린다.

12 얼굴형에 따른 치크 메이크업에 대한 설명으로 올바르지 않은 것은?

① 긴 형 – 사선의 느낌으로 그라데이션하며 약간 브라운 계열의 컬러로 헤어라인 부분에 셰이딩한다.
② 사각형 – 치크 메이크업을 넓게 그라데이

션 하고 광대뼈에서 관자놀이 밑 부분까지 연한 색상으로 셰이딩한다.
③ 역삼각형 – 좁은 턱 선을 강조하지 않도록 하며 핑크 계열의 컬러를 귀 부분에서 구각의 약간 위쪽을 향해 부드럽게 터치한다.
④ 둥근형 – 오렌지나 브라운 계열의 색상으로 광대뼈 아래에 샤프하게 터치한다.

13 메이크업 베이스의 색상 효과로 적합하지 않은 것은?

① 그린 계열 – 잡티가 많고 붉은 피부에 사용
② 핑크 계열 – 창백한 피부에 혈색을 부여
③ 블루 계열 – 피부색이 붉거나 흰 피부 표현에 사용
④ 오렌지 계열 – 노란기가 많은 피부에 사용

14 자연스러운 피부 표현에 적합하고 수분량이 높은 파운데이션은 무엇인가?

① 리퀴드 파운데이션
② 팬 케이크
③ 스틱 파운데이션
④ 크림 파운데이션

15 속눈썹에 자연스러운 컬을 주어 올려주는 기구는 무엇이라 하는가?

① 스크루 브러시
② 사선 브러시
③ 트위저
④ 아이래시 컬러

16 다음 중 감산혼합의 기본 3원색이 아닌 것은?

① 노랑
② 초록
③ 빨강
④ 파랑

17 두 색의 관계가 모호하거나 색의 대비가 너무 강한 경우 한 가지 색을 삽입하여 조화시키는 배색 방법을 무엇이라 하는가?

① 세퍼레이션 배색

② 악센트 배색

③ 그라데이션 배색

④ 레페티션 배색

18 여름 유형의 퍼스널 컬러에 대한 설명으로 <u>틀린</u> 것은?

① 복숭아빛 흰 피부와 진갈색 또는 검은색의 머리카락을 가진 사람이다.

② 흰색, 파랑 등 시원한 색이 잘 어울린다.

③ 내추럴하고 클래식한 이미지의 코디를 하면 좋다.

④ 회갈색의 눈썹이 잘 어울린다.

19 건강하고 섹시한 피부 표현과 브론즈 파우더 또는 골드 컬러의 크림을 덧발라 입체감을 살린 메이크업을 무엇이라 하는가?

① 한복 메이크업

② 스포츠 메이크업

③ 태닝 메이크업

④ 아트 메이크업

20 피부의 한선 중 대한선이 분포된 부위는 어느 곳인가?

① 팔과 다리   ② 배와 등

③ 겨드랑이   ④ 손과 발

21 결혼식 장소별 적용 메이크업으로 <u>잘못</u> 표현된 것은?

① 웨딩 홀 – 밝은 조명에 맞는 화사한 메이크업을 한다.

② 호텔 웨딩 – 화려한 조명에 맞는 윤곽을 강조하여 표현한다.

③ 성당 혹은 교회 – 예배당 조명과 어울리게 화려하게 표현한다.

④ 야외 웨딩 – 태양광에 맞는 깨끗한 메이크업으로 표현한다.

22 고전적 · 전통적인 의미로 유행보다는 웨딩 메이크업의 기본 가치와 보편성을 지닌 웨딩 이미지 메이크업은?

① 클래식 이미지 웨딩 메이크업

② 내추럴 이미지 웨딩 메이크업

③ 로맨틱 이미지 웨딩 메이크업

④ 엘레강스 이미지 웨딩 메이크업

23 자연스러우면서 신부의 순결함이 묻어나는 청초한 느낌의 웨딩 메이크업 이미지 메이크업은?

① 클래식 이미지 웨딩 메이크업

② 내추럴 이미지 웨딩 메이크업

③ 로맨틱 이미지 웨딩 메이크업

④ 엘레강스 이미지 웨딩 메이크업

24 웨딩 상담 시 고객 상담 일지에 기록할 사항이 <u>아닌</u> 것은?

① 고객의 결혼 시기

② 예식 장소

③ 드레스 디자인

④ 고객의 성격

25 웨딩 헤드 드레스의 종류로 왕관형태의 장식품으로 머리 가운데 부분에 장식하는 것은 무엇인가?

① 크라운   ② 꽃

③ 모자   ④ 베일

26 웨딩 메이크업의 수정 방법으로 올바르지 <u>않은</u> 것은?

① 이마, 콧방울 등 유분이 쉽게 올라오는 곳은 루즈 파우더로 가볍게 눌러 지속력을 높여준다.

② 눈물 등으로 번진 부분은 면봉으로 가볍게 닦아낸 후 수정한다.

③ 아이 메이크업은 지속력이 높은 워터 프루프 제품을 사용한다.

④ 립은 지워져도 다시 바르면 부자연스러워 보일 수 있어 다시 수정하지 않는다.

27 웨딩 메이크업 퍼스널 컬러 제안 중 다음 설명에 해당하는 계절은?

> 명도, 채도가 낮아 선명하지 않고 우아하고 고전적 이미지로, 내추럴한 아이보리, 연한 카키, 골드, 브라운 등의 컬러가 많이 쓰인다.

① 봄   ② 여름
③ 가을   ④ 겨울

28 미디어 매체의 장르 중 전파 매체에 속하지 <u>않는</u> 것은?

① 광고 CF   ② 영화
③ 드라마   ④ 신문

29 분장 재료 중 90%의 주정 알코올에 송진을 용해한 반투명 액체 상태의 접착제는 무엇인가?

① 스프리트 검   ② 글라짠
③ 라텍스   ④ 오브라이트

30 영화나 드라마 메이크업 중 성격 메이크업의 특징이 <u>아닌</u> 것은?

① 시청자에게 배우의 이미지와 성격을 전달하는 메이크업이다.

② 상처, 노화 등 극중 특별한 상황을 묘사하거나 캐릭터를 표현하기 위한 메이크업이다.

③ 수염의 유형과 질감, 부피 등은 상관없이 표현한다.

④ 극중 인물의 시대, 민족, 연령 등을 그 인물에 맞게 표현한다.

31 미디어 메이크업 실내 · 외 촬영 시 나타나는 현상을 <u>잘못</u> 표현한 것은?

① 실내 스튜디오 촬영 시 배경이 붉고 어두우면 붉은색의 영향을 받아 얼굴이 어둡게 보일 수 있으므로 적색 베이스를 사용한다.

② 실내 스튜디오 촬영 시 붉은색의 밝은 톤이면 치크와 립은 약간 붉은색을 사용한다.

③ 야외 촬영 시 배경색과 조명이 지나치게 밝은 경우 출연자의 얼굴이 검붉게되므로 밝은색 베이스를 사용하여 보정한다.

④ 야외 촬영 시 배경색과 조명이 어두우면 대체로 피부색이 희고 얼굴 윤곽이 또렷하게 나타나 아름답게 보인다.

32 CF 메이크업에서 정해진 콘셉트가 없을 경우 사용할 수 있는 무난한 메이크업 컬러는?

① 핑크와 블랙
② 오렌지와 브라운
③ 핑크와 그린
④ 레드와 그린

33 다음 중 표피의 구조에 속하지 <u>않는</u> 것은?

① 각질층   ② 유극층
③ 과립층   ④ 망상층

34 다음 중 피부 노화 현상과 가장 거리가 <u>먼</u> 것은?

① 색소 침착   ② 피부 건조
③ 탄력 증가   ④ 면역기능 감퇴

35 다음 중 무기질의 인체 내 역할에 대한 설명으로 가장 거리가 먼 것은?

① 칼슘 – 뼈와 치아의 주 성분이다.

② 요오드 – 피부의 수분 균형에 관여한다.

③ 마그네슘 – 삼투압 조절, 근육 이완에 관여한다.

④ 인 – 체내 pH를 조절한다.

36 다음 중 질병 발병 인자가 아닌 것을 고르시오.

① 환경적 인자 ② 병인적 인자
③ 숙주적 인자 ④ 약품적 인자

37 건강에 대한 정의로 맞는 것을 고르시오.

① 신체적·정신적 및 사회적으로 안녕한 상태

② 질병이 생겨 허약한 상태

③ 감염되어 면역력이 떨어진 상태

④ 질병이 완치되어가는 상태

38 공중보건학의 범위에 해당되지 않는 것을 고르시오.

① 환경 보건 분야 ② 질병 관리 분야
③ 보건 관리 분야 ④ 보건 교육 분야

39 들쥐 등 야생동물 배설에 섞여 있던 균이 사람의 피부에 접촉되어 전파되는 감염병은 무엇인가?

① 콜레라 ② 장티푸스
③ 렙토스피라증 ④ 말라리아

40 비말 감염은 어떤 것을 통해 전파되는가?

① 기침, 재채기 ② 태양
③ 물 ④ 식품

41 다음 중 접촉 감염이 아닌 것은?

① 모기 매개 ② 진애 감염
③ 포말 감염 ④ 피부 접촉 감염

42 다음 중 선충류에 속하지 않는 것은?

① 선충 ② 요충
③ 회충 ④ 이질아메바

43 돼지고기를 익혀 먹지 않았을 때 발병하는 기생충은 무엇인가?

① 간디스토마 ② 무구조충증
③ 유구조충증 ④ 폐디스토마

44 다음 중 감염형 식중독에 속하는 것은 어느 것인가?

① 보툴리누스 ② 포도상구균
③ 웰치균 ④ 살모넬라

45 다음 중 복어 독 증상이 아닌 것을 고르시오.

① 고열 ② 호흡 장애
③ 언어 장애 ④ 지각 마비

46 실내 공기 오염도를 판정하는 지표로 사용되는 것은 무엇인가?

① 산소 ② 오존
③ 이산화탄소 ④ 일산화탄소

47 산업보건의 목적으로 바른 것을 고르시오.

① 직업병 치료

② 근로자의 보건 유지

③ 산업 재해 유발

④ 근로자의 안전 유지를 위한 질병 치료

48 금속 제품을 소독하는 데 사용되는 소독제가 아닌 것은?

① 크레졸 수

② 역성비누액

③ 알코올

④ 석탄산 수

49 의복 및 침구류의 소독 방법으로 옳지 <u>않은</u> 것은?

① 일광 소독
② 자비 소독
③ 에탄올 소독
④ 증기 소독

50 이·미용기구의 일반적인 소독 기준으로 바르지 <u>않은</u> 것은?

① 자외선 소독: 1㎠당 85㎼ 이상의 자외선을 20분 이상 쬐어준다.
② 건열 멸균 소독: 100℃ 이상에서 10분 이상 쐬어준다.
③ 증기 소독: 100℃ 이상에서 20분 이상 쐬어준다.
④ 열탕 소독: 100℃ 이상에서 10분 이상 끓여준다.

51 메이크업 도구나 기자재들의 위생이 바르지 <u>않은</u> 것은?

① 화장품 – 먼지가 쌓이지 않도록 보관하고 작업 후에는 용기의 뚜껑을 닫아 깨끗이 닦아준다.
② 화장용 어깨 덮개 또는 가운 – 고객의 피부에 직접 닿지 않도록 하며 1회 사용 후 매번 세탁하여 깨끗한 덮개를 사용하도록 한다.
③ 메이크업 의자 – 비닐로 된 커버는 물걸레로 닦은 다음 알코올로 닦아준다.
④ 눈썹 다듬는 면도날 – 다음 사용을 위해 알코올로 소독한다.

52 메이크업사의 개인 위생에 대해 바르지 <u>않은</u> 것은?

① 충분한 수면과 영양 섭취로 건강을 유지하며 감염병을 예방한다.
② 바이러스성 질환 또는 감염성 질환을 앓고 있으면 작업 전 손을 깨끗이 씻는다.
③ 신체나 의복에 땀이나 음식물, 기타 오염에 의한 체취를 수시로 주위 점검한다.

④ 작업을 하는 손에 상처가 생기지 않도록 주의한다.

53 변경 시 신고하여야 하는 사항이 <u>아닌</u> 것은?

① 영업소의 명칭 또는 상호
② 영업소의 주소
③ 신고한 영업장 면적의 4분의 1 이상 증감
④ 대표자의 성명 및 생년월일

54 영업소 외 시술의 특별한 사유가 <u>아닌</u> 것은?

① 질병 기타의 사유로 영업소에 나올 수 없는 자에 대하여 미용을 하는 경우
② 혼례 기타 의식에 참여하는 자에 대하여 그 의식 직전에 미용을 하는 경우
③ 도지사가 인정하는 경우
④ 방송 등의 촬영에 참여하는 사람에 대하여 그 촬영 직전에 미용을 하는 경우

55 동물성 오일에 대한 설명으로 옳지 <u>않은</u> 것은?

① 피부 흡수가 낮은 편이며 변질되기 쉽다.
② 향취가 좋지 않아 정제해서 사용해야 한다.
③ 피부 친화성이 우수하다.
④ 동물의 피하 조직, 장기 등에서 추출한다.

56 유화제의 형태 중 O/W 타입이 <u>아닌</u> 것을 고르시오.

① 자외선 크림
② 클렌징 로션
③ 에센스
④ 에멀전

57 화장품의 첨가제 중 산화 방지제에 해당하는 것은?

① 엠브리오　　② 알부민
③ 폴리페놀　　④ 알부틴

58 다음 중 수렴화장수에 대한 설명으로 맞지 <u>않는</u> 것은?

① 배합된 알코올이 모공을 수축시켜 피부결을 정리한다.

② 주름 개선과 여드름에 효과적이다.

③ 피지 억제 작용과 청량감이 있다.

④ 수분을 공급하고 소독해주는 작용을 해 지성 피부나 여름철 화장수로 사용된다.

59 팩의 특징 중 필오프(peel-off) 타입에 대한 설명으로 맞는 것은?

① 영양 공급과 보습을 주목적으로 한다.

② 내용물을 얼굴에 발라놓고 일정 시간이 지나면 닦아낸다.

③ 여드름 및 민감성 피부에 효과적이다.

④ 노폐물을 제거하고 피부를 청결하게 만들며 탄력을 부여한다.

60 다음 중 립스틱에 사용되는 주 원료가 <u>아닌</u> 것은?

① 알부틴

② 밀랍

③ 유동 파라핀

④ 글리세라이드

종합예상문제 1회 답안 & 해설

01	02	03	04	05	06	07	08	09	10
③	③	③	④	④	③	②	②	③	①
11	12	13	14	15	16	17	18	19	20
④	①	④	①	④	②	①	③	③	③
21	22	23	24	25	26	27	28	29	30
③	①	②	④	①	④	③	④	①	③
31	32	33	34	35	36	37	38	39	40
①	②	④	③	②	④	①	④	③	①
41	42	43	44	45	46	47	48	49	50
①	④	③	③	①	③	②	④	③	②
51	52	53	54	55	56	57	58	59	60
④	②	③	③	①	①	③	②	④	①

01 마뀌아즈는 불어로 분장을 의미하는 용어였고, 뜨왈렛의 불어는 1540년경 영국에 전해지면서 메이크업을 포함한 몸치장 전반을 가리키는 용어인 토일렛으로 변형되어 사용되었다.

03 Y-zone은 눈 밑 부분이다.

04 T-zone은 하이라이트 부위이다.

05 메이크업은 내면적 아름다움을 외적 아름다움으로 표출하는 기능을 가지며, 외적을 변화를 통해 정신적 내면에까지 영향을 미치기도 한다.

06 S-zone은 귀 밑에서 턱 선까지의 S자형 부분으로 셰이딩 부분이다.

07 스틱 파운데이션은 커버력이 우수하나 두께감이 있게 표현된다. 크림 파운데이션은 리퀴드보다 커버력이 있으며 건성 피부에 좋다. 리퀴드 파운데이션은 자연스러운 피부표현에 적합하다.

08 눈의 간격이 좁은 눈은 꼬리 부분에 포인트를 주고 눈 앞머리에 하이라이트를 준다.

11 립라인은 입술산을 그린 후 입술 끝에서 라인을 연결하여 그린다.

13 오렌지 계열은 태닝한 느낌의 건강한 피부색 표현 시 사용한다.

16 색료의 혼합인 감산 혼합의 3원색은 사이언(파랑), 마젠타(빨강), 노랑이다.

17 세퍼레이션은 '분리 배색'이라는 뜻으로, 분리색을 삽입하여 색을 조화시키는 방법이다. 레페티션 배색은 '반복 배색'을 뜻한다.

18 여름 유형의 사람은 로맨틱, 클리어 이미지가 잘 어울리며, 내추럴, 클래식 이미지는 가을 유형의 사람에게 잘 어울린다.

20 대한선은 털과 함께 있는 땀샘으로 겨드랑이, 유두, 배꼽 주변에 주로 분포한다.

21 성당 혹은 교회 – 예배당 조명과 어울리도록 단아하고 차분하게 표현한다.

22 클래식 웨딩이미지 메이크업은 고전적·전통적이라는 의미로 유행에 상관없이 웨딩 메이크업의 기본 가치와 보편성을 지닌 이미지를 말한다.

26 립 메이크업은 잘 지워지는 편이므로 지워진 부분을 덧바른 후 글로스를 발라 윤기 있게 표현한다.

28 신문은 인쇄 매체에 속한다.

29 분장 재료 중 90%의 주정 알코올에 송진을 용해한 반투명 액체상태의 접착제는 스프리트 검이다.

31 실내 스튜디오 촬영 시 배경이 붉고 어두우면 붉은색의 영향을 받아 얼굴이 어둡게 보일 수 있으므로 황색 밝은 베이스를 사용한다.

33 망상층과 유두층은 진피에 속한다.

35 요오드는 갑상선 기능, 에너지 대사 조절, 모세혈관 기능, 기초 대사를 조절하는 기능을 하며, 미역, 다시마 등에 많이 들어 있다. 삼투압을 통해 혈액과 피부의 수분 균형에 관여하는 무기질은 나트륨이다.

36 질병은 병인, 숙주, 환경의 상호작용이 균형을 이루지 못하였을 경우에 발생한다.

38 환경 보건 분야는 환경 위생, 식품 위생, 환경 보전과 공해, 산업 환경으로 나뉜다. 한편 보건 교육은 보건 관리 분야에 해당된다.

39 렙토스피라증은 가을철 추수기 농촌 지역에서 주로 들쥐 등에 의하여 사람에게 전파되는 감염병으로, 갑작스런 발열과 오한, 근육통 등의 증세를 보인다.

40 비말 감염은 기침, 재채기, 타액을 통해 감염된다.

41 모기매개 감염은 절지동물에 의한 전파이다.

42 이질아메바는 원충류에 속한다.

43 무구조충증 – 소고기, 폐디스토마 – 제1 중간숙주는 다슬기, 2중 간숙주는 가재, 게 등, 간디스토마 – 제 1중간 숙주는 쇠우렁이, 제2 중간 숙주는 잉어, 참붕어, 피라미 등의 민물고기

44 감염독소형식중독(중간형)의원인균은웰치균,장병원성대장균,장독소형 대장균 등이 속한다.

45 복어독 증상 – 호흡 곤란, 혀의 지각 마비, 구토, 언어 장애, 호흡 정지 등

46 실내 공기 오염도를 판정하는 지표로 사용되는 것은 이산화탄소이며 측정 기준량은 0.1%로 규정한다.

47 사업장에서 모든 근로자의 육체적·정신적 건강을 유지, 증진 시키는 데 목적이 있다.

48 금속 제품 소독: 크레졸 수, 페놀 수, 포르말린, 역성비누액, 에탄올 등을 사용한다.

49 에탄올 소독은 금속 및 가죽 제품에 적합하다.

50 건열 멸균 소독: 100℃ 이상에서 20분 이상 쐬어준다.

51 눈썹 다듬는 면도날은 감염을 예방하기 위해 1회 사용 후 폐기하여 재사용을 금한다.

52 바이러스성 질환 또는 감염성 질환을 앓고 있으면 작업을 금한다.

53 신고한 영업장 면적의 3분의 1 이상의 증감일 때 신고한다.

55 식물성 오일은 향이 좋으나 피부 흡수가 낮은 편이고 유지 기간이 짧아 변질되기 쉽다.

56 O/W 타입은 수분 베이스에 오일의 입자를 분산시켜서 제조하는 것으로 친수성이며 산뜻한 느낌의 사용감이 있다.

57 ① 산화 방지제 – 비타민 E, 폴리페놀, BHA, BHT, 고추틴크, 로즈마리 추출물 등

② 노화 방지제 – 알부민, 플라센타, 엠브리오, 구리펩타이드, 사이토카인 등

④ 미백제 – 알부틴, 알로에 추출물, 플라센타 추출물, 감마-오리자놀 등

59 필오프(peel-off) 타입은 피부에 바른 후 건조된 피막을 떼어내는 타입으로 각종 노폐물을 제거하여 피부를 청결하게 만들며 탄력을 부여한다. 떼어낼 때 자극이 될 수 있기 때문에 민감성 또는 여드름 피부는 사용을 자제하는 것이 좋다.

60 알부틴은 미백 화장품의 원료이다.

종합예상문제 2회

01 화장품과 화장술이 마술이나 미신에서 벗어나 과학적 원리에 기초를 두고 의학적으로 연구하기 시작된 시기는 언제인가?

① 이집트 시대   ② 그리스·로마 시대
③ 르네상스 시대   ④ 중세 시대

02 그리스 시대 화장법에 대한 설명으로 <u>틀린</u> 것은?

① 초기 그리스에서는 매춘부를 중심으로 메이크업이 이루어졌다.
② BC 5세기경 아리스토텔레스에 의해 여러 가지 화장법이 기록되었다.
③ 갈렌과 데모크리투스에 의해 피부 증발을 막고 피부를 햇빛으로부터 보호하는 콜드크림이 제조되었다.
④ 헤나 염색이 최초로 시도되었다.

03 각 시대와 시대를 대표하는 영화배우의 연결이 <u>잘못된</u> 것은?

① 1920년대 – 클라라 보우
② 1930년대 – 그레타 가르보
③ 1950년대 – 오드리 헵번
④ 1970년대 – 잉그리드 버그만

04 '일그러진 진주'라는 뜻으로 르네상스의 균형, 조화의 문화에 비해 유동적이고 강렬한 남성적인 감각이 강조된 시대는?

① 바로크   ② 로코코
③ 그리스   ④ 이집트

05 서양 메이크업 역사에서 창백한 얼굴로 꾸미는 데 사용했던 메이크업 재료는?

① 콜   ② 진흙
③ 백납분   ④ 아교

06 커버력이 좋으며 지속성이 우수한 파운데이션은?

① 스킨 커버
② 크림 파운데이션
③ 스틱 파운데이션
④ 리퀴드 파운데이션

07 피부에 잡티나 기미가 있을 경우 부분적으로 커버할 때 사용하는 파운데이션 기법은?

① 패팅 기법   ② 블렌딩 기법
③ 선긋기 기법   ④ 슬라이딩 기법

08 파우더의 색상에 따른 특징을 <u>잘못</u> 설명한 것은?

① 보라색의 파우더는 피부의 노란 기를 감소시켜 화사하게 한다.
② 핑크색의 파우더는 혈색을 부여하여 화사하게 한다.
③ 오렌지 파우더는 어두운 피부에 혈색을 부여한다.
④ 브라운색의 파우더는 얼굴의 붉은 기를 감소시켜준다.

09 아이섀도의 컬러를 선택하는 기준이 <u>아닌</u> 것은?

① 눈동자 색과 피부색

② 모델의 이미지

③ 의상색

④ 모델의 얼굴형

10 아이라인을 그리는 방법으로 <u>잘못된</u> 것은 무엇인가?

① 아이라인은 눈 앞머리부터 꼬리까지 한 번에 그린다.

② 아이라인을 그리기 전에 손등이나 팔레트에 색상을 체크하고 양을 조절한다.

③ 아이라인의 자연스러운 연출법은 펜슬을 이용하여 속눈썹 사이를 메우듯이 채워나가는 것이다.

④ 아이라인을 표현할 때 번짐을 방지하기 위해 아이섀도를 얹어 그라데이션한다.

11 인조속눈썹 연출 방법으로 옳지 <u>않은</u> 것은?

① 인조속눈썹은 눈의 길이보다 조금 길게 잘라 붙인다.

② 인조속눈썹 대에 접착제를 바르고 4~5초 정도 지난 후 붙인다.

③ 붙이기 전 아이라이너를 이용하여 속눈썹 사이를 메워준다.

④ 자연스러운 연출을 위해 인조속눈썹을 붙인 후 속눈썹과 함께 컬링해준다.

12 립 메이크업에 대한 설명 중 옳지 <u>않은</u> 것은 무엇인가?

① 의상에 립 컬러를 맞추면 조화롭다.

② 립 메이크업은 형태가 중요하다.

③ 그리고자 하는 립 모양과 컬러를 선택한 후 립라인을 그린다.

④ 립은 립 컬러와 립라인에 따라 이미지가 달라진다.

13 광대뼈 아랫부분에 선의 느낌을 살려 치크 메이크업을 하는 경우 어떤 이미지의 연출이 가능한가?

① 여성스러운 이미지

② 귀여운 이미지

③ 세련되고 지적인 이미지

④ 활동적인 이미지

14 치크 메이크업 수정 방법으로 옳은 것은 무엇인가?

① 치크 부분의 메이크업을 지워내고 다시 바른다.

② 메이크업 스펀지로 두드리며 지운다.

③ 치크 부분에 파우더를 덧발라 색상을 연하게 한다.

④ 연한 색상의 블러셔를 덧바른다.

15 마스카라를 바르는 방법으로 옳지 <u>않은</u> 것은 무엇인가?

① 아이래시 컬러를 이용하여 속눈썹의 뿌리, 중간, 끝 부분의 3단계로 나누어 컬링한다.

② 아이래시 컬러를 이용하여 속눈썹의 중간 부분을 강하게 컬링한다.

③ 언더 속눈썹은 마스카라를 세워 쓸어주듯이 가볍게 바른다.

④ 볼륨 있게 표현하기 위해 위에서 아래로, 다시 반대 방향으로 쓸어주듯이 바른다.

16 다음 중 색채의 연상이 <u>잘못</u> 연결된 것은?

① 노랑 – 질투, 경고, 희망

② 보라 – 고귀함, 우아한, 신비로움

③ 파랑 – 생명, 활동, 정열

④ 흰색 – 청결, 순수, 결백

17 흰색 배경의 회색은 실제보다 어두워 보이고, 검은색 배경의 회색은 실제보다 밝게 보이는 현상은 색의 어떠한 현상 때문인가?

① 명도 동화   ② 명도 대비

③ 채도 동화   ④ 채도 대비

18 다음 중 파버 비렌의 조화론 중 조화로운 색조 연결 방법으로 옳지 <u>않은</u> 것은?

① Tint – Tone – Shade

② Color – Tint – White

③ Color – Shade – Black

④ White – Tone – Black

19 다음 중 퍼스널 컬러와 어울리는 이미지가 <u>잘못</u> 연결된 것은?

① 봄 – 프리티, 캐주얼

② 여름 – 로맨틱, 클리어

③ 가을 – 내추럴, 클래식

④ 겨울 – 내추럴, 프리티

20 다음 중 조명과 관련된 색체계는 무엇인가?

① PCCS 색체계

② NCS 색체계

③ C.I.E

④ 먼셀 색체계

21 내추럴 메이크업에 가장 가깝게 표현된 것은?

① 윤곽 수정을 확실하게 하여 V라인 얼굴형을 만든다.

② 펄이 들어간 제품을 사용하여 눈매를 화려하게 연출한다.

③ 깨끗하고 잡티 없는 피부 표현을 위해 케이크 타입 파운데이션을 사용한다.

④ 원래의 눈썹 형태를 살리면서 기본형에 가까운 눈썹을 표현한다.

22 웨딩 메이크업 시 주의하여야 할 사항이 <u>아닌</u> 것은?

① 속눈썹이나 아이라인을 이용하여 눈매를 뚜렷하게 표현한다.

② 메이크업의 지속 시간을 고려하여 메이크업한다.

③ 신부의 개성을 최대한 살려 메이크업한다.

④ 신부의 얼굴형을 고려하여 메이크업한다.

23 웨딩 이미지 연출을 위한 소품 중 베일에 대한 설명은?

① 신부의 이미지를 신비롭고 환상적으로 연출하기 위한 얇고 가벼운 투명한 천이다.

② 전통 혼례 시 머리에 쓰는 관이다.

③ 비즈나 보석으로 장식한 왕관 형태의 장식품으로, 머리 가운데 부분이 높이가 있도록 표현한다.

④ 다산의 상징으로 꽃으로 만들어 둥근 형태로 머리에 장식한다.

24 웨딩 메이크업에 대한 설명으로 올바르지 <u>않은</u> 것은?

① 얼굴형에 따라 수정 메이크업한다.

② 드레스, 헤어스타일과 어울리게 메이크업하여 통일감을 준다.

③ 촬영 시 조명 반사를 막기 위해 펄이 많이 함유된 제품을 사용한다.

④ 자연스럽게 윤곽을 살리고 눈매와 입술을 효과적으로 표현한다.

25 혼주 메이크업에 대한 설명으로 적절한 것은?

① 주름이 두드러져 보이지 않게 매트한 파운데이션으로 도포한다.

② 한복의 곡선과 색상에 조화되는 우아한 느낌으로 메이크업한다.

③ 볼터치는 브라운 계열의 색상으로 얼굴 라인에서 광대뼈 쪽으로 선명하게 표현한다.

④ 입술은 립글로스를 많이 사용하여 글로시하게 표현한다.

26 신랑 메이크업에 대한 설명으로 적절하지 <u>않은</u> 것은?

① 신랑 피부톤보다 밝게 표현하여 화사한 이미지로 연출한다.

② 자연스럽고 부드러운 이미지로 표현한다.

③ 입술 색은 신랑의 입술 색과 유사한 컬러로 자연스럽게 표현한다.

④ 브라운 계열의 색상으로 광대뼈를 중심으로 사선으로 입체감을 주어 남성다움을 표현한다.

27 본식 신부 메이크업에 대한 설명으로 <u>잘못</u> 표현된 것은?

① 신부의 아름다움을 육안으로 보여주는 데 목적이 있으므로 자연스럽게 메이크업한다.

② 하객과의 거리를 고려하여 또렷한 인상을 줄 수 있게 표현하고 화사한 느낌으로 연출한다.

③ 바디와의 연계성을 고려하여 목, 어깨와 연결해 바른다.

④ 자연스러움보다는 촬영상 아름다워 보이는 메이크업으로 연출한다.

28 로맨틱 이미지 웨딩 메이크업에 대한 설명으로 <u>잘못</u> 표현된 것은?

① 사랑스럽고 낭만적이며 부드러운 느낌의 이미지이다.

② 눈썹결을 살려 한올 한올 자연스럽게 그린다.

③ 하이라이트와 셰이딩 컬러를 사용하여 얼굴에 입체감을 준다.

④ 눈매를 강조하는 스모키 메이크업으로 표현한다.

29 웨딩 메이크업 퍼스널 컬러 제안 중 다음 설명에 해당하는 계절은?

> 흰색이 혼합된 명도는 높고 채도는 낮은 컬러로, 부드럽고 낭만적이며 여성적인 신부 이미지이다. 푸른 기가 있는 밝은 파스텔톤이 많이 쓰인다.

① 봄

② 여름

③ 가을

④ 겨울

30 영상 매체 메이크업 시 일반 분장의 목적이 <u>아닌</u> 것은?

① 조명에 반사되는 얼굴 빛 방지

② 피부 결점 보완

③ 피부색의 보완

④ 피부 광택 증진

31 공연 메이크업 과정 및 단계에 속하지 <u>않는</u> 것은?

① 기획 의도 파악하기

② 현장 분석하기

③ 사전 피부 마사지

④ 메이크업 디자인 계획하기

32 인조 코 등 돌출 부위에 입체감을 표현하기에 효과적인 재료는?

① 티어 스틱

② 글리세린

③ 왁스

④ 글라짠

33 공연 미디어 메이크업의 특징과 주의사항이 <u>아</u>닌 것은?

① 무대 공연 메이크업은 다른 미디어 메이크업보다 자연스럽게 표현한다.

② 배우와 관객과의 거리에 따라 메이크업의 강약과 분장법이 달라야 한다.

③ 배역 인물의 연령이나 성격 등을 충분히 고려하여 메이크업하여야 한다.

④ 공연이 시작되면 연속적으로 공연이 지속되므로 지속성을 고려하여 메이크업하여야 한다.

34 미디어 메이크업의 특징으로 <u>잘못된</u> 것은?

① 뉴스 미디어는 시청자가 집중할 수 있도록 단정하고 정적인 분위기로 메이크업한다.

② 드라마, 영화의 경우에는 작품의 특성과 장르에 따라 시대적 배경을 정확히 파악하여 메이크업한다.

③ 광고는 클라이언트와 연출자가 원하는 이미지를 표현하기 위해 메이크업에만 신경 쓴다.

④ 뉴스 미디어는 발랄한 색조보다는 톤이 다운되고 정적인 컬러를 사용한다.

35 드라마에 출연하는 연기자 분장 시 숙지하여야 할 요소가 <u>아닌</u> 것은?

① 인물의 생물학적 나이

② 인물의 시대적 배경

③ 인물의 성격 특성

④ 인물의 성형 유무

36 다음의 인체 부위 중 체온 조절 작용과 가장 거리가 <u>먼</u> 것은?

① 한선

② 피지선

③ 혈관

④ 광대뼈

37 다음 중 자외선에 대한 설명으로 가장 거리가 <u>먼</u> 것은?

① 비타민 D 합성에 관여한다.

② 색소 침착, 노화를 일으키기도 한다.

③ 780nm~1mm에 해당하는 장파장이다.

④ 강력한 살균 작용을 한다.

38 일반적인 성인의 인체의 뼈는 총 몇 개로 구성되어 있는가?

① 200개　　　　② 23개

③ 206개　　　　④ 209개

39 공중보건학의 정의를 설명한 것이다. 가장 적합한 것을 고르시오.

① 질병 예방, 수명 연장, 조기 치료

② 질병 예방, 수명 연장, 풍요로운 삶

③ 질병 예방, 수명 연장, 건강 증진

④ 질병의 조기 발견 및 예방, 수명 연장

40 세계보건기구가(WHO)가 건강에 대하여 정의한 것에 해당하지 <u>않는</u> 것은?

① 질병이 치료되는 상태

② 사회적 안녕이 완전한 상태

③ 육체적 안녕이 완전한 상태

④ 정신적 안녕이 완전한 상태

41 예방접종을 하여 형성되는 면역을 무엇이라 하는가?

① 자연 능동 면역　　② 인공 능동 면역

③ 인공 수동 면역　　④ 자연 수동 면역

42 병원소에 속하지 <u>않는</u> 것은?

① 환자

② 건강 보균자

③ 무증상 감염자

④ 식품

43 분변이나 구토물에 의해서 감염병이나 기생충질환의 병원체가 체외로 배설되는 경우는?

① 기계적 탈출
② 소화기계 계통으로 탈출
③ 비뇨생식기 계통으로 탈출
④ 개방적 탈출

44 인간에게 가장 흔한 기생충으로 어린이들에게 빈번한 기생충은 무엇인가?

① 회충
② 편충
③ 요충
④ 조충

45 다음 세균성 식중독 중 감염형이 <u>아닌</u> 것은 무엇인가?

① 보툴리누스
② 병원성 대장균
③ 장염 비브리오
④ 살모넬라

46 공기의 자정 작용으로 <u>틀린</u> 것을 고르시오.

① 강설, 강우 등에 의한 용해성 가스의 세정 작용
② 공기 자체의 희석 작용
③ 기온 역전 현상의 자정 작용
④ 식물의 탄소 동화 작용에 의한 이산화탄소와 산소의 교환 작용

47 다음 중 고기압으로 인하여 발생되는 직업병이 <u>아</u>닌 것은 무엇인가?

① 고압증
② 잠수병
③ 고산병
④ 산소 중독증

48 다음 중 메이크업 숍 내의 실내 환경 위생으로 바른 것은?

㉠ 냉·난방 시설이 되고 환기와 통풍이 되어야 한다.
㉡ 냉·온장고와 자외선 소독기가 갖추어져 있어야 한다.
㉢ 메이크업 도구는 모두 자외선 소독기에 넣어 보관한다.
㉣ 작업대는 반드시 알코올로 소독해준다.

① ㉠, ㉡   ② ㉢, ㉣
③ ㉠, ㉣   ④ ㉡, ㉣

49 소독 시 유의사항으로 바르지 <u>않은</u> 것은?

① 물품의 부식성 및 표백성이 없어야 한다.
② 혼합된 소독액은 밀폐하여 잘 보관한다.
③ 소독 시 외부와 내부를 모두 소독할 수 있어야 한다.
④ 소독약의 용해성이 높고 안정성이 있어야 한다.

50 멸균법에 따른 기준이 바르게 연결된 것은?

① 간헐 멸균법 – 160℃~170℃에서 1~2시간
② 고압 증기 멸균법 – 62℃~63℃에서 30분
③ 자비 소독법 소독 – 100℃에서 15~20분
④ 건열 멸균법 – 100℃ 증기에서 30~60분

51 공중위생관리법 시행규칙에 규정된 이·미용 기구의 자외선 소독 기준으로 적절한 것은?

① 1cm²당 85㎼ 이상의 자외선을 20분 이상 쬐어준다.
② 1cm²당 95㎼ 이상의 자외선을 10분 이상 쬐어준다.
③ 10cm²당 85㎼ 이상의 자외선을 10분 이상 쬐어준다.
④ 10cm²당 95㎼ 이상의 자외선을 20분 이상 쬐어준다.

52 공중 위생법에서 규정하고 있는 '공중위생영업'에 해당되지 <u>않는</u> 대상은?

① 이용업　　　② 세탁업
③ 미용업　　　④ 화장품 판매업

53 다음 중 유기농 화장품 원료의 범위에 해당되지 <u>않는</u> 것은?

① 물
② 동물에서 생산된 원료
③ 미네랄 원료
④ 화석 연료로부터 기원한 물질

54 기능성 화장품의 종류로 맞지 <u>않은</u> 것은?

① 자외선 차단제
② 미백 제품
③ 클렌징 제품
④ 태닝 제품

55 다음 중 화장품의 품질 특성으로 맞는 것은?

① 안정성, 안전성, 유효성, 사용성
② 안전성, 유효성, 사용성, 편리성
③ 안전성, 기능성, 사용성, 편리성
④ 안정성, 기능성, 유효성, 사용성

56 화장품의 수성원료에 해당하지 <u>않는</u> 것은?

① 물　　　　② 라놀린
③ 에탄올　　④ 보습제

57 화장품의 유성 원료 중 새의 깃털에서 추출하며 유막 형성이 잘 되어 피부 건조 방지에 좋은 오일은 무엇인가?

① 퍼세린 오일
② 실리콘 오일
③ 밍크 오일
④ 에뮤 오일

58 메이크업 베이스의 기능으로 잘못된 것은?

① 기초 화장 후 파운데이션을 바르기 전에 사용한다.
② 피부톤을 균일하게 정리해주고 밀착성을 높여준다.
③ 피지막을 형성하여 메이크업의 지속력을 높여준다.
④ 피부의 결점을 커버하고 원하는 피부색을 만들어준다.

59 다음 설명에 해당되는 화장품을 고르시오.

> 피부의 표면에 요철과 모공 또는 잔주름 등을 메워주고 정리해서 피부결을 매끄럽고 부드럽게 만들어준다. 지성 피부의 경우 유분과 피지로 인한 번들거림을 막아준다.

① 파우더　　　② 컨실러
③ 프라이머　　④ 파운데이션

60 아로마 오일 사용 시 주의사항으로 맞지 <u>않는</u> 것은?

① 원액이 피부에 직접 닿지 않도록 한다.
② 시트러스 계열의 아로마 오일은 광감성 성분이 있으므로 햇빛을 주의한다.
③ 보관 시 암갈색 병에 담아 직사광선을 피해 그늘진 곳에 보관한다.
④ 블랜딩한 아로마 오일은 2~3년 정도 사용 가능하다.

종합예상문제 2회 답안 & 해설

01	02	03	04	05	06	07	08	09	10
②	④	④	①	③	③	①	④	④	①
11	12	13	14	15	16	17	18	19	20
①	②	③	③	②	③	②	④	④	③
21	22	23	24	25	26	27	28	29	30
④	③	①	③	②	①	④	④	②	④
31	32	33	34	35	36	37	38	39	40
③	③	①	③	④	④	③	③	③	①
41	42	43	44	45	46	47	48	49	50
②	④	②	③	①	③	③	①	②	③
51	52	53	54	55	56	57	58	59	60
①	④	④	③	①	②	①	④	③	④

01 그리스·로마 시대에는 화장품을 약의 일종으로 취급하였고, 피부병을 연구하기 시작하였다.

02 헤나 염색은 이집트 시대에 처음 시작되었다.

03 잉그리드 버그만은 1940년대를 대표하는 배우이다.

07 블렌딩 기법은 파운데이션 색상의 경계가 자연스럽게 되도록 하는 기법이며, 선긋기는 하이라이트나 셰이딩을 할 때 사용하는 기법, 슬라이딩은 고르게 펴바르는 기법이다.

08 얼굴의 붉은 기를 감소시켜주는 파우더는 그린색의 파우더이며, 브라운색의 파우더는 셰이딩용으로 사용하면 자연스러운 음영 효과를 표현할 수 있다.

09 메이크업의 전체적인 분위기를 좌우하는 컬러로 모델의 얼굴형과는 관련이 없다.

10 아이라인을 그릴 때는 2번 정도 나누어 그리는 것이 효과적이다.

11 인조속눈썹은 눈 길이보다 약간 짧은 길이로 붙이는 것이 눈에 편하다.

12 립 메이크업은 전체적인 조화를 고려한 컬러의 선택이 중요하다.

16 태양, 불, 피, 생명, 정열의 이미지를 연상시키는 색은 빨간색이다.

17 배경색에 의하여 그림색이 다르게 보이는 현상으로 똑같은 색도 배경이 밝으면 더 어두워 보이고, 배경색이 어두우면 상대적으로 그림색이 밝아 보인다.

18 무채색의 조화 배색은 White-Gray-Black이다.

19 겨울 유형의 사람에게 잘 어울리는 이미지는 시크, 모던이다.

20 PCCS, NCS, 먼셀, KS 등은 색료의 색을 표현하는 현색계의 색체계이고, C.I.E는 빛의 색을 표현하는 혼색계의 색체계이다.

22 웨딩 메이크업 시에는 신부의 개성보다는 신부의 고유 이미지를 살려 메이크업한다.

25 혼주 메이크업은 한복의 이미지에 맞춰 우아한 느낌으로 메이크업한다.

26 신랑의 피부톤은 원래의 피부 색상과 유사하게 그라데이션한다.

32 인조 코 등 돌출 부위에 입체감을 표현하기 편리한 재료는 왁스, 노즈 퍼티 등이 있다.

33 무대 공연 메이크업은 다른 미디어 메이크업보다 과장시켜야 한다.

36 피지선, 한선, 지방, 혈관 및 림프관의 역할을 통해 인체는 체온 조절을 하게 된다.

37 자외선은 10~440nm의 단파장이며, 780nm~1mm에 해당하는 장파장은 적외선에 관한 설명이다.

38 일반 아동의 뼈는 총 270여 개이며, 성인이 될수록 뼈가 융합되면서 206개로 줄어들게 된다.

40 세계보건기구(WHO)의 정의에 의하면 건강이란 질병이 없거나 허약하지 않다는 것만을 의미하는 것이 아니라 신체적 · 정신적 및 사회적으로 안녕한 상태를 의미한다. 즉, 건강이란 질병이 없는 상태만을 의미하는 것이 아니고 복잡한 사회에서의 개인이 자신의 일을 수행하는 데 있어 신체적 · 정신적으로 아무런 문제가 없음을 의미한다.

41 인공 능동 면역은 인위적으로 항원을 투입하는 예방 접종을 통해서 이루어진다.

42 병원체가 생활, 증식하여 다른 숙주에 전파할 수 있도록 생활하는 장소

43 소화기계 탈출을 말하며, 이는 세균성이질, 장티푸스, 콜레라 등이 속한다.

46 공기의 자정 작용은 ①, ②, ④번 이외에 산화 작용 그리고 살균 작용이 있다.

47 고산병과 저압증 그리고 저산소증은 저기압으로 인한 직업병이다.

48 메이크업 도구 및 기기는 알코올 소독이나 비누 세척 또는 자외선 소독기를 사용한다.

49 약물은 사용할 때마다 새로 제조하고 혼합된 소독액은 재사용하지 않고 폐기한다.

50 ① 간헐 멸균법 – 100℃ 증기에서 30~60분

② 고압 증기 멸균법 – 115.5℃에서 30분, 121.5℃에서 20분, 126.5℃에서 15분

④ 건열 멸균법 – 160℃~170℃에서 1~2시간

51 자외선 소독 1cm²당 85㎼ 이상의 자외선을 20분 이상 쬐어준다.

52 공중 위생 영업에는 숙박업, 목욕장업, 이용업, 미용업, 세탁업, 건물위생관리업을 말한다.

53 유기농 원료의 범위 중 '미네랄 원료'란 지질학적 작용에 의해 자연적으로 생성된 물질을 가지고 이 고시에서 허용하는 물리적 공정에 따라 가공한 화장품 원료를 말한다. 다만, 화석 연료로부터 기원한 물질은 제외한다.

54 클렌징 제품은 기초 화장품에 해당된다.

56 라놀린은 '양모지'라고도 하며 왁스류에 해당된다.

60 블랜딩한 아로마 오일은 약 6개월 정도 사용 가능하다.

01 주근깨와 여드름, 얼굴의 상처들을 감추고, 젊고 매력적인 얼굴을 표현하기 위해 17세기 후반에 데코레이션 기법으로 유행하였던 것을 무엇이라 하는가?

① 콜
② 플럼프
③ 패치
④ 공작석 가루

02 20세기 초 유럽에서 오리엔탈 붐을 일으킨 계기가 된 사건은?

① 미국의 영화 산업 발달
② 일본의 화장품 산업 발달
③ 러시아 발레단의 유럽 공연
④ 프랑스 패션의 유행

03 석유 파동과 인플레이션으로 인한 경제 불황으로 진(Jean) 패션과 펑크 패션이 유행하였던 시기는?

① 1960년대
② 1970년대
③ 1980년대
④ 1990년대

04 다음 중 화장의 고유 어휘에 대한 설명으로 옳지 않은 것은?

① 농장 – 기초 화장
② 염장 – 진한 상태의 화장
③ 응장 – 신부 화장
④ 성장 – 야하거나 화려한 화장

05 우리나라에서 미용사 국가자격시험이 제정된 시기는 언제인가?

① 1930년대
② 1940년대
③ 1950년대
④ 1960년대

06 얼굴 부위 중 들어가 보이게 하거나 어둡게 보이게 하도록 하는 윤곽 수정 방법은 무엇인가?

① 베이스 컬러
② 셰이딩 컬러
③ 브라이트 컬러
④ 하이라이트 컬러

07 아이브로의 색상을 결정할 때 가장 고려해야 할 부분은 무엇인가?

① 의상의 색
② 블러셔의 색
③ 모발의 색
④ 립스틱의 색

08 아이섀도의 명칭이 올바르지 않은 것은 무엇인가?

① 포인트 컬러는 눈매를 강조하기 위해 바르는 컬러이다.
② 하이라이트 컬러는 눈썹 뼈 부분이 돌출되어 보이도록 바르는 컬러이다.
③ 베이스 컬러는 음영을 표현하기 위해 아이홀 부분에 바르는 컬러이다.
④ 언더 컬러는 눈꼬리 부분에 포인트 컬러를 발라 다양한 이미지를 표현한다.

09 튀어나와 보이는 눈의 아이섀도 표현 방법으로 바른 것은 무엇인가?

① 눈꺼풀에 펄감이 많은 섀도를 사용한다.
② 밝은 색상의 섀도를 눈꺼풀 전체에 펴 바른다.
③ 붉은 계열의 아이섀도를 사용한다.
④ 매트한 브라운 계열의 섀도를 바른다.

10 얼굴형과 아이브로 모양이 <u>잘못</u> 연결된 것은 무엇인가?

① 둥근형 – 각진형   ② 긴형 – 직선형
③ 사각형 – 상승형   ④ 역삼각형 – 아치형

11 아이라인의 기능이 <u>아닌</u> 것은 무엇인가?

① 눈의 단점을 보완한다.
② 눈을 커 보이게 한다.
③ 눈에 음영을 준다.
④ 눈매를 또렷하게 부각시켜 준다.

12 얇은 입술에 어울리는 립 메이크업 방법으로 옳지 <u>않은</u> 것은?

① 연한 색이나 펄이 있는 립 제품을 사용한다.
② 립라인은 본래 입술보다 1~2mm 정도 크게 그려준다.
③ 입술산을 살려 뾰족하게 그려준다.
④ 립라인은 볼륨감을 살려 표현한다.

13 돌출형 입술에 대한 수정 메이크업 방법으로 잘못된 것은 무엇인가?

① 진한 립 컬러를 선택한다.
② 매트한 립 메이크업 제품을 사용한다.
③ 촉촉한 연출을 위해 광택감 있는 립글로스를 바른다.
④ 입술 주변의 피부톤을 자연스럽게 다운시켜 표현한다.

14 둥근형 얼굴의 치크 메이크업에 대한 설명 중 바른 것은?

① 볼뼈를 중심으로 둥글게 그라데이션한다.
② 볼뼈를 중심으로 구각 방향으로 그라데이션한다.
③ 볼뼈 윗부분 에서 구각 방향으로 세로로 길게 그라데이션한다.
④ 볼뼈를 중심으로 가로로 그라데이션한다.

15 인조속눈썹의 역할을 잘못 설명한 것은 무엇인가?

① 속눈썹을 길고 짙어 보이게 하여 깊이 있는 눈매를 만든다.
② 눈의 단점을 보완해준다.
③ 눈이 커 보이고 또렷해 보인다.
④ 눈에 음영을 표현한다.

16 메이크업 아티스트의 자세로 올바르지 <u>않은</u> 것은?

① 메이크업의 목적에 따라 메이크업 콘셉트를 달리한다.
② 메이크업 시술 20~30분 전에 도착하여 스탠바이 한다.
③ 고객이나 모델보다 내가 우선시되어 메이크업을 시행한다.
④ 메이크업 목적에 따라 메이크업 테크닉을 달리한다.

17 메이크업 도구 손질 및 보관법으로 <u>틀린</u> 것은?

① 라텍스로 만든 스펀지는 일회용으로 한 번 사용하고 버리는 것이 좋다.
② 아이섀도 브러시는 사용한 후 살짝 물을 묻혀 닦고 보관한다.
③ 립 브러시는 티슈로 닦아낸 다음 전용 클렌저를 이용하여 세척한다.
④ 스크루 브러시는 솔의 결 방향대로 닦아준다.

18 색의 3속성인 색상, 명도, 채도를 표현하는 것으로, 색상은 원으로, 명도는 수직 방향, 채도는 방사선 방향으로 3차원 공간에 계통적으로 배열한 것을 무엇이라 하는가?

① 스펙트럼　　　　② 색의 3속성
③ 색입체　　　　　④ 가시광선

19 다음 중 색 지각의 3요소로 짝지어진 것은?

① 빛, 색, 프리즘
② 광원, 반사체, 관찰자
③ 반사체, 사물, 스펙트럼
④ 광원, 눈, 지각

20 전체의 평범한 배색 가운데에 강한 색을 배색하여 시선을 집중시키는 배색 방법을 무엇이라 하는가?

① 그라데이션 배색　　② 콘트라스트 배색
③ 도미넌트 배색　　　④ 악센트 배색

21 다음 중 계절 메이크업에 어울리는 색과 가장 거리가 먼 것은?

① 봄 – 옐로, 오렌지, 핑크
② 여름 – 화이트, 블루, 바이올렛
③ 가을 – 베이지, 브라운, 골드
④ 겨울 – 그린, 핑크, 화이트

22 백열등 아래서는 보라색의 아이 메이크업이 어떤 색으로 보이는가?

① 빨강　　　　　② 어두운 보라색
③ 밝은 보라색　　④ 붉은 보라색

23 동일 색상이며 다른 톤인 색끼리의 배색을 무엇이라 하는가?

① 톤인톤 배색　　② 톤온톤 배색
③ 토널 배색　　　④ 까마이외 배색

24 한복 메이크업에 대한 설명으로 틀린 것은?

① 피부톤을 한 단계 어둡게 표현해야 고전미를 살릴 수 있다.
② 회색 또는 밤색으로 곡선을 살려 눈썹을 아치형으로 표현한다.
③ 유사색 계열로 은은하게 아이 메이크업을 한다.
④ 포인트 메이크업의 색상을 절제하여 단아하게 표현한다.

25 파티 메이크업에 대한 설명으로 가장 거리가 먼 것은?

① 인조속눈썹을 붙여 또렷한 눈매를 연출한다.
② 화려한 느낌이 들도록 펄을 사용한다.
③ 유사색 계열로 은은하고 내추럴한 아이 메이크업을 한다.
④ 세미 스모키 메이크업을 한다.

26 웨딩 헤드 드레스의 종류로 왕관 형태의 장식품으로 머리 가운데 부분에 장식하는 것은 무엇인가?

① 크라운　　　　② 꽃
③ 모자　　　　　④ 베일

27 목선을 따라 높게 디자인된 네크라인으로 웨딩 드레스의 실루엣이 길어 보이는 드레스 네크라인 종류는?

① 스퀘어 네크라인　② 하이 네크라인
③ 브이 네크라인　　④ 오프 숄더 네크라인

28 자연스러우면서 신부의 순결함이 묻어나는 청초한 느낌의 웨딩 메이크업 이미지 메이크업은?

① 클래식 이미지 웨딩 메이크업
② 내추럴 이미지 웨딩 메이크업
③ 로맨틱 이미지 웨딩 메이크업
④ 엘레강스 이미지 웨딩 메이크업

29 신랑 메이크업에 대한 설명으로 잘못된 것은?

① 피부톤에 맞추어 파우더로 유분기를 제거한다.

② 하이라이트와 셰이딩을 주어 음영을 살린다.

③ 신랑의 피부톤보다 밝은 파운데이션으로 화사하게 표현한다.

④ 눈썹은 에보니 팬슬을 이용하여 눈썹 결대로 자연스럽게 그려준다.

30 혼주 메이크업에 대한 설명으로 잘못된 것은?

① 한복 색상에 맞추어 색상을 선택하고 자연스럽고 부드럽게 표현한다.

② 눈이 처진 경우에는 아이라인으로 눈매를 교정한다.

③ 주름이 두드러져 보이지 않게 리퀴드 파운데이션을 얇게 도포한다.

④ 한복을 입으므로 한복의 직선과 조화되는 느낌으로 표현한다.

31 신부 메이크업을 담당하는 아티스트의 자세로 적합하지 않은 것은?

① 사전에 충분히 검토, 토의 후 작업에 임한다.

② 결혼식의 장소, 시간 등 전반적인 요소를 점검한다.

③ 사전에 메이크업 제품을 점검한다.

④ 신부의 아름다움을 위해서 신부 메이크업에만 집중한다.

32 텔레비전, 영화 등 각 매체에 어울리도록 등장인물의 성격을 창조하고 이미지를 구축하며 표현하는 것을 무엇이라 하는가?

① 미디어 메이크업 ② 아트 메이크업

③ 웨딩 메이크업 ④ 뷰티 메이크업

33 방송 촬영 용어로 화면 안으로 인물이 들어오는 것을 무엇이라 하는가?

① 오버프레임 ② 프레임 인

③ 아웃 포커스 ④ 시퀀스

34 영상 미디어 메이크업의 특징과 주의사항이 아닌 것은?

① 사실적이고 거부감 없는 섬세한 피부톤으로 표현한다.

② 화면에 너무 화려하거나 많은 양의 색을 동시에 사용하지 않도록 한다.

③ 연기자의 피부색과 질감을 최대한 자연스러우면서 섬세하게 표현한다.

④ 무대 메이크업처럼 멀리 떨어져 있는 관객들을 대상으로 메이크업한다.

35 공연미디어 메이크업 시 환경과 현장은 극장의 크기와 규모, 객석의 수에 따라 나뉜다. 다음 중 잘못 표현된 것은?

① 소극장 – 500석 이상, 국립극장 소극장, 대학로 소극장 등

② 중극장 – 500~1,000석, 호암 아트홀 등

③ 대극장 – 1,000석 이상, 국립극장 대극장, 세종문화회관 대극장 등

④ 소극장 – 500석 이하, 국립극장 소극장, 대학로 소극장 등

36 수염의 기본 재료로 누에고치 실로 만들며 염색에 따라 다양한 색 표현이 가능한 재료는 무엇인가?

① 생사 ② 인조사

③ 스프리트 검 ④ 화학사

37 녹말이 주 성분으로 의료용, 화상 메이크업에 주로 사용하는 재료는?

① 글라잔 ② 오브라이트

③ 콜로디온 ④ 실러

38 공연 미디어 메이크업의 유형에 속하지 <u>않는</u> 것은?

① 연극   ② 오페라
③ 마당놀이   ④ 영화

39 에너지원인 3대 영양소의 종류가 <u>아닌</u> 것은?

① 지방   ② 비타민
③ 탄수화물   ④ 단백질

40 화장품의 유성 원료 중 카모마일의 스팀, 증류 작용에 의해 제조되는 휘발성 오일은 무엇인가?

① 터틀 오일   ② 바세린
③ 아줄렌   ④ 밀눈 기름

41 다음 중 광물성 오일에 해당되지 <u>않는</u> 것은?

① 파라핀   ② 미네랄 오일
③ 바세린   ④ 맥아유

42 계면활성제의 기능 중 가용화제에 대한 설명으로 옳은 것은?

① 세정 대상 물질에 습윤 작용이 일어난다.
② 에센스, 향, 지용성 비타민 등을 녹인다.
③ 액체에 녹여 거품의 생성을 촉진시킨다.
④ 물속에 고형 약품을 균등하게 분산시킨다.

43 다음 중 방부제의 종류가 <u>아닌</u> 것은?

① 페녹시에탄올   ② 디아졸리디닐우레아
③ 레이크   ④ EDTA

44 북아메리카 동북부에서 서식하는 식물로 보습 효과 및 피부 진정 효과가 우수하고 알레르기로 인한 가려움증 및 피부 발진 등에도 효과가 있어 화장수의 수렴 및 소독제로 사용되는 추출물은 무엇인가?

① 케렌둘라   ② 위치하젤
③ 실크   ④ 알로에

45 다음 중 모발 화장품의 기능이 바르게 설명된 것은?

① 포마드 – 모발에 광택을 주며 헤어스타일을 단정하게 만들어준다.
② 헤어 젤 – 헤어 블로우라고도 하며 가벼운 느낌으로 모발을 정리해준다.
③ 블리치 – 시간이 지나면서 색소가 빠지고 염색 효과가 낮아진다.
④ 제모제 – 퍼머넌트 웨이브 로션과 유사하게 환원제와 산화제로 되어있다.

46 다음 중 향수의 조건으로 옳지 <u>않은</u> 것은?

① 향에 특징이 있어야 한다.
② 시대성에 부합되는 향이어야 한다.
③ 향의 조화가 잘 이루어져야 한다.
④ 향의 지속성이 가벼워야 한다.

47 역학의 역할 중에서 가장 중요한 것은 무엇인가?

① 질병의 자연사 연구
② 질병의 발생 원인 규명
③ 의료 서비스의 연구
④ 질병의 예방 대책 수립

48 질병 발생 시 3대 인자가 <u>아닌</u> 것은?

① 병인적 인자   ② 예방적 인자
③ 환경적 인자   ④ 숙주적 인자

49 병원체의 크기가 가장 작은 것은?

① 세균   ② 진균
③ 리케차   ④ 기생충

50 질환 후의 면역을 무엇이라 하는가?

① 자연 능동 면역   ② 인공 능동 면역
③ 인공 수동 면역   ④ 자연 수동 면역

51 다음 연결 중 바르지 <u>않은</u> 것을 고르시오.

① 간디스토마 – 바다회
② 무구조충증 – 소고기
③ 유구조충증 – 돼지고기
④ 광절열두조충증 – 송어, 연어

52 다음 중 간디스토마의 제1 중간 숙주, 제2 중간 숙주로 맞게 짝지어진 것은?

① 쇠우렁이 – 잉어　② 다슬기 – 참붕어
③ 물벼룩 – 소라　　④ 소라 – 피라미

53 다음 중 독소형 식중독은 어느 것인가?

① 보툴리누스　　　② 웰치균
③ 장염비브리오　　④ 살모넬라

54 공기 중 가장 많은 비율을 차지하고 있는 것은 무엇인가?

① 산소　　　　　　② 질소
③ 이산화탄소　　　④ 아르곤

55 미생물의 종류에 맞지 <u>않은</u> 것을 고르시오.

① 곰팡이　　　　　② 세균
③ 효모　　　　　　④ 편모

56 다음 중 메이크업 도구 소독 방법이 바르지 <u>않은</u> 것은?

① 수정 가위는 더러움을 티슈로 제거한 후 알코올을 적신 솜으로 닦아준다.
② 분첩은 사용 후 알코올로 세척하여 말린다.
③ 라텍스 스펀지는 사용 후 비누로 더러움을 제거한 후 잘 말린다.
④ 메이크업 브러시는 비누 또는 샴푸를 이용하여 세척 후 그늘에 뉘어 말린다.

57 소독의 농도 표시법 중 용질의 양을 구할 때 ppm을 산정하는 방식으로 맞는 것은?

① $\dfrac{용질량}{용액량} \times 1{,}000{,}000$

② $\dfrac{용질량}{용액량} \times 1{,}000$

③ $\dfrac{용질량}{용액량} \times 100$

④ $\dfrac{용질량}{용액량} \times 10$

58 실내 공기 위생 관리 기준으로 바르지 않은 것은?

① 24시간 평균 실내 미세먼지의 양이 $150\mu g/m^2$를 초과하는 경우에는 실내 공기 정화 시설(덕트) 및 설비를 교체 또는 청소하여야 한다.
② 1시간 평균치 일산화탄소는 100ppm 이하여야 한다.
③ 1시간 평균치 이산화탄소는 100ppm 이하여야 한다.
④ 1시간 평균치 포름알데히드는 $120\mu g/m^3$ 이하여야 한다.

59 다음 중 미용사의 면허를 허가할 수 있는 자로 적절한 것은?

① 시장·군수·구청장
② 보건복지부장관
③ 동사무소장
④ 보건소

60 주름 개선 성분 중 피부에 탄력을 주고 여드름에도 효과적인 성분은?

① 레틴산　　　　　② 아데노신
③ 리놀레산　　　　④ 카올린

종합예상문제 3회 답안 & 해설

01	02	03	04	05	06	07	08	09	10
③	③	②	①	②	②	③	③	④	③
11	12	13	14	15	16	17	18	19	20
③	③	③	③	④	③	②	③	②	④
21	22	23	24	25	26	27	28	29	30
④	④	②	①	③	①	②	②	②	④
31	32	33	34	35	36	37	38	39	40
④	①	②	④	①	①	②	④	②	③
41	42	43	44	45	46	47	48	49	50
④	②	③	②	①	④	②	②	③	①
51	52	53	54	55	56	57	58	59	60
①	①	①	②	④	②	①	②	①	①

01 패치는 초승달, 별, 혜성과 같은 모양을 만들어 얼굴에 붙이는 것으로, 붙이는 위치에 따라 그 의미가 달랐다.

04 농장은 담장보다 진하고 염장보다 엷은 화장을 의미하고, 담장은 기초 화장에 해당하는 엷은 화장을 뜻한다.

05 1948년 서울시 위생과 관리 하에 미용사 시험이 최초로 제정되었다.

06 셰이딩 컬러는 베이스 컬러보다 1~2단계 어두운 색상을 사용하며, 하이라이트 컬러는 베이스 컬러보다 1~2단계 밝은 색을 사용한다.

07 아이브로의 색상은 머리카락이나 눈동자 색상의 중간 정도 컬러를 선택해서 표현한다.

08 베이스 컬러는 아이섀도의 주 색상을 나타내는 컬러이다.

10 사각형 얼굴에는 너무 가늘지 않은 곡선형 아이브로가 적합하다.

11 눈에 음영을 표현하는 것은 아이섀도이다.

13 펄감이 있는 립 제품이나 립글로스는 돌출형 입술을 더욱 부각시킨다.

16 고객의 취향이나 메이크업 시술 목적에 따라 고객에게 맞는 메이크업을 접목시켜야 한다.

17 아이섀도 브러시는 사용 후 반드시 섀도를 털어서 보관하고, 물로 세척할 경우에는 브러시 세척 전용 용액을 사용하거나 샴푸 또는 폼 클렌징을 이용하여 세척하고, 흐르는 물에 헹군 다음 눕혀서 건조시키는 것이 좋다.

19 색채 지각의 3요소는 광원(빛), 물체, 관찰자(눈)이다.

21 겨울 메이크업의 대표 컬러로는 화이트, 실버, 블랙, 와인 컬러가 있다.

22 백열등은 붉은 빛을 방사하는 조명으로, 붉은빛이 가미된 보라색으로 보이게 된다.

24 한복 메이크업은 피부를 밝고 화사하게 표현한다.

25 파티 메이크업의 아이 메이크업은 화려함과 입체감을 살려주도록 한다.

27 하이 네크라인 드레스는 목선을 따라 높게 디자인된 네크라인으로 웨딩 드레스의 실루엣이 길어 보이는 효과가 있다.

30 혼주는 한복을 입으므로 한복의 곡선과 색상에 조화되는 우아한 느낌으로 메이크업한다.

33 방송 화면 안으로 인물이 들어오는 것을 '프레임 인(frame in)'이라 한다. 반대는 프레임 아웃(frame out)이다.

36 수염의 기본 재료로 누에고치 실로 만들며 염색에 따라 다양한 색 표현이 가능한 재료는 생사이다.

39 3대 영양소는 탄수화물, 지방, 단백질이며, 비타민은 5대 영양소에 속한다.

41 맥아유는 식물성 오일에 해당된다.

42 가용화제 – 물에 녹지않는 물질인 식물의 에센스, 향, 지용성 비타민 등을 녹인다.

43 레이크는 화장품에 색소로 사용되며 칼슘 등의 염으로 물에 불용화시킨 것으로 색상은 무기 안료와 유기 안료의 중간 정도이다. 립스틱, 블러셔, 네일 에나멜 등에 안료와 함께 사용된다.

45 포마드 – 모발에 광택을 주며 헤어스타일을 단정하게 해주는 제품으로 특유의 점착성이 있고 퍼짐성이 좋기 때문에 스타일링에 용이하다.

46 향수의 조건
- 향에 특징이 있어야 한다.
- 향의 확산성이 좋아야 한다.
- 향이 지속성이 좋아야 한다.
- 시대성에 부합되는 향이어야 한다.
- 향의 조화가 되어야 한다.

47 역학의 역할에는 질병의 발생 원인 규명의 역할, 질명의 발생 및 유행의 감시 역할, 질병의 자연사 연구의 역할, 보건 의료 서비스 연구, 임상 분야에 대한 역할 등이 있다.

49 병원체의 크기

기생충 〉 진균 〉 세균 〉 리케차 〉 바이러스

50 자연 능동 면역을 말하며 이에는 페스트, 장티푸스, 백일해, 유행성이하선염 등이 속한다.

51 간디스토마 – 강 유역
- 제1 중간 숙주 : 쇠우렁이
- 제2 중간 숙주 : 잉어, 참붕어, 피라미 등의 민물고기

53 독소형 식중독의 원인균은 보툴리누스 식중독, 포도상구균 식중독 등이 있다.

54 공기는 질소 78%, 산소 20.9%, 아르곤 0.9%, 이산화탄소 0.03%, 기타 0.04%로 구성되어 있다.

55 미생물의 정의는 육안으로 볼 수 없는 0.1mm 이하의 크기인 미세한 생물, 즉 아주 작은 주로 단일 세포 또는 균사로 몸을 이루며, 생물로서 최소 생활 단위를 영위한다. 세균, 바이러스, 곰팡이, 효모 등이 속한다.

56 분첩 및 면 퍼프는 비누로 세척한 후 물기를 제거하여 잘 말린다 .

57 ppm: 100만 분률로 표시한다

58 1시간 평균치 일산화탄소는 25ppm 이하이어야 한다.

59 면허 발급 – 면허 발급은 시장 · 군수 · 구청장이 실시한다.

PART 5

기출문제

국가기술자격 필기시험

2016년도 수시 제2회 필기시험

자격종목	시험시간	문제수	문제형별
미용사(메이크업)	1시간	60	

01 다음 중 절족 동물 매개 감염병이 아닌 것은?

① 페스트　　　　　② 유행성출혈열
③ 말라리아　　　　④ 탄저

> **해설**

파리	이질, 장티푸스, 콜레라, 결핵
모기	일본뇌염, 황열, 말라리아, 뎅기열
벼룩	페스트, 발진열
쥐	유행성출혈열, 발진열
바퀴벌레	이질, 소아마비, 장티푸스

탄저병은 흙 속에 사는 균인 탄저균(bacillus anthracis)에 노출되어 발생한다.

02 다음 중 이·미용업소의 실내 온도로 가장 알맞은 것은?

① 10℃ 이하　　　② 12~15℃
③ 18~21℃　　　　④ 25℃ 이상

> **해설** 실내의 최적온도는 18℃를 기준으로 ±2℃ 범위이고, 최적 습도는 40~70% 범위이다.

03 공중보건학의 대상으로 적합한 것은?

① 개인　　　　　　② 지역주민
③ 의료인　　　　　④ 환자 집단

> **해설** 지역주민 또는 국민을 대상으로 한다.

04 다음 질병 중 모기가 매개하지 않는 것은?

① 일본뇌염　　　　② 황열
③ 발진티푸스　　　④ 말라리아

> **해설** 발진티푸스는 발진티푸스 리케차(rickettsia prowazekii)에 감염되어 발생하는 급성 열성 질환으로 감염원은 리케차균을 가지고 환자의 피를 빨아 먹은 이(louse)이다.

05 다음 괄호 안에 들어갈 알맞은 말을 순서대로 나열한 것은?

> 세계보건기구(WHO)의 본부는 스위스 제네바에 있으며 6개의 지역사무소를 운영하고 있다. 이 중 우리나라는 (　　) 지역에, 북한은 (　　) 지역에 소속되어 있다.

① 서태평양, 서태평양
② 동남아시아, 동남아시아
③ 동남아시아, 서태평양
④ 서태평양, 동남아시아

> **해설** 헌장에 따라 6개 지역위원회(regional committee)가 구성되어 있으며, 각 지역마다 지역위원회의 집행기구로서 지역사무소(regional office)가 설치되어 있다. 그 6개 지역은 ① 서태평양, ② 동남아시아, ③ 중동, ④ 유럽, ⑤ 남북아메리카, ⑥ 아프리카 등이다.

06 요충에 대한 설명으로 옳은 것은?

① 집단 감염의 특징이 있다
② 충란을 산란한 곳에는 소양증이 없다.
③ 흡충류에 속한다.
④ 심한 복통이 특징이다.

> **해설** 요충의 몸길이는 암컷 10~13mm, 수컷 3~5mm이다. 쌍선충류에 속하며 사람의 맹장 부위에 기생한다. 세계적으로 분포하며, 한국의 감염률도 높은 편이다. 몸은 명주실처럼 희고 가늘다. 야간의 취침 시에 산란하는 일이 많고 항문 주위에 산란된 알은 속옷이나 침구에 묻어 전파되므로 깨끗하게 소독하여 사용한다. 특히 유치원에 갈 무렵의 유아에게 감염률이 높아 집단 감염 되는 것이 특징이다.

---

01 ④　02 ③　03 ②　04 ③　05 ④　06 ①

07 일산화탄소와 가장 관계가 적은 것은?

① 혈색소와 친화력이 산소보다 강하다.
② 실내공기 오염의 대표적인 지표로 사용한다.
③ 중독 시 중추신경계에 치명적인 영향을 미친다.
④ 냄새와 자극이 없다.

해설 실내공기 오염도를 판정하는 지표로 사용되는 것은 이산화탄소이며, 측정기준량은 0.1%로 규정한다.

08 다음 중 세균 세포벽의 가장 외층을 둘러싸고 있는 물질로 백혈구의 식균 작용에 대항하여 세균의 세포를 보호하는 것은?

① 편모
② 섬모
③ 협막
④ 아포

해설 세균의 구조는 '세포벽'이라 불리는 단단한 막으로 둘러싸여 있고, 그 아래로 지질 이중층(lipid bilayer)으로 구성된 세포막이 있다. 이 세포벽은 사람의 세포에는 없다. 이 외에도 세균에 따라서는 협막(capsule), 점액층(mucin), S-layer protein, 편모, 섬모 등과 같은 구조를 갖는 것이 있다. 이들 구조는 외부 환경으로부터 몸을 보호하고 운동을 하며 숙주에 부착하는 데 도움을 준다. 세포 외측의 구조를 도식으로 나타내면 아래와 같다.

09 다음 기구(집기) 중 열탕 소독이 적합하지 않은 것은?

① 금속성 식기
② 면 종류의 타월
③ 도자기
④ 고무 제품

해설 고무, 플라스틱 제품 : 중성세제 세척, 0.5%의 역성비누액, E.O 가스멸균법 또는 자외선에 의한 소독을 한다.

10 다음 전자파 중 소독에 가장 일반적으로 사용되는 것은?

① 음극선
② 엑스선
③ 자외선
④ 중성자

해설 자외선 소독: 1㎠당 85㎼ 이상의 자외선을 20분 이상 쬐어준다. 침투력이 약하므로 표면만 살균되지 않도록 내부까지 방향을 돌려가며 소독한다.

11 다음의 계면활성제 중 살균보다 세정의 효과가 더 큰 것은?

① 양성 계면활성제
② 비이온 계면활성제
③ 양이온 계면활성제
④ 음이온 계면활성제

해설 계면활성제
• 계면활성제의 작용기전은 일반적으로 미생물이나 효소의 표면을 손상시켜 투과성을 저해하고 다른 물질과의 접촉을 방해한다.
• 세포벽과 세포막의 지질을 융해 또는 유화시키는 변성작용이 있다.
• 역성비누 등

12 분해 시 발생하는 발생기 산소의 산화력을 이용하여 표백, 탈취, 살균효과를 나타내는 소독제는?

① 승홍수
② 과산화수소
③ 크레졸
④ 생석회

해설 과산화수소: 3%의 수용액을 사용하며, 자극이 적다. 과산화수소가 소독작용을 일으키는 이유는 피부 조직 내 생체촉매에 의해 분해되어 생성된 산소가 피부 소독작용을 하기 때문이다.

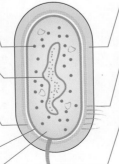

[기본 구조]

리보솜(Ribosomes)
mRNA의 정보를 토대로 해서 단백합성을 실시하는 세포내 소기관이다. 세균에서는 크기가 70S(S는 침강계수)이다.

핵양체(Nucleoid)
염색체 DNA가 핵막에 싸이지 않고 세포질 내에 존재한다(원핵생물).

세포벽(Cell wall)
세균의 형상을 유지하는 기능을 한다. 펩티도글리칸이 주성분이다.

세포막(Plasma membrane)

세포질(Cytoplasm)

[특수 부속기관]

협막(Capsule)
세균 주위의 염색되기 어려운 층으로서 대부분은 다당체로 구성된다. 식세포의 탐식에 저항하는 작용 등을 가지고 있다.

섬모(Fimbriae pili), 선모
감염 장소로서 동물세포에 부착하기 위한 부착섬모와 세균끼리 결집하여 정보전달을 하기 위한 접합섬모가 있다.

편모(Flagella)
운동을 위한 기관으로 편모의 회전이 동력이 된다. 편모의 수나 부착부위는 균종에 따라 다르다(주편모 등).

[출처 : 네이버 지식백과]

13 역성비누액에 대한 설명으로 틀린 것은?

① 냄새가 거의 없고 자극이 적다.
② 소독력과 함께 세정력이 강하다.
③ 수지, 기구, 식기소독에 적당하다.
④ 물에 잘 녹고 흔들면 거품이 난다.

해설 침투력과 살균력이 강한 계면활성제로서 일반적으로 0.1~0.5%의 수용액을 만들어 사용한다. 무색·무취·무자극이므로 수지, 기구, 용기 소독에 적당하며 이·미용업에서도 널리 사용하고 있다. 세정력은 거의 없으며, 결핵균에도 효력이 없다.

14 바이러스에 대한 설명으로 틀린 것은?

① 독감 인플루엔자를 일으키는 원인이 여기에 해당된다.
② 크기가 작아 세균여과기를 통과한다.
③ 살아있는 세포 내에서 증식이 가능하다.
④ 유전자는 DNA와 RNA 모두로 구성되어 있다.

해설 바이러스는 병원체 중에 가장 작아 전자현미경으로만 볼 수 있다. 여과성 병원체 생세포 내에서만 번식하며, 인플루엔자, 홍역, 일본뇌염, 소아마비, 후천성면역결핍증이 있다.

15 폐경기 여성이 골다공증에 걸리기 쉬운 이유와 관련이 있는 것은?

① 에스트로겐의 결핍
② 안드로겐의 결핍
③ 테스토스테론의 결핍
④ 티록신의 결핍

해설 폐경기 이후에는 여성호르몬(에스트로겐)의 감소로 골다공증이 남성에 비해 현격히 증가하게 되고, 혈관 탄력이 낮아지고 심혈관계 질환의 위험도가 폐경 전에 비해 많이 증가한다.

16 피부색에 대한 설명으로 옳은 것은?

① 피부의 색은 건강 상태와 관계없다.
② 적외선은 멜라닌 생성에 큰 영향을 미친다.
③ 남성보다 여성, 고령층보다 젊은 층에 색소가 많다.
④ 피부의 황색은 카로틴에서 유래한다.

해설 ① 건강한 피부는 연한 핑크빛을 띠며, 건강 상태에 따라 피부색이 달라질 수 있다. ② 자외선은 장시간 노출 시 색소 침착, 노화, 주름, 피부 트러블을 일으킨다. ③ 기미와 같은 색소 침착은 남성보다는 여성에게 흔한 피부 질환이며, 특히 출산기 또는 폐경기에 눈에 띄게 발생한다. 또한, 피부 노화에 의해 심해지는 경향이 있다. ④ 카로틴은 피부를 노랗게 보이도록 하며, 토마토, 당근과 같은 베타카로틴이 많은 음식을 통해 외부에서 섭취된다.

17 기미를 악화시키는 주요한 원인으로 틀린 것은?

① 경구 피임약의 복용
② 임신
③ 자외선 차단
④ 내분비 이상

해설 기미는 자외선에 의해 급격히 증가하며, 출산기, 폐경기의 여성에게 자주 나타난다. 또한, 경구 피임약의 복용과 내분비 이상에 의해서도 악화된다.

18 광노화로 인한 피부 변화로 틀린 것은?

① 굵고 깊은 주름이 생긴다.
② 피부의 표면이 얇아진다.
③ 불규칙한 색소 침착이 생긴다.
④ 피부가 거칠고 건조해진다.

해설 피부가 햇빛에 오래 노출되면, 각질층이 두꺼워지고 탄력이 감소하며, 주근깨, 기미 등 색소 침착이 생기고, 피부가 건조해져 주름이 증가하게 된다.

19 B 림프구의 특징으로 틀린 것은?

① 세포 사멸을 유도한다.
② 체액성 면역에 관여한다.
③ 림프구의 20~30%를 차지한다.
④ 골수에서 생성되며 비장과 림프절로 이동한다.

해설 림프구란 백혈구의 면역 기전으로 골수에서 유래되었으며, B 림프구와 T 림프구로 이루어진다. 그 중 B 림프구는 면역 글로블린이라 불리는 단백질로, 항체를 생성하여 독소 및 바이러스는 중화시키고 세균을 죽이는 면역 기능을 수행한다. 림프구의 20~30%를 차지하며, 특정 항원에만 반응하는 체액성 면역 반응을 한다.

20 에크린한선에 대한 설명으로 틀린 것은?

① 실밥을 둥글게 한 것 같은 모양으로 진피 내에 존재한다.

② 사춘기 이후에 주로 발달한다.

③ 특수한 부위를 제외한 거의 전신에 분포한다.

④ 손바닥, 발바닥, 이마에 가장 많이 분포한다.

해설 한선(땀샘)은 대한선(아포크린선)과 소한선(에크린선)으로 분류된다. 소한선(에크린선)은 진피의 하층의 나선 모양 피부표면으로, 땀을 분비한다. 입술, 음부를 제외한 전신에 분포하며 손바닥, 발바닥, 이마, 겨드랑이에 많이 분포하고 있다.

21 모세혈관 파손과 구진 및 농포성 질환이 코를 중심으로 양 볼에 나비 모양을 이루는 피부 병변은?

① 접촉성 피부염　② 주사

③ 건선　　　　　④ 농가진

해설 ① 접촉성 피부염: 외부 물질과의 접촉에 의해 생기는 모든 피부염을 뜻하며, 접촉 물질 자체의 자극에 의해 생기는 원발성 접촉 피부염과 접촉 물질에 대한 알레르기 반응으로 인한 알레르기성 접촉 피부염으로 구분된다.
② 주사: 만성 염증성 피부 질환으로, 붉은 염증, 농포성 질환, 모세혈관 파손 등이 얼굴의 중앙부에 자주 생기는 피부염의 종류이다. 여성에게 많이 나타나고, 강력한 부신피질 스테로이드제를 장기간 사용하는 것이 원인이 된다. 스테로이드제는 염증을 억제하지만 안면의 홍조, 모세혈관 확장을 악화시켜 피부가 얇아지고 민감해지게 된다.
③ 건선: 은백색의 인설로 덮여 있는 홍반성 피부 병변이 특징으로, 주로 팔꿈치, 무릎, 두피, 엉덩이 등 자극을 많이 받는 부위에 발생한다. 만성 염증성 피부 질환으로 작은 구진부터 농포성, 박탈성 건선, 건선 관절염에 이르는 다양한 양상을 보인다.
④ 농가진: 소아나 영유아의 피부에 잘 발생하는 얕은 화농성 피부 염증이다. 황색 포도알균이 주 원인균이나 화농성 사슬알균에 의해서도 발생하고, 물집 농가진과 비수포 농가진의 두 가지 형태로 나타난다.

22 영업소 외의 장소에서 이·미용 업무를 행할 수 있는 경우에 해당하지 않는 것은?

① 질병이나 그 밖의 사유로 영업소에 나올 수 없는 자에 대하여 이·미용을 하는 경우

② 혼례나 그 밖의 의식에 참여하는 자에 대하여 그 의식 직전에 이·미용을 하는 경우

③ 방송 등의 촬영에 참여하는 사람에 대하여 그 촬영 직전에 이·미용을 하는 경우

④ 특별한 사정이 있다고 사회복지사가 인정하는 경우

해설 특별한 사정이 있다고 시장, 군수, 구청장이 인정하는 경우에 영업소 외의 장소에서 이·미용 업무를 행할 수 있다.

23 공중위생관리법에 규정된 사항으로 옳은 것은? (단, 예외 사항은 제외한다)

① 이·미용사의 업무 범위에 관하여 필요한 사항은 보건복지부령으로 정한다.

② 이·미용사의 면허를 가진 자가 아니어도 이·미용업을 개설할 수 있다.

③ 미용사(일반)의 업무 범위에는 파마, 아이론, 면도, 머리피부 손질, 피부미용 등이 포함된다.

④ 일정한 수련 과정을 거친 자는 면허가 없어도 이용 또는 미용업무에 종사할 수 있다.

해설 이·미용사의 면허를 받은 자가 아니면 이·미용업을 개설하거나 그 업무에 종사할 수 없다. 미용업(일반)의 업무 범위는 파마·머리카락 자르기·머리카락 모양내기·머리피부 손질·머리카락 염색·머리감기, 의료기기나 의약품을 사용하지 아니하는 눈썹 손질이다.

24 이·미용업소의 폐쇄 명령을 받고도 계속하여 영업을 하는 때 관계공무원이 취할 수 있는 조치로 틀린 것은?

① 당해 영업소의 간판 기타 영업표지물의 제거

② 영업을 위하여 필수불가결한 기구 또는 시설물을 사용할 수 없게 하는 봉인

③ 당해 영업소가 위법한 영업소임을 알리는 게시물 등의 부착

④ 당해 영업소 시설 등의 개선 명령

해설 당해 영업소의 간판 기타 영업표지물의 제거, 영업을 위하여 필수불가결한 기구 또는 시설물을 사용할 수 없게 하는 봉인, 당해 영업소가 위법한 영업소임을 알리는 게시물 등의 부착

20 ②　**21** ②　**22** ④　**23** ①　**24** ④

25 이·미용업 영업자가 지켜야 하는 사항으로 옳은 것은?

① 부작용이 없는 의약품을 사용하여 순수한 화장과 피부미용을 하여야 한다.

② 이·미용기구는 소독하여야 하며 소독하지 않은 기구와 함께 보관하는 때에는 반드시 소독한 기구라고 표시하여야 한다.

③ 1회용 면도날은 사용 후 정해진 소독 기준과 방법에 따라 소독하여 재사용하여야 한다.

④ 이·미용업 개설자의 면허증 원본을 영업소 안에 게시하여야 한다.

해설 미용사는 의료기구와 의약품을 사용하지 아니하는 순수한 화장 또는 피부미용을 해야 하며, 미용기구는 소독을 한 기구와 소독을 하지 아니한 기구로 분리하여 보관하고, 면도기는 1회용 면도날만을 손님 1인에 한하여 사용해야 한다.

26 다음 괄호 안에 알맞은 것은?

> 공중위생영업자의 지위를 승계한 자는 ( ) 이내에 보건복지부령이 정하는 바에 따라 시장, 군수 또는 구청장에게 신고하여야 한다.

① 7일　　　　② 15일
③ 1월　　　　④ 2월

해설 지위를 승계한 자는 1월 이내에 신고하여야 한다.

27 시장·군수·구청장이 영업 정지가 이용자에게 심한 불편을 주거나 그 밖에 공익을 해할 우려가 있는 경우에 영업 정지 처분에 갈음한 과징금을 부과할 수 있는 금액기준은?

① 1천만 원 이하
② 2천만 원 이하
③ 3천만 원 이하
④ 4천만 원 이하

해설 영업 정지 처분에 갈음하여 3천만 원 이하의 과징금을 부과할 수 있다.

참고 2020.12. 현재 금액기준은 1억 원 이하로 개정되었다.

28 영업 정지 명령을 받고도 그 기간 중에 계속하여 영업을 한 공중위생영업자에 대한 벌칙기준은?

① 6월 이하의 징역 또는 500만 원 이하의 벌금

② 1년 이하의 징역 또는 1천만 원 이하의 벌금

③ 2년 이하의 징역 또는 2천만 원 이하의 벌금

④ 3년 이하의 징역 또는 3천만 원 이하의 벌금

해설 영업정지 명령을 받고도 계속해서 영업을 한 경우에는 1년 이하의 징역 또는 1천만 원 이하의 벌금을 받는다.

29 여드름 관리에 효과적인 화장품 성분은?

① 유황(sulfur)
② 하이드로퀴논(hydroquinone)
③ 코직산(kojic acid)
④ 알부틴(arbutin)

해설 유황(sulfur) 성분은 피지 흡착력이 뛰어나고 각질 탈락, 피지 조절, 살균 및 염증성 여드름에 효과적이다. 하이드로퀴논, 코직산, 알부틴은 미백 화장품 성분이다.

30 비누에 대한 설명으로 틀린 것은?

① 비누의 세정 작용은 비누 수용액이 오염과 피부 사이에 침투하여 부착을 약화시켜 떨어지기 쉽게 하는 것이다.

② 거품이 풍성하고 잘 헹구어져야 한다.

③ pH가 중성인 비누는 세정 작용 뿐만 아니라 살균·소독효과가 뛰어나다.

④ 메디케이티드(medicated) 비누는 소염제를 배합한 제품으로 여드름, 면도 상처 및 피부 거칠음 방지 효과가 있다.

해설 pH가 중성인 비누는 살균, 소독 효과를 갖지 못한다.

31 자외선 차단 방법 중 자외선을 흡수시켜 소멸시키는 자외선 흡수제가 아닌 것은?

① 이산화티탄
② 신나메이트
③ 벤조페논
④ 살리실레이트

해설 이산화티탄은 자외선이 피부에 흡수되지 못하도록 피부 표면에서 빛을 반사 또는 산란시켜 차단하는 물리적 차단제이다.

정답 25 ④　26 ③　27 ③　28 ②　29 ①　30 ③　31 ①

32 자외선 차단제에 관한 설명으로 틀린 것은?

① 자외선 차단제는 SPF(Sun Protect Factor)의 지수가 표기되어 있다.

② SPF(Sun Protect Factor)는 수치가 낮을수록 자외선 차단지수가 높다.

③ 자외선 차단제의 효과는 피부의 멜라닌 양과 자외선에 대한 민감도에 따라 달라질 수 있다.

④ 자외선 차단 지수는 제품을 사용했을 때 홍반을 일으키는 자외선의 양을, 제품을 사용하지 않았을 때 홍반을 일으키는 자외선의 양으로 나눈 값이다.

해설 SPF(Sun Protect Factor)는 자외선 차단 효과를 지수로 표시하는 단위이다.

33 기초화장품에 대한 내용으로 틀린 것은?

① 기초화장품이란 피부의 기능을 정상적으로 발휘하도록 도와주는 역할을 한다.

② 기초화장품의 가장 중요한 기능은 각질층을 충분히 보습시키는 것이다.

③ 마사지 크림은 기초화장품에 해당하지 않는다.

④ 화장수의 기본 기능으로 각질층에 수분, 보습 성분을 공급하는 것이 있다.

해설 기초화장품은 세안 화장품, 화장수, 크림 유액, 마사지 크림, 팩 등이다.

34 미백 화장품의 기능으로 틀린 것은?

① 각질세포의 탈락을 유도하여 멜라닌 색소 제거

② 티로시나아제 활성화하여 도파(DOPA) 산화 억제

③ 자외선 차단 성분이 자외선 흡수 방지

④ 멜라닌 합성과 확산을 억제

해설 미백 화장품의 매커니즘은 티로시나아제 억제이다.

35 캐리어 오일(carrier oil)이 아닌 것은?

① 라벤더 에센셜 오일

② 호호바 오일

③ 아몬드 오일

④ 아보카도 오일

해설 라벤더 에센셜 오일은 아로마 오일에 해당된다.

36 눈썹의 종류에 따른 메이크업의 이미지를 연결한 것으로 틀린 것은?

① 짙은 색상 눈썹 - 고전적인 레트로 메이크업

② 긴 눈썹 - 성숙한 가을 이미지 메이크업

③ 각진 눈썹 - 사랑스런 로맨틱 메이크업

④ 엷은 색상 눈썹 - 여성스러운 엘레강스 메이크업

해설 각진 눈썹은 지적이고 세련된 이미지의 메이크업이다.

37 먼셀의 색상환표에서 가장 먼 거리를 두고 서로 마주보는 관계의 색채를 의미하는 것은?

① 한색　　　　② 난색

③ 보색　　　　④ 잔여색

해설 한색은 푸른색 계열의 차가운 색, 난색은 붉은색 계열의 따뜻한 색이며, 색상환에서 마주보는 반대색을 보색이라고 한다.

38 메이크업 도구에 대한 설명으로 가장 거리가 먼 것은?

① 스펀지 퍼프를 이용해 파운데이션을 바를 때에는 손에 힘을 빼고 사용하는 것이 좋다.

② 팬 브러시(fan brush)는 부채꼴 모양으로 생긴 브러시로, 아이섀도를 바를 때 넓은 면적을 한 번에 바를 수 있는 장점이 있다.

③ 아이래시 컬러(eyelash curler)는 속눈썹에 자연스러운 컬을 주어 속눈썹을 올려주는 기구이다.

④ 스크루 브러시(screw brush)는 눈썹을 그리기 전에 눈썹을 정리해주고 짙게 그려진 눈썹을 부드럽게 수정할 때 사용할 수 있다.

해설 팬 브러시는 부채꼴 모양의 브러시로, 얼굴에 남은 파우더 등을 털어낼 때 사용한다.

32 ②　　33 ③　　34 ②　　35 ①　　36 ③　　37 ③　　38 ②

39 얼굴의 윤곽 수정과 관련된 설명으로 틀린 것은?

① 색의 명암 차이를 이용해 얼굴에 입체감을 부여하는 메이크업 방법이다.

② 하이라이트 표현은 1~2톤 밝은 파운데이션을 사용한다.

③ 셰이딩 표현은 1~2톤 어두운 브라운색 파운데이션을 사용한다.

④ 하이라이트 부분은 돌출되어 보이도록 베이스 컬러와의 경계선을 잘 만들어 준다.

해설 얼굴 윤곽 수정 시 하이라이트는 얼굴을 돌출되어 보이도록 하여 얼굴의 입체감을 만들어주는 것으로, 베이스 컬러와의 경계선이 두드러지지 않도록 자연스럽게 처리하는 것이 좋다.

40 메이크업 미용사의 자세로 가장 거리가 먼 것은?

① 고객의 연령, 직업, 얼굴 모양 등을 살펴 표현해 주는 것이 중요하다.

② 시대의 트렌드를 대변하고 전문인으로서의 자세를 취해야 한다.

③ 공중위생을 철저히 지켜야 한다.

④ 고객에게 메이크업 미용사의 개성을 적극 권유한다.

해설 메이크업 미용사는 고객의 연령, 직업, 피부 상태, 얼굴형과 메이크업의 필요한 상황 등을 살펴 메이크업을 시술해야 하며, 공중위생을 철저히 해야 한다. 메이크업의 기본 뿐 아니라 트렌드를 이해할 줄 알아야 하며, 고객의 개성과 아름다움을 살려주도록 해야 한다.

41 긴 얼굴형의 화장법으로 옳은 것은?

① 턱에 하이라이트를 처리한다.

② T존에 하이라이트를 길게 넣어준다.

③ 이마 양 옆에 셰이딩을 넣어 얼굴 폭을 감소시킨다.

④ 블러셔는 눈 밑 방향으로 가로로 길게 처리한다.

해설 긴 얼굴형은 얼굴이 짧아보이도록 치크 및 눈썹 형태를 가로 느낌으로 표현해주며, 이마 끝과 턱 부분에는 셰이딩을 살짝 처리해 준다. 코에 하이라이트를 길게 넣으면 더 길어 보일 수 있으므로 하이라이트 처리에 주의한다.

42 메이크업 도구의 세척 방법이 바르게 연결된 것은?

① 립 브러시(lip brush) - 브러시 클리너 또는 클렌징 크림으로 세척한다.

② 라텍스 스펀지(latex sponge) - 뜨거운 물로 세척 햇빛에 건조한다.

③ 아이섀도 브러시(eye-shadow brush) - 클렌징 크림이나 클렌징 오일로 세척한다.

④ 팬 브러시(fan brush) - 브러시 클리너로 세척 후 세워서 건조한다.

해설 ② 라텍스 스펀지는 되도록 일회용으로 사용해야 하며, 긴급하게 세척이 필요할 시에는 미지근한 물에 담갔다가 전용 클렌저 또는 메이크업 클렌징 폼으로 거품을 내어 가볍게 주물러 주며 세척한다.
③ 아이섀도 브러시는 브러시 세척 전용 스프레이나 전용 리퀴드 클렌저를 사용하거나 클렌징 폼, 샴푸 등을 이용하여 거품을 내면서 약하게 주물러 세척하는 것이 좋다.
④ 팬 브러시는 세척 후 눕혀서 건조시킨다.

43 색에 대한 설명으로 틀린 것은?

① 흰색, 회색, 검정 등 색감이 없는 계열의 색을 통틀어 무채색이라고 한다.

② 색의 순도는 색의 탁하고 선명한 강약의 정도를 나타내는 명도를 의미한다.

③ 인간이 분류할 수 있는 색의 수는 개인적인 차이는 존재하지만 대략 750만 가지 정도이다.

④ 색의 강약을 채도라고 하며, 눈에 들어오는 빛이 단일 파장으로 이루어진 색일수록 채도가 높다.

해설 색의 탁하고 선명한 강약의 정도를 나타내는 채도는 포화도 또는 순도라는 말로도 사용된다.

44 파운데이션의 종류와 그 기능에 대한 설명으로 가장 거리가 먼 것은?

① 크림 파운데이션은 보습력과 커버력이 우수하여 짙은 메이크업을 할 때나 건조한 피부에 적합하다.

② 리퀴드 타입은 부드럽고 쉽게 퍼지며 자연스러운 화장을 원할 때 적합하다.

③ 트윈케이크 타입은 커버력이 우수하고 땀과 물에 강하여 지속력을 요하는 메이크업에 적합하다.

④ 고형스틱 타입의 파운데이션은 커버력은 약하지만 사용이 간편해서 스피드한 메이크업에 적합하다.

해설 고형스틱 타입의 파운데이션은 커버력이 우수하고 전문가용으로 많이 사용한다.

45 아이브로 화장 시 우아하고 성숙한 느낌과 세련미를 표현하고자 할 때 가장 잘 어울릴 수 있는 것은?

① 회색 아이브로 펜슬
② 검정색 아이섀도
③ 갈색 아이브로 섀도
④ 에보니 펜슬

해설 회색은 대중적이며 자연스러운 이미지, 검정색은 고전적이며 강한 이미지이다.

46 얼굴의 골격 중 얼굴형을 결정짓는 가장 중요한 요소가 되는 것은?

① 위턱뼈(상악골)
② 아래턱뼈(하악골)
③ 코뼈(비골)
④ 관자뼈(측두골)

해설 얼굴형을 결정짓는 가장 중요한 골격은 턱뼈인 하악골(아래턱뼈)이다. 턱뼈의 길이, 각진 정도, 크기에 따라 갸름한 얼굴, 각진 얼굴, 둥근 얼굴 등으로 얼굴형이 매우 달라진다.

47 여름 메이크업에 대한 설명으로 가장 거리가 먼 것은?

① 시원하고 상쾌한 느낌이 들도록 표현한다.
② 난색 계열을 사용해 따뜻한 느낌을 표현한다.
③ 구릿빛 피부 표현을 위해 오렌지색 메이크업 베이스를 사용한다.
④ 방수 효과를 지닌 제품을 사용하는 것이 좋다.

해설 여름에는 푸른 계열의 색상을 사용하여 시원한 느낌의 쿨(cool) 메이크업을 연출하거나 구릿빛 피부의 태닝 메이크업을 한다. 땀에 녹지 않도록 방수 효과를 지닌 제품을 사용하는 것이 좋다.

48 미국의 색채학자 파버 비렌이 탁색계를 '톤(tone)'이라고 부르고 있었던 것에서 유래한 배색 기법은?

① 까마이외(camaieu) 배색
② 토널(tonal) 배색
③ 트로콜로레(tricolore) 배색
④ 톤온톤(tone on tone) 배색

해설 ① 까마이외(camaieu): 하나의 색을 미세하게 명도, 채도차를 주어 그리는 단채화법을 의미한다.
② 토널(tonal): 중명도, 중채도의 덜(dull) 톤을 중심으로 한 탁색계를 사용한 배색이다.
③ 트로콜로레(tricolor): 세 가지 색 이상으로 배색하는 것을 말한다.
④ 톤온톤(tone on tone): 톤을 겹친다는 의미로, 동일 색상의 명도차가 큰 톤의 색을 선택하여 배색하는 것을 말한다.

49 얼굴형과 그에 따른 이미지의 연결이 가장 적절한 것은?

① 둥근형 – 성숙한 이미지
② 긴 형 – 귀여운 이미지
③ 사각형 – 여성스러운 이미지
④ 역삼각형 – 날카로운 이미지

해설 둥근형은 부드럽고 귀여운 이미지, 긴 형은 여성적이고 성숙한 이미지, 사각형은 매력있지만 강한 인상, 역삼각형은 날카로운 인상을 가진다.

50 한복 메이크업 시 유의해야 할 내용으로 옳은 것은?

① 눈썹을 아치형으로 그려 우아해 보이도록 표현한다.
② 피부는 한 톤 어둡게 표현하여 자연스러운 피부 톤을 연출하도록 한다.
③ 한복의 화려한 색상과 어울리는 강한 색조를 사용하여 조화롭게 보이도록 한다.
④ 입술의 구각을 정확히 맞추어 그리는 것보다는 아웃커브로 그려 여유롭게 표현하는 것이 좋다.

해설 한복 메이크업은 우리나라 전통 복식인 한복에 어울리는 메이크업으로 고전적으로 우아한 이미지의 메이크업이다. 피부는 모델의 얼굴톤 또는 한 톤 밝은 톤으로 연출하고, 한복의 저고리, 치마의 색을 고려하여 색을 선택하는 것이 좋다.

44 ④   45 ③   46 ②   47 ②   48 ②   49 ④   50 ①

51 아이섀도 종류와 그 특징을 연결한 것으로 가장 거리가 먼 것은?

① 펜슬 타입 : 발색이 우수하고 사용하기 편리하다.
② 파우더 타입 : 펄이 섞인 제품이 많으며 하이라이트 표현이 용이하다.
③ 크림 타입 : 유분기가 많고 촉촉하며 발색도가 선명하다.
④ 케이크 타입 : 그라데이션이 어렵고 색상이 뭉칠 우려가 있다.

해설 케이크 타입은 색의 혼합과 그라데이션이 용이하다.

52 메이크업의 정의와 가장 거리가 먼 것은?

① 화장품과 도구를 사용한 아름다움의 표현 방법이다.
② '분장'의 의미를 가지고 있다.
③ 색상으로 외형적인 아름다움을 나타낸다.
④ 의료기기나 의약품을 사용한 눈썹 손질을 포함한다.

해설 메이크업은 의료기기나 의약품을 사용하지 아니하는 눈썹 손질을 포함한다.

53 다음에서 설명하는 메이크업이 가장 잘 어울리는 계절은?

> 강렬하고 이지적인 이미지가 느껴지도록 심플하고 단아한 스타일이나 콘트라스트가 강한 색상과 밝은 색상을 사용하는 것이 좋다.

① 봄　　　　　　② 여름
③ 가을　　　　　④ 겨울

해설 • 봄 유형: 로맨틱한 이미지로, 섬세하고 연한 색이 어울리며 오렌지, 코럴 등의 파스텔 톤의 색상을 사용하는 것이 좋다.
• 여름 유형: 엘레강스하며 부드러운 이미지로, 청색과 흰빛이 도는 라이트 톤, 라이트 그레이시 톤 등이 잘 어울린다.
• 가을 유형: 차분하고 깊이감이 있는 성숙한 이미지로, 전체적으로 메이크업 색상의 그라데이션이 중요하며 스트롱 톤, 딥 톤, 덜 톤 등이 잘 어울린다.

54 봄 메이크업의 컬러 조합으로 가장 적합한 것은?

① 흰색, 파랑, 핑크 계열
② 겨자색, 벽돌색, 갈색 계열
③ 옐로우, 오렌지, 그린 계열
④ 자주색, 핑크, 진보라 계열

해설 ①은 여름 메이크업 컬러, ②은 가을 메이크업 컬러, ④은 겨울 메이크업 컬러이다.

55 아이브로 메이크업의 효과와 가장 거리가 먼 것은?

① 인상을 자유롭게 표현할 수 있다.
② 얼굴의 표정을 변화시킨다.
③ 얼굴형을 보완할 수 있다.
④ 얼굴에 입체감을 부여해 준다.

해설 얼굴에 입체감을 부여해 주는 것은 하이라이트와 셰이딩이다.

56 다음 중 컬러 파우더의 색상 선택과 활용법의 연결이 가장 거리가 먼 것은?

① 퍼플: 노란 피부를 중화시켜 화사한 피부 표현에 적합하다.
② 핑크: 볼에 붉은 기가 있는 경우 더욱 잘 어울린다.
③ 그린: 붉은 기를 줄여준다.
④ 브라운 : 자연스러운 셰이딩 효과가 있다.

해설 핑크는 피부에 혈색을 부여하고 화사함을 주는 효과가 있다.

57 기미, 주근깨 등의 피부 결점이나 눈 밑 그늘에 발라 커버하는 데 사용하는 제품은?

① 스틱 파운데이션(stick foundation)
② 투웨이 케이크(two way cake)
③ 스킨 커버(skin cover)
④ 컨실러(concealer)

해설 컨실러는 눈 밑 다크서클, 여드름 자국, 기미, 주근깨 등의 피부 결점을 가리거나, 색조 메이크업의 부분 수정 시에 사용된다.

51 ④　52 ④　53 ④　54 ③　55 ④　56 ②　57 ④

58 메이크업 미용사의 작업과 관련한 내용으로 가장 거리가 먼 것은?

① 모든 도구와 제품은 청결히 준비하도록 한다.
② 마스카라나 아이라인 작업 시 입으로 불어 신속히 마르게 도와준다.
③ 고객의 신체에 힘을 주거나 누르지 않도록 주의한다.
④ 고객의 옷에 화장품이 묻지 않도록 가운을 입혀준다.

해설 메이크업 시 고객의 얼굴을 손으로 문지르거나 입으로 바람을 부는 등 고객이 불쾌감을 느낄 수 있는 행동을 삼간다.

59 메이크업 색과 조명에 관한 설명으로 틀린 것은?

① 메이크업의 완성도를 높이는 데는 자연광선이 가장 이상적이다.
② 조명에 의해 색이 달라지는 현상은 저채도 색보다는 고채도 색에서 잘 일어난다.
③ 백열등은 장파장 계열로 사물의 붉은 색을 증가시키는 효과가 있다.
④ 형광등은 보라색과 녹색의 파장 부분이 강해 사물을 시원하게 보이게 하는 효과가 있다.

해설 조명에 따라 색이 달라지는 현상은 조명색과 물체색(분장색)의 종류에 따라 각각 다르게 나타난다. 그러나 일반적으로 고명도의 색이 저명도의 색보다 색이 더 달라보이게 된다.

60 눈썹을 빗어주거나 마스카라 후 뭉친 속눈썹을 정돈할 때 사용하면 편리한 브러시는?

① 팬 브러시
② 스크루 브러시
③ 노즈 섀도 브러시
④ 아이라이너 브러시

해설 팬 브러시는 잔여 파우더를 털어낼 때, 노즈 섀도 브러시는 노즈 섀도로 얼굴 윤곽을 표현할 때, 아이라이너 브러시는 젤 아이라이너, 케이크 아이라이너 등으로 아이라이너를 그릴 때 사용한다.

국가기술자격 필기시험

2016년도 수시 제3회 필기시험

자격종목	시험시간	문제수	문제형별
미용사(메이크업)	1시간	60	

01 18세기 말 "인구는 기하급수적으로 늘고 생산은 산술급수적으로 늘기 때문에 체계적인 인구조절이 필요하다"라고 주장한 사람은?

① 프랜시스 플레이스
② 에드워드 윈슬로우
③ 토마스 R. 말더스
④ 포베르토 코흐

해설 말더스(Thomas Robert Malthus, 1766-1834) : 〈식량은 산술급수적으로 인구는 기하급수적으로 증가한다〉는 인구론의 법칙을 『인구론』에서 개진했다.

02 감염병 예방 및 관리에 관한 법률 상 제1군 감염병이 아닌 것은?

① A형 감염
② 장출혈성대장균 감염증
③ 새균성 이질
④ 파상풍

해설 파상풍은 제2군감염병이다.

03 장염비브리오 식중독의 설명으로 가장 거리가 먼 것은?

① 원인균은 보균자의 분변이 주원인이다.
② 복통, 설사, 구토 등이 생기며 발열이 있고, 2~3일이면 회복된다.
③ 예방은 저온저장, 조리기구·손 등의 살균을 통해서 할 수 있다.
④ 여름철에 집중적으로 발생한다.

해설 해수에서 생존하는 호염균-장염 비브리오 식중독은 Vibrio parahaemolyticus라는 균에 오염된 식품을 섭취하였을 경우에 설사, 구토 등 질환이 발생되는 질환이다.

04 이·미용사의 위생복을 흰색으로 하는 것이 좋은 주된 이유는?

① 오염된 상태를 가장 쉽게 발견할 수 있다.
② 가격이 비교적 저렴하다.
③ 미관상 가장 보기 좋다.
④ 열교환이 가장 잘 된다.

해설 위생복을 흰색으로 하는 주된 이유는 오염된 상태를 가장 쉽게 발견할 수 있기 때문이다.

05 보건행정에 대한 설명으로 가장 적합한 것은?

① 공중보건의 목적을 달성하기 위해 공공의 책임 하에 수행하는 행정활동
② 개인의 목적을 달성하기 위해 공공의 책임 하에 수행하는 행정활동
③ 국가 간의 질병교류를 막기 위해 공공의 책임 하에 수행하는 행정활동
④ 공중보건의 목적을 달성하기 위해 개인의 책임 하에 수행하는 행정활동

해설 보건행정이라는 것은 국민이 심신의 건강을 유지함과 동시에 적극적으로 건강 증진을 도모하도록 돕는 보건정책을 목표로 하는 행정이다.

06 모기가 매개하는 감염병이 아닌 것은?

① 일본뇌염
② 콜레라
③ 말라리아
④ 사상충증

해설 콜레라는 콜레라균(Vibrio cholerae)의 감염으로 급성 설사를 유발한다. 콜레라균은 분변, 구토물로 오염된 음식이나 물을 통해 감염된다.

07 대기오염 방지 목표와 연관성이 가장 적은 것은?

① 경제적 손실 방지
② 작업병의 발생 방지
③ 자연환경의 약화 방지
④ 생태계의 파괴 방지

해설 작업병의 발생은 근로자의 작업환경과 관계가 있다.

08 다음 중 식기류 소독에 가장 적당한 것은?

① 30% 알코올 　② 역성비누액
③ 40℃의 온수 　④ 염소

해설 역성비누액 – 침투력과 살균력이 강한 계면활성제로서 일반적으로 0.1–0.5%의 수용액을 만들어 사용한다. 무색, 무취, 무자극이므로 수지, 기구, 용기소독에 적당하며 이 · 미용에서도 널리 사용하고 있다.

09 살균력과 침투성은 약하지만 자극이 없고 발포작업에 의해 구강이나 상처소독에 주로 사용되는 소독제는?

① 페놀 　② 염소
③ 과산화수소 　④ 알코올

해설 과산화수소는 수소와 산소의 화합물이다. 특이한 냄새와 약산성의 맛을 지닌 무색의 액체이다. 산화력이 크므로 실크, 모발, 깃털 등과 손톱 같은 유기물질을 표백할 때 많이 사용된다. 20~40배로 희석한 과산화수소 용액은 모발의 라이트닝제로 쓰이며 3~5%(6~10배 희석)의 과산화수소 용액은 살균 능력을 갖고 있다.

10 세균증식 시 높은 염도를 필요로 하는 호염성균에 속하는 것은?

① 콜레라 　② 장티푸스
③ 장염비브리오 　④ 이질

해설 해수에서 생존하는 호염균–장염 비브리오 식중독은 Vibrio parahaemolyticus라는 균에 오염된 식품을 섭취하였을 경우에 설사, 구토 등 질환이 발생되는 질환이다.

11 소독방법에서 고려되어야 할 사항으로 가장 거리가 먼 것은?

① 소독 대상물의 성질
② 병원체의 저항력
③ 병원체의 아포 형성 유무
④ 소독 대상물의 그람 염색 유무

해설 소독 대상물의 성질, 병원체의 저항력 유무, 병원체의 아포 형성 유무 등을 고려하여 소독방법을 선택하여야 한다.

12 병원체의 병원소 탈출 경로와 가장 거리가 먼 것은?

① 호흡기로부터 탈출
② 소화기 계통으로부터 탈출
③ 비뇨생식기 계통으로부터 탈출
④ 수질 계통으로부터 탈출

해설 병원체의 병원소 탈출경로는 호흡기, 소화기, 비뇨생식기, 경피 탈출 및 기계적 탈출 등으로 이루어진다.

13 따뜻한 물에 중성세제로 잘 씻은 후 물기를 뺀 다음 70% 알코올에 20분 이상 담그는 소독법으로 가장 적합한 것은?

① 유리제품 　② 고무제품
③ 금속제품 　④ 비닐제품

해설 화학적 소독법으로 유리제품의 소독법으로 적합하다.

14 병원성 미생물의 발육을 정지시키는 소독 방법은?

① 희석 　② 방부
③ 정균 　④ 여과

해설 방부소독법은 증식과 성장을 억제하여 미생물의 부패나 발효를 방지하는 것이다.

15 계란모양의 핵을 가진 세포들이 일렬로 밀접하게 정렬되어 있는 한 개의 층으로, 새로운 세포형성이 가능한 층은?

① 각질층 　② 기저층
③ 유극층 　④ 망상층

해설 기저층은 표피의 가장 안쪽에 존재하는 원주형의 세포가 단층으로 이어져 있으며 피부의 새 세포를 형성하는 중요한 역할을 한다.

07 ② 　 08 ② 　 09 ③ 　 10 ③ 　 11 ④ 　 12 ④ 　 13 ① 　 14 ② 　 15 ②

16 피부의 과색소 침착 증상이 <u>아닌</u> 것은?

① 기미
② 백반증
③ 주근깨
④ 검버섯

해설 백반증은 백색 반점이 피부에 나타나는 후천적 탈색소성 질환을 말한다.

17 정상적인 피부의 pH 범위는?

① pH 3~4
② pH 6.5~8.5
③ pH 4.5~6.5
④ pH 7~9

해설 정상적인 피부표면은 항상 일정한 약산성의 pH 4.5~6.5를 유지하고 있다.

18 적외선이 피부에 미치는 영향으로 가장 거리가 <u>먼</u> 것은?

① 온열효과가 있다.
② 혈액순환 개선에 도움을 준다.
③ 피부건조화, 주름 형성, 피부탄력 감소를 유발한다.
④ 피지선과 한선의 기능을 활성화 하여 피부 노폐물 배출에 도움을 준다.

해설 자외선이 피부에 미치는 부정적인 효과로는 피부건조화, 피부노화 촉진이 있다.

19 식후 12~16시간 경과되어 정신적, 육체적으로 아무 것도 하지 않고 가장 안락한 자세로 조용히 누워있을 때 생명을 유지하는 데 소요되는 최소한의 열량을 의미하는 것은?

① 순환대사량
② 기초대사량
③ 활동대사량
④ 상대대사량

해설 기초대사량이란 생명을 유지하는데 필요한 최소한의 에너지량을 말한다.

20 비듬이 생기는 원인과 <u>관계없는</u> 것은?

① 신진대사가 계속적으로 나쁠 때
② 탈지력이 강한 샴푸를 계속 사용할 때
③ 염색 후 두피가 손상되었을 때
④ 샴푸 후 린스를 하였을 때

해설 샴푸 후 린스를 하는 것은 비듬이 생기는 것과 관련이 없다.

21 피부 노화의 이론과 가장 거리가 <u>먼</u> 것은?

① 셀룰라이트 형성
② 프리래디컬 이론
③ 노화의 프로그램설
④ 텔로미어 학설

해설 ① 셀룰라이트 : 허벅지, 복부, 엉덩이 등에 생기는 울퉁불퉁한 피부변화를 말한다. 몸매에 영향을 주는 국소 대사성 질환의 하나로 진피, 지방층, 미세혈액순환계에 걸쳐 나타난다.

② 프리래디컬 이론 : 프리래디컬, 즉 활성산소는 스트레스나 환경오염 등 정신적 · 환경적 요인에서 유래하며 세포의 노화와 전신 노화를 촉진한다.

③ 노화의 프로그램설 : 태어날 때부터 몸이 프로그램화되어, 정해진 대로 세포분열을 한 후에는 정지되어 세포의 노화가 된다고 설명하는 이론이다.

④ 텔로미어 학설 : 텔로미어(telomere)는 나선형 염색체의 끝 부분에 있는 유전자 조각으로 세포의 수명을 조절하는 생체시계 역할을 한다. 분열 · 복제 과정을 통해 건강한 새 세포를 만들어낼 때마다 텔로미어의 길이가 짧아지고, 텔로미어의 길이가 어느 한계까지 짧아지면 더 이상 세포 복제를 할 수 없어 노화가 된다는 이론이다.

22 이 · 미용업을 하고자 하는 자가 하여야 하는 절차는?

① 시장·군수·구청장에게 신고한다.
② 시장·군수·구청장에게 통보한다.
③ 시장·군수·구청장의 허가를 얻는다.
④ 시·도지사의 허가를 얻는다.

해설 공중위생영업을 하고자 하는 자는 공중위생영업의 종류별로 보건복지부령이 정하는 시설 및 설비를 갖추고 시장 · 군수 · 구청장(자치구의 구청장에 한한다. 이하 같다)에게 신고하여야 한다. 규정에 의한 신고를 하지 아니한 자는 1년 이하의 징역 또는 1,000만 원 이하의 벌금에 처한다.

23 건전한 영업질서를 위하여 공중위생영업자가 준수하여야 할 사항을 준수하지 아니한 자에 대한 벌칙 기준은?

① 1년 이하의 징역 또는 1천만 원 이하의 벌금
② 6월 이하의 징역 또는 500만 원 이하의 벌금
③ 3월 이하의 징역 또는 300만 원 이하의 벌금
④ 300만 원 과태료

16 ② 17 ③ 18 ③ 19 ② 20 ④ 21 ① 22 ① 23 ②

해설 6월 이하의 징역 또는 500만원 이하의 벌금
① 중요사항 변경 신고를 하지 아니한 자
② 공중위생영업자의 지위를 승계한 자로서 규정에 의한 신고를 하지 아니한 자
③ 건전한 영업질서를 위하여 공중위생영업자가 준수하여야 할 사항을 준수하지 아니한 자

24 면허가 취소된 자는 누구에게 면허증을 반납하여야 하는가?

① 보건복지부장관
② 시·도지사
③ 시장·군수·구청장
④ 읍·면장

해설 면허 취소, 면허 정지 명령을 받은 자는 지체 없이 시장·군수·구청장에게 이를 반납한다.

25 이·미용 영업소에서 영업정지 처분을 받고 그 정지 기간 중에 영업을 한 때의 1차 위반 행정처분 내용은?

① 영업정지 1월
② 영업정지 2월
③ 영업정지 3월
④ 영업장 폐쇄명령

해설 법 제11조 제2항 : 영업정지 처분을 받고 그 영업 정지 기간 중 영업을 한 경우 영업장 폐쇄명령의 행정처분을 받는다.

26 영업자의 위생관리 의무가 아닌 것은?

① 영업소에서 사용하는 기구를 소독한 것과 소독하지 아니한 것으로 분리 보관한다.
② 영업소에서 사용하는 1회용 면도날은 손님 1인에 한하여 사용한다.
③ 자격증을 영업소 안에 게시한다.
④ 면허증을 영업소 안에 게시한다.

해설 공중위생영업자의 위생 관리의 의무(제4조)에서 자격증은 영업소 내 게시 의무에 해당되지 않는다.

27 의료법 위반으로 영업장 폐쇄명령을 받은 이·미용업 영업자는 얼마의 기간 동안 같은 종류의 영업을 할 수 없는가?

① 2년   ② 1년
③ 6개월   ④ 3개월

해설 폐쇄명령을 받은 자 : 1년이 경과하지 아니한 때에는 같은 종류의 영업을 할 수 없다.

28 공중위생관리법규상 위생관리등급의 구분이 바르게 짝지어진 것은?

① 최우수업소 : 녹색등급
② 우수업소 : 백색등급
③ 일반관리대상 업소 : 황색등급
④ 관리미흡대상 업소 : 적색등급

해설 우수업소 : 황색등급, 일반관리대상 : 백색등급

29 유연화장수의 작용으로 가장 거리가 먼 것은?

① 피부에 보습을 주고 윤택하게 해준다.
② 피부에 남아있는 비누의 알칼리 성분을 중화시킨다.
③ 각질층에 수분을 공급해준다.
④ 피부의 모공을 넓혀준다.

해설 유연화장수에는 보습제와 유연제가 함유되어 있어 피부의 pH를 회복시키고 각질을 부드럽게 정리해주어 피부를 촉촉하고 탄력 있게 만들어준다.

30 크림 파운데이션에 대한 설명 중 가장 적합한 것은?

① 얼굴의 형태를 바꾸어준다.
② 피부의 잡티나 결점을 커버해 주는 목적으로 사용된다.
③ O/W형은 W/O형에 비해 비교적 사용감이 무겁고 퍼짐성이 낮다.
④ 화장 시 산뜻하고 청량감이 있으나 커버력이 약하다.

해설 파운데이션은 얼굴색의 변화와 윤기를 부여하고 피부의 잡티나 결점을 커버해주는 목적으로 사용된다. 크림 파운데이션은 O/W형과 W/O형의 유화 타입으로 O/W형은 비교적 사용감이 가볍고 퍼짐성이 좋으며, W/O형은 사용감이 무겁고 퍼짐성이 낮다.

24 ③   25 ④   26 ③   27 ②   28 ①   29 ④   30 ②

31 피지조절, 항우울과 함께 분만 촉진에 효과적인 아로마 오일은?

① 라벤더
② 로즈마리
③ 자스민
④ 오렌지

해설 자스민은 산모의 모유분비를 촉진시키며, 우울할 때 기분 전환에 좋고 정서적 안정에 효과적이다.

32 피부 클렌저(Cleanser)로 사용하기에 적합하지 <u>않</u>은 것은?

① 강알칼리성 비누
② 약산성 비누
③ 탈지를 방지하는 클렌징 제품
④ 보습효과를 주는 클렌징 제품

해설 강알칼리성 비누 사용 시 pH 밸런스가 깨져 피부가 거칠어지고 건조해지며 자극을 유발할 수 있다.

33 가용화(Solubilization)기술을 적용하여 만들어진 것은?

① 마스카라
② 향수
③ 립스틱
④ 크림

해설 가용화기술에 의해 제조된 화장품은 화장수류, 향수류, 에센스 등이다.

34 미백화장품에 사용되는 대표적인 미백 성분은?

① 레티노이드(Retinoid)
② 알부틴(Arbutin)
③ 라놀린(Lanolin)
④ 토코페롤 아세테이트(Tocopherol acetate)

해설 미백화장품의 원료는 알부틴, 비타민 C, 나이아신아마이드, 코직산, 상백피 추출물, 닥나무 추출물, 리놀레산, 하이드로퀴논, 감초 등이 있다.

35 진피층에도 함유되어 있으며 보습기능으로 피부 관리 제품에 사용되어지는 성분은?

① 알코올(Alcohol)
② 콜라겐(Collagen)
③ 판테놀(Panthenol)
④ 글리세린(Glycerine)

해설 콜라겐은 진피층의 70~80%를 차지하며, 화장품에 배합하면 보습성이 좋아지고 텍스쳐가 개선되어 사용감이 향상된다.

36 눈의 형태에 따른 아이섀도 기법으로 <u>틀린</u> 것은?

① 부은 눈 : 펄 감이 없는 브라운이나 그레이 컬러로 아이 홀을 중심으로 넓지 않게 펴 바른다.
② 처진 눈 : 포인트 컬러를 눈꼬리 부분에서 사선 방향으로 올려주고, 언더컬러는 사용하지 않는다.
③ 올라간 눈 : 눈 앞머리 부분에 짙은 컬러를 바르고 눈 중앙에서 꼬리까지 엷은 색을 발라주며, 언더부분은 넓게 펴 바른다.
④ 작은 눈 : 눈두덩이 중앙에 밝은 컬러로 하이라이트를 하며 눈 앞머리에 포인트를 주고, 아이라인은 그리지 않는다.

해설 작은 눈 : 눈 전체에는 밝은 색을, 눈꼬리 쪽은 어두운색으로 포인트를 주어 길이감을 강조한다.

37 아이섀도를 바를 때, 눈 밑에 떨어진 가루나 과다한 파우더를 털어내는 도구로 가장 적절한 것은?

① 파우더 퍼프
② 파우더 브러시
③ 팬 브러시
④ 블러셔 브러시

해설 ① 파우더 퍼프 : 파우더를 바를 때 쓰는 분첩이다.
② 파우더 브러시 : 파우더를 소프트하게 바를 때 사용하는 브러시이다.
④ 블러셔 브러시 : 치크 메이크업 시 사용하는 브러시이다.

38 눈썹을 그리기 전·후 자연스럽게 눈썹을 빗어주는 나사 모양 브러시는?

① 립 브러시
② 팬 브러시
③ 스크루 브러시
④ 파우더 브러시

해설 ① 립 브러시 : 립 메이크업 시 사용하는 작은 브러시이다.

---

31 ③   32 ①   33 ②   34 ②   35 ②   36 ④   37 ③   38 ③

39 각 눈썹 형태에 따른 이미지와 그에 알맞은 얼굴형의 연결이 가장 적합한 것은?

① 상승형 눈썹 – 동적이고 시원한 느낌 – 둥근형

② 아치형 눈썹 – 우아하고 여성적인 느낌 – 삼각형

③ 각진형 눈썹 – 지적이며 단정하고 세련된 느낌 – 긴 형, 장방형

④ 수평형 눈썹 – 젊고 활동적인 느낌 – 둥근형, 얼굴길이가 짧은 형

> **해설** ② 아치형 눈썹 – 역삼각형
> ③ 각진형 눈썹 – 둥근형, 얼굴 길이가 짧은 형
> ④ 수평형 눈썹 – 긴 형, 좁은 얼굴 형

40 색의 배색과 그에 따른 이미지를 연결한 것으로 옳은 것은?

① 악센트 배색 – 부드럽고 차분한 느낌

② 동일색 배색 – 무난하면서 온화한 느낌

③ 유사색 배색 – 강하고 생동감 있는 느낌

④ 그라데이션 배색 – 개성 있고 아방가르드한 느낌

> **해설** ① 악센트 배색 : 강조 배색의 의미로, 기존색과 반대되는 강조색을 사용하여 악센트를 주는 배색이다.
> ③ 유사색 배색 : 유사색을 사용한 배색은 동일색 배색과 같이 무난하고 편안한 배색이다.
> ④ 그라데이션 배색 : 연속 배색의 의미, 색의 3속성(색상, 명도, 채도) 중 하나 이상의 속성이 단계적으로 변화하도록 배색하는 것으로 자연스러운 리듬감이 특징이다.

41 뷰티 메이크업과 관련한 내용으로 가장 거리가 먼 것은?

① 눈썹, 아이섀도, 입술 메이크업 시 고객의 부족한 면을 보완하여 균형 잡힌 얼굴로 표현한다.

② 메이크업은 색상, 명도, 채도 등을 고려하여 고객의 상황에 맞는 컬러를 선택하도록 한다.

③ 사람은 대부분 얼굴의 좌우가 다르므로 자연스러운 메이크업을 위해 최대한 생김새를 그대로 표현하여 생동감을 준다.

④ 의상, 헤어, 분위기 등의 전체적인 이미지 조화를 고려하여 메이크업한다.

> **해설** ③ 좌우가 불균형한 얼굴은 균형이 맞도록 메이크업으로 얼굴을 수정해주면 좋다.

42 계절별 화장법으로 가장 거리가 먼 것은?

① 봄 메이크업 : 투명한 피부표현을 위해 리퀴드 파운데이션을 사용하며, 눈썹과 아이섀도를 자연스럽게 표현한다.

② 여름 메이크업 : 콘트라스트가 강한 색상으로 선을 강조하고 베이지 컬러의 파우더로 피부를 매트하게 표현한다.

③ 가을 메이크업 : 아이 메이크업 시, 저채도의 베이지, 브라운 컬러를 사용하여 그윽하고 깊은 눈매를 연출한다.

④ 겨울 메이크업 : 전체적으로 깨끗하고 심플한 이미지를 표현하고, 립은 레드나 와인 계열 등의 컬러를 바른다.

> **해설** ② 여름은 과감한 노출과 피부의 건강함이 특징인 계절로, 윤기 있고 자연스러운 건강함을 표현해주도록 리퀴드 파운데이션을 사용하는 것이 좋다. 시원한 느낌의 쿨 메이크업과 태닝 메이크업을 많이 하며, 화이트, 블루, 바이올렛 계통의 컬러가 자주 사용된다.

43 사각형 얼굴의 수정 메이크업으로 틀린 것은?

① 이마의 각진 부위와 튀어나온 턱뼈 부위에 어두운 파운데이션을 발라서 갸름하게 보이게 한다.

② 눈썹은 각진 얼굴형과 어울리도록 시원하게 아치형으로 그려준다.

③ 일자형 눈썹과 길게 뺀 아이라인으로 포인트 메이크업하는 것이 효과적이다.

④ 입술 모양은 곡선의 형태로 부드럽게 표현한다.

> **해설** 눈썹산에 각이 있는 아치형 눈썹과 눈꼬리 쪽에 짙은 색상의 아이섀도로 포인트를 주어 눈 끝을 강조하듯이 펴 바르는 것이 효과적이다.

44 다음에서 설명하는 아이섀도 제품의 타입은?

> • 장시간 지속효과가 낮다.
> • 기온변화로 번들거림이 생기는 단점이 있다.
> • 유분이 함유되어 부드럽고 매끄럽게 펴 바를 수 있다.
> • 제품 도포 후 파우더로 색을 고정시켜 지속력과 색의 선명도를 향상시킬 수 있다.

① 크림타입　　　　② 펜슬타입
③ 케이크 타입　　　④ 파우더 타입

해설 펜슬타입은 발색이 우수하지만 뭉칠 우려가 있으며, 케이크 타입은 사용이 간편하고 그라데이션이 용이하고, 파우더 타입은 주로 펄을 함유하고 있으며 광택을 부여하거나 하이라이트용으로 사용된다.

45 파운데이션을 바르는 방법으로 가장 거리가 먼 것은?

① O존은 피지분비량이 적어 소량의 파운데이션으로 가볍게 바른다.
② V존은 잡티가 많으므로 슬라이딩 기법으로 여러 번 겹쳐 발라 결점을 가려준다.
③ S존은 슬라이딩 기법과 가볍게 두드리는 패팅기법을 병행하여 메이크업의 지속성을 높여준다.
④ 헤어라인은 귀 앞머리 부분까지 라텍스 스펀지에 남아있는 파운데이션을 사용해 슬라이딩 기법으로 발라준다.

해설 V존은 소량 또는 스펀지의 잔여 파운데이션을 이용하여 슬라이딩 기법으로 가볍게 바른다.

46 긴 얼굴형에 적합한 눈썹 메이크업으로 가장 적합한 것은?

① 가는 곡선형으로 그린다.
② 눈썹 산이 높은 아치형으로 그린다.
③ 각진 아치형이나 상승형, 사선 형태로 그린다.
④ 다소 두께감이 느껴지는 직선형으로 그린다.

해설 자연스러운 직선형의 아이브로가 얼굴이 분할되어 보이는 효과를 주어 긴 형의 얼굴에 적합하다.

47 조선시대 화장 문화에 대한 설명으로 틀린 것은?

① 이중적인 성 윤리관이 화장 문화에 영향을 주었다.
② 여염집 여성의 화장과 기생 신분 여성의 화장이 구분되었다.
③ 영육일치사상의 영향으로 남·여 모두 미(美)에 대한 관심이 높았다.
④ 미인박명(美人薄命) 사상이 문화적 관념으로 자리 잡음으로써 미(美)에 대한 부정적인 인식이 형성되었다.

해설 ③ 영육일치사상이란 아름다운 육체에 정신이 깃든다는 이론으로 신라시대의 화장 문화에 영향을 미쳤다. 이로 인해 남성인 화랑들도 여성 못지않은 화장을 하였다.

48 메이크업 도구 및 재료의 사용법에 대한 설명으로 가장 거리가 먼 것은?

① 브러시는 전용 클리너로 세척하는 것이 좋다.
② 아이래시 컬은 속눈썹을 아름답게 올려줄 때 사용한다.
③ 라텍스 스펀지는 세균이 번식하기 쉬우므로 깨끗한 물로 씻어서 재사용한다.
④ 면봉은 부분 메이크업 또는 메이크업 수정 시 사용한다.

해설 ③ 라텍스 스펀지는 세균이 번식하기 쉬우므로 일회용으로 사용하도록 한다.

49 색과 관련한 설명으로 틀린 것은?

① 물체의 색은 빛이 거의 모두 반사되어 보이는 색이 백색, 빛이 모두 흡수되어 보이는 색이 흑색이다.
② 불투명한 물체의 색은 표면의 반사율에 의해 결정된다.
③ 유리잔에 담긴 레드 와인(red wine)은 장파장의 빛은 흡수하고, 그 외의 파장은 투과하여 붉게 보이는 것이다.

④ 장파장은 단파장보다 산란이 잘 되지 않는 특성이 있어 신호등의 빨강색은 흐린 날 멀리서도 식별가능하다.

[해설] ③ 우리 눈은 물체의 반사된 빛을 색으로 인지한다. 레드 와인은 반사된 장파장의 붉은 빛을 보게 되는 것이다.

50 한복 메이크업 시 주의사항이 <u>아닌</u> 것은?

① 색조화장은 저고리 깃이나 고름 색상에 맞추는 것이 좋다.

② 너무 강하거나 화려한 색상은 피하는 것이 좋다.

③ 단아한 이미지를 표현하는 것이 좋다.

④ 한복으로 가려진 몸매를 입체적인 얼굴로 표현한다.

[해설] ④ 한복 메이크업은 고전적이고 우아하며 단아한 이미지로 연출하는 것이 좋다.

51 같은 물체라도 조명이 다르면 색이 다르게 보이나 시간이 갈수록 원래 물체의 색으로 인지하게 되는 현상은?

① 색의 불변성 ② 색의 항상성
③ 색 지각 ④ 색 검사

[해설] ② 색의 항상성은 일종의 색순응 현상으로, 조명 등 관측 조건이 달라지더라도 시간이 지나면 순응하여 물체의 기존 색 그대로 색채를 지각하는 것을 말한다.

52 사극 수염 분장에 필요한 재료가 <u>아닌</u> 것은?

① 스프리트 검(Sprit gum)

② 쇠 브러시

③ 생사

④ 더마 왁스

[해설] ④ 더마 왁스는 얼굴이나 피부 일부분의 모양을 변형시키기 위한 특수분장 재료이다.

53 '톤을 겹친다'라는 의미로 동일한 색상에서 톤의 명도차를 비교적 크게 둔 배색 방법은?

① 동일색 배색 ② 톤온톤 배색
③ 톤인톤 배색 ④ 세퍼레이션 배색

[해설] ① 동일색 배색 : 동일한 색을 이용한 배색 모두를 의미한다.
③ 톤인톤 배색 : 동일한 톤 내 또는 명도차가 크지 않은 색들을 이용한 배색이다.
④ 세퍼레이션 배색 : 분리배색의 의미로 대립되는 두 색 사이에 무채색, 금색 등을 넣어 조화를 이루는 배색이다.

54 메이크업 미용사의 기본적인 용모 및 자세로 가장 거리가 <u>먼</u> 것은?

① 업무 시작 전·후 메이크업 도구와 제품 상태를 점검한다.

② 메이크업 시 위생을 위해 마스크를 항상 착용하고 고객과 직접 대화하지 않는다.

③ 고객을 맞이할 때는 바로 자리에서 일어나 공손히 인사한다.

④ 영업장으로 걸려온 전화를 받을 때는 필기도구를 준비하여 메모를 한다.

[해설] ② 메이크업 시에는 위생적인 환경에서 청결한 메이크업 도구를 사용해야 하며, 손을 씻거나 손 소독제를 사용하여 청결함을 유지하도록 한다. 시술 도중에 고객의 의견이 있을 경우 메이크업 방향을 수정하는 것이 좋지만, 너무 자주 바꾸면 산만하고 신뢰도가 떨어질 수 있으므로 주의한다.

55 현대의 메이크업 목적으로 가장 거리가 <u>먼</u> 것은?

① 개성 창출 ② 추위 예방
③ 자기만족 ④ 결점 보완

[해설] 현대의 메이크업은 얼굴의 결점을 보완하고 아름다움을 표현하는 미(美)의 창조 작업이자 자기만족을 위한 작업이다. 메이크업을 통해 개성, 가치관을 표현할 수 있으며, 자외선, 먼지 등 외부자극으로부터 피부를 보호할 수 있다. 또한, 무대 및 영상 등의 작품에서 캐릭터를 연출할 수 있다.

56 여름철 메이크업으로 가장 거리가 <u>먼</u> 것은?

① 선탠 메이크업을 베이스 메이크업으로 응용해 건강한 피부 표현을 한다.

② 약간 각진 눈썹형으로 표현하여 시원한 느낌을 살려준다.

③ 눈매를 푸른색으로 강조하는 원 포인트 메이크업을 한다.

④ 크림 파운데이션을 사용하여 피부를 두껍게 커버하고 윤기 있게 마무리 한다.

50 ④　51 ②　52 ④　53 ②　54 ②　55 ②　56 ④

57 메이크업 베이스의 사용목적으로 틀린 것은?

① 파운데이션의 밀착력을 높여준다.
② 얼굴의 피부톤을 조절한다.
③ 얼굴에 입체감을 부여한다.
④ 파운데이션의 색소 침착을 방지해준다.

해설 파운데이션의 색상을 이용하여 얼굴에 입체감을 부여할 수 있다.

58 긴 얼굴형의 윤곽 수정 표현 방법으로 틀린 것은?

① 콧등 전체에 하이라이트를 주어 입체감 있게 표현한다.
② 눈 밑은 폭넓게 수평형의 하이라이트를 준다.
③ 노즈 섀도는 짧게 표현해준다.
④ 이마와 아래턱은 섀딩 처리하여 얼굴의 길이가 짧아보이게 한다.

해설 긴 얼굴형의 윤곽 수정 시 세로형 느낌의 콧등 하이라이트는 짧게 표현한다.

59 눈과 눈 사이가 가까운 눈을 수정하기 위하여 아이섀도 포인트가 들어가야 할 부분으로 옳은 것은?

① 눈 앞머리　　　　② 눈 중앙
③ 눈 언더라인　　　④ 눈 꼬리

해설 눈과 눈 사이가 가까운 경우 눈 앞머리를 밝게 하고 눈 꼬리 방향은 어두운 색상으로 포인트를 준다.

60 컨투어링 메이크업을 위한 얼굴형의 수정방법으로 틀린 것은?

① 둥근형 얼굴 – 양볼 뒤쪽에 어두운 섀딩을 주고 턱, 콧등에 길게 하이라이트 한다.
② 긴 형 얼굴 – 헤어라인과 턱에 섀딩을 주고 볼 쪽에 하이라이트를 한다.
③ 사각형 얼굴 – T존의 하이라이트를 강조하고 U존에 명도가 높은 블러셔를 한다.
④ 역삼각형 얼굴 – 헤어라인에서 양쪽 이마 끝에 섀딩을 준다.

해설 사각형 얼굴은 볼의 넓은 부위에 블러셔를 하여 시선이 안쪽으로 모이게 함으로써 각져 보이는 얼굴을 작아보이게 연출한다.

memo

부록

CBT 기출복원문제

국가기술자격 필기시험

2017 CBT 기출복원문제

자격종목	시험시간	문제수	문제형별
미용사(메이크업)	1시간	60	

01 다음 중 아트메이크업의 범주로 거리가 먼 것은?

① 바디페인팅　　② 판타지메이크업
③ 특수분장　　　④ 페이스페인팅

해설 메이크업은 크게 뷰티메이크업, 분장, 아트메이크업으로 분류되며, 아트메이크업의 종류로는 페이스페인팅, 판타지메이크업, 바디페인팅이 있다.

02 얼굴에 명암을 주어 윤곽 수정 메이크업을 할 때, 하이라이트 부위가 아닌 것은?

① 광대뼈 주변
② 눈썹 뼈
③ T존
④ 콧날의 양 옆

해설 콧날의 양 옆은 노즈 섀딩으로 콧대를 높아보이게 하는 부위이다.

03 한국의 메이크업 역사에 대한 설명으로 가장 거리가 먼 것은?

① 백제인들은 화장품 제조기술의 발달로 색조화장이 즐겨하였다.
② 신라시대에는 남성인 화랑들도 여성 못지않은 화려한 화장을 하였다.
③ 고려시대는 당의 영향을 받아 색조화장이 화려해졌고, 연지 화장을 즐겨하였다.
④ 조선시대에는 유교의 영향으로 화장을 부도덕한 행위로 간주하여, 여염집 여성들은 담장을 하였다.

해설 백제의 화장품 제조 기술은 일본에 전수할 만큼 발달하였다. 그러나 시분무주(분은 바르되 연지는 바르지 않는다)라고 기록할 만큼 은은한 화장을 즐겨하였다.

04 서양 메이크업 역사에서 기독교의 금욕주의 영향으로 화장이 금지되었던 시기는?

① 로마시대
② 중세시대
③ 르네상스 시대
④ 로코코 시대

해설 중세시대 유럽은 기독교적 금욕주의 영향으로 일반 여성들의 화장이 경멸의 대상이 되었다. 향수 역시 금지되었고, 왕족이나 종교 의식에서만 사용되었다.

05 전세계적인 불황으로 반항적이고 퇴폐적인 펑크 패션이 대유행했던 시기는?

① 1930년대
② 1950년대
③ 1960년대
④ 1970년대

해설 1970년대는 불경기, 오일 쇼크, 인플레 현상 등으로 젊은이들이 기성세대에 반발했던 시기로 빨강, 주황, 검정을 사용한 강렬한 펑크 메이크업이 유행하였다.

06 '톤을 겹친다'는 의미로 동일 색상에서 다른 톤으로 배색하여 통일감을 주는 기법은?

① 톤인톤(Tone in Tone) 배색
② 토널(Tonal) 배색
③ 톤온톤(Tone on Tone) 배색
④ 동일 톤 배색

해설 ① 톤인톤 배색: 같은 톤, 다른 색상의 배색이다.
② 토널(Tonal) 배색: 중명도, 중채도 계열의 색상을 사용한 배색이다.
④ 동일 톤 배색: 톤인톤 배색과 같은 뜻으로, 같은 톤끼리 사용한 배색이다.

01 ③　02 ④　03 ①　04 ②　05 ④　06 ③

07 색과 연상에 관한 내용 중 가장 거리가 먼 것은?

① 빨강 – 불, 정열
② 노랑 – 질투, 희망
③ 보라 – 평화, 중립
④ 파랑 – 냉정, 신뢰

해설 평화, 중립을 연상시키는 색은 초록색이다. 보라색은 고귀함, 우아, 신비 등을 연상시킨다.

08 한국의 전통색(오정색)과 의미하는 방향의 연결이 잘못된 것은?

① 황 – 중앙
② 청 – 동쪽
③ 흑 – 서쪽
④ 적 – 남쪽

해설 흑색은 북쪽을 의미하며, 서쪽을 의미하는 색은 백색이다.

09 다음 얼굴 골격에 대한 설명 중 틀린 것은?

① 비골: 코뼈이며, 좌우 한 쌍의 작은 뼈로 이루어져 있다.
② 두전골: 귀 부위를 감싸는 머리뼈이다.
③ 관골: 얼굴의 볼 부분을 돌출하게 만드는 광대뼈 부위이다.
④ 전두골: 이마 뼈 부분이다.

해설 두전골은 정수리 부분과 두개골의 측면 부분의 뼈이다. 귀 부위를 감싸는 뼈는 측두골로 두전골과 귀 사이에 위치한다.

10 다음 중 얼굴형에 따른 명암처리기법으로 옳지 않은 것은?

① 역삼각형 얼굴형: 이마 양 옆과 턱 끝에 섀딩을 넣는다.
② 둥근 얼굴형: 갸름해 보일 수 있도록 사선으로 치크를 처리하고, 코끝을 향해 하이라이트를 길게 넣어준다.
③ 긴 얼굴형: 얼굴이 더 길어 보이지 않도록 치크를 가로로 길게 처리한다.
④ 삼각형 얼굴형: 이마 양끝과 턱 양 끝에 섀딩을 처리한다.

해설 삼각형 얼굴형은 이마는 좁고 턱이 넓은 형으로, 이마는 양끝에 하이라이트 효과를 주고, 양 볼 밑으로 턱에 섀딩을 주어 턱이 좁아보이도록 처리한다.

11 자외선에 대한 설명으로 틀린 것은?

① 자외선 A의 파장은 320~340nm로 생활자외선으로 불린다.
② 자외선 C는 대부분 오존층에 흡수되며, 강력한 소독 및 살균 작용의 기능이 있다.
③ 자외선 B는 피부홍반, 일광 화상, 기미의 원인이다.
④ 자외선 A는 비타민 D 생성에 관여할 뿐, 피부에 영향을 미치지는 않는다.

해설 자외선 A는 320~340nm 범위로 생활자외선으로 불리며, 기미, 주근깨 등의 색소 침착, 피부노화, 피부 건조의 원인이다. 그리고 비타민 D 생성에 관여하는 것은 자외선 B이다.

12 멜라닌 세포가 주로 분포되어 있는 피부층은?

① 과립층
② 투명층
③ 기저층
④ 각질층

해설 기저층은 표피의 가장 아래층에 위치하며, 진피로부터 영양을 공급받고, 각질세포를 형성하는 층이다. 멜라닌 색소가 함유된 색소형성세포가 존재하여 피부색을 좌우한다.

13 피지선과 한선의 기능 저하로 인해 유·수분 밸런스가 정상적이지 못하고, 피부가 얇으며 잔주름이 쉽게 생기는 피부는?

① 건성 피부
② 지성 피부
③ 민감성 피부
④ 복합성 피부

해설 건성 피부는 피지선과 한선의 기능 저하, 각질 탈락 이상, 자외선에 의한 각질층의 비후 등의 원인으로 피부가 건조해진 상태를 말한다. 유·수분량이 다른 피부에 비해 적으며, 모공이 작고, 피부 당김이 심하며 잔주름이 잘 생겨 화장이 들뜨는 경우가 많다.

14 3대 에너지 영양소가 아닌 것은?

① 지방
② 탄수화물
③ 비타민
④ 단백질

해설 탄수화물(1g당 4kcal), 지방(1g당 9kcal), 단백질(1g당 4kcal)은 3대 에너지 영양소이다.

07 ③ **08** ③ **09** ② **10** ④ **11** ④ **12** ③ **13** ① **14** ③

15 피부면역에 대한 설명으로 틀린 것은?

① 항체는 항원에 대항하기 위해 혈액에서 형성된 당단백질이다.

② B림프구는 면역 글로불린이라고 불리며, 독소 및 바이러스를 중화시키고 세균을 죽인다.

③ T림프구는 항원전달세포에 해당한다.

④ 림프구는 백혈구의 면역 기전으로 골수에서 유래되었다.

해설 T림프구는 혈액 내 림프구의 약 90%를 구성하며, 직접 항원을 공격하여 파괴하는 세포성 면역 반응을 일으킨다.

16 아포크린한선의 설명으로 틀린 것은?

① 아포크린한선은 대한선이라고도 하며, 남성이 여성보다 강한 체취가 난다.

② 백인이 흑인보다 많이 분비한다.

③ 겨드랑이, 유두, 성기, 배꼽 주변에 존재한다.

④ 사춘기 이후로 주로 발달하며, 털과 함께 존재한다.

해설 흑인 〉 백인 〉 황인종 순서로 많이 분비하며, 냄새의 강도도 세다.

17 각 비타민과 결핍증이 바르게 연결된 것은?

① 비타민 A - 괴혈병

② 비타민 D - 구루병

③ 비타민 E - 각기병

④ 비타민 B$_1$ - 빈혈

해설 비타민의 결핍증은 비타민 A - 야맹증, 비타민 E - 빈혈, 비타민 B$_1$ - 각기병이다. 비타민 D는 음식 섭취 및 피부에 자외선이 닿으면 생성되며, 체내 칼슘, 인의 흡수에 관여하여 결핍 시 구루병, 골다공증이 나타난다.

18 다음 중 주름 개선 화장품의 성분과 관련 없는 것은?

① 티타늄옥사이드   ② 아데노신

③ 레틴산   ④ 레티놀

해설 티타늄옥사이드는 자외선 차단 화장품의 물리적 차단제이다.

19 화장품의 목적과 가장 거리가 먼 것은?

① 신체를 청결, 미화하기 위하여 사용한다.

② 용모를 변화시키기 위해 사용한다.

③ 피부와 모발의 건강을 유지 또는 증진하기 위하여 사용한다.

④ 약리적인 효과를 주기 위해 사용한다.

해설 화장품을 약리적이거나 치료적인 효과를 주기 위해 사용하는 것은 아니다.

20 O/W형 유화 타입이 많으며, 오일량이 적어 여름에 자주 사용하고, 젊은 층에서 선호도가 높은 파운데이션 타입은?

① 크림 파운데이션

② 리퀴드 파운데이션

③ 고형 파운데이션

④ 트웨이 케이크

해설 리퀴드 파운데이션은 O/W형 유화타입으로 비교적 가벼운 파운데이션이다.

21 발견 후 7일 이내에 관할 보건소에 신고해야 할 감염병은 무엇인가?

① 제1군 감염병

② 제2군 감염병

③ 제3군 감염병

④ 지정감염병

해설 제1~4군 감염병은 발견 즉시 지체 없이 관할 보건소에 신고해야 하고, 제5군 감염병과 지정감염병은 7일 이내에 신고하여야 한다.

22 다음 중 인수공통감염병인 것은?

① 천연두

② 콜레라

③ 광견병

④ 디프테리아

해설 공수병(광견병)은 사람과 동물 모두가 걸릴 수 있는 인수공통감염병이다.

23 다음 중 감염병과 주요 전파 동물의 연결로 가장 잘 못된 것은?

① 소 - 결핵
② 양 - 일본뇌염
③ 개 - 공수병
④ 쥐 - 페스트

해설

전파동물	질병
쥐	페스트, 발진열, 쯔쯔가무시병, 살모넬라증
개	광견병(공수병)
소	탄저병, 파상열, 살모넬라증, 결핵
돼지	일본뇌염, 살모넬라증, 파상열
말	탄저병, 일본뇌염, 살모넬라증
양	탄저병, 파상열

24 실내 공기 오염의 지표로 주로 측정되는 것은?

① 질소
② 산소
③ 이산화탄소
④ 아황산가스

해설 이산화탄소는 실내공기의 오염을 측정하는 지표로 주로 사용하며, 0.1% 이상이면 오염으로 간주한다.

25 법정 감염병 중 제2군 감염병에 속하는 것은?

① 콜레라
② 말라리아
③ 뎅기열
④ B형 간염

해설

제1군 감염병	콜레라, 장티푸스, 파라티푸스, 장출혈성 대장균, 세균성 이질, A형간염, 페스트 등
제2군 감염병	백일해, 디프테리아, 파상풍, 홍역, 일본 뇌염, B형 간염, 수두, 풍진 등
제3군 감염병	말라리아, 결핵, 성홍열, 수막구균성수막염, 비브리오패혈증, 발진티푸스, 발진열, 쯔쯔가무시, 랩토스피라, 탄저, 공수병, 인플루엔자, 후천성면역결핍증, 매독 등
제4군 감염병	페스트, 황열, 뎅기열, 바이러스성출혈열, 두창, 보툴리눔독소증, 신종인플루엔자, 진드기매개뇌염 등
제5군 감염병	회충증, 편충증, 요충증, 간흡충증, 폐흡충증 등
지정감염병	C형간염, 수족구병, 임질, 클라미디아 등

26 다음 중 식중독에 관한 설명으로 틀린 것은?

① 보툴리누스균은 신경마비증세, 호흡곤란 등의 현상을 일으킨다.
② 우유, 치즈 등의 유제품을 잘못 보관하면 포도상구균이 발생할 수 있다.

③ 세균성 식중독은 원인에 따라 독소형과 감염형으로 분류된다.
④ 살모넬라균은 발열증상과 함께 치사율이 가장 높다.

해설 살모넬라균은 발열증상이 가장 심한 식중독이나 치사율은 낮다.

27 소독장비 사용 시 주의해야 할 사항으로 옳은 것은?

① 자비소독기: 금속성 기구들은 물이 끓기 전부터 물에 넣고 끓인다.
② 간헐멸균기: 가열과 가열 사이는 20도 이상의 온도를 유지한다.
③ 건열멸균기: 멸균된 유리기구는 소독기에서 꺼내는 즉시 냉각시켜야 살균효과가 크다.
④ 자외선 소독기: 끝이 뾰족한 기구는 위험할 수 있으므로 수건 등으로 써서 소독한다.

해설 ① 자비소독기를 사용할 땐, 녹이 슬 수 있는 금속성 기구는 물이 끓은 후 사용하는 것이 좋다.
③ 유리기구를 가열 후 바로 냉각시키면 파손될 수 있으므로 주의한다.
④ 자외선 소독기로 멸균하기 위해서는 반드시 도구가 직접 자외선에 노출되어야 한다.

28 석탄산 소독액에 관한 설명으로 옳지 않은 것은?

① 금속을 부식시키므로 금속 소독에는 적합하지 않다.
② 일반적으로 3% 수용액을 사용한다.
③ 소독액의 온도가 높을수록 효력이 높다.
④ 독성이 없어 피부에 사용해도 무방하다.

해설 석탄산(페놀)은 독성이 강하여 피부·점막에 자극성, 마비성이 있다.

29 미용업소에서 수건 소독에 가장 많이 사용되는 물리적 소독법은?

① 자비소독
② 과산화수소 소독
③ 알코올 소독
④ 석탄산 소독

해설 자비소독이란 물을 끓여서 사용하는 소독 방법으로 의류, 수건 등에 주로 사용되는 물리적 소독법이다.

23 ②   24 ③   25 ④   26 ④   27 ②   28 ④   29 ①

30 환자와 접촉한 후, 손 소독 시 사용하는 약품으로 가장 거리가 먼 것은?

① 역성비누 ② 승홍수
③ 크레졸수 ④ 석탄산

해설 석탄산(페놀)은 독성이 강하여 손 소독 시 사용하기에 부적합하다.

31 화학적 소독법에 해당되는 소독법은?

① 자비소독법 ② 고압증기멸균법
③ 에탄올 소독법 ④ 간헐멸균법

해설 자비소독법, 고압증기멸균법, 간헐멸균법은 물리적 소독법에 해당한다. 화학적 소독법으로는 에탄올, 이소프로판올, 포름알데히드, 글리옥실, 글루타르알데히드, 계면활성제, 중금속 화합물, 할로겐 화합물, 페놀 화합물, 산화제 등을 이용한 소독법이 있다.

32 다음 중 자외선 작용에 대한 설명으로 거리가 먼 것은?

① 피부 색소 침착 ② 살균 작용
③ 비타민 D 생성 ④ 박테리아 멸균

해설 멸균이란 주로 열을 이용하여 모든 균을 제거하는 것을 말한다.

33 다음 중 가장 대표적인 보건수준 평가 기준으로 사용되는 것은?

① 영아사망률 ② 성인사망률
③ 사인별사망률 ④ 노인사망률

해설 보건수준을 나타내는 지표로는 영아사망률, 비례사망지수, 평균수명 등이 있다.

34 결핍 시 괴혈병을 유발하고, 빈혈을 일으켜 피부가 창백하게 되는 비타민의 종류는?

① 비타민 A ② 비타민 B₁
③ 비타민 B₂ ④ 비타민 C

해설 비타민 A가 결핍되면 야맹증, 면역저하 등이 일어나고, 비타민 B₁이 결핍되면 각기병, 비타민 B₂는 구순구각염, 눈병 등이 발병한다.

35 군집독의 가장 좋은 해결 방법은 무엇인가?

① 실내 습도 높임
② 실내공기 환기
③ 아황산가스 공급
④ 실내 온도 높임

해설 군집독이란 환기가 나쁜 특정 공간에 많은 인원이 밀집했을 때 일어나는 현상으로, 어지럼증, 구토, 불쾌감 등을 일으킨다.

36 8시간을 기준으로 일산화탄소의 환경기준은?

① 1ppm ② 5ppm
③ 9ppm ④ 15ppm

해설 일산화탄소의 환경기준은 1시간 평균치 기준 25ppm 이하, 8시간 평균치 기준 9ppm 이하이다.

37 상수 수질오염의 지표로 사용되는 것은?

① 박테리아
② 대장균
③ 이질균
④ 플랑크톤

해설 상수, 즉 음용수 수질오염의 대표적 지표는 대장균이다.

38 직업종사자에 따른 직업병의 연결이 가장 알맞은 것은?

① 비행사 – 고산병
② 잠수부 – 열사병
③ 화공 – 근시안
④ 방사선치료사 – 저압증

해설 잠수부는 고압환경으로 인해 잠수병, 고압증, 화공은 작업환경으로 인해 열사병, 방사선치료사는 방사선으로 인한 피부암, 백내장, 생식기 장애 등의 직업병이 걸릴 수 있다.

39 공중보건의 주된 목적이 아닌 것은?

① 건강증진
② 질병예방
③ 질병치료
④ 수명연장

해설 공중보건학의 주요 목적은 질병예방, 생명연장, 신체적·정신적 건강증진이다.

정답 30 ④ 31 ③ 32 ④ 33 ① 34 ④ 35 ② 36 ③ 37 ② 38 ① 39 ③

40 세계보건기구(WHO)에서 정의하는 보건행정의 범위와 가장 거리가 먼 것은?

① 모자보건
② 영양개선
③ 감염병 관리
④ 산업발달

해설 보건행정의 범위는 모자보건 사업, 환경위생 개선, 성병 관리, 감염병 관리, 영양개선이다.

41 면허의 정지명령을 받은 경우, 면허증을 누구에게 제출해야 하는가?

① 미용사 중앙회 회장
② 시장, 군수, 구청장
③ 시, 도지사
④ 보건복지부 장관

해설 공중위생관리법 제7조에 의거, 면허가 취소되거나 정지명령을 받은 자는 지체 없이 시장, 군수, 구청장에게 면허증을 반납해야 한다.

42 미용업의 상속으로 인한 영업장 지위승계 신고 시 구비해야 할 서류가 아닌 것은?

① 영업자 지위승계 신고서
② 가족관계증명서
③ 상속인 증명 서류
④ 양도인의 인감증명서

해설 영업승계 시, 영업양도의 경우는 양도·양수를 증명할 수 있는 서류 사본 및 양도인의 인감증명서가 필요하며, 상속의 경우는 가족관계증명서, 상속인임을 증명할 수 있는 서류를 제출하여야 한다.

43 영업소 폐쇄명령을 받은 이후에도 계속 영업을 지속할 경우 받게 되는 조치가 아닌 것은?

① 당해 영업소의 간판, 기타 영업표지물의 제거
② 6월 이하의 징역 또는 300만 원 이하의 벌금
③ 당해 영업소가 위법한 영업소임을 밝히는 게시물 등의 부착
④ 영업을 위하여 필수불가결한 기구 또는 시설물을 사용할 수 없게 하는 봉인

해설 미용업 영업신고를 하지 않고 영업한 자, 영업정지명령 또는 일부 시설의 사용중지 명령을 받고도 영업한 자, 영업소 폐쇄명령을 받고도 계속 영업한 자는 1년 이하의 징역 또는 1천만 원 이하의 벌금에 처한다.

44 법에서 규정하는 명예공중위생감시원의 위촉대상자의 조건으로 거리가 먼 것은?

① 공중위생에 대한 지식과 관심이 있는 자
② 소비자 단체장이 추천하는 자
③ 공중위생관련 협회장이 추천하는 자
④ 3년 이상 공중위생 행정에 종사했던 공무원

해설 3년 이상 공중위생 행정에 종사한 경력이 있는 공무원은 공중위생감시원의 위촉대상자이다.

45 소독을 한 기구와 소독을 하지 않은 기구를 함께 보관했을 때에 대하여 2차 위반 시 행정처분 기준은?

① 경고
② 영업정지 5일
③ 영업정지 10일
④ 영업장 폐쇄명령

해설 소독을 한 기구와 소독을 하지 아니한 기구를 각각 다른 용기에 넣어 보관하지 아니하면, 1차 위반 시 경고, 2차 위반 시 영업정지 5일, 3차 위반 시 영업정지 10일, 3차 위반 시 영업장 폐쇄명령이 내려진다.

46 시장, 군수, 구청장에게 변경신고를 반드시 해야 되는 사항이 아닌 것은?

① 영업소의 소재지 변경
② 영업소의 상호명 변경
③ 영업장 면적의 2분의 1 이상 증감
④ 영업소 내 시설의 변경

해설 영업소의 명칭 또는 상호, 영업소의 소재지, 신고한 영업장의 3분의 1 이상의 증감, 대표자의 성명 또는 생년월일, 미용업 업종 간 변경 시에는 시장, 군수, 구청장에게 반드시 변경신고를 해야 한다.

47 다음 중 미용업소 내에 게시하지 않아도 되는 것은?

① 최종지불요금표
② 영업주의 면허증 원본
③ 사업자등록증
④ 미용업신고증

정답 40 ④ 41 ② 42 ④ 43 ② 44 ④ 45 ② 46 ④ 47 ③

해설 미용업소 내부에는 미용업신고증, 개설자의 면허증 원본, 최종지불요금표를 반드시 게시하여야 한다.

48 미용사는 영업소에서만 미용업무를 행해야하나, 특별한 사유가 있는 경우 예외가 인정되기도 한다. 다음 중 예외가 인정되는 사항으로 거리가 먼 것은?

① 질병이나 가티 사유로 인하여 영업소에 나올 수 없는 자에 대한 미용

② 혼례나 기타 의식에 참여하는 자에 대하여 그 의식 직전에 미용을 하는 경우

③ 방송 등의 촬영에 참여하는 사람에 대하여 그 촬영 직전에 미용을 하는 경우

④ 공중위생감시원이 인정하는 경우에 행하는 미용

해설 공중위생감시원이 아니라 시장, 군수, 구청장이 특별한 사정을 인정하는 경우에는 영업소 외의 장소에서 미용이 가능하다.

49 북아메리카 동북부에서 서식하는 식물로 보습효과 및 피부 진정 효과가 우수하고, 알레르기로 인한 가려움증 및 피부 발진 등에 효과가 있어 화장수의 수렴 및 소독제로 사용되는 것은?

① 카렌둘라 　　　② 알로에 추출물

③ 로얄젤리 추출물 　④ 위치하젤

해설 ① 카렌둘라: 금잔화에서 추출하며, 식물성 활성 성분으로 피부 재생을 도와 예민하고 거친 피부 또는 염증에 효과적이다.
② 알로에 추출물: 알로에 잎에서 추출한 것으로, 미백, 보습, 화상 및 상처 치유 촉진 작용이 있다. 화장품 원료와 약용, 식용으로 사용된다.
③ 로얄젤리 추출물: 주성분은 비타민 B 복합체, 아미노산 등으로 보습, 피부 면역 강화, 세포 재생 및 호흡 증진 작용이 있다.

50 다음 중 워시 오프 타입의 팩이 아닌 것은?

① 머드팩

② 젤라틴 팩

③ 크림 팩

④ 거품 팩

해설 워시 오프 타입은 팩 사용 후, 물로 씻어내는 타입으로 크림 형태, 점토 형태, 에어졸 형태, 분말 형태가 있다. 피부 자극이 적은 편이다. 젤라틴팩은 사용 후 건조된 피막을 떼어내는 필 오프 타입에 해당한다.

51 다음 중 식물성 오일의 종류가 아닌 것은?

① 퍼세린(perceline) 오일

② 아줄렌(azulene)

③ 아보카도(avocado) 오일

④ 올리브(olive) 오일

해설 퍼세린 오일은 새의 깃털에서 추출한 동물성 오일이며, 유막형성이 잘 되어 피부 건조 방지에 좋은 오일이다.

52 다음 중 여드름 유발과 관계없는 화장품의 성분은?

① 올리브 오일 　　② 솔비톨

③ 올레인산 　　　④ 라우린산

해설 솔비톨은 여드름 유발과는 관계가 없다.

53 미용업소에서 제대로 소독하지 않은 수건을 통해 주로 전염될 수 있는 질병은?

① 페스트 　　　　② 장티푸스

③ 파상풍 　　　　④ 트라코마

해설 트라코마는 미용실의 수건을 통해 발생, 전염될 수 있다.

54 손 · 발톱의 1일 평균 성장속도는?

① 약 0.001mm

② 약 0.01mm

③ 약 0.1mm

④ 약 1mm

해설 손 · 발톱은 일반적으로 하루에 0.1mm 정도 성장하며, 손톱이 발톱보다 조금 더 빠르게 성장한다.

55 피부가 붉은 사람이 피부톤을 커버하기 위하여 사용해야 할 메이크업 베이스의 색상은?

① 그린 계열

② 핑크 계열

③ 화이트 계열

④ 바이올렛 계열

해설 붉은 피부톤의 사람에게는 보색인 그린 계열의 메이크업 베이스를 사용하면 붉은 기가 줄어들어 보인다. 핑크 계열은 창백한 피부, 화이트 계열은 어둡고 칙칙한 피부, 바이올렛 계열은 황색 피부에 효과적이다.

56 메이크업 연출 시, 귀여운 이미지에 가장 어울리는 색상은?

① 레드 계열
② 핑크 계열
③ 오렌지 계열
④ 바이올렛 계열

해설 레드 계열은 일반적으로 섹시한 이미지, 오렌지 계열은 건강한 이미지, 바이올렛은 우아한 이미지를 표현한다.

57 다음 중 메이크업 미용사의 사명으로 옳지 않은 것은?

① 고객이 만족하는 개성미 연출
② 메이크업 기술에 관한 전문지식 습득
③ 미용과 시대 풍조를 건전하게 지도
④ 고객의 요구를 무엇이든 다 들어주는 오픈 마인드

해설 고객에게 서비스를 제공해야 하지만, 지나친 고객의 요구까지 모두 다 들어주어야 하는 것은 아니다.

58 다음 중 조명에 대한 설명으로 틀린 것은?

① 조명의 3원색은 RGB로 모두 합하면 흰빛이 된다.
② 국부조명은 가까운 거리에 효과적인 조명 방법이다.
③ 무대 위쪽에서 무대 장치나 배우를 향해 내려 비추는 조명기법을 페이드아웃이라 한다.
④ 아래에서 비추는 풋(foot)조명은 극적표현을 할 수 있지만, 자연스럽지 않다.

해설 무대 위쪽에서 내려 비추는 조명기법은 톱라이트 또는 다운라이트라 한다. 페이드아웃은 빛이 서서히 꺼지는 것을 말한다.

59 다음 중 조명 색에 의한 메이크업 색채의 변화에 대한 연결로 옳지 않은 것은?

① 붉은 조명 + 파랑 → 어두운 청색
② 노란 조명 + 갈색 → 주황색
③ 보라색 조명 + 보라 → 어두운 보라색
④ 푸른빛 조명 + 노란색 → 짙은 녹색

해설 보라 메이크업에 보라색 조명이 닿으면, 밝은 보라색으로 표현된다.

60 다음 중 퍼스널컬러에 대한 설명으로 가장 거리가 먼 것은?

① 봄 유형은 웜톤으로 비비드톤이 잘 어울린다.
② 여름 유형은 복숭아빛 흰 피부를 가진 사람으로 쿨로맨틱, 시크 패션이 잘 어울린다.
③ 가을 유형은 덜톤, 딥톤, 다크톤 등 명도가 낮은 색이 잘 어울린다.
④ 겨울 유형은 갈색 눈동자와 갈색 머리카락을 지닌 사람으로 클래식한 패션이 잘 어울린다.

해설 클래식한 패션이 잘 어울리는 웜톤은 가을 유형이다. 겨울 유형의 사람은 검정 또는 회갈색의 진한 눈동자, 머리카락색이 특징이며, 모던한 스타일이 잘 어울린다.

56 ② 57 ④ 58 ③ 59 ③ 60 ④

국가기술자격 필기시험

2018 CBT 기출복원문제

자격종목	시험시간	문제수	문제형별
미용사(메이크업)	1시간	60	

01 피부에 따른 어울리는 립 메이크업 컬러 대한 설명으로 틀린 것은?

① 희고 핑크빛 피부 – 핑크, 레드 계열
② 희고 붉은 피부 – 레드, 퍼플 계열
③ 노르스름한 피부 – 오렌지, 코랄 계열
④ 어두운 황갈색 피부 – 핑크, 퍼플 계열

해설 어두운 황갈색 피부에는 벽돌색, 브라운계열 컬러가 어울린다.

02 피지 분비가 많은 여성에게 가장 적합한 파운데이션 종류는?

① 크림 타입
② 케이크 타입
③ 파우더 타입
④ 리퀴드 타입

해설 피지분비가 많은 지성 피부에는 파우더 타입의 파운데이션이 가장 적합하다.

03 아이 메이크업 시 귀여운 이미지 연출에 어울리는 색상은?

① 녹색
② 보라색
③ 핑크색
④ 청색

해설 귀여운 이미지 연출 시에는 핑크색이 가장 잘 어울린다.

04 메이크업 베이스와 피부색이 잘못 연결된 것은?

① 연보라 – 건조하고 어두운 피부
② 화이트 – 어둡고 칙칙해 보이는 피부
③ 핑크색 – 푸석하고 창백한 피부
④ 그린색 – 모세혈관이 확장된 붉은 피부

해설 보라 계열의 베이스 컬러는 황색 계열의 피부를 중화시켜 밝게 표현해준다.

05 컨투어링 메이크업으로 얼굴형을 보정할 때, 섀딩(Shading) 부위가 아닌 것은?

① 얼굴 외곽
② T존
③ 이마 양옆
④ 각진 턱

해설 T존은 하이라이트 부위이다.

06 인중이 짧을 경우 메이크업 기법으로 가장 적절한 것은?

① 윗입술을 작게 그리고 아랫입술을 크게 그린다.
② 윗입술을 크게 그리고 아랫입술을 작게 그린다.
③ 입술산을 넓게 그린다.
④ 입술의 전체 길이를 넓게 그린다.

해설 인중이 짧을 경우, 윗입술과의 간격을 넓히기 위하여 윗입술을 다소 작게 그려준다.

07 눈가에 콜(Kohl)을 이용하여 메이크업을 했던 나라는?

① 이집트
② 인도
③ 그리스
④ 로마

해설 이집트는 곤충으로부터 눈을 보호하기 위해 말라카이트(녹색 식물)를 눈가에 바르고, 눈꺼풀에는 녹청색의 공작석을 빻아 발랐다. 또한, 태양으로부터 눈을 보호하기 위해 검은 먹(Kohl)을 사용하였다.

08 조선시대 신부화장 기법에 대한 설명으로 가장 거리가 먼 것은?

① 뺨에는 연지, 이마에는 곤지를 찍었다.
② 눈썹은 모시실로 가늘게 밀어내고 그렸다.
③ 분을 이용한 밑 화장을 하였다.
④ 동백기름을 피부에 바르고 닦아내었다.

---

01 ④ **02** ③ **03** ③ **04** ① **05** ② **06** ① **07** ① **08** ④

해설 신부화장 시 피부를 닦는 것으로는 참기름을 주로 사용하였다. 동백기름은 머리를 윤기나게 하기 위해 사용하는 것이다.

09 피부 건조를 막아주는 역할을 하는 것은?

① 기저층 ② 과립층
③ 유극층 ④ 피지막

해설 피지막은 피부의 건조를 막고, 피부를 보호하는 기능이 있다.

10 표피에 있는 것으로 면역과 가장 관계있는 세포는?

① 멜라닌 세포 ② 머켈세포
③ 랑게르한스 세포 ④ 콜라겐

해설 랑게르한스 세포는 면역과 관계가 있으며, 멜라닌은 피부 색소와 관계가 있다. 머켈세포는 촉각과 관련 있는 세포이다.

11 다음 중 아포크린선에 대한 설명으로 옳지 않은 것은?

① 선체가 크고 털과 함께 존재한다.
② 사춘기 이후 주로 발달한다.
③ 나선 모양으로 진피 내에 존재한다.
④ 겨드랑이와 유두, 배꼽, 성기, 항문 주위에만 분포한다.

해설 한선의 종류는 겨드랑이, 유두, 외음부, 항문 주위에 분포된 대한선(아포크린선)과 전신 대부분에 분포된 소한선(에크린선)으로 분류된다. 대한선은 소한선보다 선체가 크고 털과 함께 존재하며, 사춘기 이후 주로 발달한다. 겨드랑이와 유두, 배꼽, 성기, 항문 주위에만 분포하며, 세균 감염을 일으켜 냄새를 유발한다. 소한선은 약산성으로 세균 번식을 억제하여 무색, 무취이며, 털과 관계없이 나선 모양으로 진피 내에 존재한다. 입술, 음부를 제외한 전신에 분포하며, 손바닥, 발바닥, 얼굴 등에 가장 많이 분포한다.

12 피부결이 섬세하고 베이스 메이크업이 잘 받지 않으며, 쉽게 지워지지 않은 특징을 가진 피부는?

① 중성 피부 ② 건성 피부
③ 지성 피부 ④ 민감성 피부

해설 건성피부는 유·수분 부족으로 피부가 얇고 건조하여 베이스 메이크업이 잘 먹지 않는다.

13 피부 구조 중 유두층에 대한 설명으로 옳지 않은 것은?

① 표피층에 위치하며 모낭 주위에 존재한다.
② 산소운반과 온도 조절 기능이 있다.
③ 혈액을 통해 표피의 기저세포에 영양을 공급한다.
④ 촉각, 통각의 신경 전달 기능이 있다.

해설 유두층은 망상층과 함께 진피에 존재한다.

14 지용성 비타민으로 버터, 우유 등에 많이 함유되어 있으며, 결핍되면 야맹증, 안구건조증과 건성피부와 두터운 각질층으로 인한 세균감염을 일으키기 쉬운 비타민은?

① 비타민 A ② 비타민 B1
③ 비타민 C ④ 비타민 D

해설 비타민 A는 각화 주기와 피부 재생에 관여하며, 결핍 시 야맹증, 안구 건조증 등이 나타난다.

15 여드름 피부를 악화시키는 원인으로 가장 거리가 먼 것은?

① 다시마 ② 피임약
③ 우유 ④ 지방성 음식

해설 다시마의 요오드 성분, 지방성 기름진 음식, 피임약은 여드름을 악화시킨다.

16 피부의 감각 중 가장 둔한 것은?

① 촉각 ② 냉각
③ 통각 ④ 온각

해설 통각 〉압각 〉냉각 〉온각의 순으로 민감하다.

17 국가의 보건수준을 측정하는 지표로 가장 적절한 것은?

① 국민소득 ② 전염병 발생률
③ 영아 사망률 ④ 의과대학 개수

해설 영아사망률은 정상 출생 수 1,000명에 대한 1년 미만의 영아 사망자 수의 비율로 건강 수준이 높아지면 영아사망률이 가장 먼저 감소하며, 국민 보건 상태의 대표적인 지표로 사용한다.

09 ④ 10 ③ 11 ③ 12 ② 13 ① 14 ① 15 ③ 16 ④ 17 ③

18 세계보건기구(WHO)의 본부는 어디에 있는가?

① 뉴욕　　　　② 워싱턴
③ 파리　　　　④ 제네바

해설 세계보건기구(WHO)의 본부는 스위스 제네바에 있으며, 6개의 사무국(아프리카, 아메리카, 중동, 유럽, 동남아시아, 서태평양)을 두고 있다.

19 미용업소의 실내 쾌적 습도 범위로 가장 알맞은 것은?

① 10~20%　　② 20~40%
③ 40~70%　　④ 70~90%

해설 미용업소의 쾌적한 실내 온도의 범위는 18±2℃, 습도의 범위는 40~70%이다.

20 환경 위생의 향상으로 전염을 예방할 수 있는 전염병의 종류는?

① 장티푸스, 세균성 이질
② 콜레라, 천연두
③ 유행성 이하선염, 결색
④ 뇌염, 소아마비

해설 장티푸스와 이질은 파리에 의한 전염으로 위생적인 환경 조성 시 예방이 가능한 전염병이다.

21 법정 감염병 중 제2군 감염병에 속하는 것은?

① 말라리아　　② 콜레라
③ C형간염　　④ 홍역

해설

제1군 감염병	콜레라, 장티푸스, 파라티푸스, 장출혈성 대장균, 세균성 이질, A형간염, 페스트 등
제2군 감염병	백일해, 디프테리아, 파상풍, 홍역, 일본 뇌염, B형 간염, 수두, 풍진 등
제3군 감염병	말라리아, 결핵, 성홍열, 수막구균성수막염, 비브리오패혈증, 발진티푸스, 발진열, 쯔쯔가무시, 렙토스피라, 탄저, 공수병, 인플루엔자, 후천성면역결핍증, 매독 등
제4군 감염병	페스트, 황열, 뎅기열, 바이러스성출혈열, 두창, 보툴리눔독소증, 신종인플루엔자, 진드기매개뇌염 등
제5군 감염병	회충증, 편충증, 요충증, 간흡충증, 폐흡충증 등
지정감염병	C형간염, 수족구병, 임질, 클라미디아 등

22 평상 시 공급되는 상수의 수도에서 염소주입량은?

① 0.2ppm　　② 0.5ppm
③ 0.8ppm　　④ 1.1ppm

해설 염소주입량이란 상수에 염소 소독을 할 때 주입하는 염소의 양을 말한다. 상수도에서는 보통 때는 0.2ppm 전후의 유리잔류염소를 감안한다. 활성오니법에 의한 처리수에서는 2~8mg/ℓ, 간이처리수에 대하여는 5~10mg/ℓ의 염소를 주입한다.

23 파리에 의해 전염될 수 있는 전염병이 아닌 것은?

① 세균성 이질　　② 콜레라
③ 장티푸스　　　④ 발진열

해설 파리에 의한 전염병은 파라티푸스, 장티푸스, 이질, 콜레라 등이 있다.

24 멸균법에 의한 종류와 방법에 대한 설명으로 옳지 않은 것은?

① 건열멸균법 : 160~170℃에서 1~2시간
② 화염멸균법 : 불꽃 속에 접촉하여 10초 이상
③ 저온소독법 : 62~63℃에서 30분
④ 간헐멸균법 : 100℃ 증기에서 30~60분씩 간헐적으로 멸균

해설 화염멸균법은 불꽃 속에 접촉하여 20초 이상 멸균하는 것이다.

25 대기오염의 원인이 아닌 것은?

① 공장　　　　② 연탄
③ 자동차　　　④ 인구감소

해설 대기오염의 원인으로는 공장 매연, 자동차 매연, 연탄 등의 석탄연소 등이 있다.

26 긴촌충(광절열두조충증)의 제1 중간 숙주, 제2 중간 숙주로 맞게 짝지어진 것은?

① 물벼룩 – 송어
② 쇠우렁이 – 잉어
③ 다슬기 – 참붕어
④ 소라 – 피라미

해설 긴촌충(광절열두조충증)의 제1 중간 숙주는 물벼룩, 제2 중간 숙주는 송어와 연어이다.

27 다음 중 연결이 바르지 않은 것은?

① 간디스토마 – 쇠우렁이
② 폐디스토마 – 다슬기
③ 유구조충증 – 물벼룩
④ 무구조충증 – 소고기

해설 유구조충증은 돼지고기를 생으로 먹었을 때 나타나며, 물벼룩은 긴촌충(광절열두조충증)의 제1 중간 숙주이다.

28 다음 중 병원 미생물의 크기에 따른 열거로 옳은 것은?

① 세균 〈 바이러스 〈 리케차
② 리케차 〈 바이러스 〈 효모
③ 바이러스 〈 리케차 〈 세균
④ 효모 〈 세균 〈 리케차

해설 병원체의 크기는 곰팡이 〉 효모 〉 세균(박테리아) 〉 리케차 〉 바이러스 순이다.

29 다음 중 포도상구균 식중독의 특징이 아닌 것은?

① 고열을 일으키는 증상을 보인다.
② 독소형 식중독이다.
③ 식품취급자 손의 화농성 질환으로 감염된다.
④ 잠복기가 짧다.

해설 포도상구균 식중독의 증상은 심한 설사이다.

30 다음 중 독소형 식중독이 아닌 것은?

① 살모넬라균 식중독
② 보툴리누스균 식중독
③ 웰치균 식중독
④ 포도상구균 식중독

해설 독소형 식중독에는 황색포도상구균(우유), 보툴리누스균(햄, 소시지), 웰치균(육류 가공품, 어패류 가공품), 감염형 식중독에는 살모넬라균(생고기, 가금류, 달걀), 장염비브리오균(어패류), 병원성 대장균(생고기, 요구르트, 사람이나 동물의 분변)이 있다.

31 다음 중 인구증가에 대한 사항으로 바른 설명은?

① 자연증가 = 유입인구 – 유출인구
② 사회증가 = 출생인구 – 사망인구
③ 조자연증가 = 유입인구 – 유출인구
④ 인구증가 = 자연증가 + 사회증가

해설 인구변동조사는 자연증가율과 사회증가율을 조사하며, 인구증가는 자연증가와 사회증가를 합한 수치이다.

32 우리나라의 대기환경 기준 항목에 포함되지 않는 것은?

① 아황산가스 ② 질소산화물
③ 이산화탄소 ④ 일산화탄소

해설 우리나라 대기환경은 아황산가스, 질소산화물, 부유분진, 옥시단트, 탄화수소, 일산화 탄소 등을 기준으로 정하고 있다.

33 불결한 환경에 의해 집단감염이 잘 되고, 특히 어린이를 중심으로 감염이 일어나는 기생충은?

① 요충 ② 회충
③ 간디스토마 ④ 폐디스토마

해설 요충은 어린이 집단감염의 원인이 되는 기생충으로 항문 주위에 산란하여 항문 소양증이 특징이다. 식사 전 손 씻기와 항문 주위의 청결이 필수적이다.

34 미용업소에서 1회 이상 사용하여 소독하지 않은 면도기를 사용했을 때, 주로 전염되는 질병은?

① 파상풍 ② B형 간염
③ 결핵 ④ 콜레라

해설 간염은 수혈 또는 주사, 면도날 사용에 의한 상처를 통해 전염될 수 있다.

35 다음의 전염병 중 인공 능동 면역에 의해 예방이 이루지고 있는 것은?

① 후천성면역결핍증 ② 아메바성 이질
③ 식중독 ④ 파상풍

해설 인공 능동 면역이란 예방접종으로 형성되는 면역을 뜻하며, BCG, D(디프테리아), P(백일해), T(파상풍), 홍역, 풍진, 볼거리, 일본뇌염 등은 예방접종으로 예방한다.

36 세균의 편모는 어떤 역할인가?

① 세균의 유전기관
② 세균의 증식기관
③ 세균의 운동기관
④ 세균의 영양기관

해설 p381 세균의 구조 이미지 참조.

37 세균의 영양부족과 증식환경으로 불리할 경우, 균이 저항력을 키우기 위해 형성하는 형태는?

① 섬모
② 아포
③ 세포벽
④ 핵

해설 아포는 포자를 형성하는 것으로, 세균이 불리한 환경이 주어지면 아포가 생성된다.

38 영업소에서 사용하는 수건을 철저하게 소독하지 않았거나, 면봉 등을 일회용으로 사용하지 않았을 때 주로 발생할 수 있는 전염병은?

① 트라코마
② 페스트
③ 장티푸스
④ 일본뇌염

해설 트라코마는 각막(검은자위) 및 결막(흰자위)에 영구적인 흉터성 합병증을 남겨 심한 시력장애를 초래하기도 하는 감염 질환이다. 환자의 안분비물이 접촉에 의해 옮겨지기도 하고, 사용하던 수건 등을 통해 간접적으로 전파되기도 하며, 집파리 등을 통해 안분비물이 옮겨져 감염되는 경우도 있다.

39 다음 중 단백질에 대한 설명으로 틀린 것은?

① 주로 육류에 많이 들어 있으며 닭가슴살, 달걀흰자 등이 이에 해당한다.
② 신체의 골격근과 근육 유지를 위해 필요하다.
③ 우리 몸에 필요한 항체를 형성하고, 호르몬의 성분이 되기도 한다.
④ 단백질 1g당 9kcal의 열량을 낸다.

해설 단백질은 1g당 4kcal의 열량을 내며, 9kcal의 열량을 내는 것은 지방이다.

40 금속제품에 대한 소독 방법으로 가장 거리가 먼 것은?

① 승홍수
② 크레졸수
③ 알코올
④ 역성비누

해설 승홍은 살균력이 강한 소독제로 피부 소독에 0.1~0.5%의 수용액 사용하나, 금속은 부식시키므로 금속 제품 소독에는 적당하지 않다.

41 미용업소의 수건 소독 방법으로 부적합한 것은?

① 건열소독
② 자비소독
③ 증기소독
④ 역성비누소독

해설 수건 소독 방법으로는 자비소독, 증기소독, 역성비누소독이 적합하다.

42 미용업소의 기구(눈썹 가위, 족집게 등) 소독으로 가장 적당한 약품은?

① 5% 머큐롬크롬
② 10% 크레졸 비누액
③ 70~80% 알코올
④ 5% 페놀액(석탄산)

해설 알코올은 피부 및 기구(가위 등) 소독에 적합하다. 점막이나 피부 상처 소독에 적합한 머큐롬크롬은 일반적으로 2%의 수용액을 사용하며, 세균 소독에 적합한 크레졸은 3% 수용액을 사용한다. 살균력이 안정적이며 유기물 소독이 양호하지만, 금속을 부식시키고 피부 점막에 자극성·마비성이 특징인 석탄산(페놀액)은 3% 수용액을 주로 사용한다.

43 소독약 원액(순도 100%) 3cc에 증류수 97cc를 혼합하여 소독약을 만들었을 때, 소독약의 농도는?

① 3%
② 5%
③ 50%
④ 97%

해설 용질(3)/용액(97+3) × 100 = 3%

44 다음 중 0.5%의 역성비누액, E.O 가스 멸균법, 자외선 소독을 해야 하는 제품은?

① 의복, 침구류
② 플라스틱 제품
③ 금속제품
④ 가죽제품

해설 ① 의복 및 침구류 : 일광 소독, 자비 소독, 증기 소독, 석탄산 수에 2시간 정도 담구둔다.
③ 금속 제품 : 크레졸 수, 페놀 수, 포르말린, 역성비누액, 에탄올 등을 사용한다.
④ 가죽 제품 : 소독용 에탄올 또는 3%의 역성비누액으로 닦는다

45 보건복지부령이 정하는 공중위생영업의 관련 중요 사항을 변경하고자 할 때, 반드시 신고해야 할 사항이 아닌 것은?

① 영업소의 명칭 또는 상호
② 신고한 영업장 면적의 4분의 1 이상 증감
③ 대표자의 성명 및 생년월일
④ 미용업 업종 간 변경

해설 신고한 영업장 면적의 3분의 1 이상 증감이 있을 때에는 시장·군수·구청장에게 반드시 신고해야 한다.

46 공중위생업자는 당국으로부터 통보받은 위생관리 등급의 표지를 어떻게 관리해야 하는가?

① 영업소 내에만 보관하면 된다.
② 영업소 내 다른 게시물과 함께 게시한다.
③ 영업소 명칭과 함께 영업소 출입구에 부착한다.
④ 관계 공무원의 지도 감독 시에만 게시하면 된다.

해설 공중위생영업자는 통보받은 위생 관리 등급의 표지를 영업소의 명칭과 함께 영업소의 출입구에 부착할 수 있다.

47 청문을 해야 하는 처분에 해당하지 않는 경우는 무엇인가?

① 미용사 면허 취소 및 정지
② 모든 시설의 사용 중지
③ 영업소의 폐쇄 명령
④ 영업 정지

해설 보건복지부장관 또는 시장·군수·구청장은 제3조 제3항에 따른 신고 사항의 직권 말소,제7조에 따른 이용사와 미용사의 면허 취소 또는 면허 정지, 제11조에 따른 영업 정지 명령, 일부 시설의 사용 중지 명령 또는 영업소 폐쇄 명령에 해당하는 처분을 하려면 청문을 하여야 한다.

48 공중위생영업소 위생관리 등급에 있어 최우수 업소의 등급은 무엇인가?

① 백색 등급
② 황색 등급
③ 녹색 등급
④ 적색 등급

해설 최우수 업소 : 녹색 등급, 우수 업소 : 황색 등급, 일반 관리 대상 업소 : 백색 등급

49 미용업소에 반드시 게시하지 않아도 되는 것은?

① 면허증 원본
② 영업신고증
③ 최종지불 요금표
④ 영업시간표

해설 미용업자는 영업소 내부에 미용업 신고증 및 개설자의 면허증 원본, 최종지불 요금표를 게시하여야 한다. 또한, 신고한 영업장 면적이 66제곱미터 이상인 영업소의 경우 영업소 외부에도 손님이 보기 쉬운 곳에 「옥외광고물 등 관리법」에 적합하게 최종지불요금표를 게시 또는 부착하여야 한다. 이 경우 최종지불요금표에는 일부 항목(5개 이상)만을 표시할 수 있다.

50 영업소 폐쇄명령을 받고도 계속 영업을 지속할 때, 관계 공무원이 취할 사항이 아닌 것은?

① 당해 영업소의 간판, 기타 영업표지물의 제거
② 당해 영업소의 출입자 통제
③ 당해 영업소가 위법한 영업소임을 밝히는 게시물 등의 부착
④ 영업을 위하여 필수불가결한 기구 또는 시설물을 사용할 수 없게 하는 봉인

해설 폐쇄명령을 받고도 영업을 계속 할 경우, 관계 공무원은 간판 및 표지물 제거, 봉인, 게시물 부탁 등을 할 수 있으며 출입을 통제할 수는 없다.

45 ② **46** ③ **47** ② **48** ③ **49** ④ **50** ②

51 다음 중 미용사의 면허를 받을 수 있는 사람은?

① 고등학교 또는 이와 동등의 학력이 있다고 교육부장관이 인정하는 학교에서 졸업한 자
② 보건복지부 장관이 인정하는 전문대학 미용학과를 졸업한 자
③ 교육부장관이 인정하는 고등기술학교에서 6개월 이상 미용에 관한 과정을 이수한 자
④ 국가기술자격법에 의한 미용사의 자격을 취득한 자

해설 전문대학 또는 이와 동등 이상의 학력이 있다고 교육부장관이 인정하는 학교에서 이용 또는 미용에 관한 학과를 졸업한 자, 「학점인정 등에 관한 법률」제8조에 따라 대학 또는 전문대학을 졸업한 자와 동등 이상의 학력이 있는 것으로 인정되어 같은 법 제9조에 따라 이용 또는 미용에 관한 학위를 취득한 자, 고등학교 또는 이와 동등의 학력이 있다고 교육부장관이 인정하는 학교에서 이용 또는 미용에 관한 학과를 졸업한 자, 초 · 중등교육법령에 따른 특성화고등학교, 고등기술학교나 고등학교 또는 고등기술학교에 준하는 각종 학교에서 1년 이상 이용 또는 미용에 관한 소정의 과정을 이수한 자, 국가기술자격법에 의한 미용사의 자격을 취득한 자

52 미용사 면허를 받지 아니한 자가 미용영업 업무를 하였을 때 벌칙사항은?

① 300만 원 이하의 벌금
② 6월 이하의 징역 또는 300만 원 이하의 벌금
③ 500만 원 이하의 벌금
④ 6월 이하의 징역 또는 500만 원 이하의 벌금

해설 면허를 받지 아니하고 미용업을 개설하거나 그 업무에 종사한 자와 면허의 취소 또는 정지 중에 미용업을 행한 자는 300만 원 이하의 벌금이 부과된다.

53 미용업소의 위생 관리 의무를 지키지 아니한 자에 대한 벌칙은?

① 200만 원 이하의 과태료
② 300만 원 이하의 과태료
③ 200만 원 이하의 벌금
④ 300만 원 이하의 벌금

해설 미용업소의 위생 관리 의무를 지키지 아니한 자, 영업소 외의 장소에서 미용 업무를 행한 자, 위생 교육을 받지 아니한 자는 200만 원 이하의 과태료에 처한다.

54 모공이나 땀샘에 작용하여 과잉 피지 분비를 억제하고 피부를 수축시켜 주는 역할을 하는 것은?

① 유연 화장수
② 수렴 화장수
③ 소염 화장수
④ 영양 화장수

해설 수렴화장수는 알코올이 함유된 토너(Toner) 또는 아스트리젠트(Astringents)를 의미한다. 세안 과정에서 지우지 못한 이물질 등을 닦는 데 사용하며, 모공을 수축시키고 피지를 닦아내는 효과가 있어 주로 지성피부에 권장된다.

55 다음 중 미백 기능성 화장품의 성분이 아닌 것은?

① 나이아신아마이드
② 티타늄옥사이드
③ 코직산
④ AHA

해설 티타늄옥사이드는 자외선 차단 화장품의 물리적 차단제이다.

56 다음의 자외선 차단 화장품 성분 중 물리적 차단제가 아닌 것은?

① 이산화티탄
② 탈크
③ 징크옥사이드
④ 벤조피논

해설 벤조피논은 자외선을 흡수하여 피부 침투를 차단하는 화학적 차단제이다.

57 다음 중 캐리어오일이 아닌 것은?

① 호호바 오일
② 라벤더 에센셜 오일
③ 아몬드 오일
④ 아보카도 오일

해설 캐리어오일은 다른 에센셜 오일을 피부 속으로 전달하는 매개체 역할을 하는 천연 식물성 오일로 베이스오일이라고도 부른다. 달맞이유, 호호바 오일, 아몬드 오일, 살구씨유, 캐럿 오일, 아보카도 오일 등이 있다.

정답 51 ④   52 ①   53 ①   54 ②   55 ②   56 ④   57 ②

58 다음의 향수의 분류에 해당하는 것은?

> 알코올에 향료를 부과한 것으로 상쾌하고 풍부한 향이며, 일반적으로 3~5시간 지속된다. 부향률은 5~10% 내외이다.

① 퍼퓸   ② 오드퍼퓸
③ 오드 뜨왈렛   ④ 오트 코오롱

해설 오드 뜨왈렛에 관한 설명이다.

59 피부에 강한 긴장력을 주어 잔주름을 없애는 데 가장 효과가 있는 팩(Pack)은?

① 오일팩   ② 우유팩
③ 시트팩   ④ 파라핀팩

해설 잔주름 예방에 효과적인 팩은 파라핀팩(왁스마스크팩)이다.

60 오존층에서 거의 흡수가 되며, 강력한 살균작용 소독작용이 있으며 피부암을 발생시킬 수 있는 100~280nm 단파장의 선은?

① 가시광선   ② UV-A
③ UV-B   ④ UV-C

해설 UV-A는 생활 자외선으로 기미, 주근깨의 원인이 되고, UV-B는 피부홍반, 일광화상 기미의 원인이며 비타민 D 생성에 관여한다. UV-C는 자외선 중 가장 짧은 파장으로 여드름 피부 치료에 사용되지만, 지나치면 피부암의 원인이 된다.

기본 구조   특수 부속기관

리보솜(Ribosomes)
mRNA의 정보를 토대로 해서 단백합성을 실시하는 세포내 소기관이다. 세균에서는 크기가 70S(S는 침강계수)이다.

핵양체(Nucleoid)
염색체 DNA가 핵막에 싸이지 않고 세포질 내에 존재한다(원핵생물).

세포벽(Cell wall)
세균의 형상을 유지하는 기능을 한다. 펩티도글리칸이 주성분이다.

세포막(Plasma membrane)

세포질(Cytoplasm)

협막(Capsule)
세균 주위의 염색되기 어려운 층으로서 대부분은 다당체로 구성된다. 식세포의 탐식에 저항하는 작용 등을 가지고 있다.

섬모(Fimbriae pili), 선모
감염 장소로서 동물세포에 부착하기 위한 부착섬모와 세균끼리 결집하여 정보전달을 하기 위한 접합섬모가 있다.

편모(Flagella)
운동을 위한 기관으로 편모의 회전이 동력이 된다. 편모의 수나 부착부위는 균종에 따라 다르다(주편모 등).

[출처 : 네이버 지식백과]

▲ 세균의 구조

국가기술자격 필기시험

2019 CBT 기출복원문제

자격종목	시험시간	문제수	문제형별
미용사(메이크업)	1시간	60	

01 우리나라 메이크업 역사 중 시분무주(施粉無朱)로 은은한 화장을 즐겨 했던 시기는?

① 고조선 ② 고구려
③ 백제 ④ 고려

해설 중국 문헌에 따르면 백제인들은 시분무주(施粉無朱, 분은 바르되 연지를 바르지 않았다)라고 기록되어 있다.

02 규합총서에 화장품이나 향의 제조 방법이 수록되고, 화장품을 생산하고 관리하는 관청인 보염서(補艷署)가 설치되기도 했던 시기는?

① 신라 ② 통일신라
③ 조선 ④ 개화기

해설 조선 시대에는 규합총서에 화장품이나 향의 제조 방법이 수록되어 있어 백분, 연지, 미안수 등을 만들었고, 화장품을 생산하고 관리하는 관청인 보염서(補艷署)가 설치되기도 했다.

03 미용사 자격시험이 제정되어 본격적인 미용업이 시작되었던 시기는?

① 1920년대 ② 1940년대
③ 1960년대 ④ 1980년대

해설 1945년 해방 이후 수입화장품 보급뿐 아니라 국산화장품도 생산되기 시작하였으며, 1948년에는 서울시 위생과의 관리하에 미용사 자격시험이 제정되어 본격적인 미용업이 시작되었다.

04 서양에서 풍만한 아름다움이 미인형이었던 시기로 상류층 여성들은 3~4시간씩 화장을 하여 꾸미고 연극과 오페라를 관람하거나 사교 모임에 참여했으며, 점, 별, 초승달 등을 붙여 꾸미는 뷰티 패치가 유행했던 시기는?

① 로마 ② 바로크
③ 르네상스 ④ 로코코

해설 바로크 시대에 관한 설명이다.

05 안면골에서 가장 강한 부위이며, 얼굴형을 결정짓는 가장 중요한 얼굴의 골격 부위는?

① 측두골 ② 관골
③ 비골 ④ 하악골

해설 하악골(mandible bone)은 안면골에서 가장 강한 부위인 아래턱뼈는 턱의 아래를 구성하면서, 치아를 떠받치는 기능을 한다. 얼굴의 골격 중 얼굴형을 결정짓는 가장 중요한 부위이다.

06 그린 계열의 베이스 제품을 섞어 바르거나 피부톤보다 약간 어두운 색조의 파운데이션이 추천되는 피부 상태는 무엇인가?

① 건성 피부 ② 지성 피부
③ 붉은 피부 ④ 잡티가 많은 피부

해설 붉은 피부에는 보색인 그린 계열의 베이스 제품을 섞어 바르거나 피부톤보다 약간 어두운 색조의 파운데이션을 가볍게 오래 두드려 발라준다. 붉은 계열의 베이스 제품이나 강한 블러셔를 사용하지 않도록 한다.

07 퍼스널컬러 겨울 타입의 사람에게 자주 이용되는 배색 기법으로 강조색을 사용하여 돋보이게 하는 것이 특징인 배색은?

① 콘트라스트 배색
② 세퍼레이션 배색
③ 그라데이션 배색
④ 악센트 배색

해설 악센트(accent) 배색이란 강조 배색의 의미로, 기존 색과 반대되는 강조 색을 사용하여 돋보이게 하는 것이 특징이다. 퍼스널 컬러 겨울 타입의 모던한 룩을 표현하는 데 자주 사용된다.

01 ③ 02 ③ 03 ② 04 ② 05 ④ 06 ③ 07 ④

08 우아하고 성숙한 이미지를 연출할 때 가장 어울리는 아이섀도 색상은?

① 퍼플
② 블루
③ 오렌지
④ 핑크

[해설] 퍼플은 우아한 여성미를 연출할 수 있으며, 짙은 보라색을 립스틱이나 아이섀도 컬러로 이용하면 성숙하고 섹시한 이미지를 연출할 수 있다.

09 다음 중 이미지와 대표 톤의 연결로 가장 거리가 먼 것은?

① 캐주얼(casual) – 비비드 톤(vivid)
② 엘레강스(elegance) – 그레이시 톤(grayish)
③ 모던(modern) – 뉴트럴 톤(neutral)
④ 클래식(classic) – 페일 톤(pale)

[해설] 클래식(classic) 이미지에는 딥, 다크 그레이시, 다크 톤 등이 명도가 낮은 컬러가 주로 사용된다.

10 눈이 움푹 들어간 경우에 아이섀도 연출 기법으로 가장 올바른 것은?

① 눈 앞머리를 밝게 하고 눈꼬리 방향은 어두운색을 이용하여 바깥 방향으로 그라데이션한다.
② 눈을 떴을 때 안으로 들어가는 쌍꺼풀의 두께만큼 진한 컬러를 발라주고, 아이 홀 방향으로 그라데이션한다.
③ 밝은색을 이용하여 하이라이트를 주고, 중간톤 섀도를 아이 홀에 바른 후 눈썹뼈까지 자연스럽게 연결한다.
④ 눈꼬리에서 아이 홀 방향으로 섀도를 그라데이션하고 언더섀도는 하지 않는다.

[해설] ① 눈과 눈 사이가 좁은 경우
② 쌍꺼풀이 없는 경우
④ 눈꼬리가 내려간 경우

11 특수분장 재료 중, 화상이나 상처를 표현하는 재료로 젤 가루를 반고체 상태로 정형화한 후 뜨거운 물에 봉투째 넣어 녹여 사용하는 제품은?

① 스킨젤
② 라텍스
③ 오브라이트
④ 플라스토

[해설] ② 라텍스 : 암모니아수에 생강을 유화시킨 불투명한 흰색 액체로, 얼굴 상처, 긁힘, 핫폼 작업 등에 주로 사용되는 재료이다.
③ 오브라이트(oblate) : 녹말이 주성분이며, 의료용, 화상 메이크업에 사용한다. 여러 겹 구겨서 물을 분무해 피부에 밀착시킨 다음 파우더를 가볍게 바르고 원하는 베이스 파운데이션을 바른다.
④ 플라스토 : 반고체 상태의 물질로 칼자국, 얼굴의 상처를 표현할 때 주로 사용한다.

12 다음 중 표피의 구성층에 해당하지 않는 것은?

① 투명층
② 과립층
③ 기저층
④ 망상층

[해설] 망상층은 진피 부분으로, 진피의 80%를 구성한다. 탄력섬유과 교원섬유에 엘라스틴과 콜라겐이 있어 피부 탄력을 유지해 주며, 모세혈관이 거의 없고, 혈관, 피지선, 한선 등이 분포되어 있다. 또한, 압각, 온각, 냉각을 감지할 수 있다.

13 피부에 자외선이 닿으면 생성되는 비타민은?

① 비타민 A
② 비타민 B
③ 비타민 C
④ 비타민 D

[해설] 피부에 자외선이 닿으면 표피의 프로비타민 D가 비타민 D로 전환된다. 비타민 D는 칼슘의 흡수를 촉진시켜 뼈와 치아의 형성에 영향을 미친다.

14 성인의 하루 평균 피지배출량은 어느 정도인가?

① 1~2g
② 5~7g
③ 10~12g
④ 15~17g

[해설] 피지는 지방 분비선에 의해 분비된 물질로, 지방관을 통해 모낭으로 배출되며, 성인의 경우 하루 평균 1~2g의 피지를 배출한다.

15 1g당 9kcal의 에너지를 발생시키는 에너지원이며 3대 영양소 중 하나인 것은?

① 단백질　　　　　② 비타민

③ 지방　　　　　　④ 탄수화물

해설 3대 영양소는 탄수화물, 지방, 단백질이며, 탄수화물과 단백질은 1g당 4kcal의 에너지를 발생시킨다.

16 항산화제로 피부의 노화를 방지하며, 결핍 시 빈혈이 나타나는 비타민은?

① 비타민 A　　　　② 비타민 D

③ 비타민 E　　　　④ 비타민 K

해설 ① 비타민 A : 각화 주기와 피부 재생에 관여하며, 결핍 시 야맹증, 안구 건조증 등이 나타난다.
② 비타민 D : 음식 섭취뿐만 아니라 피부가 자외선에 닿으면 생성되는 비타민이다. 체내 칼슘, 인의 흡수에 관여하여 뼈, 치아의 성장에 영향을 미치며, 결핍 시 구루병, 골다공증이 나타난다.
④ 비타민 K : 모세혈관에 작용하여 피부 홍반에 좋다.

17 무기질 중 갑상선 기능, 에너지 대사 조절, 모세혈관 기능, 기초 대사를 조절하며, 미역, 다시마 등에 많이 들어 있는 것은?

① 나트륨　　　　　② 요오드

③ 아연　　　　　　④ 마그네슘

해설 ① 나트륨 : 주로 혈액에 존재하여 삼투압을 통해 혈액과 피부의 수분 균형에 관여한다.
③ 아연 : 성장 및 면역, 상처 치유, 신체 기능 등에 중요한 역할을 한다.
④ 마그네슘 : 삼투압 조절, 신경 안정, 근육 이완, pH 조절 등에 관여한다.

18 자외선 중 100~280nm의 가장 짧은 파장으로, 거의 대부분 오존층에 흡수된다. 강력한 소독 및 살균 작용의 기능이 있어 여드름 피부 치료에 사용되기도 하지만 지나치면 피부암의 원인이 되는 것은?

① UV-A　　　　　② UV-B

③ UV-C　　　　　④ UV-D

해설 자외선은 파장에 따라 UV-A, UV-B, UV-C의 세 가지로 분류된다.
① UV-A : 320~400nm 범위의 파장으로, 생활 자외선이라 불리며, 기미, 주근깨 등의 색소 침착, 노화, 피부 건조의 원인이다.
② UV-B : 280~320nm의 파장으로, 피부 홍반, 일광 화상, 기미의 원인이며, 비타민 D 생성에 관여한다.

19 숙주를 침범하는 병원성 미생물인 병원체에는 세균, 바이러스, 기생충, 리케차 등의 종류가 있다. 다음 병원체 중 가장 크기가 작은 것은?

① 진균　　　　　　② 세균

③ 리케차　　　　　④ 바이러스

해설 ① 진균(fungus) : 아포를 형성하며 버섯, 곰팡이, 효모 등이 있다.
② 세균(bacteria) : 육안으로 관찰할 수 없는 생물로 콜레라, 장티푸스, 디프테리아, 결핵, 백일해 등이 있다.
③ 리케차(rickettsia) : 세균과 바이러스의 중간 크기로, 생세포 내 증식하고, 절지동물에 의해 매개된다. 발진티푸스, 발진열, 쯔쯔가무시병 등이 있다.
④ 바이러스(virus) : 병원체 중에 가장 작아 전자 현미경으로만 볼 수 있다. 여과성 병원체 생세포 내에서만 번식한다. 인플루엔자, 홍역, 일본뇌염, 소아마비, 후천성 면역 결핍증 등이 이에 해당한다.

20 다음 중 동물이 감염원으로 작용하는 병과의 연결이 틀린 것은?

① 쥐 : 페스트　　　② 개 : 광견병

③ 돼지 : 발진열　　④ 소 : 탄저병

해설 발진열은 쥐가 감염원이다. 일본뇌염은 말과 돼지가 감염원이다.

21 법정 감염병은 감염속도와 집단 발생 가능성에 따라 분류된다. 다음 중 제4군 감염병의 종류와 가장 거리가 먼 것은?

① 콜레라　　　　　② 조류독감

③ 신종인플루엔자　④ 중동 호흡기 증후군

해설 제4군 감염병은 국내에서 새롭게 발생하거나 발생의 우려가 있는 감염병 또는 국내 유입이 우려되는 해외 유행 감염병으로서 보건복지부령으로 정하는 감염병이다. 콜레라는 제1군 감염병(감염 속도가 빠르고 집단 발생의 우려가 커서 즉시 방역대책을 수립하여야 하는 감염병)이다.

정답 15 ③　16 ③　17 ②　18 ③　19 ④　20 ③　21 ①

22 인구가 밀집된 도시에서 많이 발생하며, 항문 주위에서 산란·증식하며 경구 감염되고, 10세 이하 아동에게 주로 감염되는 선충류는?

① 회충
② 요충
③ 구충
④ 십이지장충

> 해설 ① 회충 : 우리나라에서 감염률이 가장 높은 선충류로 주로 음식을 통해 감염된다.
> ③ 구충 : 사람의 소장에 기생하며 경구 감염된다.
> ④ 십이지장충 : 사람이나 다른 척추동물의 장에 기생한다.

23 무색, 무취이며 공기의 0.03~0.04%를 차지하고 있는 것으로 실내 공기의 오염을 측정하는 지표로 사용되기도 하는 것은?

① 일산화탄소
② 이산화탄소
③ 질소
④ 산소

> 해설 ① 일산화탄소 : 불완전 연소 과정에서 나타나는 무색, 무취, 무자극의 맹독성 가스이다.
> ③ 질소 : 지구의 대기 중 78%를 차지하는 가장 풍부한 기체로 무색·무취·무미이며, 생체의 구성성분이다.
> ④ 산소 : 공기의 21%를 차지하고 있으며 생물체의 호흡이나 광합성 연소 등의 작용을 한다.

24 식중독의 원인과 독의 종류가 잘못 연결된 것은?

① 독버섯-무스카린
② 감자- 솔라닌
③ 복어- 테트로도톡신
④ 독미나리-베네루핀

> 해설 독미나리의 독인 시큐톡신이고, 베네루핀은 동물성 식중독으로 바지락과 관련 있다.

25 다음 중 결핵 환자의 객담을 소독할 때 가장 적당한 소독법은?

① 소각법
② 매몰법
③ 알콜소독
④ 크레졸소독

> 해설 객담은 토사 또는 배설물을 뜻하는 것으로 소각 처리해야 한다. 소각법은 불에 태워 멸균시키는 방법으로 오염된 가운, 수건, 휴지, 쓰레기 등을 처리할 때 주로 사용된다.

26 화학적 소독제인 승홍수에 대한 설명으로 올바른 것은?

① 냄새가 없다.
② 금속의 부식성이 강하다.
③ 피부 점막에 자극성이 강하다.
④ 유기물에 대한 완전한 소독이 어렵다.

> 해설 승홍은 수은화합물이며 맹독성이 있고 금속 부식성이 강하여 식기류나 피부 소독에 부적합하다. 소독제로 사용할 때에는 0.1%의 수용액으로 사용한다.

27 다음 중 자비소독이 추천되는 대상물은?

① 가죽제품
② 셀룰로이드제품
③ 유리제품
④ 고무제품

> 해설 자비소독이란 대상물을 끓는 물에 넣어 미생물을 사멸하는 소독법으로 식기류, 도자기류, 주사기, 의류 등의 소독에 주로 사용한다.

28 석탄산(페놀) 소독에 대한 설명으로 가장 거리가 먼 것은?

① 살균력이 안정하다.
② 독성이 강하고 금속을 부식시킨다.
③ 유기물 소독이 양호하다.
④ 저온일수록 소독 효과가 크다.

> 해설 석탄산(페놀)은 소독제로 사용 시 3% 수용액으로 사용되며, 저론에서는 살균력이 떨어지고 고온일수록 효과가 크다.

29 3% 크레졸 비누액 1,000㎖를 만들 수 있는 용질과 용액량은 몇 ㎖인가?

① 크레졸 원액 3㎖에 물 997㎖를 가한다.
② 크레졸 원액 30㎖에 물 970㎖를 가한다.
③ 크레졸 원액 3㎖에 물 1,000㎖를 가한다.
④ 크레졸 원액 300㎖에 물 700㎖를 가한다.

> 해설 소독약의 농도(%) = 용질(소독약)/용액(희석량) × 100

30 다음 중 아포를 포함한 모든 미생물을 멸균시킬 수 있는 멸균법은 무엇인가?

① 자외선멸균법
② 고압증기 멸균법
③ 자비멸균법
④ 유통증기멸균법

> 해설 고압증기멸균법은 병원성, 비병원성의 모든 미생물을 사멸시킨다.

22 ② 23 ② 24 ④ 25 ① 26 ① 27 ③ 28 ④ 29 ② 30 ②

31 다음 중 상처나 피부 소독에 가장 적당한 것은

① 승홍수   ② 포르말린수

③ 과산화수소수   ④ 크레졸수

해설 3%의 과산화수소수는 상처나 피부 소독에 가장 적당하다.

32 다음 중 소독의 정의에 대한 설명으로 가장 올바른 것은?

① 모든 미생물을 열이나 약품으로 사멸하는 것이다.

② 병원성 미생물에 의한 부패를 방지하는 것이다.

③ 병원성 미생물에 의한 발효를 방지하는 것이다.

④ 병원성 미생물을 사멸하거나 제거하여 감염력을 잃게 하는 것이다.

해설 소독은 병원성 미생물을 파괴해 감염의 위험성을 제거시키는 약한 살균작용이다.

33 다음 중 미용업자의 준수사항 중 옳은 것이 아닌 것은?

① 소독기, 자외선 살균기 등 미용기구를 소독하는 장비를 갖추어야 한다.

② 작업 장소를 분리하기 위해 칸막이를 설치할 수 있으나 출입문의 1/3 이상을 투명하게 하여야 한다.

③ 신고증과 함께 면허증 사본을 반드시 게시한다.

④ 소독을 한 기구와 하지 아니한 기구를 구분하여 보관하여야 한다.

해설 면허증은 원본을 게시하여야 한다.

34 미용업소의 위생관리 의무를 지키지 아니하였을 때 법적 조치는?

① 50만 원 이하 과태료

② 100만 원 이하 벌금

③ 150만 원 이하 벌금

④ 200만 원 이하 과태료

해설 200만 원 이하의 과태료

① 미용업소의 위생 관리 의무를 지키지 아니한 자

② 영업소 외의 장소에서 미용 업무를 행한 자

③ 위생 교육을 받지 아니한 자

35 영업소 폐쇄명령을 받은 영업소가 폐쇄명령을 받았던 영업과 같은 종류의 영업을 할 수 있는 사항은?

① 영업소 폐쇄명령을 받은 후 1월 경과 후 같은 종류의 영업을 할 수 있다.

② 영업소 폐쇄명령을 받은 후 3월 경과 후 같은 종류의 영업을 할 수 있다.

③ 영업소 폐쇄명령을 받은 후 6월 경과 후 같은 종류의 영업을 할 수 있다.

④ 동일한 장소에서는 같은 영업을 할 수 없다.

해설 「성매매 알선 등 행위의 처벌」에 관한 법률 등 외의 법률을 위반한 때,

㉠ 폐쇄 명령을 받은 자 : 1년이 경과하지 아니한 때에는 같은 종류의 영업을 할 수 없다.

㉡ 폐쇄 명령을 받은 영업장소 : 6개월이 경과하지 아니한 때에는 누구든지 그 폐쇄 명령이 이루어진 영업장소에서 같은 종류의 영업을 할 수 없다.

36 미용 영업소가 영업정지 명령 또는 일부 시설의 사용 중지 명령을 받고도 계속하여 영업을 하였을 때의 벌칙사항은?

① 1년 이하의 징역 또는 1천만 원 이하의 벌금

② 6월 이하의 징역 또는 1천만 원 이하의 벌금

③ 3월 이하의 징역 또는 5백만 원 이하의 벌금

④ 1년 이하의 징역 또는 3백만 원 이하의 벌금

해설 1년 이하의 징역 또는 1,000만 원 이하의 벌금

㉠ 영업 신고 규정에 의한 신고를 하지 아니한 자

㉡ 영업 정지 명령 또는 일부 시설의 사용 중지 명령을 받고도 그 기간 중에 영업을 하거나 그 시설을 사용한 자 또는 영업소 폐쇄 명령을 받고도 계속하여 영업을 한 자

37 다음 중 미용사의 면허를 받을 수 없는 자는?

① 전문대학에서 미용에 관한 학과를 졸업한 자

② 면허가 취소된 후 1년이 경과된 자

③ 국가기술자격법에 의한 미용사의 자격을 취득한 자

정답 31 ③   32 ④   33 ③   34 ④   35 ③   36 ①   37 ④

④ 교육부장관이 인정하는 고등기술학교에서 6개월 이상 이·미용사 자격을 취득한 자

해설 ④ 교육부장관이 인정하는 고등기술학교에서 1년 이상 미용에 관한 소정의 과정을 이수한 자

38 보건복지부령이 정하는 반드시 위생교육을 받아야 하는 자에 해당하지 않는 사람은?

① 영업을 승계한 자
② 영업의 신고를 하고자 하는 자
③ 영업소에 종사하는 자
④ 공중위생관리법에 의한 명령에 위반한 영업소의 영업주

해설 위생교육을 받아야 하는 자 중 영업에 직접 종사하지 아니하거나 2개 이상의 장소에서 영업을 하고자 하는 자는 종업원 중 영업장별로 공중위생에 관한 책임자를 지정하고 그 책임자로 하여금 위생교육을 받게 하여야 한다.

39 다음 중 변경 신고를 해야 하는 상황과 거리가 먼 것은?

① 영업소의 명칭 또는 상호
② 미용업 업종 간 변경
③ 신고한 영업장 면적의 5분의 1 이상의 증감
④ 대표자의 성명 및 생년월일

해설 ③ 신고한 영업장 면적의 3분의 1 이상의 증감

40 과태료 처분에 불복할 경우 그 처분을 통지받은 날로부터 며칠 이내에 이의를 제기할 수 있는가?

① 10일   ② 15일
③ 30일   ④ 60일

해설 과태료 부과에 불복하는 당사자는 과태료 부과 통지를 받은 날부터 60일 이내에 해당 행정청에 서면으로 이의 제기를 할 수 있다(질서위반행위규제법 제20조).

41 폐업 신고를 하려는 자는 공중위생영업을 폐업일로부터 며칠 이내에 시장·군수·구청장에게 신고하여야 하는가?

① 10일   ② 15일
③ 20일   ④ 30일

해설 폐업 신고를 하려는 자는 폐업일로부터 20일 이내에 시장, 군수, 구청장에게 신고해야 한다.

42 다음 중 300만 원 이하의 과태료가 부과되는 사람은?

① 신고를 하지 아니하고 영업한 자
② 관계 공무원 출입, 검사를 거부한 자
③ 변경신고를 하지 아니하고 영업한 자
④ 면허정지 처분을 받고 그 정지 기간 중에 업무를 행한 자

해설 ① 1년 이하의 징역 또는 1천만 원 이하의 벌금 ② 300만 원 이하의 과태료 ③ 6월 이하의 징역 또는 500만 원 이하의 벌금 ④ 300만 원 이하의 벌금

43 공중위생감시원의 자격으로 가장 거리가 먼 것은?

① 3년 이상 공중위생 행정에 종사한 경력이 있는 자
② 대학원에서 미용학을 전공하고 졸업한 자
③ 외국에서 위생사 또는 환경기사의 면허를 받은 자
④ 위생사 자격증이 있는 자

해설 공중위생감시원의 자격
㉠ 위생사 또는 환경기사 2급 이상의 자격증이 있는 자
㉡ 대학에서 화학, 화공학, 환경공학 또는 위생학 분야를 전공하고 졸업한 자 또는 이와 동등 이상의 자격이 있는 자
㉢ 외국에서 위생사 또는 환경기사의 면허를 받은 자
㉣ 1년 이상 공중위생 행정에 종사한 경력이 있는 자
㉤ 공중위생감시원의 인력확보가 곤란하다고 인정되는 때에는 공중위생 행정에 종사하는 자 중 공중위생 감시에 관한 교육훈련을 2주 이상 받은 자를 공중위생행정에 종사하는 기간 동안 공중위생감시원으로 임명할 수 있다.

44 공중위생영업소의 위생관리 수준을 향상시키기 위하여 위생서비스 평가계획을 수립하고 명예공중감시원을 둘 수 있는 사람은?

① 보건복지부장관
② 시장, 군수, 구청장
③ 시·도지사
④ 행정자치부장관

해설 시·도지사는 위생서비스 평가계획권자이고, 위생서비스 평가계획을 시장, 군수, 구청장에게 통보한다.

정답 **38** ③   **39** ③   **40** ④   **41** ③   **42** ②   **43** ②   **44** ③

45 미용업자가 점 빼기, 귓불 뚫기, 쌍꺼풀 수술, 문신, 박피술 그밖에 이와 유사한 의료행위를 했을 때 1차 행정 처분은?

① 개선명령
② 영업정지 2월
③ 영업정지 3월
④ 영업장 폐쇄명령

해설 1차 위반 시 영업정지 2월, 2차 위반 시 영업정지 3월, 3차 위반 시 영업장 폐쇄명령

46 다음 중 향수의 부향률이 높은 순서로 나열한 것은 무엇인가?

① 퍼퓸 > 오드퍼퓸 > 오드코롱 > 오드토일렛
② 퍼퓸 > 오드토일렛 > 오드코롱 > 오드퍼퓸
③ 퍼퓸 > 오드퍼퓸 > 오드토일렛 > 오드코롱
④ 퍼퓸 > 오드코롱 > 오드퍼퓸 > 오드토일렛

해설 향수 부향률
퍼퓸 : 15~30%, 오드퍼퓸 : 7~15%, 오드토일렛 : 5~10%, 오드코롱 : 3~5%

47 화장품에 대한 정의로 옳지 않은 것은?

① 신체를 청결, 미화하고 매력을 더해 용모를 밝게 변화시키기 위한 물품
② 신체에 바르고 문지르거나 뿌려 피부와 모발의 건강을 유지하기 위한 물품
③ 인체에 대해 약리적인 효과를 발휘하며 작용이 확실한 것
④ 피부와 모발의 건강을 유지 또는 증진하기 위한 물품

해설 화장품이란 인체를 대상으로 사용하며, 신체를 청결, 미화하고 매력을 더해 용모를 밝게 변화시키거나 피부와 모발의 건강을 유지 또는 증진하기 위하여 인체에 바르고 문지르거나 뿌리는 등 이와 유사한 방법으로 사용되는 물품으로써 인체에 대한 작용이 경미한 것을 말한다.

48 기초화장품의 사용 목적이 아닌 것은?

① 세정
② 미백
③ 피부정돈
④ 피부보호

해설 기초화장품 사용 목적 : 세안, 피부정돈, 피부보호이다.

49 누룩의 발효를 통해 추출한 물질로 미백효과를 주는 화장품 성분은 무엇인가?

① 비타민C
② 레티놀
③ AHA
④ 코직산

해설 코직산은 누룩 발효물질로 티로시나아제의 작용을 억제하여 기미, 미백효과를 주는 성분이다.

50 화장품에서 요구되는 4대 품질 특성이 아닌 것은?

① 안전성
② 사용성
③ 안정성
④ 보습성

해설 화장품 4대 조건 : 안전성, 안정성, 사용성, 유효성

51 SPF에 대한 설명으로 옳지 않은 것은?

① UV-B를 차단하는 정도는 나타내는 지수이다.
② 수치가 높을수록 자외선 차단지수가 높음을 의미한다.
③ 오존층으로부터 자외선이 차단되는 정도로 이용된다.
④ Sun Protection Factor의 약자로, 자외선 차단지수라고 부른다.

해설 SPF는 피부로부터 자외선이 차단되는 정도를 알아보기 위해 이용된다.

52 기능성 화장품의 효과로 옳지 않은 것은?

① 피부의 주름개선에 도움을 준다.
② 자외선을 차단하거나 피부를 곱게 태운다.
③ 여드름 피부의 염증을 완화하고 진정하는 효과가 있다.
④ 색소침착을 완화하고 멜라닌 생성을 억제하는 효과가 있다.

해설 기능성 화장품 종류 : 자외선차단제, 미백, 주름개선, 태닝 제품 등

---

45 ② 46 ③ 47 ③ 48 ② 49 ④ 50 ④ 51 ③ 52 ③

53 캐리어 오일 종류가 아닌 것은?

① 베르가못 오일   ② 아보카도 오일

③ 호호바 오일   ④ 포도씨 오일

해설 베르가못은 에센셜오일의 종류이다

54 다음 중 천연보습인자(NMF)에 속하지 않는 것은 무엇인가?

① 아미노산   ② 젖산

③ 글리세린   ④ 암모니아

해설 글리세린은 폴리올에 해당한다.

55 여드름 피부용 화장품에 사용되는 성분이 아닌 것은?

① 알부틴   ② 글리시리진산

③ 살리실산   ④ 아줄렌

해설 알부틴은 멜라닌 색소의 생성을 억제해 주는 미백 성분이다.

56 다음 중 물에 오일 성분이 혼합된 상태는?

① O/W 에멀전   ② W/O 에멀전

③ W/S 에멀전   ④ W/O/W 에멀전

해설 O/W : 물에 오일이 분산된 상태, W/O : 오일에 물이 분산된 상태

57 열대성 과실에서 향을 추출할 때 사용하는 방법은 무엇인가?

① 압착법

② 수증기 증류법

③ 휘발성 용매 추출법

④ 초임계 유체법

해설 레몬, 오렌지 등 열대성 과실에서 향을 추출할 때 주로 압착법을 사용한다.

58 아로마오일 사용법 중 확산법에 해당하는 것은 무엇인가?

① 손수건, 티슈 등에 1~2방울 떨어뜨린 후 심호흡 한다.

② 아로마 램프 또는 스프레이를 사용한다.

③ 수건에 적신 후 피부에 붙인다.

④ 따뜻한 물에 떨어뜨린 후 몸을 담근다.

해설 ①흡입법 ③습포법 ④입욕법

59 피비 분비를 억제하고 피부를 수축시켜 주는 것은 무엇인가?

① 수렴화장수   ② 유연화장수

③ 영양화장수   ④ 소염화장수

해설 수렴화장수는 모공수축 및 피지분비를 억제한다.

60 팩의 제거방법에 따른 분류가 아닌 것은?

① 티슈오프타입   ② 필오프 타입

③ 워시오프타입   ④ 석고마스크 타입

해설 팩의 제거방법에 따른 분류 : 필오프, 워시오프, 티슈오프, 시트

1 참고 문헌

〈공중보건학〉, 정희곤 외, 광문각, 2005

〈메이크업 3급 자격 시험 문제집〉, 한국메이크업협회, 청구문화사, 2002

〈무대와 영상을 위한 캐릭터 메이크업 디자인〉, 오인영 외, 훈민사, 2011

〈미용 공중보건학〉, 강경희 외, 성화, 2001

〈미용과 건강〉, 김은주 외, 한국미용자연치유교육개발원, 2011

〈뷰티문화사〉, 박소정 외, 청구문화사, 2014

〈소독 및 전염병관리〉, 김정혜 외, 청구문화사, 1999

〈스타일 메이크업〉, 오세희, 성안당, 2005

〈에센스 화장품학〉, 김경영 외, 메디시언, 2015

〈영양학〉, 윤동화 외, 광문각, 2009

〈웨딩 메이크업〉, 이현주 외, 훈민사, 2004

〈웨딩 메이크업 연출〉, 김민경 외 공역, 2008

〈최신화장품 과학〉, 이성옥 외, 광문각, 2011

〈퍼스널 컬러 코디네이트〉, 송서현 외, 한국메이크업협회, 2014

〈한국분장예술〉, 강대영, 한국분장프로덕션, 2013

〈화장품 과학〉, 김연주 외, 청구문화사, 2013

〈화장품 과학가이드〉, 김주덕, 광문각, 2011

〈화장품 성분〉, 하병조, 수문사, 2010

〈화장품 성분학 사전〉, 김기연 외, 현문사, 2011

〈화장품학〉, 최은영, 훈민사, 2015

〈화장품학〉, 하병조, 수문사, 2010

〈Make Up Advanced〉, 이강미 외, 구민사, 2014

〈Make up To make up〉, 김활란 외, 한맥 출판사, 2013

〈The Make-Up〉, 이현주 외, 예림, 2015

2 전문 사이트

commons.wikimedia.org(무료 이미지 사이트)

en.wikipedia.org(무료 이미지 사이트)

pixabay.com(무료 이미지 사이트)

SMI 메이크업 연구소(www.makeupif.co.kr)

3 기사 및 정보

1960년대 트위기, Brian Aris(www.twiggylawson.co.uk/fashion.html)

1980년대 다이애나비, wikimedia, Gegodeju Lady Diana Spencer

네이버 지식백과(terms.naver.com)

동아일보(2010.06. 25.) 아모레퍼시픽&향장 지 관련 기사(news.donga.com/3/all/20100624/29342838/1)

두산백과사전(www.doopedia.co.kr)

머스테브 화장품(www.mustaev.co.kr)

문화일보(2013.03. 19.) 한국1세대 모델 관련 기사(www.munhwa.com/news/view.html?no=2013031901
0330210920020)

스포츠경향(2012.03. 26.) 1960년대 트로이카 기사(sports.khan.co.kr/news/sk_index.html?art_id= 20120
3261742313&sec_id=540401)

4 사진 협조

네오코

로레알파리

메이블린 뉴욕

머스테브

이동진 스튜디오

크리오란

파파레서피

㈜한신메디칼

나만의 합격 노트 만들기

핵심 이론과 오답 노트를 작성하여, 자신만의 합격 노트로 활용하세요!

나만의 합격 노트 만들기

핵심 이론과 오답 노트를 작성하여, 자신만의 합격 노트로 활용하세요!

나만의 합격 노트 만들기

핵심 이론과 오답 노트를 작성하여, 자신만의 합격 노트로 활용하세요!

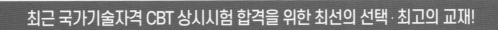

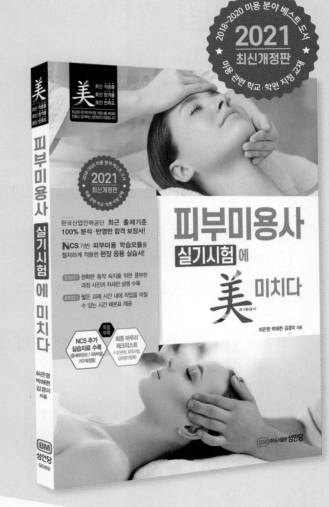